十二五

普通高等教育“十二五”规划教材

工程建设监理

主　编　卢修元
副主编　倪福全　吴敬花
　　　　康银红　杨　敏

中国水利水电出版社
www.waterpub.com.cn

内 容 提 要

本书为普通高等教育“十二五”规划教材，共分13章，包括绪论、监理工程师与监理企业、工程项目组织管理、监理系列文件、工程经济基础知识、工程建设质量控制、工程建设进度控制、工程建设投资控制、工程建设合同管理、工程建设信息管理、工程建设风险管理、工程建设安全管理、工程建设组织协调。

本书在内容选择上尽可能保证全面、系统，同时结合最新的法规、规范中的要求进行编写，适合高等学校工程建设类专业学生使用，也可供工程监理从业人员及参加国家注册监理工程师执业资格考试者参考使用。

图书在版编目（CIP）数据

工程建设监理 / 卢修元主编. -- 北京 : 中国水利水电出版社, 2015.7(2020.8重印)
普通高等教育“十二五”规划教材
ISBN 978-7-5170-3345-5

Ⅰ. ①工… Ⅱ. ①卢… Ⅲ. ①建筑工程－施工监理－高等学校－教材 Ⅳ. ①TU712

中国版本图书馆CIP数据核字(2015)第148685号

书　　名	普通高等教育“十二五”规划教材 **工程建设监理**
作　　者	卢修元　主编　倪福全　吴敬花　康银红　杨敏　副主编
出版发行	中国水利水电出版社 （北京市海淀区玉渊潭南路1号D座　100038） 网址：www.waterpub.com.cn E-mail：sales@waterpub.com.cn 电话：（010）68367658（营销中心）
经　　售	北京科水图书销售中心（零售） 电话：（010）88383994、63202643、68545874 全国各地新华书店和相关出版物销售网点
排　　版	中国水利水电出版社微机排版中心
印　　刷	清淞永业（天津）印刷有限公司
规　　格	184mm×260mm　16开本　23印张　545千字
版　　次	2015年7月第1版　2020年8月第2次印刷
印　　数	3001—5000册
定　　价	**56.00**元

前言

我国自20世纪80年代推行工程建设监理制以来，监理行业取得了长足的发展，对工程建设的投资、质量、进度三大控制目标取得了明显效果，提高了工程的经济效益，得到了其他行业及业主的认可。随着国际上工程项目管理理论研究的深入、新推出的工程管理模式以及我国建筑企业进入国际市场，我国的监理企业及建筑企业都受到了挑战。

本书在保证内容全面、系统的同时，结合最新的法规、规范进行编写，比较全面介绍了工程建设监理的基础知识、工程建设监理的工作内容“三控制四管理一协调”。从内容上力求理论性与实践性相结合，保证全面、实用、可操作性强，满足在校学生对工程管理方面知识的需求，在各章后节选了部分往年注册监理工程师资格考试试题，有助于对知识点、考点的学习，本节也可以作为监理从业人员及准备国家注册监理工程师执业资格考试人员的参考用书。

本书由四川农业大学卢修元担任主编，四川农业大学倪福全、吴敬花、康银红、杨敏担任副主编。各章编写分工如下：四川农业大学卢修元编写第1章、第2章及附录Ⅰ，四川农业大学杨萍编写第3章、第8章，四川农业大学倪福全编写第4章，四川农业大学田奥编写第5章及附录Ⅲ，四川农业大学康银红编写第6章，四川农业大学杨敏编写第7章、第10章及附录Ⅱ，四川农业大学吴敬花编写第9章，四川大学魏新平编写第11章，西安理工大学吴巍编写第12章，宁夏大学吕雯编写第13章。全书由卢修元负责统稿。

本书在编写过程中参阅了书后列出的参考文献相关内容，在此对各位作者深表谢意。由于编者经验和水平有限，书中难免存在疏漏或不妥之处，敬请读者、同行批评指正。

编者

2015年3月

目 录

第1章　绪　　论

我国从1988年开始在工程建设领域推行监理制，这是我国对建国几十年来工程建设管理实践的反思和总结，并借鉴了国外成熟的工程建设管理经验的基础上，对建设领域的重大改革之一，是市场经济发展的必然结果和客观需要。工程建设监理，就是监理单位接受发包人的委托，代表发包人对工程建设进度、质量、投资进行控制，对工程建设合同、信息、安全、风险进行管理，协调有关工作关系的活动。自从推行监理制以来，我国已经建立起了素质较高、规模较大的建设监理队伍，对建设工程的“三控目标”（工期控制、投资控制、质量控制）发挥了重要的作用，在提高工程建设项目的投资决策水平、规范参建各方的建设行为、保证工程质量、实现建设工程投资效益的最大化等方面取得了明显效果，因此监理行业逐渐受到社会的广泛关注和普遍认可。

1.1　我国推行建设监理制的背景

从新中国成立到20世纪80年代，我国对建设领域的固定资产投资管理，基本上实行建设项目由国家统一安排、建设资金由国家财政统一无偿划拨、建设任务实行行政指令安排、主要建材由国家包干供应，参建的建设单位、设计单位、施工单位被动接受任务，建设单位全面负责组织设计、施工、材料设备的申请、建设项目的监督和管理。这在我国当时经济基础薄弱、物资短缺的情况下，国家集中财力、物力、人力进行国家经济建设，迅速建立国民经济体系起到了积极的作用。

当时对工程建设项目的管理，主要有如下的两种模式：对一般工程，由建设单位筹建机构自行管理；对于重大工程，从与该工程相关单位抽调人员组成项目建设指挥部，由建设指挥部进行管理。长久以来，这两种管理模式显露出不可避免的弊端，主要体现在如下几方面：一是项目管理机构临时组成，相当一部分人根本不具有建设项目管理所需的专业知识和经验，只能在实际工作中学习、积累经验，项目建设完毕后管理人员解散或留任项目从事管理工作；当有新的建设项目时再重建项目管理机构，工程建设管理经验得不到积累、升华，特点表现为“一家一户”、临时性，因此对项目的管理始终处于低水平的徘徊。二是建设单位在管理过程中，由于不负担项目资金的筹措与归还，不注重建设费用、收益的盈亏核算，往往为赶进度而不顾投资、牺牲工程质量，建设项目的投资、进度、质量严重失控，“三超”（概算超估算、预算超概算、结算超预算）和“一延”（工期拖延）是普遍现象。

因此为适应我国的经济发展和改革开放新形势，在工程建设领域实行改革，建立一种新型的、适应市场经济发展需求的工程建设项目管理体制成为必然。20世纪80年代，我国进入了改革开放的新时期，国家对建设领域进行了一些重大的改革，推行了项目法人责任制（投资有偿使用，即“拨改贷”）、引入竞争（实行工程招标投标制）和监督机制（推行工程建设监理制）等各项建设项目管理新制度，大大增强了我国建设领域的管理水平和竞争能力。

1.2　我国建设领域的改革

1.2.1　项目法人责任制

新中国成立以来，长期实行计划经济政策，工程建设项目的决策与投资都是由政府负责，投资项目的责任主体、责任范围、目标和权益、风险承担方式等都不明确。随着我国市场经济体制的深入推行，工程建设项目投资主体发生了变化，由过去单一的国家投资为主，变成了由国家、外商独资、中外合资、中外合作、私人企业、个人等组成的多元化投资格局。

为了适应社会主义市场经济的发展，转变工程建设项目建设与经营体制，建立投资责任约束机制，规范项目法人的行为，明确其责、权、利，提高投资效益，国家推出了工程建设投资体制改革新举措，实行项目法人责任制。项目法人责任制就是指经营性建设项目由项目法人对项目的策划、资金筹措、建设实施、生产经营、偿还债务和资产的保值、增值实行全过程负责的一种项目管理制度。依据《中华人民共和国公司法》，原国家计划委员会于1996年制定并颁布了《关于实行建设项目法人责任制的暂行规定》。国家推行项目法人责任制的目的就是要使各类投资主体形成自我发展、自主决策、自担风险、讲求效益的机制，其核心内容就是要明确项目法人在项目中的责、权、利，对工程项目的建设及建成后的生产经营实行一条龙管理和全面负责。

《关于实行建设项目法人责任制的暂行规定》对项目法人的设立作了明确的规定，要求新上项目在项目建议书批准后，应及时组建项目法人筹备组，具体负责项目法人的筹建工作，项目法人筹备组应主要由项目的投资方派代表组成；有关单位在申报项目可行性研究报告时，需同时提出项目法人的组建方案，否则其项目可行性研究报告不予审批；项目可行性研究报告经批准后，正式成立项目法人，并按有关规定确保资本金按时到位，同时办理公司设立登记；国家重点建设项目的公司章程须报国家计划委员会备案，其他项目的公司章程按项目隶属关系分别报有关部门、地方计委备案；由原有企业负责建设的基建大中型项目，需新设立子公司的，要重新设立项目法人，并按上述规定的程序办理；只设分公司或分厂的，原企业法人即是项目法人。

《关于实行建设项目法人责任制的暂行规定》对项目法人的组织形式和职责作了明确的规定，规定国有独资公司设立董事会。董事会由投资方负责组建；国有控股或参股的有限责任公司、股份有限公司设立股东会、董事会和监事会。董事会、监事会由各投资方按照《中华人民共和国公司法》的有关规定进行组建。建设项目的董事会具体行使以下职权：

（1）负责筹措建设资金。

（2）审核、上报项目初步设计和概算文件。

(3) 审核、上报年度投资计划并落实年度资金。

(4) 提出项目开工报告。

(5) 研究解决建设过程中出现的重大问题。

(6) 负责提出项目竣工验收申请报告。

(7) 审定偿还债务计划和生产经营方针，并负责按时偿还债务。

(8) 聘任或解聘项目总经理，并根据总经理的提名，聘任或解聘其他高级管理人员。

按照《中华人民共和国公司法》的规定，根据建设项目的特点，项目总经理具体行使以下职权：

(1) 组织编制项目初步设计文件，对项目工艺流程、设备选型、建设标准、总体布置提出意见，提董事会审查。

(2) 组织工程设计、施工监理、施工队伍和设备材料采购的招标工作，编制和确定招标方案、标底评标标准，评选和确定投、中标单位。实行国际招标的项目，按现行规定办理。

(3) 编制并组织实施项目年度投资计划、用款计划、建设进度计划。

(4) 编制项目财务预、决算。

(5) 编制并组织实施归还贷款和其他债务计划。

(6) 组织工程建设实施，负责控制工程投资、工期和质量。

(7) 在项目建设过程中，在批准的概算范围内对单项工程的设计进行局部调整（凡是引起生产性质、生产能力、产品品种和标准变化的设计调整以及概算调整，需经董事会决定并报原审批单位批准）。

(8) 根据董事会授权处理项目实施中的重大紧急事件，并及时向董事会报告。

(9) 负责生产准备工作和培训有关人员。

(10) 负责组织项目试生产和单项工程预验收。

(11) 拟订生产经营计划、企业内部机构设置、劳动定员定额方案及工资福利方案。

(12) 组织项目后评价，提出项目后评价报告。

(13) 按时向有关部门报送项目建设、生产信息和统计资料。

(14) 提名请董事会聘任或解聘项目高级管理人员。

《关于实行建设项目法人责任制的暂行规定》要求建立对建设项目和有关领导人的考核和监督制度及对项目董事长、总经理的在任和离任审计制度。项目董事会负责对总经理进行定期考核；各投资方负责对董事会成员进行定期考核。根据对建设项目的考核结论，由投资方对董事会成员进行奖罚；由董事会对总经理进行奖罚。

1.2.2 建设项目招标投标制

在旧的计划经济体制下，我国建设项目管理模式是采用行政指令分配建设任务，参建的设计、施工、材料及设备供应单位大多通过行政手段被动获得任务，建设领域缺乏活力。

建设领域实行招标投标，是中国投资体制改革的一项重要内容。1984年，原国家计划委员会等有关部门联合发布了《建设工程招标投标暂行规定》，此后又发布了一系列办法，要求建设项目的设计、设备采购、施工除有特殊原因不宜招标的以外，都要创造条件实行招标投标；可根据工程的性质、规模、复杂程度及其他客观条件，分别采取公开招标或邀请招标的方式，并对建设项目招标投标的有关程序及实质问题进行规定。

工程招投标制度也称为工程招标承包制，它是指在市场经济的条件下，采用招投标方式以实现工程承包的一种工程管理制度。工程招投标制的建立与实行是对计划经济条件下单纯运用行政手段分配建设任务的一项重大改革措施，是保护市场竞争、反对市场垄断和发展市场经济的一个重要标志。

国家建设项目招标投标工作的大面积推广，取得了显著的经济和社会效益。如三峡、二滩、小浪底工程等重大项目，都是国家投资为主、关系国民经济和社会发展全局的大项目。这些项目实行招标投标，对固定资产投资的管理和投资效益的提高产生了重大影响。

《中华人民共和国招标投标法》于1999年8月30日由第九届全国人民代表大会常务委员会第十一次会议通过，分别从总则、招标、投标、开标、评标和中标、法律责任、附则等方面对招投标活动做出了规定。该法的颁布实施，对规范招标投标行为，保护国家利益、社会公共利益和招投标活动当事人的合法利益，提高经济效益，保证项目质量具有重要意义。

1.2.3 工程建设监理制

我国的工程建设监理制于1988年开始试点。1997年，《中华人民共和国建筑法》以法律制度的形式做出规定："国家推行建筑工程监理制度"，明确了监理制度的法律地位。国家推行工程建设监理制度的目的是确保工程建设质量和安全，提高工程建设水平，充分发挥投资效益。

1.2.3.1 工程建设监理的概念

工程建设监理也叫建设工程监理，是指具有相应资质的工程监理企业接受建设单位的委托，依据有关工程建设的法律、法规、经建设主管部门批准的工程项目建设文件和工程建设监理合同及其他工程建设合同，承担其项目管理工作，代表建设单位对承包单位的建设行为进行监督管理的专业化服务活动，属于国际上业主对项目管理的范畴。建设工程监理可以是建设工程项目活动的全过程监理，也可以是建设工程项目某一实施阶段的监理，如设计阶段监理、施工阶段监理等。我国目前大多针对工程建设的施工阶段实施监理。

1.2.3.2 工程建设监理的性质

1. 服务性

工程建设监理的服务性是由其业务性质决定的。监理企业是代表建设单位对承包单位的建设行为进行监督管理的专业化服务活动，监理工作的主要方法是规划、控制、协调，主要任务是"三控制"（投资控制、进度控制、质量控制）、"四管理"（合同管理、信息管理、风险管理和安全管理）、"一协调"（组织协调工作）；基本目的是协助建设单位在计划的目标内将建设工程建成投入使用。工程监理企业受业主的委托进行工程建设的监理活动，他提供的不是工程任务的承包，而是服务，工程监理机构应尽一切努力进行项目的目标控制，但他不可能保证项目的目标一定实现，也不承担不是他的缘故而导致项目目标的失控。监理人员在实施工程项目的监理活动过程中，利用自己的专业理论知识、实践经验并结合必要的试验、检测手段，为建设单位提供项目管理和技术服务。监理机构一则不能完全取代建设单位对建设项目的管理活动，只能在建设单位的授权范围内履行监理职责，不具有重大问题的决策权；二则不直接从事建设项目的设计、施工活动，也不参与受监理单位的利益分成。监理服务是按照监理合同的规定进行的，受法律约束和保护。

2. 科学性

工程建设监理的科学性是由监理对象所决定的。监理企业面对的工程规模日趋庞大，环境日益复杂，功能、标准要求越来越高，新技术、新材料、新设备不断涌现，参建单位越来越多，市场竞争越来越激烈，只有采用科学的理论、技术、方法和手段，才能胜任工程监理任务。工程建设监理的科学性主要包括两方面：一方面是监理企业的科学性，要求工程监理企业应当由组织管理能力强、工程建设经验丰富的人员担任领导；应当有足够数量的、有丰富管理经验和应变能力的监理工程师组成的骨干队伍；要有科学的管理制度和现代化的管理手段；要掌握先进的管理理论、方法和手段；要积累足够的技术、经济资料和数据。另一方面是履行监理职责的科学性，要求监理人员按照客观规律办事，要有科学的工作态度和严谨的工作作风，要实事求是、创造性地开展工作。我国目前对监理人员的管理工作中开展的培训、考试、注册、继续教育等是科学性的最根本体现。

3. 独立性

《建设工程监理规范》（GB/T 50319—2013）明确规定监理单位应公正、独立、自主地开展监理工作，维护建设单位和承包单位的合法权益。工程监理企业在开展监理工作时的独立性体现在：严格地按照有关法律、法规、规章、工程建设文件、工程建设技术标准、工程建设监理委托合同及其他有关建设工程合同的规定实施监理；工程监理单位与被监理单位以及建筑材料、建筑构配件和设备供应单位不得有隶属关系和其他利害关系；在开展监理工作的过程中，必须建立自己的组织，按照自己的工作计划、程序、流程、方法、手段，根据自己的判断，独立地开展工作。监理的独立性是公正性的基础和前提。监理只有真正成为独立的第三方，才能在履行监理职责的过程中起到协调、约束作用，公正地处理问题。

4. 公正性

《建筑法》明确规定工程监理单位应当根据建设单位的委托，客观、公正地执行监理任务。公正性是社会公认的职业道德准则，是监理行业能够长期生存和发展的基本道德准则。工程监理企业应当排除各种干扰，客观、公正对待监理任务委托单位与被监理单位，特别是当两者发生利益冲突时，要以事实为依据，以法律、法规和有关合同为准绳，站在第三方的立场上公正地解决和处理双方的争议，在维护监理任务委托单位的合法权益同时，不得损害被监理单位的合法权益。

1.2.3.3 监理单位的地位

1. 监理单位与建设单位的关系

监理单位与建设单位的关系为法律地位平等的关系。这种平等关系，主要体现在如下三方面：首先，双方各自具有独立的法人身份。不同行业的独立法人组织，只有经营的性质不同、业务范围不同，不存在主仆关系、隶属关系。其次，双方都是建设市场中的三大主体之一，是一种委托和被委托的关系。建设单位具有把监理任务委托给哪一家具有相应监理资质监理单位的决定权，而具有相应监理资质的监理单位可接受委托，也可拒绝委托。虽然监理费是由建设单位支付给监理单位，但监理单位仅按照委托的要求开展工作，并不接受建设单位的领导，建设单位对监理单位的人力、财力、物力没有任何的支配权、管理权。第三，双方是合同关系。建设单位与监理单位的委托与被委托关系确定后，双方要签订监理合同，将双方的权利、义务、职责等体现在监理合同中。双方都依据监理合同来处理与对方的关系。建设单位不得随意增加监理合同规定以外的工作任务，如果建设单位确有其他任务需要委托给监理单位，则必须按照监理合同中相应条款的规定，与监理单位进行协商，补充或修订原监理合同，也可另外再签订委托合同。监理单位受建设单位的委托进行建设项目的管理，向建设单位提供服务，但在工作中要独立、公正处理与建设单位的关系，不得偏袒建设单位而牺牲被监理单位的合法权益。

2. 监理单位与承包单位的关系

这里所说的承包单位，是指承接建设单位的工程建设业务的单位，包括勘察单位、设计单位、施工单位、原材料供应单位、设备加工制造单位等，这些单位相对于建设单位，都称为承包单位。

监理单位与承包单位之间没有直接的关系，双方是通过各自直接与建设单位签订的合同而具有关系。两者之间仍旧是平等的关系，主要体现在以下两方面：第一，两者是法律地位的平等关系，监理单位、承包单位、建设单位是建设市场中的三大行为主体，各自在工程建设项目中享有一定的权利、承担一定的责任，都是在国家相应的法律、规章、规范等的约束下开展自己的工作；第二，双方是监理与被监理的关系。两者之间没有签订任何合同，但承包单位依据与建设单位签订的合同进行相应的设计、施工活动并接受监理单位的监理；监理单位依据与建设单位签订的委托监理合同而对授权范围内的建设行为具有监理权。

1.2.3.4 工程建设监理的作用

1. 有利于提高建设工程投资决策科学化水平

建设单位具有初步的项目投资意向后，可以委托工程监理企业实施全过程、全方位监理；监理企业也可直接从事工程咨询工作，为建设单位提供建设方案；也可以协助建设单位选择合适的工程咨询机构，管理工程咨询合同；对相关单位提交的项目建议书、可行性研究报告等进行评估，提出建设性的修改意见，使得投资项目更符合国家经济发展规划、产业政策以及市场需求；在设计阶段委托工程监理，通过专业化的工程监理企业的监理活动，可以更准确地提出建设工程的功能和使用价值的质量要求，建议建设单位选择更合适的设计方案，提高建设项目投资决策的科学化水平，为实现项目的投资效益奠定基础。

2. 有利于规范工程建设参与各方的建设行为

工程监理企业采用事前、事中和事后控制相结合的方式实施监督管理，可以有效规范各承建单位的建设行为，最大限度地避免不当建设行为的发生。工程监理企业依据监理合同及其他有关合同履行监理职责，代表建设单位进行工程项目管理，在规范受监理单位的建设行为同时，也要求建设单位履行合同，从而真正发挥监理制的约束机制作用；同时，监理企业必须首先规范自身的监理行为，并主动接受政府相关部门的管理、监督。

3. 有利于促使承建单位保证建设工程质量和使用安全

工程监理企业是从建筑产品的需求者角度对承建单位的建设行为进行监督管理，与承建单位对自身建设行为的生产管理有本质上的不同；而工程监理企业又不同于建设单位，其派驻现场的监理人员是懂工程技术及项目管理，并具有实践经验的专业人士，有能力在监督承建单位建设行为过程中及时发现工程材料、设备、施工方法等方面存在的问题，并敦促承建单位采取有效的改正措施，可有效避免工程质量留下隐患。因此，工程监理企业介入建设工程生产过程的管理，对保证工程质量和使用安全有着重要作用。

4. 有利于实现建设工程投资效益最大化

建设工程投资效益最大化有3种不同表现形式：第一种为满足建设工程预定功能和质量标准的前提下，建设投资额最小；第二种为满足建设工程预定功能和质量标准的前提下，建设工程寿命周期费用（或全寿命费用）最少；第三种为建设工程本身的投资效益与环境、社会效益的综合效益最大化。推行建设工程监理制后，从建设单位的角度出发，希望工程建设项目投资效益能满足第一、二种表现；对国家、公众而言，希望工程建设项目能实现第三种表现。随着工程建设监理制普遍为大家所认同，以及建设工程寿命周期费用思想和综合效益理念逐渐被越来越多的建设单位所接受，工程建设监理企业不但可以帮助建设单位实现建设工程的投资效益，还有利于提高全社会的投资效益，促进国民经济的发展。

1.2.3.5 工程建设监理的内容

工程建设监理的主要内容可简称“三控制、四管理、一协调”，即采取组织管理、经济、技术、合同和信息管理措施，依据国家的法律、规章、批准的设计文件及相关合同等，控制工程建设的投资、工期和质量，并协调建设各方的工作关系。

1. 投资控制

建设工程项目投资控制，就是在建设工程项目的投资决策阶段、设计阶段、施工阶段以及竣工阶段，把建设工程投资控制在批准的投资限额内，及时纠正发生的偏差，以保证项目投资管理目标的实现，力求在建设工程中合理使用人力、物力、财力，取得较好的投资效益和社会效益。监理企业接受建设单位对工程建设进行监理，其投资控制的工作主要内容有：在建设前期协助项目法人正确进行投资决策，控制好投资估算总额；在设计阶段对设计方案、设计标准、总概算进行审核；在施工准备阶段协助项目法人组织招标工作；在施工阶段，严格按照合同进行计量与支付管理，定期进行投资实际值与目标值的比较，通过比较发现并找出实际支出额与投资目标值之间的偏差，然后分析产生偏差的原因，采取有效的措施加以控制；在工程完工阶段审核工程结算，在工程保修责任终止时，审核工程最终结算。

投资控制贯穿项目建设的全过程，是动态的控制过程。要有效地控制项目投资，应从组织、技术、经济、合同与信息管理等多方面采取措施。从组织上采取措施，包括明确项目组织结构、明确项目投资控制者及其任务，以使项目投资控制有专人负责，明确管理职能分工；从技术上采取措施，包括重视设计方案选择，严格审查监督初步设计、技术设计、施工图设计、施工组织设计，深入技术领域研究节约投资的可能性；从经济上采取措施，包括动态地比较项目投资的实际值和计划值，严格审查各项费用支出，采取节约投资的奖励措施等。

2. 进度控制

进度控制是指对工程项目建设各阶段的工作内容、工作程序、持续时间和衔接关系，根据进度总目标及资源优化配置的原则，编制计划并付诸实施，然后在进度计划的实施过程中经常检查实际进度是否按计划进行，对出现的偏差情况进行分析，采取有效的补救措施，修改原计划后再付诸实施，如此循环，直到建设工程项目竣工验收交付使用。建设工程进度控制的总目标是建设工期，以确保建设项目按预定时间交付使用或提前交付使用。影响建设工程进度的不利因素很多，如人为因素、设备、材料及构配件因素、机具因素、资金因素、水文地质因素等。

3. 质量控制

建筑工程质量是指工程满足建设单位需要的，符合国家法律、法规、技术规范标准、设计文件及合同规定的特性综合，各项特性主要表现为适用性、耐久性、安全性、可靠性、经济性及与环境的协调性。工程项目的质量控制涉及到工程的全过程，各阶段的质量控制工作主要有：设计阶段协助项目法人做好设计方案的选择，完成图纸审核工作；施工前审查承包人的资质，检查人员和所用材料、构配件、设备的质量，审查施工技术方案和组织设计，实施质量预控；在施工过程中，通过技术复核，工序作业检查，监督合同文件的质量要求、标准、规范的贯彻情况，严格进行隐蔽工程质量检验和工程验收签证等工作。影响工程质量的因素很多，但归纳起来主要有5个方面（4M1E）：人（Man）、机械（Machine）、材料（Material）、方法（Method）、环境（Environment）。

4. 合同管理

广义地讲，监理工作可简要概括为监理单位受项目法人的委托，协助项目法人组织工程项目建设合同的签订，并在合同实施过程中管理合同。狭义的合同管理主要指：合同文件管理、会议管理、支付、合同变更、索赔及风险分担、合同争议协调等工作。

5. 信息管理

信息是反映客观事物规律的数据，信息管理是进行项目建设监理的重要手段和依据。只有及时、准确地掌握项目建设中的信息，严格、科学地管理各种文件、图纸、记录、报告和有关技术资料，完善信息资料的接收、签发、归档和查询制度，才能做到信息及时、完整、准确和可靠地为工程建设的监理工作提供依据，以便及时采取措施，有效、顺利地开展监理工作。

6. 风险管理

风险管理是对可能发生的风险进行预测、识别、分析、评估，并在此基础上进行有效的处置，以降低工程实施过程中风险发生的可能性或风险发生后带来的损失，目的是减轻或消除风险的影响，以最低的成本取得对工程目标保障的满意结果。

7. 安全管理

安全管理包括两层含义：一是指工程建筑物本身的安全，即工程建筑物的质量是否达到了合同的要求；二是施工过程中人员的安全，特别是工程项目建设有关各方在施工现场的人员的生命安全。第一方面属于质量控制的内容；监理单位的安全管理侧重于第二方面，主要工作内容有审查施工企业和现场各项安全生产条件是否符合开工要求，并将审查结果报送工程所在地建设行政主管部门。审查的主要内容有：施工企业和工程项目安全生产责任体系、制度、机构建立情况，安全监管人员配备情况，各项安全施工措施与项目施工特点结合情况，现场文明施工、安全防护和临时设施等情况。

8. 组织协调

在工程项目实施过程中，建设单位和承包商之间由于各自的立场、经济利益、对文件的理解不同，很容易产生矛盾、争议；而且工程项目建设是一项复杂的系统工程，在系统中活跃着建设单位、勘察设计单位、施工单位单位、政府行政主管部门以及与工程建设有关的其他单位，各单位间难免会发生冲突。因此监理单位要及时、公正、合理地做好协调工作，以保障工程建设项目顺利进行。

1.2.3.6　工程建设监理与国家质量监督的不同

工程建设监理企业代表建设单位对承建单位的建设行为进行监督管理，国家相关部门对工程质量同样进行监督管理，两者都属于建设领域内的监督管理活动，但两者存在本质上的不同。主要体现在如下几方面。

1. 行为主体不同

国家工程质量监督部门是代表国家对建设领域内的建设行为进行监督管理，是政府的专业行政执法机构，带有一定的公益性质；监理单位属于盈利性企业，是社会化、专业化的组织，监理活动属于社会的、民间的监督管理行为。

2. 性质和手段不同

国家工程质量监督部门侧重于行政管理的方法和采用强制性的行政手段，如警告、通报、罚款，甚至降低资质等级等；而监理单位必须得到建设单位的授权，才能在授权范围内进行监理，并采取系统管理的方法，从多方面采取措施进行项目质量控制，也可以采用返工、停工等强制性手段，但主要是依靠合同约束的经济手段，如拒绝进行质量、工程量签证、拒签付款凭证等。

3. 工作依据不同

国家工程质量监督部门以国家、地方颁发的有关法律、法规和强制性标准为依据；而工程建设监理则不仅以法律、法规和技术规范、标准为依据，还以工程建设合同、批准的设计文件等为依据。

4. 工作深度不同

国家工程质量监督部门主要在工程项目建设的施工阶段，对工程质量进行阶段性的监督、检查、确认的宏观性管理，工作次数有限。工程建设监理所进行的质量控制工作包括对项目质量目标详细规划，采取一系列综合性控制措施，既要做到全方位控制，又要做到事前、事中、事后控制，并持续在工程项目建设全过程的跟踪检查、监督。

5. 工作内容不同

国家工程质量监督部门主要监督管理工程建设项目的建设质量，而工程建设监理的工作范围由监理合同决定，监理阶段可以贯穿工程建设的全过程，监理工作内容包括“三控制”（投资控制、进度控制、质量控制）、“四管理”（合同管理、信息管理、风险管理和安全管理）、“一协调”（组织协调工作）。

6. 行为区域不同

各级国家工程质量监督部门的行为只限定于自己管辖区域内的工程项目，而监理单位可以在全国范围内承揽资质等级允许的工程项目监理任务。

1.2.3.7 工程建设监理的范围

工程建设监理的范围可以分为监理的工程范围和监理的工程建设阶段范围。

2001年建设部颁布的《建设工程监理范围和规模标准规定》对强制性监理的工程范围作了原则性的规定，下列建设工程必须实行监理：

（1）国家重点建设工程：依据《国家重点建设项目管理办法》所确定的对国民经济和社会发展有重大影响的骨干项目。

（2）大中型公用事业工程：项目总投资额在3000万元以上的下列工程项目：供水、供电、供气、供热等市政工程项目；科技、教育、文化等项目；体育、旅游、商业等项目；卫生、社会福利等项目；其他公用事业项目。

（3）成片开发建设的住宅小区工程：建筑面积在5万 m^2 以上的住宅建设工程。

（4）利用外国政府或者国际组织贷款、援助资金的工程：使用世界银行、亚洲开发银行等国际组织贷款资金的项目；使用国外政府及其机构贷款资金的项目；使用国际组织或者国外政府援助资金的项目。

（5）国家规定必须实行监理的其他工程：项目总投资额在3000万元以上关系社会公共利益、公众安全的下列基础设施项目：煤炭、石油、化工、天然气、电力、新能源等项目；铁路、公路、管道、水运、民航以及其他交通运输业等项目；邮政、电信枢纽、通信、信息网络等项目；防洪、灌溉、排涝、发电、引（供）水、滩涂治理、水资源保护、水土保持等水利建设项目；道路、桥梁、地铁和轻轨交通、污水排放及处理、垃圾处理、地下管道、公共停车场等城市基础设施项目；生态环境保护项目；其他基础设施项目；学校、影剧院、体育场馆项目。

对工程建设监理的范围不宜无限扩大，否则既造成监理力量的浪费，又使得重点项目、影响公众安全的项目等得不到有效的监理；而且还会增加一些工程项目的投资。

工程建设的监理阶段可适用于工程建设的全过程，但目前主要是针对建设工程的施工阶段进行。对工程实施监理的阶段越向前延伸，越能有效达到工程项目的“三控目标”，更好实现建设工程投资效益的最大化。

1.2.3.8 监理的目标控制

1. 目标控制的程序

工程建设监理的中心任务是对建设工程的三大控制，即对建设项目的投资目标、进度目标和质量目标进行有效的控制。目标控制工作的程序如图1-1所示，根据控制工作的流程，又可以将目标控制划分为投入、转换、反馈、对比和纠正5个基本环节。

（1）投入。过程首先从投入开始。工程建设能否顺利地实现，其前提是能否按计划所要求的人力、财力、物力进行投入。要使计划能够正常实施并达到预定的目标，就应当将质量、数量符合计划要求的资源按规定的时间和地点投入到建设工程实施过程中。

（2）转换。所谓转换，就是指人力、财力、物力从投入到产出的过程。在转换过程中，计划的执行往往受到人、机械、环境、方法、物等因素的干扰，也可能原有计划就存在一定问题，从而导致计划的实际执行状况偏离预定的目标。

（3）反馈。控制部门和控制人员收集原计划的实际执行情况，全面、及时、准确地获得他们所需要的信息。

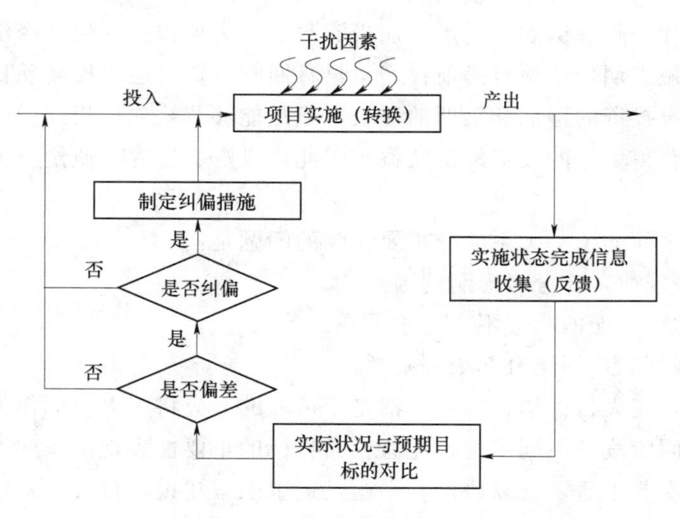

图 1-1 监理目标控制的程序

（4）对比。将目标的实际值与计划值进行比较，以确定计划的实际执行情况是否发生偏离。

（5）纠正。根据偏差的具体情况，采取不同的纠正措施。一是直接纠正，在轻度偏离的情况下，原定目标的计划值、原定的实施计划可不作改变，在下一个控制周期内使目标的实际值控制在计划值范围内；二是在中度偏离情况下，不改变总目标的计划值，调整后期实施计划；三是在重度偏离情况下，重新确定目标的计划值，并据此重新制定实施计划。

2. 建设三大目标的关系

工程建设目标系统由投资、进度、质量这三大目标构成。如果可以较好、较快地同时实现其中两个目标（如既投资少，又工期短），那么这两个目标之间就是统一的关系；反之，如果只能很顺利地实现其中一个目标（如工期短），而不能实现另外一个（如质量好），则该两个目标之间关系就变成了对立关系。进行监理目标控制时，需要将投资、进度、质量三大目标作为一个系统统筹考虑，经过反复的协调、平衡，力求实现整个目标系统最优。

（1）工程建设三大目标之间的对立关系。工程建设三大目标之间的对立关系比较直观，容易理解。就业主的角度出发，往往希望工程投资少、进度快而且质量还要好，但这在实际工程项目的建设中是不可能实现的。项目建设过程中，过分地强调进度，可能会造成质量事故，而返工处理会增加投资，又反过来影响进度；过分地强调高标准的质量，可能造成进度延误，反过来赶进度，又可能影响后期工程质量和投资；过分地强调费用节约，可能造成进度延误和工程质量事故和安全事故，反过来又增加费用支出。要使投资、进度、质量三大目标同时达到最优（即既要投资少、又满足工期短、还要工程建设质量好）的情况是很难办到的，往往只能为了达到其中某一个或者两个目标，而剩余的目标做出让步，或者只能做到工程建设项目的控制目标“整体最优”。

（2）工程建设三大目标之间的统一关系。工程建设三大目标之间的统一关系，需要从不同的角度分析和理解。例如：适当增加投资数量，为加快进度提供经济条件，就可以加快建设速度、缩短工期，使项目提前投产、早日回收投资；适当提高项目质量标准，虽然会造成一次性建设投资的增加和工期的延长，但是能够节约项目投产后的维修费用，降低综合成本，从而获得更好的投资经济效益。因此，投资、进度、质量三大目标又存在统一的一面。

对三大目标之间的统一关系的分析要注意的问题是：

1）掌握客观规律，充分考虑制约因素。

2）对未来的、可能的收益不宜过于乐观。

3）将目标规划和计划结合起来。

客观上来说，三大目标牺牲哪一个都是不可取的。应将三大目标作为一个系统统筹考虑，在建设的不同阶段、不同部位，注意三大目标的重要性表现出来的不同排序，抓住主要矛盾，处理好次要矛盾，反复协调和平衡，追求工程建设项目目标系统最优。

1.2.3.9 监理单位实施监理的主要措施

监理工程师为了取得目标控制的理想效果，应当从多方面采取措施实施控制，这些措施通常可以归纳为组织措施、技术措施、经济措施、合同措施四个方面。

1. 组织措施

组织措施是指对被控对象具有约束功能的各种组织形式、组织规范、组织指令的集合。要做到监理控制目标如果发生了偏差，责任应有人来承担，应有人来采取纠偏措施；如果没有明确的机构和人员，就无法落实各项工作和职能，控制也就无法进行。通过组织措施，采取一定的组织形式，把分散的部门或个人联成一个整体；通过组织的规范作用，把人们的行为导向预定方向；通过一定的组织规范和组织命令，使组织成员行为受到约束。

组织措施具体包括落实目标控制的组织机构和人员，明确各级目标控制人员的任务和职能分工、权力和责任、制定或改善目标控制的工作流程等。组织措施是其他各类措施的前提和保障。监理工程师在运用组织措施时，需要注意自身的职权范围，避免越权管理。

2. 技术措施

监理工程师在进行目标控制时很多的问题都需要技术措施来配合解决，技术措施也是最容易为被控对象所接受的控制手段。技术措施在实际使用中有多种形式，如在投资控制方面，协助业主合理确定标底和合同价，通过审核施工组织设计和施工方案节约工程投资；在进度控制方面，采用网络计划技术，采用新工艺、新技术等；在质量控制方面，通过各种技术手段进行事前、事中和事后控制等。

3. 经济措施

经济措施是把个人或组织的行为结果与其经济利益联系起来，通过经济利益的奖励或惩罚来调节或约束个人或组织行为的控制措施。常用的经济措施包括：对项目工程量的审核以及工程价款的结算，工程进度款的支付，对承包商违约的罚款以及对工期提前的经济奖励等。

4. 合同措施

合同措施是工程建设合同制的具体应用。合同是建设项目各参与方签订的具有法律效力的文件。合同一旦生效，签订合同各方就必须严格遵守，否则就会受到相应的制裁。合同措施具有强制性和强大的威慑力量，它能使合同各方履行自己的义务、承担自己的职责、享受自己的权利。合同也是监理工程师履行监理职责的主要依据。由于投资控制、进度控制和质量控制均以合同为依据，因此监理工程师在采取合同措施时要特别注意合同中所规定的业主和监理工程师的义务和责任。合同措施具体包括拟订合同条款、参加合同谈判、处理合同执行过程中的问题、防止和处理索赔等。

在实际工作中，监理工程师通常要从多方面采取措施进行控制，即将上述四种措施有机地结合起来，采取综合性的措施，以加大控制的力度，使工程建设整体目标得以实现。

1.2.3.10 工程建设监理的主要监理方法

监理单位应当按照监理规范的要求，采取旁站、巡视、协调等多种方法，积极开展监理工作。开展监理工作可采取的方法如下。

1. 现场记录

现场监理人员认真、完整记录每天施工现场的人员、设备和材料、天气、施工环境以及施工中出现的各种情况。

2. 发布文件

监理机构采用通知、指示、批复、签认等文件形式进行施工全过程的控制和管理。它是施工现场监督管理的重要手段，也是处理合同问题的重要依据，如工程开工令、监理通知单、工程暂停令、工程复工令等。

3. 旁站监理

监理机构按照监理合同约定，在施工现场对工程项目的重要部位和关键工序的施工，实施连续性的全过程检查、监督与管理。需要旁站监理的重要部位和关键工序一般应在监理合同中明确规定。

4. 巡视检验

监理机构对所监理的工程项目进行定期或不定期的检查、监督和管理。监理机构在实施监理过程中，为了全面掌握工程的进度、质量等情况，应当采取定期和不定期的巡视检查和检验。

5. 跟踪检测

在承包人进行试样检测前，监理机构对其检测人员、仪器设备以及拟订的检测程序和方法进行审核；在承包人对试样进行检测时，实施全过程的监督，确认其程序、方法的有效性以及检测结果的可信性，并对该结果确认。

6. 平行检测

监理机构在承包人对试样自行检测的同时，独立抽样进行的检测，核验承包人的检测结果。

7. 协调解决

监理机构对参与工程建设各方之间的关系以及工程施工过程中出现的问题和争议进行

调解。

1.3　现阶段工程建设监理的特点

我国的工程建设监理无论在管理理论和方法上，还是在业务内容和工作程序上，与国外的建设项目管理都是相同的。我国的工程建设监理取得了一定的成绩，逐渐为其他行业所接受。但由于推行时间较短，需求方对监理的认知度较低，市场体系发育不够成熟，市场运行规则不够健全，在现阶段，我国建设工程监理呈现出某些特点。

1.3.1　服务对象单一性

在国际上，建设项目管理按服务对象可分为为建设单位服务的项目管理和为承建单位服务的项目管理。而我国的建设工程监理制规定，监理企业只接受建设单位的委托，即只为建设单位服务。它不能接受承建单位的委托为其提供管理服务。从这个角度上看，可以认为我国的建设工程监理是只为建设单位提供服务的项目管理。

1.3.2　推行强制性

我国的建设工程监理从一开始就是对计划经济条件下所形成的建设工程管理体制进行改革所推行的一项新制度，也是依靠行政手段和法律手段在全国范围强制推行的。为此，国家不仅在各级政府中设立了管理建设工程监理有关工作的机构，从组织机构上为监理制的推行提供保障；而且制定了有关的法律、法规、规章，明确提出国家推行建设工程监理制度，并明确规定了必须实行建设工程监理的工程范围，为监理制的推行提供法律依据。其结果是在较短时间内促进了建设工程监理在我国的发展，形成了一批专业化、社会化的工程监理企业和监理工程师队伍，缩小了与发达国家建设项目管理的差距，并且在所监理工程中，较好地实现了“三控”的监理目标。

1.3.3　监督性

工程监理企业与建设单位构成委托与被委托关系，与承建单位虽然无任何经济关系，但根据国家的相关法律、规章及建设单位授权，有权对其不当建设行为进行监督，或者预先防范，或者指令及时改正，或者向有关部门反映，请求纠正。不仅如此，在我国的建设工程监理中还强调对承建单位施工过程和施工工序的监督、检查和验收，而且在实践中又进一步提出了旁站监理的规定，并通过计量、支付手段来对承建单位进行约束。

1.3.4　市场准入双重性

我国对工程建设监理的市场准入采取了企业资质和人员资格的双重控制。对监理行业的从业人员，要求专业监理工程师要具有工程类注册执业资格或具有中级及以上专业技术职称、2年及以上工程实践经验并经监理业务培训，并对参加监理资格考试的条件作了相应的规定；对监理企业，要求具有相应的资质，并对不同资质等级的工程监理企业需要具备的条件作了规定。这种市场准入的双重控制对于保证我国建设工程监理队伍的基本素质，规范我国建设工程监理市场起到了积极的作用。

1.4 我国工程建设监理的发展

1.4.1 我国推行监理制的必要性

1.4.1.1 工程建设领域的改革需要工程监理

长期以来我国一直沿用建设单位自筹、自建、自管和工程指挥部负责的工程建设管理模式（1949 年新中国成立至 20 世纪 70 年代末）。建设投资是国家无偿拨给，建设任务是行政分配，主要建材是按计划供给，建设单位、施工单位和设计单位被动地接受任务。其弊端是在工程建设过程中，建设单位不注重费用盈亏核算，为保进度而牺牲投资和质量，长官意志现象普遍。工程建设项目投资、进度、质量严重失控。因此，改革传统的建设项目管理体制，建立一种新型的、适应市场经济和充满活力的建设项目管理体制成为必然趋势。

早在 20 世纪 80 年代初，我国基本建设就引进了竞争机制，投资开始有偿使用，建设任务逐步实行招标承包制，但是政府的质量监督无法对建设工程进行不间断、全方位监督管理，建筑市场还不规范。如招标投标工作中，存在规避招标、假招标和工程转包现象，各种关系工程、人情工程、领导工程和地方保护工程等，导致施工偷工减料，投资失控，质量下降，给工程安全留下隐患。因此，建设领域的全面深化改革需要引入约束机制，呼唤着工程监理制的诞生。

1.4.1.2 对外开放需要工程监理

随着改革开放的深入发展，我国传统的建设项目管理体制缺少监理这个环节，难与国际通行的管理体制相衔接。涉外工程往往要求按照国际惯例实行监理，世界银行等国际金融组织都把实行工程监理制作为提供贷款的必要条件之一，而且实行工程监理制度，能够改善外资投资环境。如果自己国家没有监理队伍，要利用国外资金，就必须聘请外国监理人员。京津唐高速公路是世界银行贷款项目，聘了 5 名丹麦监理工程师，3 年支付监理费 135 万美元。多年来，我国有许多建筑队伍进入国际建筑市场，由于缺乏监理知识和被监理的经验，结果不该罚的被罚了，而该索赔的又没索赔。因此，实行工程监理制度是扩大对外开放和与国际接轨的需要。

1.4.1.3 提高工程建设项目管理水平需要工程监理

在传统的指挥部形式的管理体制下，指挥部人员是临时从各单位抽调来的，工程完工，指挥部解散。这种管理模式下的工程建设，教训不断而没有经验积累。专业化的工程监理单位，可以在工程建设的实践中不断积累经验，提高建设项目管理水平，并发挥专长，有效地控制工程的进度、质量和投资，使工程建设的目标得以最优的实现；同时，推行工程监理制，建设单位可以充分发挥自己的优势，协调解决好工程建设的外部关系和关键问题；有利于形成高水平的，以技术水平、管理能力和服务质量为竞争基础的大批管理中介服务实体；有利于培养大批高水平的项目管理人才；有利于为建设单位提供高质量的技术、管理服务。

1.4.2 我国工程建设监理的发展阶段

我国的工程监理制度是借鉴国际惯例，并结合国情而建立起来的。工程监理制度在我国大致经历了以下几个阶段。

1.4.2.1 工程监理试点阶段

1982年，我国首次利用世界银行贷款兴建的鲁布革水电站项目，是我国第一次采用国际招标程序授予外国企业（日本大成公司）承包权的工程，同时实行了工程监理制和项目法人责任制等国际通行的工程建设管理模式，新管理模式的实施取得了工程投资省、工期短、质量优的效果。1987年，国务院要求在我国建筑业推广鲁布革水电站的建设经验，由此促进了我国工程建设监理制等系列管理模式的发展。1988年7月建设部发出《关于开展建设监理工作的通知》，在北京、上海等城市和交通、能源两部的公路和水电系统开展监理试点工作，标志着我国工程监理进入试点阶段（1988—1992年）。建设部相继制定了一套监理队伍的资质管理与培训制度、监理费收取的规定和工程监理规定，监理试点工作得到迅速开展。

1.4.2.2 工程监理稳步推行阶段

经过几年的试点工作，建设部于1993年5月在天津召开了第五次全国工程监理工作会议。会议总结了试点工作的经验，对各地区、各部门的工程监理工作给予了充分肯定，并决定在全国结束工程监理制度的试点，转入稳步推行阶段（1993—1995年）。此后，全国大型水电工程、铁路工程、大部分国道和高等级公路工程全部实行了监理，建立并锻炼了监理队伍，监理工作取得了很大的发展。

1.4.2.3 工程监理全面推行阶段

1995年12月建设部在北京召开了第六次全国工程监理工作会议，会上建设部和原国家计划委员会联合颁布了737号文件，即《工程建设监理规定》，进一步完善了我国的工程监理制度。这次会议标志着我国工程监理工作进入第三阶段，即全面推行阶段（1995—2003年）。1997年11月，全国人大通过的《中华人民共和国建筑法》载入了工程监理的内容，使工程监理在建设体制中的重要地位得到了国家法律的保障。

1.4.2.4 工程监理完善发展阶段

《中华人民共和国安全生产法》《建设工程安全生产管理条例》的实施，对监理单位提出了新的安全管理要求。《建设工程安全生产管理条例》第14条规定："工程监理单位应当审查施工组织设计中的安全技术措施或者专项施工方案是否符合工程建设强制性标准。工程监理单位在实施监理过程中，发现存在安全事故隐患的，应当要求施工单位整改；情况严重的，应当要求施工单位暂时停止施工，并及时报告建设单位。施工单位拒不整改或者不停止施工的，工程监理单位应当及时向有关主管部门报告。工程监理单位和监理工程师应当按照法律、法规和工程建设强制性标准实施监理，并对建设工程安全生产承担监理责任。"

随着我国环境保护法律法规的健全和环境保护工作的深入，施工期的环境保护工作引起了广泛的重视并在实践中取得了成绩。2002年10月，国家环境保护总局等六部委联合发布了《关于在重点建设项目中开展工程环境监理试点的通知》（环发〔2002〕141号），并指出："为贯彻《建设项目环境保护管理条例》，落实国务院第五次全国环境保护会议精神，严格执行环境保护'三同时'制度，进一步加强建设项目设计和施工阶段的环境管理，控制施工阶段的环境污染和生态破坏，逐步推行施工期工程环境监理制度，决定在生态环境影响突出的国家十三个重点建设项目中开展工程环境监理试点。”

因此，安全、环境保护等管理法规赋予建设监理新的任务。新形势下，工程建设发展新的需要赋予了建设监理新的使命，监理单位和监理人员应准确掌握在工程建设监理中的责任、权利和义务，以更好地履行监理职责。

1.4.3　我国工程建设监理现阶段存在的问题

工程建设实行监理的成效是显著的，但工程建设监理过程中依然存在许多管理漏洞，由于推行时间较短，我国的工程监理制的发展仍然处于初级阶段，还存在很多有待解决的问题：

(1) 工程监理市场不规范，监理的竞争机制尚未完全形成，系统内同体监理现象大量存在，个别地方甚至存在低资质监理单位越级承担工程项目监理业务的问题。

(2) 监理单位管理水平和监理人员素质不高，多数监理单位尚未独立于母体单位，监理人员不稳定，离退休人员多，缺乏必要的高素质监理人才。

(3) 监理工作在地区间发展不平衡，监理单位和监理工程师队伍分布不合理，不能满足实际工作需要。

(4) 监理工作大多侧重质量控制，未真正实现投资、进度和质量的全方位监理。

(5) 目前监理工作侧重于施工阶段，建设单位在建设项目决策阶段、勘察设计阶段较少引入监理，难以发挥监理对建设项目决策、勘察设计等过程的全过程监理作用。

(6) 部分监理人员无证上岗，没接受监理培训就上岗的现象较普遍。

这些问题需要通过增强对建设监理领域的执法力度及随着监理制的推行，在实践中探索解决。

1.4.4　我国工程建设监理的发展趋势

我国工程建设监理，无论是对工程的监理效果，还是监理队伍的发展，都取得了有目共睹的成就，为社会各界所认同和接受。但与发达国家相比，还存在较大的差距。为更好发挥监理的作用，增强监理企业的管理水平、竞争实力，监理企业可从以下几个方面寻求发展。

1. 加强法制建设，走法制化的道路

目前，我国建设工程监理的法制化建设已经取得相当的成效，但还有一些薄弱环节，如市场规则特别是市场竞争规则和市场交易规则还不健全；信用机制、价格形成机制、风险防范机制、仲裁机制等尚未完全形成，还应当在总结经验、借鉴国际通行做法的基础上，使我国建设工程监理制逐步健全起来，使我国的工程建设监理制的实行步入有法可依、有法必依的法制正轨，适应加入 WTO 后的新形势。

2. 以市场需求为导向，向全方位、全过程监理发展

我国实行建设工程监理 20 多年以来，目前仍然以施工阶段的监理为主，造成这种状况既有客观上体制方面、建设单位认识方面的原因，也有主观上监理企业素质及能力等方面的原因。工程监理企业必须进一步树立市场竞争观念、经营理念和服务意识，不断拓展经营范围、扩大经营规模，向纵深两个方面扩展，即从单一的施工阶段监理向建设工程全过程的项目管理延伸，从目前侧重的质量控制，向质量、投资、进度控制、管理、协调方面全面发展，应用现代项目管理理论，采用先进的项目管理方法和技术手段，为业主提供

从建设工程前期策划、可行性研究、设计管理到工程招标、施工管理、试运转的全过程服务，包括进度、投资、质量及安全等方面的全方位管理，为工程监理企业拓展其经营范围和规模创造良好的发展机遇。

3. 适应市场需求，优化工程监理企业结构

向全方位、全过程监理发展，是对建设工程监理整个行业而言的，并不意味着所有的工程监理企业都朝这个方向发展，而是要通过市场机制、政策引导，在监理行业内逐步建立起综合性监理企业与专业性监理企业相结合、大中小型监理企业并存的合理的企业结构。按能监理的工作分，要有能胜任全过程、全方位监理任务的综合性监理企业及能承担某一专业监理任务的监理企业；按能监理的工程实施阶段分，要有承担工程建设全过程的大型监理企业、能承担某一阶段工程监理任务的中型监理企业及只提供旁站监理劳务的小型监理企业。这样既能满足建设单位的各种需求，又使各类监理企业都有合理的生存和发展空间。

4. 推进行业体制改革，加快市场化进程

为了适应市场经济发展的需要，必须大力推进工程监理行业组织结构调整和监理企业产权制度的改革。随着我国市场经济体制进一步完善和加入 WTO 后新形势的发展需要，建设领域内投资主体更趋多元化，社会和市场对监理行业在深度和广度上都提出了更高的要求。为了适应多层次、多专业的市场需求，调整监理行业的组织结构势在必行。随着市场经济的发展，工程监理企业应加快建立现代企业制度的步伐，通过广泛吸收多种所有制资本，包括民营资本、外资和社会资本参股，积极吸收企业高层经营管理人员投资入股等形式，实现企业产权多元化，加快产权结构调整，积极推进监理企业向市场化方向发展的步伐。

5. 加强培训工作，不断提高从业人员素质

从全方位、全过程监理的要求来看，我国建设工程监理从业人员的素质还不能与之相适应。同时，工程建设领域的新技术、新工艺、新材料不断出现，工程技术标准时有更新，信息技术日新月异，这都要求建设工程监理从业人员与时俱进，不断提高自身的业务素质和职业道德素质。国家可以从市场准入、继续教育等方面加大管理力度，培养和造就出大批高素质的监理人员，形成一批公信力强、业务素质高、有品牌效应的工程监理企业，提升我国建设工程监理的总体水平及效果。

6. 与国际接轨，走向世界，向项目管理公司过渡

国际工程项目管理实践中，多数将建设项目的全过程管理工作与建造期的现场施工监理工作合并委托同一家工程管理顾问公司承担，而国内工程多数项目是管理与监理分别委托的。我国的建设监理公司本身的定位就应该是为业主服务的项目管理公司。多年来，由于客观和主观的原因，未能全面地实现这个目标。随着我国市场经济的发展和加入 WTO 出现的新形势，监理行业向全过程、全方位的工程项目管理模式转型是大趋势，这个过程将受市场的直接影响，一些条件较好的监理企业可以向全过程监理方向发展，一般企业可继续从事施工阶段监理，条件较差的企业则以提供监理劳务为主。现阶段我国的监理企业中，国有企业仍占多数，受到母体的羁绊，必须根据企业特点，合理地确定改革方案，循序渐进实施改革。

与国际接轨可使我国的工程监理企业与国外同行按照同一规则、同台竞争。这既可表现为国外项目管理公司进入我国，与我国监理企业相竞争；也可表现为我国监理企业走向国外，与国外同行相竞争。要同国外项目管理公司相竞争，掌握国际上通行的规则是必须的。我国的监理企业，既要勇于面对国外同行进入我国后的挑战，也要把握机遇，敢于到国际市场与国外同行相竞争。

1.5　实行工程建设监理的依据

工程建设监理制的推行，既有理论基础，也逐渐完善了相应的法律、法规、规范等，以保障监理行业的发展及监理人员的执业活动有法可依。

1.5.1　工程建设监理的理论基础

我国推行建设工程监理制之初就明确界定，我国的建设工程监理是专业化、社会化的建设项目管理，所依据的基本理论和方法来自建设项目管理学。建设项目管理学，又称工程项目管理学，是以组织论、控制论和管理学作为理论基础，结合建设工程项目和建筑市场的特点而形成的一门新兴学科。研究的范围包括管理思想、管理体制、管理组织、管理方法和管理手段。研究的对象是建设工程项目管理总目标的有效控制，包括费用目标、时间目标和质量目标的控制。

在提出建设工程监理制构想时，我国借鉴了国际上成熟的工程项目管理经验，充分考虑了 FIDIC 合同条件。20 世纪 80 年代中期，在我国接受世界银行贷款的建设工程上普遍采用了 FIDIC 土木工程施工合同条件，这些建设工程的良好实施效果受到了有关各方的重视。FIDIC 合同条件中对工程师作为独立、公正的第三方的要求及其对承建单位严格、细致的监督和检查被认为在相关建设工程项目上起到了重要的作用，这为我国的监理制奠定了经验基础。因此，在我国建设工程监理制中吸收了对工程监理企业和监理工程师独立、公正的要求，以保证在维护建设单位利益的同时，不损害承建单位的合法权益，并且强调在监理执业活动中对承建单位施工过程和施工工序的监督、检查和验收。

1.5.2　工程建设监理的法律依据

1.5.2.1　建设领域的法律法规体系

建设工程法律法规体系是指根据《中华人民共和国立法法》的规定，制定和颁布实行的有关建设工程的各项法律、行政法规、地方性法规、自治条例、单行条例、部门规章和地方政府规章的总称。目前，这个体系已经基本形成。

建设工程法律是指由全国人民代表大会及其常务委员会通过的规范工程建设活动的法律规范，由国家主席签署主席令予以公布。如《中华人民共和国建筑法》《中华人民共和国招标投标法》《中华人民共和国合同法》等。

建设工程行政法规是指由国务院根据宪法和法律制定的规范工程建设活动的各项法规，由总理签署国务院令予以公布，如《建设工程质量管理条例》《建设工程安全生产管理条例》《安全生产许可证条例》等。

建设工程部门规章是指建设部按照国务院规定的职权范围，独立或同国务院有关部门联合，根据法律和国务院的行政法规、决定、命令，制定的规范工程建设活动的各项规章。属于建设部制定的由部长签署建设部令予以公布，如《建设工程监理范围和规模标准规定》《工程监理企业资质管理规定》《注册监理工程师管理规定》等。

法律的效力高于行政法规，行政法规的效力高于部门规章。

1.5.2.2 《中华人民共和国建筑法》

《建筑法》是我国工程建设领域的一部大法。全文分8章共计85条。整部法律内容以建筑市场管理为中心、以建筑工程质量和安全为重点、以建筑活动监督管理为主线形成。

1. 总则

《建筑法》总则一章，是对整部法律的纲领性规定。内容包括：立法目的、调整对象和适用范围、建筑活动基本要求、建筑业的基本政策、建筑活动当事人的基本权利和义务、建筑活动监督管理主体。

(1) 立法目的是为了加强对建筑活动的监督管理，维护建筑市场秩序，保证建筑工程的质量和安全，促进建筑业健康发展。

(2) 适用的地域范围是中华人民共和国境内，管理的对象包括从事建筑活动的单位和个人以及监督管理的主体，管理的行为是各类房屋建筑及其附属设施的建造和与其配套的线路、管道、设备的安装活动。关于施工许可、建筑施工企业资质审查和建筑工程发包、承包、禁止转包，以及建筑工程监理、建筑工程安全和质量管理的规定，适用于其他专业工程的建筑活动。

(3) 建筑活动基本要求是建筑活动应当确保建筑工程质量和安全，符合国家的建筑工程安全标准。

(4) 任何单位和个人从事建筑活动应当遵守法律、法规，不得损害社会公共利益和他人合法权益。任何单位和个人不得妨碍和阻挠依法进行的建筑活动。

(5) 国务院建设行政主管部门对全国的建筑活动实施统一监督管理。

2. 建筑许可

建筑许可一章是关于建筑许可制度的规定，共8条，对建筑工程施工许可制度、从事建筑活动的单位从业资质和个人从业资格做出了规定。

(1) 建筑工程施工许可制度。建筑工程施工许可制度是建设行政主管部门根据建设单位的申请，依法对建筑工程所应具备的施工条件进行审查，符合规定条件的，准许该建筑工程开始施工，并颁发施工许可证的一种制度。具体内容包括：

1) 施工许可证的申领时间、申领程序、工程范围、审批权限以及施工许可证与开工报告之间的关系。

2) 申请施工许可证的条件和颁发施工许可证的时间规定。

3) 施工许可证的有效时间和延期的规定。

4) 领取施工许可证的建筑工程中止施工和恢复施工的有关规定。

5) 取得开工报告的建筑工程不能按期开工或中止施工以及开工报告有效期的规定。

(2) 从事建筑活动单位及个人的资质（资格）管理规定。

1) 从事建筑活动的建筑施工企业、勘察单位、设计单位和工程监理单位应有符合国家规定的注册资本，有与其从事的建筑活动相适应的具有法定执业资格的专业技术人员，有从事相关建筑活动所应有的技术装备，以及法律、行政法规规定的其他条件。

2）从事建筑活动的单位取得相应的资质等级证书后，方可在其资质等级许可的范围内从事建筑活动。

3）从事建筑活动的专业技术人员，应当依法取得相应的执业资格证书，并在执业资格证书许可的范围内从事建筑活动。

3. 建筑工程发包与承包

（1）关于建筑工程发包与承包的一般规定。一般规定包括：发包单位和承包单位应当签订书面合同，并应依法履行合同义务；招标投标活动的原则；发包和承包行为约束方面的规定；合同价款约定和支付的规定等。

（2）关于建筑工程发包。内容包括：建筑工程发包方式；公开招标程序和要求；建筑工程招标的行为主体和监督主体；发包单位应将工程发包给依法中标或具有相应资质条件的承包单位；政府部门不得滥用权力限定承包单位；禁止将建筑工程肢解发包；发包单位在承包单位采购方面的行为限制的规定等。

（3）关于建筑工程承包。内容包括：承包单位资质管理的规定；关于联合承包方式的规定；禁止转包；有关分包的规定等。

4. 建筑工程监理

（1）国家推行建筑工程监理制度。国务院可以规定实行强制性监理的工程范围。

（2）实行监理的建筑工程，由建设单位委托具有相应资质条件的工程监理单位监理。建设单位与其委托的工程监理单位应当订立书面委托监理合同。

（3）建筑工程监理应当依据法律、行政法规及有关的技术标准、设计文件和工程承包合同，对承包单位在施工质量、建设工期和建设资金使用等方面，代表建设单位实施监督。工程监理人员认为工程施工不符合工程设计要求、施工技术标准和合同约定的，有权要求建筑施工企业改正。工程监理人员发现工程设计不符合建筑工程质量标准或者合同约定的质量要求的，应当报告建设单位要求设计单位改正。

（4）实施建筑工程监理前，建设单位应当将委托的工程监理单位、监理的内容及监理权限，书面通知被监理的建筑施工企业。

（5）工程监理单位应当在其资质等级许可的监理范围内，承担工程监理业务。工程监理单位应当根据建设单位的委托，客观、公正地执行监理任务。工程监理单位与被监理工程的承包单位以及建筑材料、建筑构配件和设备供应单位不得有隶属关系或者其他利害关系。工程监理单位不得转让工程监理业务。

（6）工程监理单位不按照委托监理合同的约定履行监理义务，对应当监督检查的项目不检查或者不按照规定检查，给建设单位造成损失的，应当承担相应的赔偿责任。工程监理单位与承包单位串通，为承包单位谋取非法利益，给建设单位造成损失的，应当与承包单位承担连带赔偿责任。

5. 建筑安全生产管理

内容包括：建筑安全生产管理的方针和制度；建筑工程设计应当保证工程的安全性能；建筑施工企业安全生产方面的规定；建筑施工企业在施工现场应采取的安全防护措施；建设单位和建筑施工企业关于施工现场地下管线保护的义务；建筑施工企业在施工现场应采取保护环境措施的规定；建设单位应办理施工现场特殊作业申请批准手续的规定；

建筑安全生产行业管理和国家监察的规定；建筑施工企业安全生产管理和安全生产责任制的规定；施工现场安全由建筑施工企业负责的规定；劳动安全生产培训的规定；建筑施工企业和作业人员有关安全生产的义务以及作业人员安全生产方面的权利；建筑施工企业为有关职工办理意外伤害保险的规定；涉及建筑主体和承重结构变动的装修工程设计、施工的规定；房屋拆除的规定；施工中发生事故应采取紧急措施和报告制度的规定。

6. 建筑工程质量管理

(1) 建筑工程勘察、设计、施工质量必须符合有关建筑工程安全标准的规定。

(2) 国家对从事建筑活动的单位推行质量体系认证制度的规定。

(3) 建设单位不得以任何理由要求设计单位和施工企业降低工程质量的规定。

(4) 关于总承包单位和分包单位工程质量责任的规定。

(5) 关于勘察、设计单位工程质量责任的规定。

(6) 设计单位对设计文件选用的建筑材料、构配件和设备不得指定生产厂、供应商的规定。

(7) 施工企业质量责任。

(8) 施工企业对进场材料、构配件和设备进行检验的规定。

(9) 关于建筑物合理使用寿命内和工程竣工时的工程质量要求。

(10) 关于工程竣工验收的规定。

(11) 建筑工程实行质量保修制度的规定。

(12) 关于工程质量实行群众监督的规定。

7. 法律责任

对下列行为规定了法律责任：

(1) 未经法定许可，擅自施工的。

(2) 将工程发包给不具备相应资质的单位或者将工程肢解发包的；无资质证书或者超越资质等级承揽工程的；以欺骗手段取得资质证书的。

(3) 转让、出借资质证书或者以其他方式允许他人以本企业名义承揽工程的。

(4) 将工程转包，或者违反法律规定进行分包的。

(5) 在工程发包与承包中索贿、受贿、行贿的。

(6) 工程监理单位与建设单位或者建筑施工企业串通，弄虚作假、降低工程质量的；转让监理业务的。

(7) 涉及建筑主体或者承重结构变动的装修工程，违反法律规定，擅自施工的。

(8) 建筑施工企业违反法律规定，对建筑安全事故隐患不采取措施予以消除的；管理人员违章指挥、强令职工冒险作业，因而造成严重后果的。

(9) 建设单位要求设计单位或者施工企业违反工程质量安全标准，降低工程质量的。

(10) 设计单位不按工程质量、安全标准进行设计的。

(11) 建筑施工企业在施工中偷工减料，使用不合格材料、构配件和设备的，或者有其他不按照工程设计图纸或者施工技术标准施工行为的。

(12) 建筑施工企业不履行保修义务或者拖延履行保修义务的。

(13) 违反法律规定，对不具备相应资质等级条件的单位颁发该等级资质证书的。

（14）政府及其所属部门的工作人员违反规定，限定发包单位将招标发包的工程发包给指定的承包单位的。

（15）有关部门及其工作人员对不符合施工条件的建筑工程颁发施工许可证的，对不合格的建筑工程出具质量合格文件或按合格工程验收的。

1.5.2.3　《中华人民共和国合同法》

《合同法》是调整平等主体之间交易关系的法律，它主要规范合同的订立、合同的效力、合同的履行、变更、转让、终止、违反合同的责任及各类有关合同等问题。

1. 一般规定

（1）制定目的：保护合同当事人的合法权益，维护社会经济秩序，促进社会主义现代化建设。

（2）本法所称合同是平等主体的自然人、法人、其他组织之间设立、变更、终止民事权利义务关系的协议。

（3）合同当事人的法律地位平等，一方不得将自己的意志强加给另一方。

（4）当事人依法享有自愿订立合同的权利，任何单位和个人不得非法干预。

（5）当事人应当遵循公平原则确定各方的权利和义务。

（6）当事人行使权利、履行义务应当遵循诚实信用原则。

（7）当事人订立、履行合同，应当遵守法律、行政法规，尊重社会公德，不得扰乱社会经济秩序，损害社会公共利益。

（8）依法成立的合同，对当事人具有法律约束力。当事人应当按照约定履行自己的义务，不得擅自变更或者解除合同。依法成立的合同，受法律保护。

2. 合同的订立

（1）当事人订立合同，应当具有相应的民事权利能力和民事行为能力，当事人依法可以委托代理人订立合同。

（2）当事人订立合同，有书面形式、口头形式和其他形式；法律、行政法规规定采用书面形式的，应当采用书面形式。当事人约定采用书面形式的，应当采用书面形式。

（3）书面形式是指合同书、信件和数据电文（包括电报、电传、传真、电子数据交换和电子邮件）等可以有形地表现所载内容的形式。

（4）合同的内容由当事人约定，一般包括以下条款：当事人的名称或者姓名和住所；标的；数量；质量；价款或者报酬；履行期限、地点和方式；违约责任；解决争议的方法。

（5）当事人订立合同，采取要约、承诺方式。

（6）当事人采用合同书形式订立合同的，自双方当事人签字或者盖章时合同成立。

（7）当事人采用信件、数据电文等形式订立合同的，可以在合同成立之前要求签订确认书。签订确认书时合同成立。

（8）承诺生效的地点为合同成立的地点。采用数据电文形式订立合同的，收件人的主营业地为合同成立的地点；没有主营业地的，其经常居住地为合同成立的地点。当事人另有约定的，按照其约定。

（9）当事人采用合同书形式订立合同的，双方当事人签字或者盖章的地点为合同成立的地点。

（10）法律、行政法规规定或者当事人约定采用书面形式订立合同，当事人未采用书面形式但一方已经履行主要义务，对方接受的，该合同成立；采用合同书形式订立合同，在签字或者盖章之前，当事人一方已经履行主要义务，对方接受的，该合同成立。

（11）国家根据需要下达指令性任务或者国家订货任务的，有关法人、其他组织之间应当依照有关法律、行政法规规定的权利和义务订立合同。

（12）当事人在订立合同过程中有下列情形之一，给对方造成损失的，应当承担损害赔偿责任：假借订立合同，恶意进行磋商；故意隐瞒与订立合同有关的重要事实或者提供虚假情况；有其他违背诚实信用原则的行为。当事人在订立合同过程中泄露或者不正当地使用该商业秘密给对方造成损失的，应当承担损害赔偿责任。

3. 合同的效力

（1）依法成立的合同，自成立时生效。法律、行政法规规定应当办理批准、登记等手续生效的，依照其规定。

（2）当事人对合同的效力可以约定附条件。附生效条件的合同，自条件成就时生效。附解除条件的合同，自条件成就时失效。

（3）当事人对合同的效力可以约定附期限。附生效期限的合同，自期限届至时生效。附终止期限的合同，自期限届满时失效。

（4）有下列情形之一的，合同无效：一方以欺诈、胁迫的手段订立合同，损害国家利益；恶意串通，损害国家、集体或者第三人利益；以合法形式掩盖非法目的；损害社会公共利益；违反法律、行政法规的强制性规定。

4. 合同的履行

（1）当事人应当按照约定全面履行自己的义务。当事人应当遵循诚实信用原则，根据合同的性质、目的和交易习惯履行通知、协助、保密等义务。

（2）合同生效后，当事人就质量、价款或者报酬、履行地点等内容没有约定或者约定不明确的，可以协议补充；不能达成补充协议的，按照合同有关条款或者交易习惯确定。

（3）合同生效后，当事人不得因姓名、名称的变更或者法定代表人、负责人、承办人的变动而不履行合同义务。

5. 合同的变更和转让

（1）当事人协商一致，可以变更合同。

（2）债权人可以将合同的权利全部或部分转让给第三人，并通知债务人。

（3）债务人将合同的义务全部或部分转移给第三人的，应经债权人同意。

（4）法律、行政法规规定转让权力或转移义务应当办理批准、登记手续的，依照其规定。

（5）当事人一方经对方同意，可以将自己在合同中的权利和义务一并转让给第三人。

（6）当事人订立合同后合并的，由合并后的法人或者其他组织行使合同权利，履行合同义务。当事人订立合同后分立的，除债权人和债务人另有约定的以外，由分立的法人或者其他组织对合同的权力和义务享有连带债权，承担连带债务。

6. 合同的权力义务终止

（1）合同的权力义务终止的有关情形。

（2）当事人协商一致，可以解除合同。

（3）可以解除合同的有关情形。

（4）合同双方当事人的债务、债权结算。

7. 违约责任

（1）当事人一方不履行合同义务或者履行合同义务不符合约定的，应当承担继续履行、采取补救措施或者赔偿损失等违约责任。

（2）当事人一方明确表示或者以自己的行为表明不履行合同义务的，对方可以在履行期限届满之前要求其承担违约责任。

（3）当事人一方未支付价款或者报酬的，对方可以要求其支付价款或者报酬。

（4）质量不符合约定的，应当按照当事人的约定承担违约责任。

（5）当事人一方不履行合同义务或者履行合同义务不符合约定的，在履行义务或者采取补救措施后，对方还有其他损失的，应当赔偿损失。

（6）当事人一方不履行合同义务或者履行合同义务不符合约定，给对方造成损失的，损失赔偿额应当相当于因违约所造成的损失，包括合同履行后可以获得的利益，但不得超过违反合同一方订立合同时预见到或者应当预见到的因违反合同可能造成的损失。

（7）因当事人一方的违约行为，侵害对方人身、财产权益的，受损害方有权选择依照本法要求其承担违约责任或者依照其他法律要求其承担侵权责任。

8. 其他规定

对其他法律对合同有另外规定的、涉外合同、国家有关部门对合同的管理等相关规定。

9. 分则

分别对买卖合同、赠与合同、借款合同、租赁合同、委托合同等各类有关合同作了相关规定。

1.5.2.4 中华人民共和国招标投标法

《中华人民共和国招标投标法》共分6章，计68条。该法对招标、投标、开标、评标和中标、法律责任进行了规范。

1. 总则

（1）制定的目的：为了规范招标投标活动，保护国家利益、社会公共利益和招标投标活动当事人的合法权益，提高经济利益，保证项目质量。

（2）适用范围：在中华人民共和国境内进行的工程建设项目：大型基础设施、公用事业等关系社会公共利益、公众安全的项目；全部或者部分使用国有资金投资或者国家融资的项目；使用国际组织或者外国政府贷款、援助资金的项目，包括项目的勘察、设计、施工、监理以及与工程建设有关的重要设备、材料等采购，必须进行招标。

（3）招投标原则：招投标活动应当遵循公开、公平、公正和诚实信用的原则。

2. 招标

（1）成为招标人的基本条件：要有可以依法进行招标的项目，如果没有可以实际进行招标的项目，或者说不能依法提出招标的项目，就不能形成合法的招标人；一个合格的招标项目，关键在于是否具有与项目相配套的资金或者可靠的资金来源，有资金才有招标项目，没有资金的招标项目，可能是一个虚拟的项目，所以在招投标法中专门就招标项目的资金条件作出了规定。这是针对现实中存在的资金不落实，招标纠纷多，或者招标后项目难以实施的情况而作出的一项规定，根据这项规定来衡量招标人是否符合法定条件；招标人为法人或者其他组织，要求是能依法进入市场进行活动的经济实体，他们能独立地承担责任、享有权利，因为招标人作为交易的一方，必须具有这种能力，才能邀请若干有条件的投标人为了争取得到项目而进行竞争。

(2) 招标方式：在招投标法中规定了两种招标方式，公开招标和邀请招标。公开招标是公开发布招标信息，公开程度高，参加竞争的投标人多，竞争比较充分，招标人的选择余地大，当然它的费用也较高、费时较多、程序较为复杂。邀请招标是在有限的范围内发布信息，进行竞争，费用和时间都可以省一些，虽然也可以选择，但选择余地不大，而且作弊的机会可能要多些。在招投标法中，鼓励采用公开招标方式，但某些特定的情况可以采用邀请招标方式，国家重点项目和地方重点项目不适宜公开招标的，经过批准可以进行邀请招标。进行这样的规定，实质是要求在两种招标方式中尽可能地优先选用公开招标方式。

(3) 招标代理：在招投标法中规定，招标人可以自行招标，也可以委托招标代理机构办理招标事项。对于代理招标，招投标法规定：招标代理机构必须依法设立，其资格要由法定的部门认定；有从事招标代理业务的营业场所和相应资金；有能够编制招标文件和组织评标的相应专业力量；有可以作为评标委员会成员人选的技术、经济等方面的专家库，并且要求与投标人有利害关系的人不得进入相关项目的评标委员会，评标委员会成员的名单在中标结果确定前应当保密；招标代理机构与行政机关和其他国家机关不得存在隶属关系或者其他利益关系；招标代理机构应当在招标人委托的范围内办理招标事宜。

采用哪一种招标方式则由招标人依照法律上的要求自行决定，招标人有自主选择的权利，但不是无限制条件的选择。因此在招投标法中明确规定，只有招标人具有编制招标文件和组织评标能力的，才可以自行办理招标事宜。在法律中还考虑到应当防止自行招标中可能有的弊病，保证招标质量，因此规定，依法必须进行招标的项目，招标人自行办理招标事宜的，应当向有关行政监督部门备案。这些规定保证了代理招标的质量，形成规范的代理关系，维护招标人的自主权。

(4) 招标公告、投标邀请书：公开招标的特点是发布招标公告，通过招标公告邀请不特定的法人或者其他组织进行投标，参加竞争。属于强制招标的，招标公告的发布方式依照法律规定办理，招标公告的基本内容法律上也有规定。邀请招标是由招标人向3个以上具备承担招标项目的能力、资信良好的特定法人或者其他组织发出投标邀请书，它的基本内容与招标公告是一致的，特别规定了向至少3个潜在投标人发出投标邀请书，目的是保证邀请招标具有一定的竞争性，防止以邀请招标为名，搞假招标，形式招标，而规避招标。

(5) 招标文件：招标人根据招标项目的特点和需要编制的具有重要意义的文件，招标文件的内容要求在招投标法中有相应规定，包括招标项目的技术要求、对投标人资格审查的标准、投标报价要求和评标标准等所有实质性要求和条件以及拟签订合同的主要条款。按照这些要求编制的招标文件，是以项目为依托，确定招标程序，提出技术标准和成交条件，为投标人准备投标文件提供必需的资料。对于招标文件的编制，在法律中也作出了禁止性的规定，以防止和排除招标人的不正当行为，招标文件不得要求或者标明特定的生产供应者以及含有倾向或者排斥潜在投标人的其他内容。编制招标文件的内容必须体现公开、公平、公正的原则，符合公平竞争的要求。在招投标法中还有一些涉及招标文件的规定，也同样地体现了维护公平竞争的要求。

3. 投标

(1) 招投标法明确投标人必须具备如下条件：响应招标，也就是指符合投标资格条件并有可能参加投标的人获得了招标信息，购买了招标文件，编制投标文件，准备参加投标活动的潜在投标人，这是一个有实际意义的条件，因为不响应招标，就不会成为投标人；参加投标竞争的行列，也就是指按照招标文件的要求提交投标文件，实际参与投标竞争，作为投标人进入招标投标法律关系之中；具有法人资格或者是依法设立的其他组织。

关于投标人，在招投标法中针对科研项目的特定情况作出了特别规定，即依法招标的科研项目允许个人参加投标的，投标的个人适用本法有关投标人的规定。这是立足于科技项目要实行招标制，面向社会公开招标，保证立项的科学性和竞标的公开、公正性而作出的相适应的一种规定，如果实行招标的科研项目是允许个人投标的，则这个个人可以视为招投标法中的投标人。同时，这样的规定也和招投标法所确定的调整范围是一致的，就是对科研项目的招标也是可以适用的。

(2) 投标文件：投标文件指具备承担招标项目能力的投标人，按照招标文件的要求编制的文件。在投标文件中应当对招标文件提出的实质性要求和条件作出响应，这里所指的实质性要求和条件，一般是指招标文件中有关招标项目的价格、招标项目的计划、招标项目的技术规范方面的要求和条件及合同的主要条款。投标文件需要在这些方面作出响应，响应的方式是投标人按照招标文件进行填报，不得遗漏或回避招标文件中的问题，招投标双方要围绕招标项目来编制招标文件和投标文件。

招投标法对投标文件的送达、签收、保存的程序作出规定，有明确的规则。对于投标文件的补充、修改、撤回也有具体规定，明确了投标人的权利义务。

(3) 投标联合体：招投标法对投标人组成联合体共同投标是允许的，特别是大型的、复杂的招标项目，但要对其加以规范，防止和排除在现实中已经出现的以组织联合体为名，低资质的充当高资质的、不合格的混同合格的、责任不明、关系不清等弊端，因此在招投标法中确立以下规则：两个以上法人或者其他组织可以组成一个联合体，以一个投标人的身份共同投标，这就是将联合体作为一个整体，是一个独立的投标人；联合体的资格条件由两种要求、不同专业组成的，各方均应具备规定的相应资格条件；相同专业的，则应按照资质等级较低的单位确定资质等级，这样可以保证联合体的质量，防止名不副实；联合体各方应签订共同投标协议，中标后应共同与招标人签订合同，向招标人承担连带责任，这样可以使法律关系清楚、责任明确；招标人不得强制投标人组成联合体，不得限制投标人之间的竞争。

(4) 投标中的禁止事项：对于投标人的行为，招投标法还对禁止的事项作出了规定，以维护招标投标的正常秩序，保护合法的竞争。具体有如下几方面：禁止串通投标，一种是投标人之间相互串通，也包括部分投标人之间的串通排挤另一部分投标人；另一种是投标人与招标人串通投标。这两种串通都将损害国家、社会、招标人或者其他有关人的利益，是破坏公平竞争、危害性很大的行为，必须予以禁止；禁止投标人以向招标人或者评标委员会成员行贿的手段谋取中标，这种行为在现实的社会经济生活中造成了许多恶劣后果，对招标投标危害极大，必须坚决禁止；投标人不得以低于成本的报价竞标，之所以这样规定是为了确立正常的经济关系，体现市场经济的基本原则，排除不正当的竞争行为，因为低于成本的报价，对企业来说有可能是自杀行为或者是引向欺诈，这对正常的竞争秩序也是一种干扰；《招标投标法》明令规定投标人不得以他人名义投标或者以其他方式弄虚作假，骗取中标。

4. 评标和中标

评标和中标是招标投标整个过程中两个有决定性影响的环节，招标投标法对这两个环节作出了一系列的规定，确定了有关的行为规则和基本原则。

（1）组织评标委员会。评标是根据法定的原则和招标文件的规定及要求，对投标文件进行审查、评议和比较，是确定中标人的必经程序，也是保证招标获得效果的关键环节。由于判断需要足够的知识、经验，同时也为评标客观公正，评标不能由招标人独自进行，应当有专家和有关人员参加。这就需要组建一个评标委员会负责评标，而这个委员会应当由招标人依法组成，负责对投标文件进行评标，评标委员会成员名单原则上应在开标前确定，并在招标结果确定前保密。

（2）评标委员会的组成规则。为了保证评标委员会的公正性和权威性，应尽可能选用具有合理知识结构和高质量的组成人员，法律规定，评标委员会由招标人的代表和有关技术、经济等方面的专家组成，成员人数为5人以上单数，其中技术、经济等方面的专家不得少于成员总数的2/3。参加评标委员会的专家应当有较高的专业水平，并依照法定的方式确定，与投标人有利害关系的人不得进入相关项目的评标委员会。

（3）评标的若干规则。为保证评标公正，评标必须按法定的规则进行，能否在评标环节上，对投标文件作出公正、客观、全面的评审和比较，是招标能否成功的一个关键，也是能否公正地推荐和确定中标人的必要前提。《招标投标法》对评标工作进行如下规定：招标应当采取必要措施，保证评标在严格保密的情况下进行，任何单位和个人不得非法干预、影响评标的过程和结果，以法律形式排除现实中经常出现的非法干预，排除从外界施加的压力，从法律上保证公正评标，维护招标人、投标人的合法权益；评标委员会可以要求投标人对投标文件中含义不明确的内容作必要的澄清或者说明，但是澄清或者说明不得超出投标文件的范围或者改变投标文件的实质性内容；评标委员会应当按照招标文件确定的评标标准和方法对投标文件进行评审和比较；评标委员会成员应当客观、公正地履行职责，遵守职业道德，对所提出的评审意见承担个人责任；评标委员会成员不得私下接触投标人，不得收受投标人的财物或者其他好处；评标委员会的成员和有关工作人员，都不得透露评标情况。

（4）中标的基本原则。中标，就是在招标投标中选定最优的投标人，对投标人来说，就是投标成功，竞争到了招标项目的标的。招投标法对确定中标人的程序、标准和中标人应当切实履行义务等方面作出了规定，保证了竞争的公平和公正。《招标投标法》规定了中标的标准：能够最大限度地满足招标文件中规定的各项综合评价标准；能够满足招标文件的实质性要求，并且经评审的投标价格最低，但是投标价格低于成本的除外。招标投标法规定：评标委员会完成评标后，应当向招标人提出书面评标报告，并推荐合格的中标候选人；招标人根据评标委员会的书面评标报告和推荐的中标候选人确定中标人，招标人也可以授权评标委员会直接确定中标人。

（5）中标人确定后，招标人应当向中标人发出中标通知书，中标通知书对招标人和中标人具有法律效力，中标后招标人改变中标结果的，或者中标人放弃中标的，应当依法承担法律责任。

（6）招标人和中标人应当在中标通知书发出后的法定期限内，按照招标文件和中标人的投标文件订立书面合同，招标人、中标人双方都必须尊重竞争的结果，不得任意改变。

（7）招标文件要求中标人提交履约保证金的，中标人应当提交。这是采用法律形式促使中标人履行合同义务的一项特定的经济措施，也是保护招标人利益的一种措施。

（8）中标人应当按照合同约定履行义务，完成中标项目，中标人不得向他人转让中标项目，也不得将中标项目肢解后分别向他人转让。这是规定中标人的履约义务，如果中标人随意毁约，招标投标工作便没有了实际意义，为此中标人要承担相应的法律责任。

（9）中标人按照合同约定或者经招标人同意，可以将中标项目的部分非主体、非关键性工作分包给他人完成，但不得再次分包，分包项目由中标人向招标人负责，接受分包的人承担连带责任。

5. 法律责任

招投标法针对招标投标中出现的应当招标而不招标和规避招标的行为、限制和排斥公平竞争的行为、干扰破坏正常招标投标秩序的行为、在招标投标活动中有欺诈的行为、评标过程中谋取非法利益而营私作弊的行为、中标人不履行法定义务的行为、非法干预招标投标活动的行为、监督部门徇私舞弊及玩忽职守的行为等都确定了应承担的法律责任，有效地维护了招标投标法律制度。

1.5.2.5　建设工程监理规范

《建设工程监理规范》（GB/T 50319—2013）共分为总则、术语、项目监理机构及其设施、监理规划及监理实施细则、工程质量、造价、进度控制及安全生产管理的监理工作、工程变更、索赔及施工合同争议处理、监理文件资料管理、设备采购与设备监造、相关服务共计9部分，另附相关工作用表。

1. 总则

（1）制定目的：规范建设工程监理与相关服务行为，提高建设工程监理与相关服务水平。

（2）适用范围：适用于新建、扩建、改建建设工程监理与相关服务活动。

（3）规定了实施建设工程监理前，建设单位必须委托具有相应资质的工程监理单位，并以书面形式与工程监理单位订立建设工程监理合同，合同中应包括监理工作的范围、内容、服务期限和酬金，以及双方的义务、违约责任等相关条款。在订立建设工程监理合同时，建设单位将勘察、设计、保修阶段等相关服务一并委托的，应在合同中明确相关服务的工作范围、内容、服务期限和酬金等相关条款。

(4) 规定了工程开工前，建设单位应将工程监理单位的名称，监理的范围、内容和权限及总监理工程师的姓名书面通知施工单位。

(5) 规定了在建设工程监理工作范围内，建设单位与施工单位之间涉及施工合同的联系活动，应通过工程监理单位进行。

(6) 规定了实施建设工程监理应遵循的主要依据。

(7) 规定了建设工程监理应实行总监理工程师负责制。

(8) 规定了工程监理单位应公平、独立、诚信、科学地开展建设工程监理与相关服务活动。

(9) 规定了建设工程监理与相关服务活动，除应符合本规范外，尚应符合国家现行有关标准的规定。

2. 术语

《建设工程监理规范》(GB/T 50319—2013) 对工程监理单位、建设工程监理、相关服务、项目监理机构、注册监理工程师、总监理工程师、总监理工程师代表、专业监理工程师、监理员、监理规划、监理实施细则、工程计量、旁站、巡视、平行检验、见证取样、工程延期、工期延误、工程临时延期批准、工程最终延期批准、监理日志、监理月报、设备监造、监理文件资料等24个建设工程监理常用术语作出了解释。各术语的具体解释见附录Ⅰ。

3. 项目监理机构及其设施

共分三部分：一般规定、监理人员职责和监理设施。

(1) 一般规定。规定了工程监理单位实施监理时，应在施工现场派驻项目监理机构；项目监理机构的监理人员组成和监理机构的组织形式、人员构成及对总监理工程师的任命书面通知建设单位的规定；工程监理单位调换总监理工程师、专业监理工程师的规定；项目监理机构撤离施工现场的规定。

(2) 监理人员职责。规定了必须由总监理工程师亲自履行的职责，可委托总监理工程师代表履行的职责，以及专业监理工程师、监理员的职责。

(3) 监理设施。规定了建设单位应按建设工程监理合同约定，提供监理工作需要的办公、交通、通信、生活等设施；规定了工程监理单位宜按建设工程监理合同约定，配备满足监理工作需要的检测设备和工器具。

4. 监理规划及监理实施细则

包括一般规定、监理规划、监理实施细则三方面的内容。

(1) 一般规定。规定监理规划应结合工程实际情况，明确项目监理机构的工作目标，确定具体的监理工作制度、内容、程序、方法和措施；规定了监理实施细则应符合监理规划的要求，并应具有可操作性。

(2) 监理规划。规定了监理规划在签订建设工程监理合同及收到工程设计文件后由总监理工程师组织编制，并应在召开第一次工地会议前报送建设单位，及监理规划的编制程序、内容、修改等方面的要求。

(3) 监理实施细则。监理实施细则应在相应工程施工开始前由专业监理工程师编制，并应报总监理工程师审批及监理实施细则编制的依据、内容、修改等方面的规定。

5. 工程质量、造价、进度控制及安全生产管理的监理工作

包括一般规定、工程质量控制、工程造价控制、工程进度控制和安全生产管理的监理工作5部分内容。

（1）一般规定。规定了项目监理机构采用旁站、巡视和平行检验等方式对建设工程实施监理；规定了监理人员应参加建设单位主持的图纸会审和设计交底会议；规定了监理人员应参加第一次工地会议；规定了项目监理机构应定期召开监理例会，规定了项目监理机构应协调工程建设相关方的关系；规定了项目监理机构应审查施工单位报审的施工组织设计及施工组织设计审查应包括的基本内容；规定了项目监理机构在分包工程开工前应审核施工单位报送的分包单位资格报审表及分包单位资格审核应包括的基本内容；规定了项目监理机构应进行风险分析，并同时提出防范性对策。

（2）工程质量控制。规定了工程开工前，项目监理机构应审查施工单位现场的质量管理组织机构、管理制度及专职管理人员和特种作业人员的资格；规定了总监理工程师应组织专业监理工程师审查施工单位报审的施工方案及审查应包括的基本内容；规定了专业监理工程师应审查施工单位报送的新材料、新工艺、新技术、新设备的质量认证材料和相关验收标准的适用性；规定了专业监理工程师应检查、复核施工单位报送的施工控制测量成果及保护措施并且专业监理工程师应对施工单位在施工过程中报送的施工测量放线成果进行查验；规定了专业监理工程师应检查施工单位为本工程提供服务的试验室及试验室的检查应包括的基本内容；规定了项目监理机构应审查施工单位报送的用于工程的材料、构配件、设备的质量证明文件；规定了项目监理机构应确定旁站的关键部位、关键工序；规定了项目监理机构应安排监理人员对工程施工质量进行巡视及巡视应包括的主要内容；规定了项目监理机构应对工程材料、施工质量进行平行检验；规定了项目监理机构应对施工单位报验的隐蔽工程、检验批、分项工程和分部工程进行验收方面的规定及对已同意覆盖的工程隐蔽部位质量有疑问的处理的规定；规定了项目监理机构发现施工存在质量问题的或施工单位采用不适当的施工工艺或施工不当、造成工程质量不合格方面的处理办法；规定了项目监理机构对需要返工处理加固补强的质量缺陷的处理办法；规定了对需要返工处理或加固补强的质量事故的处理办法；规定了项目监理机构应审查施工单位提交的单位工程竣工验收报审表及竣工资料、组织工程竣工预验收等方面的规定；规定了项目监理机构应参加由建设单位组织的竣工验收及对验收的处理办法。

（3）工程造价控制。规定了项目监理机构进行工程计量和付款签证的程序；规定了项目监理机构对实际完成量与计划完成量进行比较分析并对出现的偏差提出调整建议；规定了项目监理机构进行竣工结算款审核的程序。

（4）工程进度控制。规定了项目监理机构应审查施工单位报审的施工总进度计划和阶段性施工进度计划及施工进度计划审查应包括的基本内容；规定了项目监理机构对发现实际进度严重滞后于计划进度且影响合同工期时的处理办法；规定了项目监理机构应比较分析工程施工实际进度与计划进度并预测实际进度对工程总工期的影响。

（5）安全生产管理的监理工作。规定了项目监理机构应履行建设工程安全生产管理的监理职责并将安全生产管理的监理工作内容、方法和措施纳入监理规划及监理实施细则；

规定了项目监理机构应审查施工单位现场安全生产规章制度的建立和实施情况，并应审查施工单位安全生产许可证及从业人员的资格及施工机械和设施的安全许可验收手续；规定了项目监理机构应审查施工单位报审的专项施工方案及专项施工方案审查应包括的基本内容；规定了项目监理机构应巡视检查危险性较大的分部分项工程专项施工方案实施情况；规定了项目监理机构在实施监理过程中发现工程存在安全事故隐患的处理办法。

6. 工程变更、索赔及施工合同争议处理

包括一般规定、工程暂停及复工、工程变更、费用索赔、工程延期及工期延误、施工合同争议、施工合同解除7部分内容。

(1) 一般规定。规定了项目监理机构应依据建设工程监理合同约定进行施工合同管理，处理工程暂停及复工、工程变更、索赔及施工合同争议、解除等事宜；规定了施工合同终止时，项目监理机构应协助建设单位按施工合同约定处理施工合同终止的有关事宜。

(2) 工程暂停及复工。规定了总监理工程师在签发工程暂停令时，可根据停工原因的影响范围和影响程度，确定停工范围；确定了总监理工程师应及时签发工程暂停令的情形；规定了总监理工程师签发工程暂停令应征得建设单位同意；规定了总监理工程师应会同有关各方按施工合同约定，处理因工程暂停引起的与工期、费用有关的问题；规定了因施工单位原因暂停施工时，项目监理机构应检查、验收施工单位的停工整改过程、结果；规定了暂停施工原因消失、具备复工条件时施工单位、监理单位的处理办法。

(3) 工程变更。规定了项目监理机构处理施工单位提出的工程变更的程序；规定了项目监理机构对工程变更的计价原则、计价方法或价款的处理办法；规定了项目监理机构对建设单位要求的工程变更的处理办法。

(4) 费用索赔。规定了项目监理机构应及时收集、整理有关工程费用的原始资料，为处理费用索赔提供证据及主要依据应包括的内容；规定了项目监理机构处理施工单位提出的费用索赔的程序；规定了项目监理机构批准施工单位费用索赔应同时满足的条件；规定了施工单位的费用索赔要求与工程延期要求相关联时，项目监理机构的处理办法；规定了因施工单位原因造成建设单位损失，建设单位提出索赔时，项目监理机构相应的处理办法。

(5) 工程延期及工期延误。规定了施工单位提出工程延期要求符合施工合同约定时，项目监理机构应予以受理；规定了当影响工期事件具有持续性时，项目监理机构对施工单位提交的阶段性工程临时延期处理办法；规定了项目监理机构批准工程延期应同时满足的条件；规定了施工单位因工程延期提出费用索赔时项目监理机构的处理办法；规定了发生工期延误时项目监理机构的处理办法。

(6) 施工合同争议。规定了项目监理机构处理施工合同争议时应进行的工作内容；规定了项目监理机构在施工合同争议处理过程中，对未达到施工合同约定、暂停履行合同条件的，应要求施工合同双方继续履行合同；规定了在施工合同争议的仲裁或诉讼过程中，项目监理机构应按仲裁机关或法院要求提供与争议有关的证据。

(7) 施工合同解除。规定了因建设单位原因导致施工合同解除时，项目监理机构应按施工合同约定与建设单位和施工单位协商确定施工单位应得款项，并签认工程款支付证书；规定了因施工单位原因导致施工合同解除时，项目监理机构应按施工合同约定，确定施工单位应得款项或偿还建设单位的款项；规定了因非建设单位、施工单位原因导致施工合同解除时，项目监理机构应按施工合同约定处理合同解除后的有关事宜。

7. 监理文件资料管理

包括一般规定、监理文件资料内容、监理文件资料归档三方面内容。

（1）一般规定。规定了项目监理机构应建立完善的监理文件资料管理制度，宜设专人管理监理文件资料；规定了项目监理机构应及时、准确、完整地收集、整理、编制、传递监理文件资料；规定了项目监理机构宜采用信息技术进行监理文件资料管理。

（2）监理文件资料内容。规定了监理文件资料应包括的主要内容；规定了监理日志、监理月报、监理工作总结应包括的主要内容。

（3）监理文件资料归档。规定了项目监理机构应及时整理、分类汇总监理文件资料，并应按规定组卷，形成监理档案；规定了工程监理单位应根据工程特点和有关规定，保存监理档案，并应向有关单位、部门移交需要存档的监理文件资料。

8. 设备采购监理与设备监造

包括一般规定、设备采购、设备监造三部分内容。

（1）一般规定。规定了项目监理机构应根据建设工程监理合同约定的设备采购与设备监造工作内容配备监理人员，以及明确岗位职责；规定了项目监理机构应编制设备采购与设备监造工作计划，并应协助建设单位编制设备采购与设备监造方案。

（2）设备采购。规定了采用招标方式进行设备采购时，项目监理机构应协助建设单位按有关规定组织设备采购招标。采用其他方式进行设备采购时，项目监理机构应协助建设单位进行询价；规定了项目监理机构应协助建设单位进行设备采购合同谈判，并应协助签订设备采购合同及设备采购文件资料应包括的主要内容。

（3）设备监造。规定了项目监理机构应检查设备制造单位的质量管理体系，并应审查设备制造单位报送的设备制造生产计划和工艺方案；规定了项目监理机构应审查设备制造的检验计划和检验要求；规定了专业监理工程师应审查设备制造的原材料、外购配套件、元器件、标准件以及坯料的质量证明文件及检验报告；规定了项目监理机构应对设备制造过程进行监督和检查，对主要及关键零部件的制造工序应进行抽检；规定了项目监理机构应要求设备制造单位按批准的检验计划和检验要求进行设备制造过程的检验工作，并应做好检验记录；规定了项目监理机构应检查和监督设备的装配过程；规定了在设备制造过程中如需要对设备的原设计进行变更时项目监理机构的处理办法；规定了项目监理机构应参加设备整机性能检测、调试和出厂验收；规定了在设备运往现场前，项目监理机构应做的工作；规定了设备运到现场后，项目监理机构应做的工作；规定了专业监理工程师在审查设备制造单位提交的付款申请方面应做的工作；规定了专业监理工程师对设备制造单位提出的索赔文件的处理办法；规定了专业监理工程师对设备制造单位报送的设备制造结算文件的处理办法；规定了设备监造文件资料应包括的主要内容。

9. 相关服务

包括一般规定、工程勘察设计阶段服务、工程保修阶段服务。

（1）一般规定。规定了工程监理单位应根据建设工程监理合同约定的相关服务范围，开展相关服务工作，以及编制相关服务工作计划；规定了工程监理单位应按规定汇总整理、分类归档相关服务工作的文件资料。

(2) 工程勘察设计阶段服务。规定了工程监理单位应协助建设单位编制工程勘察设计任务书和选择工程勘察设计单位，并应协助签订工程勘察设计合同；规定了工程监理单位应审查勘察单位提交的勘察方案；规定了工程监理单位应检查勘察现场及室内试验主要岗位操作人员的资格、所使用设备、仪器计量的检定情况；规定了工程监理单位应检查勘察进度计划执行情况、督促勘察单位完成勘察合同约定的工作内容、审核勘察单位提交的勘察费用支付申请表；规定了工程监理单位应检查勘察单位执行勘察方案的情况，对重要点位的勘探与测试应进行现场检查；规定了工程监理单位应审查勘察单位提交的勘察成果报告及勘察成果评估报告应包括的内容；规定了工程监理单位应依据设计合同及项目总体计划要求审查各专业、各阶段设计进度计划；规定了工程监理单位应检查设计进度计划执行情况、督促设计单位完成设计合同约定的工作内容、审核设计单位提交的设计费用支付申请表；规定了工程监理单位应审查设计单位提交的设计成果，并应提出评估报告，及评估报告应包括的主要内容；规定了工程监理单位应审查设计单位提出的新材料、新工艺、新技术、新设备在相关部门的备案情况；规定了工程监理单位应审查设计单位提出的设计概算、施工图预算，提出审查意见；规定了工程监理单位应分析可能发生索赔的原因，并应制定防范对策；规定了工程监理单位应协助建设单位组织专家对设计成果进行评审；规定了工程监理单位可协助建设单位向政府有关部门报审有关工程设计文件，并应根据审批意见，督促设计单位予以完善；规定了工程监理单位应根据勘察设计合同，协调处理勘察设计延期、费用索赔等事宜。

(3) 工程保修阶段服务。规定了承担工程保修阶段的服务工作时，工程监理单位应定期回访；规定了对建设单位或使用单位提出的工程质量缺陷，工程监理单位的处理办法；规定了工程监理单位应对工程质量缺陷原因进行调查，并应与建设单位、施工单位协商确定责任归属。

1.6 工程建设程序

1.6.1 建设项目

1.6.1.1 建设项目的概念

这里所说的项目，通常是指在一定的约束条件下（即限定的资源，限定的时间和规定的质量标准），具有特定的明确目标和完整的组织结构的一次性事业（或任务）。所谓一次性事业，是指其生产过程具有明显的单件性，与一般工业产品的大批量重复性生产不同。

就广义的概念而言，凡是符合上述定义的一次性事业都可以看作项目。建设项目是指按照一个总体设计进行施工，由一个或几个，相互之间有内在联系的单项工程所组成的，经济上实行统一核算、行政上实行统一管理的建设实体。例如，一项建设工程，不论是修建一座工厂，一座水电站，还是修建一座宾馆，一座港口、码头等，一般均要求在限定的投资、限定的工期和规定的质量标准条件下实现项目的目标。不论是新建项目、扩建项目还是技术改造项目，都可以说是一个工程建设项目。

建设项目必须具备以下条件：

(1) 工程要有明确的建设目的和资金来源。

(2) 工程要有明确的建设任务，即明确的建设范围、具体内容及质量目标。

(3) 投资条件要明确，即总的投资量及各年度投资量要明确。

(4) 进度目标要明确，即要有确定的项目实施总进度目标、分进度目标。

(5) 工程各组成部分之间要有明确的组织联系，应是一有机的组成系统。

(6) 项目实施的一次性。

1.6.1.2 建设项目的划分

工程项目管理是以工程项目为对象，以实现工程项目投资目标、工期目标和质量目标为目的，对工程项目进行高效率的计划、组织、协调、控制和系统的、有限的循环管理过程。为了便于对工程建设项目进行管理，建设项目可逐级分解为单项工程、单位工程、分部工程、分项工程。某水电站项目划分如图 1-2 所示。

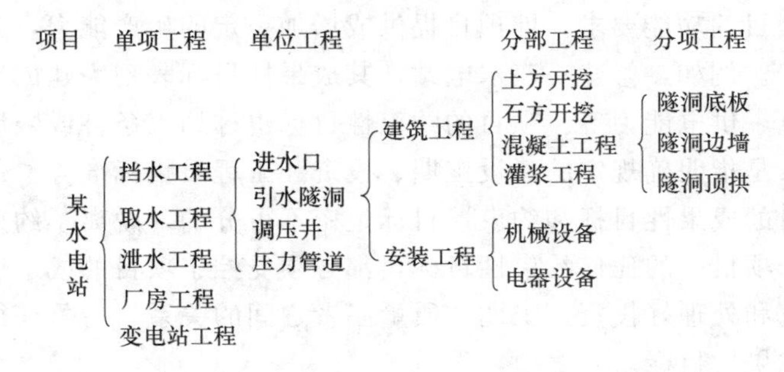

图 1-2 建设项目的划分

单项工程是建设项目的组成部分，具有独立发挥作用的完整工程项目的基本特征。一个单项工程是指具有独立的设计文件，建成后可独立发挥生产能力并产生效益的工程。如水电站工程项目中的挡水大坝、取水工程、泄洪工程、厂房工程、变电站工程等。

单位工程是单项工程的组成部分，是指不能独立发挥生产能力，但具备独立设计及施工条件的工程基本特征。单项工程通常按照工程组成部分的性质及能否独立施工，将其划分为若干个单位工程。单位工程一般还可划分为建筑工程和安装工程两类。

分部工程是单位工程的组成部分，是按照建筑物部位或施工工种的不同来划分的，具有工种不同的基本特征，如电站引水隧洞的土石方开挖、混凝土浇筑、灌浆工程等。分部工程是编制建设计划、编制概预算、组织施工、进行承包结算和成本核算的基本单位，也是检验和评定建筑安装工程质量的基础。

分项工程是分部工程的组成部分，是指把分部工程按人力、物力消耗基本相近的结构部位，划分为同一分项工程，分项工程具有工种相同，但工艺不同的基本特征。如引水隧洞混凝土工程，可划分为隧洞底板、隧洞边墙、隧洞顶拱各分项工程。

分部、分项工程的划分，一般应与国家颁布的概预算定额中项目的划分一致。

1.6.1.3 建设项目的特性

1. 项目的一次性

项目的一次性，是指项目建设过程的一次性，针对任务本身和最终成果与其他任务不同而言的。一次性体现在一项任务完成后，没有与该任务条件、内容和最终成果完全相同的另一项任务。即使两个采用同样标准图纸的建筑工程，也会因建设地点的不同、建设时间的不同，施工条件的不同而表现出较强的一次性特点。

2. 项目的单件性

项目的一次性特性，决定了其同时具有单件性的特点。其显著区别于工厂生产批量产品的重复性活动，也有别于企业或行政部门的周而复始的管理过程。从事项目管理的人员，只有充分认识到工程项目的一次性、单件性，才能有针对性地根据项目的具体情况和条件，采用科学的管理方法和手段进行管理，而不能简单照搬、引用，以确保项目一次成功。

3. 项目的目标性

任何一个项目，无论规模大、小如何，都必须有明确的特定目标。所谓项目目标一般包括成果性目标和约束性目标，在项目立项时就明确地规定了下来。项目的成果性目标一般是指工程建设项目的功能要求，即项目提供或增加一定的生产能力，或形成具有特定使用价值的固定资产。例如，修建一座水电站，其成果性目标表现为建成后形成一定的建设规模，应具有发电、供电能力等。项目的约束性目标也称约束条件或限制条件，就一个工程建设项目而言，是指明确规定的建设工期、投资和工程质量标准等。作为项目管理者要充分认识到：项目的成果性目标和约束性目标是密不可分的，脱离了约束性目标，成果性目标就难以实现；项目中的任何约束性目标，都必须受控于项目的成果性目标。项目管理必须认真分析研究和处理好投资、工期、质量三者之间的关系，力争获得三大目标的整体最优，最终实现成果性目标。

1.6.1.4　建设项目的特殊性

1. 建设产品的总体性

建设产品的总体性表现在三方面：一方面，它是由许多材料、半成品和产成品经加工、装配而组成的综合体；第二方面，它是由许多个人和单位分工协作、共同劳动的总成果；第三方面，它是由许多具有不同功能的建筑物有机结合的完整体系。比如一座电站，它是由土石料、混凝土、钢材、发电机组及其他各种机电设备组成的，参与单位有建设单位、设计单位、施工单位、设备及原材料供应商、监理单位等等，工程不仅包括挡水、取水、泄水建筑物，还包括发电、输变电工程，还有相应的后勤生活服务工程。

2. 建设产品的固定性

一般的工农业产品是可以流动的，消费使用空间不受限制，而建设产品、建筑物固定在建设场地，不能移动。

3. 建设行为的持久性

由于建设产品工程量大，需要耗费大量的原材料、人力、物力，建设生产的环境复杂多变，受自然条件影响大，因此建设周期长，通常需要几年至几十年。一方面，在这期间，占用大量的资源、建设资金，还不能提供出完整产品，建设项目不能发挥完整的效益；另一方面，由于建设周期长，建设项目易受政治、社会与经济、自然等因素影响。

4. 建设行为的连续性

工程建设的各阶段、各环节、各参建单位及各项工作，必须按照统一的建设计划有机组织起来，在时间上不间断、在空间上不脱节，使建设工作有条不紊地顺利进行。如果某环节的工作遭受破坏和中断，直接会使该工作停工，间接使其他工作受到波及，可能导致工期拖延，建设费用超额。

5. 建设行为的流动性

建设产品的固定性决定了建设行为的流动性。建设产品只能固定在使用地点，施工的机械、人员必然要随建设对象的不同而经常流动、转移。一个建设项目完成后，建设者和施工机械就迁移到下一个项目的工地上去。

6. 建设行为的受制性

由于建设产品的固定性，工程施工多为露天作业、地下作业；而且建设过程需要投入大量的人力和物资。因此建设行为必然受地形、地质、水文、气象等自然因素以及材料供应、电力、交通等社会条件的制约。

1.6.2 工程项目建设程序

1.6.2.1 建设程序的概念

建设程序是指建设项目从设想、选择、评估、决策、设计、施工到竣工验收、投入生产使用的整个建设过程中，各项工作必须遵循的先后次序的法则，其反映了项目建设所固有的客观规律和经济规律，体现了现行建设管理体制的特点，是建设项目科学决策和顺利进行的重要保证。这个法则是人们在认识客观规律，科学地总结了建设工作的实践经验的基础上，结合经济管理体制制定的。国家通过制定有关行政法规、规章，把整个基本建设过程划分为若干个阶段，规定每一阶段的工作内容、原则以及审批权限。建设程序既是基本建设应遵循的准则，也是国家对基本建设进行监督管理的手段之一。它是国家计划管理、宏观资源配置的需要，是主管部门对项目各阶段监督管理的需要。

1.6.2.2 项目建设各阶段的内容

我国现行的基本建设程序分为立项、可行性研究、初步设计、开工建设和竣工验收阶段。1995 年水利部颁布《水利工程建设项目管理规定（试行）》规定水利工程建设程序一般分为：项目建议书、可行性研究报告、初步设计、施工准备（包括招标设计）、建设实施、生产准备、竣工验收、后评价等阶段。通常又将项目建议书、可行性研究报告、初步设计作为项目建设前期阶段，初步设计以后的建设活动作为项目实施阶段，最后是生产阶段，如图 1-3 所示。

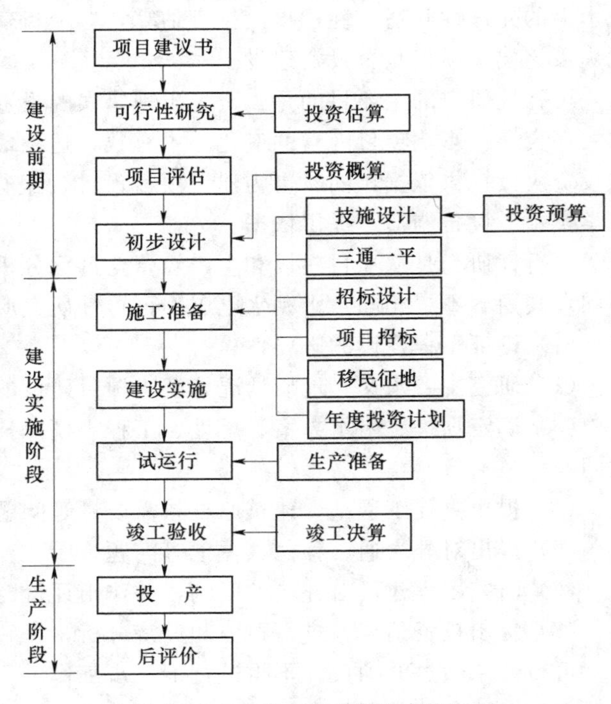

图 1-3 水利工程建设程序流程图

1. 项目建议书阶段

项目建议书是拟建单位向国家提出的要求建设某一项目的建议文件，是对工程项目建设的初步轮廓设想，其主要目的是项目法人根据国民经济和社会发展的长远规划，结合资源条件和生产力状况，在广泛调查、收集资料、踏勘选址基础上，基本弄清项目建设技术、经济条件后，通过项目建议书的形式，向国家推荐拟建设项目，供国家决策机构选择，拟建单位依据批准的项目建议书决定是否进行下一步工作。在项目建议书中，项目法人需要告诉国家有关部门，拟建项目的建设与国家政策、计划的吻合性，根据建设条件投入资金和人力的可行性，获利的可能性，进而说明项目的必要性。项目建议书的内容应包括以下几方面：

(1) 建设项目提出的必要性和依据。

(2) 拟建规模、生产方法、产品方案和建设地点的初步设想。

(3) 资源情况、建设条件、协作关系。如果需要引进技术和设备，还需对设备引进国别、厂商进行初步分析，说明国内外的技术差距情况。

(4) 资金筹措及还贷方案设想。利用外资或其他国内外有偿贷款建设的项目，还要说明利用资金的可能性和还贷能力的测算。

(5) 项目建设工期的初步安排。

(6) 项目要达到的技术水平和生产能力，预计获得经济效益和社会效益的初步分析。

(7) 环境影响的初步评价。

项目建议书批准后，可以进行详细的可行性研究工作，但并不表明项目非上不可，批准的项目建议书不是项目的最终决策。

2. 可行性研究阶段

可行性研究是指项目决策前，先对与其有关的技术、经济、社会等所有方面进行调查研究、科学预测和技术经济分析比较，对可能的多种方案进行比较论证，研究建设项目在技术上的先进性和适用性，提出投资估算，对项目建成后的经济效益进行预测和评价，据此决策该建设项目是否投资建设。

可行性研究的主要目的是：避免出现错误的投资决策、减少项目的风险性、避免项目方案多变、对影响项目因素的变化心中有数，达到最佳经济效果；其主要作用是为建设项目投资决策提供依据，同时也为建设项目设计、银行贷款、建设项目的实施、项目评估、科学实验、设备制造等提供依据。

可行性研究是从项目建设和生产经营全过程分析项目的可行性，建设项目所属的行业不同，其内容不尽相同。水利水电工程可行性研究应包括以下内容：

(1) 论证工程建设的必要性。

(2) 研究主要水文、地质情况，解决项目建设的基础资料问题。

(3) 确定坝址、引水方案、厂址、工程规模等技术方案，以解决项目建设的技术可行性问题。

(4) 提出主要工程量、建筑原材料需要量等问题。

(5) 提出对外交通、移民、占地等问题。

(6) 研究工程建设对环境的影响，并作出评价。

(7) 提出投资估算，进行财务和经济分析，以解决项目建设的经济合理性问题。

可行性未通过的项目，不得进行下一步工作。

根据《国务院关于投资体制改革的决定》（国发〔2004〕20号），国家对政府投资项目实行审批制，对企业不使用政府资金投资建设的项目，不再进行投资决策性质的审批，项目实行核准制或备案制，企业不需要编制项目建议书而可直接编制项目可行性研究报告。

(1) 审批制。国家对采取直接投资和资本金注入方式进行的政府投资项目，政府需要从投资决策的角度审批项目建议书和可行性研究报告，除特殊情况外不再审批开工报告，同时还严格审批其初步设计和概算。

(2) 核准制。企业投资建设《政府核准的投资项目目录》中的项目，只需要向政府提交项目申请报告，不再经过批准项目建议书、可行性研究报告和开工报告的程序。政府对企业提交的项目申请报告，主要从维护经济安全、合理开发利用资源、保护生态环境、优化产业布局、保障公共利益、防止出现垄断等方面进行核准。对于外商进行投资的项目，政府还要从市场准入、资本项目管理等方面进行核准。

(3) 备案制。对于《政府核准的投资项目目录》以外的项目，实行备案制。除国家另有规定外，由企业按属地原则向地方政府投资主管部门备案。国务院投资主管部门对备案工作加强指导和监督，防止以备案的手段规避政府审批。

3. 初步设计阶段

初步设计是根据批准的可行性研究报告和必要的基础资料，对工程进行系统研究，作出总体安排，制订具体实施方案，选定项目的各项基本技术参数，完成拟建工程在时间、空间、总投资额度、质量要求的控制条件下，满足技术上可行、经济上合理的设计，并编制工程总概算。

初步设计不得随意改变已通过批准的可行性研究报告所确定的建设规模、产品方案、工程标准、建设地址和总投资等基本条件。如果初步设计提出的总概算超过可行性研究投资估算的10%以上，或者其他主要指标需要变更时，应重新向原审批单位报批。

4. 施工准备阶段

(1) 技施设计。技施设计包括技术设计和施工图设计两部分。

为了进一步解决初步设计中的重大问题，如工艺流程、建筑结构、设备选型等，根据初步设计和进一步的调查研究资料进行技术设计，使建筑工程更具体、更完善、技术经济指标更合理，最后要提出相应的修正设计概算。

施工图设计是按初步设计或技术设计所确定的设计参数、结构方案、建筑尺寸，根据施工的要求，分期分批编制工程施工详图的设计，并编制施工图预算。

《建设工程质量管理条例》规定，建设单位应将施工图设计文件报县级以上人民政府建设行政主管部门或其他有关部门审查，未经审查批准的施工图设计文件不得使用。

(2) 其他施工准备工作。工程开工建设之前，应当切实做好各项施工准备工作。其中包括：组建项目法人；征地、拆迁和“三通一平”工作；做到施工用水、污水（雨水）排放、施工用电、现场道路、供热管网、通信等畅通；通过招标投标，委托工程监理；组织施工招标投标，择优选用施工单位；组织材料设备招标，优选材料设备供货单位；办理施工许可证；报请建设工程质量监督；做好年度投资计划及资金的筹措工作等。

按规定做好施工准备，具备开工条件以后，建设单位申请开工。

5. 建设实施阶段

建设工程具备开工条件并取得施工许可证后才能开工。按照规定，工程开工时间是指建设工程设计文件中规定的任何一项永久性工程第一次正式破土开槽的日期；不需开槽的工程，以正式打桩日期作为开工日期；需要进行大量土石方施工的工程，以开始进行土石方工程的日期作为开工日期；工程前期及准备阶段进行的地质勘察、平整场地、旧建筑物拆除、临时建筑或设施、临时导流洞等的施工不算正式开工。本阶段的主要任务是按设计文件进行施工、安装，建成工程实体。在施工安装阶段，项目法人要充分发挥建设管理的主导作用，为建设施工创造良好的建设条件，并充分授权监理单位，进行项目的工期、质量、投资控制及现场的组织协调工作；监理单位在监理合同的授权范围内，履行监理职责，严格监理、热情服务；施工承包单位应参加设计交底，了解设计意图，明确质量要求；选择合适的材料供应商；做好人员培训；合理组织施工；建立并落实技术管理、质量管理和质量保证体系；严格把好中间质量验收和竣工验收关。

6. 试运行（生产准备）阶段

工程投产前，建设单位应当做好各项生产准备工作。生产准备阶段是由建设阶段转入生产经营阶段的重要衔接阶段。在本阶段，建设单位应当做好相关的计划、组织、指挥、协调和控制工作。生产准备阶段的主要工作有：组建管理机构，制定有关制度和规定；招聘并培训生产管理人员，组织生产、维修人员参加设备安装、调试；签订原材料供货及运输协议；进行工具、器具、备品、备件等的制造或订货；做好产品销售前的准备工作；做好试运行工作，对试运行期间运行情况进行监控，做好试运行期间设备的调试工作。

7. 竣工验收阶段

建设工程按设计文件规定的内容和标准全部完成，并清理完毕，各单位工程能正常运行，竣工决算已经完成并通过审计，所建项目满足竣工验收条件，建设单位即可组织竣工验收，勘察、设计、施工和监理等有关单位应参加竣工验收。竣工验收是工程建设过程的最后一环，是全面考核建设成果、检验设计和施工质量的关键步骤，是投资成果转入生产或使用的标志。工程在投入使用前必须通过竣工验收，竣工验收合格并办理建设工程备案手续后，建设工程方可交付使用。竣工验收后，建设单位应及时向建设行政主管部门或其他部门备案并移交建设项目档案。

8. 后评价

项目后评价是固定资产投资管理工作的一个重要内容，是项目建成投产运行1～2年后，进行一次系统的项目后评价。主要通过对项目的影响评价（项目投产后对各方面的影响）、经济效益评价（项目投资、国民经济效益、财务效益、技术进步等）、过程评价（项目的立项、设计施工、建设管理、竣工投产、生产运营）等角度对建设项目进行评价，分析、比较项目的实际情况与预期情况，从项目完成过程中吸取经验教训，为今后改进项目的准备、决策、监督管理工作积累经验，不断提高项目决策水平和投资效益。

1.6.2.3 坚持建设程序的意义

1. 依法管理工程建设，保证工程正常建设秩序

建设工程涉及国计民生，并且投资大、工期长、影响质量的因素非常多，是一个庞大的系统。在建设过程中，对建设工程的认识是逐渐由抽象到具体、工程建设基础资料也是

不断完善、丰富，客观上要求建设过程分为具有一定内在联系的不同阶段，各阶段完成不同的工作内容。为了保障工程建设质量，使工程建设有序地进行，有必要将各个阶段的划分和工作的内容用法规或规章的形式加以规范，以便于人们遵守。实践证明，工程建设中坚持了建设程序，建设工程就能顺利进行。反之，不按建设程序办事，建设工程就会受到极大的影响。因此，坚持建设程序，是依法管理工程建设的需要，是建立正常建设秩序的需要。

2. 科学决策，保证投资效果

建设程序明确规定，建设前期应当做好项目建议书和可行性研究工作。在这两个阶段，由具有资格的专业技术人员从项目是否必要、条件是否可行的角度进行研究和论证，对项目的选址、规模等进行多方案比较，并进行相应的投资收益分析，提出技术上可行、经济上合理的可行性研究报告，为项目决策提供依据。如此，可最大限度地避免决策失误并力求决策优化，从而保证投资效果。

3. 顺利实施建设工程，保证工程质量

建设程序强调了先勘察、后设计、再施工的原则，有效避免了“三边”现象。设计工作根据真实、准确的勘察成果进行，施工根据深度、内容合格的设计图纸进行，在做好准备的前提下合理地组织施工活动，使整个建设活动能够有条不紊地进行，这是工程质量得以保证的基本前提。事实证明，坚持建设程序，能顺利实施工程建设并保证工程质量。

4. 顺利开展工程建设监理

工程建设监理的基本目的是协助建设单位在计划的目标内把工程建成投入使用。因此，坚持建设程序，按照建设程序规定的内容和步骤，有条不紊地协助建设单位开展好每个阶段的工作，对工程的监理工作顺利开展非常重要。

1.6.2.4 建设程序与建设监理的关系

1. 建设程序为工程建设监理提出了规范化的建设行为标准

建设工程监理要根据行为准则对参建各方的工程建设行为进行监督管理。建设程序对各建设行为主体和监督管理主体在每个阶段应当做什么、如何做、何时做、由谁做、工作做到哪一程度等一系列问题都给予了解答。工程监理企业和监理人员应当根据建设程序的有关规定进行监理。

2. 建设程序为工程建设监理提出了任务和内容

建设程序要求建设工程的前期应当做好科学决策工作。工程建设监理在项目决策阶段的主要任务就是协助委托单位正确地做好投资决策，避免决策失误，力求决策优化；具体的工作就是协助委托单位择优选定咨询单位，做好咨询合同管理，对咨询成果进行评价。建设程序要求按照先勘察、后设计、再施工的基本顺序做好相应的工作；建设工程监理在此阶段的任务就是协助建设单位做好择优选择勘察、设计、施工单位，对他们的建设活动进行监督管理，做好投资、进度、质量控制以及合同管理和组织协调工作。因此建设程序规定了工程建设各阶段建设单位、设计单位、施工单位的工作内容，相应也就规定了监理在各阶段的任务和工作内容。

3. 建设程序明确了监理企业在工程建设中的地位

根据有关法律、法规的规定，在工程建设中应当实行建设工程监理制。建设工程按建设程序进行就体现了监理制的实行，为工程监理企业确立了工程建设中与建设单位、承建单位平等的建设过程中的三大主体之一的应有地位。随着我国经济体制改革的深入，工程监理企业在工程建设中的地位将越来越重要。

4. 坚持建设程序是监理人员的基本职业准则

坚持建设程序，严格按照建设程序办事，是所有工程建设人员的行为准则。对于监理人员而言，更应率先垂范。掌握和运用建设程序，既是监理人员业务素质的要求，也是职业准则的要求。

5. 执行建设程序是监理制的具体体现

任何国家的建设程序都反映出了这个国家工程建设领域内的方针、政策、法律、法规要求，反映了建设工程的管理体制，反映了工程建设的管理水平。建设程序不是一成不变的，而是随着时代、环境和需求的变化，不断地调整和完善。我国推行建设工程监理制一是参照了国际惯例，二是结合了中国国情。工程监理企业在开展建设工程监理的过程中，严格按照我国建设程序的要求做好监理的各项工作，就是结合中国国情的体现。

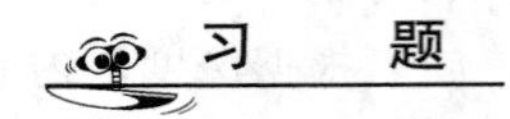

习　题

一、单选题

1. 监理单位与建设单位、承建单位的关系都是（　　）。

A 建筑市场平等主体　　B 合同

C 监理与被监理　　D 委托服务

2. 在下列各项工作中，属于监理工程师对“投入”的控制工作是（　　）。

A 必要时下达停工令　　B 对施工工艺过程进行控制

C 审查施工单位提交的施工方案　　D 做好工程预验收工作

3. 在下列工作中，属于监理工程师目标控制的被动控制工作的是（　　）。

A 从工程实施过程中发现问题　　B 制定备用方案

C 目标控制风险分析　　D 采取预付措施

4. 某城市污水处理工程的建筑安装工程费为 2500 万元，设备购置费为 1100 万元，依据《建设工程监理范围和规模标准规定》，该工程（　　）。

A 可以不实行监理　　B 必须实行监理

C 仅建筑安装工程实行监理　　D 设备实行监理

5. 下列属于工程建设目标控制的经济措施的是（　　）。

A 明确目标控制人员的任务和职能分工

B 提出多个不同的技术方案

C 分析不同合同之间的相互关系

D 投资偏差分析

6. 建设工程监理制吸收了 FIDIC 合同条件的有关内容，对工程监理企业和监理工程师提出了（　　）的要求。

A 维护施工单位利益　　B 代表政府监理

C 独立、公正　　　　　　　　　　　　　D 承担法律责任

二、多选题（每题有2～4个正确答案）

1. 委托全过程监理的工程建设，通常应当由建设单位完成的工作是（　　）。

A 编写工程招标文件，组织投标人资格预审、开标、评标

B 选定设计单位和施工单位

C 确定工程建设投资、进度、质量总目标

D 选择并确定设计方案

E 制定实现目标的有关计划

2. 针对不同工程，可以作为正式开工日期的有（　　）。

A 平整场地开始日期

B 举行奠基仪式的日期

C 正式打桩日期

D 永久性工程第一次正式破土开槽日期

E 土石方工程开始日期

3. 服务性是建设工程监理的一项重要性质，其管理服务的内涵表现为（　　）。

A 监理工程师具有丰富的管理经验和应变能力

B 主要方法是规划、控制、协调

C 与承建单位没有利害关系为原则

D 建设工程投资、进度和质量控制为主要任务

E 基本目的是协助建设单位在计划的目标内将建设工程建成投入使用

4. 项目法人责任制与工程建设监理制之间的关系是（　　）。

A 项目法人责任制是实行工程建设监理制的必要条件

B 项目法人责任制是实行工程建设监理制的基本保障

C 项目法人责任制是实行工程建设监理制的经济基础

D 工程建设监理制是实行项目法人责任制的约束机制

E 工程建设监理制是实行项目法人责任制的基本保障

第2章 监理工程师与监理企业

工程建设监理是监理企业向建设单位提供监理人员基于专业知识和实践经验的高智能社会化科技服务活动。监理的效果取决于监理队伍人员的总量，还取决于参与监理工作人员的素质。为保障工程建设监理活动的效果，国家对建设监理市场的人员和企业采取了资格和资质的双重准入控制。

2.1 监理工程师

2.1.1 监理工程师的概念

国家对监理工程师实行注册执业管理制度。注册监理工程师是指经考试取得中华人民共和国监理工程师执业资格证书（以下简称“资格证书”），并按照规定注册，取得中华人民共和国注册监理工程师注册执业证书（以下简称“注册证书”）和执业印章，从事工程监理及相关业务活动的专业技术人员。未取得注册证书和执业印章的人员，不得以注册监理工程师的名义从事工程监理及相关业务活动。注册监理工程师的概念包含两层含义：第一，经全国监理工程师执业考试合格并通过一个监理单位申请注册，获得注册证书的监理人员；第二，监理工程师是从事建设工程监理的人员。不在监理的岗位工作，不从事监理活动者，都不能称为监理工程师。

参与监理工作的现场监理人员，按照工作岗位，可分为总监理工程师（简称总监）、总监理工程师代表、专业监理工程师、监理员。总监理工程师是经监理单位法定代表人授权，派驻施工现场项目监理站（组）的总负责人，行使法律、法规和监理合同赋予监理单位的权利和义务，全面负责受委托工程建设监理工作、主持项目监理机构工作的国家注册监理工程师，简称项目总监。总监理工程师代表是经监理单位法定代表人同意，由总监理工程师书面授权，代表总监理工程师行使其部分职责和权力的项目监理机构中的监理人员。专业监理工程师是指根据监理岗位职责分工及总监理工程师授权，负责实施某一专业或某一岗位的监理工作，有相应监理文件签发权的监理人员。监理员是经过监理业务培训，具有同类工程相关专业知识，从事具体监理工作的监理人员。

现场的监理机构实行总监负责制，总监向监理企业负责，总监代表及专业监理工程师向总监负责，监理员向专业监理工程师负责。总监、总监代表、专业监理工程师、监理员都是受聘的岗位职务，未受聘，则不具有相应的监理工作岗位的任何权力。

2.1.2 监理工程师的执业特点

《建设工程监理范围和规模标准规定》对必须实行监理的建设工程项目具体范围和规模标准进行了规定，而且监理负责所监理工程的“三控制四管理一协调”项目管理工作，因此我国的监理工程师执业体现出如下一些特点。

1. 执业范围广

建设工程监理，就其监理的工程类别来看，包括土木工程、建筑工程、线路管道工程、设备安装工程和装饰装修工程等类别，而各类工程所包含的专业累计多达200余项；全过程的监理包括工程项目前期决策、招标投标、勘察设计、施工、项目运行等所有阶段。因此，监理工程师的执业范围十分广泛。

2. 执业内容复杂

监理工程师执业内容的基础是合同管理，主要工作内容是建设工程三大目标控制和协调、管理，执业方式包括监督管理和咨询服务。执业内容在不同监理阶段各有侧重：在勘察阶段，协助发包人编制勘察要求、选择勘察单位，核查勘察方案并监督实施和进行相应的控制，参与验收勘察成果；在设计阶段，协助发包人编制设计要求、选择设计单位，组织评选设计方案，对各设计单位进行协调管理，监督合同履行，审查设计进度计划并监督实施，核查设计大纲和设计深度、使用技术规范合理性，提出设计评估报告（包括各阶段设计的核查意见和优化建议），协助审核设计概算；在施工阶段，对施工过程中的质量、进度、费用进行控制，安全生产监督管理，合同、信息等方面进行协调管理；在保修阶段，检查和记录工程质量缺陷，对缺陷原因进行调查分析并确定责任归属，审核修复方案，监督修复过程并验收，审核修复费用。监理工程师在执业过程中，还要受环境、气候、市场、国家政策等多种因素的影响；随着国家对建设领域的逐步改革，安全管理、环境监理等都逐渐纳入监理单位的工作内容。所以，监理工程师的执业内容十分复杂。

3. 执业技能全面

工程监理工作是提供高智能的工程管理服务，涉及多学科、多专业，监理方法需要运用工程技术、经济、法律、管理等多方面的知识。要胜任监理工作，监理工程师必须是一专多能的复合型人才，应具备复合型的知识结构，不仅要有专业基础理论知识，还要熟悉设计、施工、管理，要有组织协调能力，并要有足够的实践经验，能够综合应用各种知识解决工程建设中的各种问题。因此，工程监理业务对监理工程师的执业技能要求比较全面，资格条件要求较高。

工程建设监理的推行实践证明，没有专业技能的人肯定不能从事监理工作；即使有一定专业技能，从事多年工程建设工作，如果没有系统学习过工程监理知识，法律、经济等方面知识欠缺，也难以胜任监理工作。

4. 执业责任重大

监理工程师在执业过程中担负着重要的经济和管理等方面涉及生命、财产安全的法律责任，统称为监理责任。监理工程师所承担的责任主要包括两方面：一是国家法律法规赋予的行政责任。我国相关的法律法规对监理工程师执业有明确、具体的要求，不仅赋予监理工程师对监理对象具有一定的权力，同时也规定了监理工程师在执业过程中要承担相应的责任，如《建设工程质量管理条例》所赋予的质量管理责任、《建设工程安全生产管理条例》所赋予的安全生产管理责任等。二是委托监理合同约定的监理人义务，体现为监理工程师承担的合同民事责任。

2.1.3　监理工程师的素质要求

从事监理工作的人员，不仅要有一定的工程技术、工程经济方面的专业知识、较强的专业技术能力，能够对工程建设进行监督管理，提出指导性意见，而且要有一定的组织协调能力，能够组织、协调工程建设各方共同完成工程建设。因此，监理工程师应具备如下各方面的素质。

2.1.3.1　学识要求

监理工程师需要有较高的专业学历和复合型的知识结构。发达国家从事工程管理的人员，很多具有硕士甚至是博士学位，我国借鉴国外对监理人员的学历、学识要求，规定监理工程师必须具有大专以上学历和工程师以上技术职称。现代工程建设规模巨大，涉及多个领域，应用到的科学技术广泛，各单位之间、单位内部人员之间分工、协作繁杂，只有具备现代科技管理知识、经济管理知识和法律知识，监理工程师才能胜任监理岗位的工作要求。监理工程师不可能同时学习、掌握到这么多的专业理论知识，但必须要求掌握一门专业理论知识，在该领域内具有扎实的理论基础，同时也对其他专业知识，比如投资经济学、技术经济学、市场学、国际工程承包、经济合同学、运筹学及相关的应用工具也应该有所涉猎。

2.1.3.2　实践经验要求

工程建设实践经验是理论知识在工程建设中的成功应用并逐渐积累起来的。监理工程师的业务主要表现为工程技术理论与工程管理理论在工程建设中的具体应用。一个人从事工程建设的时间越长，参与的项目越多，经验就越丰富，解决实际问题的能力也就越强。因此，具有实践经验是监理工程师的重要素质之一。有关资料统计分析表明，工程建设中出现的失误，多数原因与经验不足有关，少数原因是责任心不强。所以，世界各国都很重视工程建设实践经验。例如：英国咨询工程师协会规定，入会会员必须是 38 岁以上的工程技术人才；新加坡规定，从事工程结构的监理工程师，必须具有 8 年以上工程结构设计经验。我国监理工程师注册制度中规定，取得工程技术或工程经济专业中级职称，并任职满 3 年，方可参加监理工程师的资格考试，这是对实践经验要求的集中体现。

2.1.3.3　身体素质要求

为了掌握工程实际情况，有效对工程项目进行控制，监理工程师必须深入到施工现场，收集工程进展等相关信息。由于现场工作强度大、流动性大、条件艰苦，往往工期紧、业务繁忙，监理工程师必须要具备健康的身体和充沛的精力才能胜任监理工作。我国的《注册监理工程师管理规定》中明确规定，年龄超过 65 周岁的，其注册证书和执业印章失效，这是对从事监理工作人员的身体素质保障要求。

2.1.3.4　品德要求

监理工程师必须具备良好的品德，主要体现在以下几个方面：

（1）热爱社会主义祖国，热爱人民，热爱社会主义建设事业，这是潜心钻研、积极进取、努力工作、做好监理工作、对监理工程负责的动力。

（2）具有科学的工作态度和综合分析问题的能力。处理问题以事实和数据为依据，在复杂现象中抓本质，而不是“想当然”地办事。

（3）廉洁奉公、为人正直、办事公道的高尚情操。对自己，不谋私利；对建设单位，既能贯彻其正确的意图，又能坚持原则；对设计单位和承包单位，既要严格监理又要做到热情服务；以事实为依据，公正处理双方的索赔事项。

（4）具有良好的性格，善于同业主、施工方、设计方等各单位、各部门合作共事，能听取不同方面的意见，具有冷静分析问题、独立解决问题的能力。

（5）要有有效的工作方法和组织协调能力。有能力建立起完善的工作程序、工作制度，办事要讲原则，处理事情要灵活，正确利用监理的身份，做好参建各方的组织协调工作，实现监理工程的投资、进度、质量目标的协调统一。

2.1.4 监理工程师的职业道德

监理工程师应当具有良好的职业道德是监理工程师的工作性质和承担的任务所决定的。《工程建设监理人员工作守则》规定我国监理工程师应具有的职业道德包括以下几方面的内容：

（1）维护国家的荣誉和利益，按照“守法、诚信、公正、科学”的准则执业。

（2）执行有关工程建设的法律、法规、规范、标准和制度，履行监理合同规定的义务和职责。

（3）努力学习专业技术和建设监理知识，不断提高业务能力和监理水平。

（4）不以个人名义承揽监理业务。

（5）不同时在两个或两个以上监理单位注册和从事监理活动，不在政府部门和施工、材料设备的生产供应等单位兼职。

（6）不为所监理项目指定承包商、建筑构配件（设备、材料）生产厂家和施工方法。

（7）不收受被监理单位的任何礼金。

（8）不泄露所监理工程各方认为需要保密的事项。

（9）坚持独立自主地开展工作。

国际咨询工程师联合会（FIDIC）通过的《FIDIC 通用道德准则》，对从事项目监理的人员的道德要求进行了规定。该准则分别从对社会和职业的责任、能力、廉洁、公正性、对他人的公正等 5 个问题共计 14 个方面规定了监理工程师的道德行为准则。目前，国际咨询工程师协会的会员国家都认真地执行这一准则。《FIDIC 通用道德准则》的具体内容为：

1. 对社会和咨询业的责任

（1）承担咨询业对社会所负有的责任。

（2）寻求符合可持续发展原则的解决方案。

（3）始终维护咨询业的尊严、地位和荣誉。

2. 能力

（1）保持其知识和技能水平与技术、法律和管理的发展一致，在为客户提供服务时运用应有的技能、谨慎和勤勉。

（2）只承担能够胜任的任务。

3. 廉洁

始终维护客户的合法利益，并廉洁、忠实地提供服务。

4. 公正

(1) 公正地提供专业建议、判断或决定。

(2) 为客户服务过程中可能产生的一切潜在的利益冲突，都应告知客户。

(3) 不接受任何可能影响其独立判断的酬劳。

5. 对他人公正

(1) 推动“基于质量选择咨询服务”的理念。

(2) 不得故意、无意损害他人的名誉。

(3) 不得直接、间接地抢已委托给其他咨询工程师的生意。

(4) 在通知该咨询工程师之前，并且在未接到客户终止其工作的书面指令之前，不得接管该工程师的工作。

(5) 如被邀请评审其他咨询工程师的工作，应以恰当的行为和善意的态度进行。

2.2 监理工程师的管理

国家对监理工作的现场监理行为主体实行资格准入制度。为了加强对监理工程师的管理，国务院相关部门先后制定了一系列的规章、制度，如《注册监理工程师管理规定》(建设部第147号令)、《注册监理工程师注册管理工作规程》、《注册监理工程师继续教育暂行办法》、《建设部、人事部关于全国监理工程师执业资格考试工作的通知》(建监〔1996〕462号) 等。

2.2.1 监理工程师执业资格考试

2.2.1.1 考试的意义

通过考试手段来确认申请人是否具备从事监理工作能力的做法是国际惯例。通过监理工程师执业资格考试，有助于将来从事监理工作的人员努力钻研监理业务知识、提高业务水平，提高监理队伍的素质；有利于统一监理工程师的业务能力标准，公正、客观地确认参加考试人员是否具备从事监理工作所需知识；通过考试的途径，建立全国的监理人员库；同国际接轨，通过国际通行的做法来确认监理人员的执业资格，有助于我国监理企业进入国际工程建设监理市场。

2.2.1.2 报考条件

凡中华人民共和国公民，遵纪守法并具备以下条件之一者，均可申请参加全国监理工程师执业资格考试：

(1) 工程技术或工程经济专业大专（含大专）以上学历，按照国家有关规定，取得工程技术或工程经济专业中级职务，并任职满3年。

(2) 按照国家有关规定，取得工程技术或工程经济专业高级职务。

(3) 1970年（含1970年）以前工程技术或工程经济专业中专毕业，按照国家有关规定，取得工程技术或工程经济专业中级职务，并任职满3年。

报考条件集中体现了对监理工程师要求具备相关的专业技术知识，又要有一定年限的工程建设实践经验的素质要求。

2.2.1.3 考试内容

由于监理工程师的业务主要是控制建设工程的质量、工期、投资，监督管理建设工程合同，协调工程建设各方的关系，所以监理工程师执业资格考试的内容主要是工程建设监理的基本概念、工程建设合同管理、工程建设质量控制、工程建设进度控制、工程建设投资控制和工程建设信息管理等六大方面的理论知识和实务技能，分别设置《建设工程监理基本理论与相关法规》《建设工程合同管理》《建设工程质量、投资、进度控制》《建设工程监理案例分析》共4个科目。

对于从事工程建设监理工作且同时具备下列四项条件的报考人员，可免试《建设工程合同管理》和《建设工程质量、投资、进度控制》两个科目，只参加《建设工程监理基本理论与相关法规》和《建设工程监理案例分析》两个科目的考试：

（1）1970年（含1970年）以前工程技术或工程经济专业中专（含中专）以上毕业。

（2）按照国家有关规定，取得工程技术或工程经济专业高级职务。

（3）从事工程设计或工程施工管理工作满15年。

（4）从事监理工作满1年。

监理工程师执业资格考试成绩实行滚动管理，参加全部4个科目考试的人员，必须在连续两个考试年度内通过全部科目考试；符合免试部分科目的人员，必须在一个考试年度内通过规定的两科目的考试。只有通过考试的人员，才能取得监理工程师执业资格证书。

2.2.2 监理工程师的注册

对专业技术人员实行注册执业管理制度是国际上通行的做法。目前我国对建设领域内执业技术人员也实行注册执业管理，比如注册监理工程师、注册结构工程师、注册造价工程师等。通过了监理执业资格考试、获得了执业资格证书的人员，经过注册，才能以注册监理工程师的名义从事监理执业活动。未获得注册证书及执业印章的人员，不得以注册监理工程师的名义从事监理相关活动。监理工程师经注册，即表明获得了政府对其以注册监理工程师名义从业的行政许可，因而也就具有了相应工作岗位的责任和权力。监理工程师依据其所学专业、工作经历、工程业绩，按照《工程监理企业资质管理规定》划分的工程类别，按专业注册。每人最多可以申请两个专业注册。

注册分为初始注册、变更注册、延续注册三种情形。

2.2.2.1 注册的程序

取得监理执业资格证书并受聘于一个建设工程勘察、设计、施工、监理、招标代理、造价咨询等单位的监理人员，应当通过聘用单位向单位工商注册所在地的省、自治区、直辖市人民政府建设主管部门提出注册申请；省、自治区、直辖市人民政府建设主管部门受理后提出初审意见，并将初审意见和全部申报材料报国务院建设主管部门审批；符合条件的，由国务院建设主管部门核发注册证书和执业印章。

2.2.2.2 初始注册

申请初始注册，应当具备以下条件：

（1）经全国注册监理工程师执业资格统一考试合格，取得资格证书。

（2）受聘于一个相关单位。

（3）达到继续教育要求。

（4）没有《注册监理工程师管理规定》中的不予注册情形。

初始注册需要提交下列材料：

（1）申请人的注册申请表。

（2）申请人的资格证书和身份证复印件。

（3）申请人与聘用单位签订的聘用劳动合同复印件。

（4）所学专业、工作经历、工程业绩、工程类中级及中级以上职称证书等有关证明材料。

（5）逾期初始注册的，应当提供达到继续教育要求的证明材料。

2.2.2.3　变更注册

注册监理工程师有下列情况变化时，应及时办理变更注册手续：

（1）监理工程师职称或专业发生变化。

（2）监理工程师调换监理企业。

（3）监理企业名称变更。

（4）监理企业撤销、合并等。

在注册有效期内，注册监理工程师变更执业单位是常见的变更情形，这种变更应当与原聘用单位解除劳动关系，并按《注册监理工程师管理规定》所规定的程序办理变更注册手续，变更注册后仍延续原注册有效期。

变更执业单位的变更注册需要提交下列材料：

（1）申请人变更注册申请表。

（2）申请人与新聘用单位签订的聘用劳动合同复印件。

（3）申请人的工作调动证明（与原聘用单位解除聘用劳动合同或者聘用劳动合同到期的证明文件、退休人员的退休证明）。

2.2.2.4　延续注册

注册监理工程师每一注册有效期为 3 年，注册有效期满需继续执业的，应当在注册有效期满 30 日前，按照《注册监理工程师管理规定》所规定的程序申请延续注册，延续注册有效期为 3 年。延续注册需要提交下列材料：

（1）申请人延续注册申请表。

（2）申请人与聘用单位签订的聘用劳动合同复印件。

（3）申请人注册有效期内达到继续教育要求的证明材料。

2.2.2.5　注销注册

注册证书和执业印章是注册监理工程师的执业凭证。监理工程师通过注册后，发给中华人民共和国注册监理工程师注册执业证书和执业印章，由注册监理工程师本人保管、使用。注册监理工程师有下列情形之一的，负责审批的部门应当办理注销注册手续，收回注册证书和执业印章或者公告其注册证书和执业印章作废：

（1）不具有完全民事行为能力的。

（2）申请注销注册的。

（3）有《注册监理工程师管理规定》所规定的情形发生的。

（4）依法被撤销注册的。

（5）依法被吊销注册证书的。

（6）受到刑事处罚的。

（7）法律、法规规定应当注销注册的其他情形。

2.2.2.6 注册失效

有下列情形之一的，注册监理工程师的注册证书和执业印章失效：

（1）聘用单位破产的。

（2）聘用单位被吊销营业执照的。

（3）聘用单位被吊销相应资质证书的。

（4）已与聘用单位解除劳动关系的。

（5）注册有效期满且未延续注册的。

（6）年龄超过65周岁的。

（7）死亡或者丧失行为能力的。

（8）其他导致注册失效的情形。

2.2.2.7 不予注册情形

申请人有下列情形之一的，不予初始注册、延续注册或者变更注册：

（1）不具有完全民事行为能力的。

（2）刑事处罚尚未执行完毕或者因从事工程监理或者相关业务受到刑事处罚，自刑事处罚执行完毕之日起至申请注册之日止不满2年的。

（3）未达到监理工程师继续教育要求的。

（4）在两个或者两个以上单位申请注册的。

（5）以虚假的职称证书参加考试并取得资格证书的。

（6）年龄超过65周岁的。

（7）法律、法规规定不予注册的其他情形。

被注销注册者或者不予注册者，在重新具备初始注册条件，并符合继续教育要求后，可以按照程序重新申请注册。

2.2.3 监理工程师的执业

取得资格证书的人员，应当受聘于一个具有建设工程勘察、设计、施工、监理、招标代理、造价咨询等一项或者多项资质的单位，经注册后方可从事相应的执业活动。从事工程监理执业活动的，应当受聘并注册于一个具有工程监理资质的单位。注册监理工程师可以从事工程监理、工程经济与技术咨询、工程招标与采购咨询、工程项目管理服务以及国务院有关部门规定的其他业务。

工程监理活动中形成的监理文件由注册监理工程师按照规定签字盖章后方可生效。修改经注册监理工程师签字盖章的工程监理文件，应当由该注册监理工程师进行；因特殊情况，该注册监理工程师不能进行修改的，应当由其他注册监理工程师修改，并签字、加盖执业印章，对修改部分承担责任。

注册监理工程师从事执业活动，由所在单位接受委托并统一收费。因工程监理事故及相关业务造成的经济损失，聘用单位应当承担赔偿责任；聘用单位承担赔偿责任后，可依法向负有过错的注册监理工程师追偿。

2.2.4　监理工程师的权利和义务

注册监理工程师享有一定的权利，并承担相应的义务。

1. 注册监理工程师享有下列权利

（1）使用注册监理工程师称谓。

（2）在规定范围内从事执业活动。

（3）依据本人能力从事相应的执业活动。

（4）保管和使用本人的注册证书和执业印章。

（5）对本人执业活动进行解释和辩护。

（6）接受继续教育。

（7）获得相应的劳动报酬。

（8）对侵犯本人权利的行为进行申诉。

2. 注册监理工程师应当履行下列义务

（1）遵守法律、法规和有关管理规定。

（2）履行管理职责，执行技术标准、规范和规程。

（3）保证执业活动成果的质量，并承担相应责任。

（4）接受继续教育，努力提高执业水准。

（5）在本人执业活动所形成的工程监理文件上签字、加盖执业印章。

（6）保守在执业中知悉的国家秘密和他人的商业、技术秘密。

（7）不得涂改、倒卖、出租、出借或者以其他形式非法转让注册证书或者执业印章。

（8）不得同时在两个或者两个以上单位受聘或者执业。

（9）在规定的执业范围和聘用单位业务范围内从事执业活动。

（10）协助注册管理机构完成相关工作。

2.2.5　监理工程师的继续教育

注册监理工程师在每一注册有效期内应当达到国务院建设主管部门规定的继续教育要求。继续教育是注册监理工程师逾期初始注册、延续注册和重新申请注册的条件之一。继续教育的目的是通过开展继续教育使注册监理工程师及时掌握与工程建设有关的法律法规、标准规范和政策，熟悉工程监理与工程项目管理的新理论、新方法，了解工程建设新技术、新材料、新设备及新工艺，适时更新业务知识，不断提高注册监理工程师业务素质和执业水平，以适应开展工程监理业务和工程监理事业发展的需要。

注册监理工程师在每一注册有效期（3 年）内应接受 96 学时的继续教育，其中必修课和选修课各为 48 学时。必修课每年可安排 16 学时；选修课按注册专业安排学时，只注册一个专业的，每年接受该注册专业选修课 16 学时的继续教育；注册 2 个专业的，每年接受相应 2 个注册专业选修课 8 学时的继续教育。在一个注册有效期内，注册监理工程师根据工作需要可集中安排或分年度安排继续教育的学时。

继续教育的方式有两种，即集中面授和网络学习。

2.2.6　监理工程师的法律责任

《注册监理工程师管理规定》对建设监理活动中的监理人员、建设主管部门的工作人员规定了相应的法律责任。对监理工程师，需承担的相应法律责任有：

（1）隐瞒有关情况或者提供虚假材料申请注册的，建设主管部门不予受理或者不予注册，并给予警告，1年之内不得再次申请注册。

（2）以欺骗、贿赂等不正当手段取得注册证书的，由国务院建设主管部门撤销其注册，3年内不得再次申请注册，并由县级以上地方人民政府建设主管部门处以罚款，其中没有违法所得的，处以1万元以下罚款，有违法所得的，处以违法所得3倍以下且不超过3万元的罚款；构成犯罪的，依法追究刑事责任。

（3）违反本规定，未经注册，擅自以注册监理工程师的名义从事工程监理及相关业务活动的，由县级以上地方人民政府建设主管部门给予警告，责令停止违法行为，处以3万元以下罚款；造成损失的，依法承担赔偿责任。

（4）违反本规定，未办理变更注册仍执业的，由县级以上地方人民政府建设主管部门给予警告，责令限期改正；逾期不改的，可处以5000元以下的罚款。

（5）注册监理工程师在执业活动中有下列行为之一的，由县级以上地方人民政府建设主管部门给予警告，责令其改正，没有违法所得的，处以1万元以下罚款，有违法所得的，处以违法所得3倍以下且不超过3万元的罚款；造成损失的，依法承担赔偿责任；构成犯罪的，依法追究刑事责任：

1）以个人名义承接业务的。

2）涂改、倒卖、出租、出借或者以其他形式非法转让注册证书或者执业印章的。

3）泄露执业中应当保守的秘密并造成严重后果的。

4）超出规定执业范围或者聘用单位业务范围从事执业活动的。

5）弄虚作假提供执业活动成果的。

6）同时受聘于两个或者两个以上的单位，从事执业活动的。

7）其他违反法律、法规、规章的行为。

2.3 监 理 企 业

国家对监理企业实行资质管理制度是我国对建设监理主体实行市场准入控制的有效手段。为了规范监理市场，加强对监理企业的管理，促进监理行业健康发展，国务院相关部门先后制定了《工程监理企业资质管理规定》（建设部第158号令）、《建设工程监理规范》（GB/T 50319—2013）等规章、制度。

监理企业就是依法成立并取得建设主管部门颁发的工程监理企业资质证书，从事建设工程监理与相关服务活动的经济组织，是监理工程师所在的执业机构。按照我国法律法规的规定，我国企业的组织形式分为五种：公司、合伙企业、个人独资企业、中外合资经营企业和中外合作经营企业。对应地，我国工程监理企业有可能存在的企业组织形式包括：公司制监理企业、合伙监理企业、个人独资监理企业、中外合资经营监理企业和中外合作经营监理企业。

目前我国公司制监理企业主要有两种：监理有限责任公司和监理股份有限公司。

2.3.1 工程监理企业资质等级标准

工程建设监理企业的资质是反映监理企业技术力量、管理水平、业务经验、监理业绩、经营规模、社会信誉等的综合性指标。工程监理企业依据其拥有的注册资本、专业技术人员数量、工程监理业绩等情况申请资质。工程建设监理企业的注册资本是企业从事监理活动的基本条件，也是企业清偿债务能力的保证；所拥有的专业技术人员数量主要为注册监理工程师的数量，体现出监理企业从事监理工作的业务能力和专业范围；工程监理业绩反映出监理企业开展监理工作的经历和成效。监理企业只有取得相应等级的资质证书后，才能在资质等级许可的范围内承揽监理任务。

按《工程监理企业资质管理规定》（建设部第158号令）规定，工程监理企业的资质分为综合资质、专业资质、事务所资质三大类。专业资质依据工程性质和技术特点分为若干工程类别。综合资质和事务所资质不分级别；专业资质分为甲级、乙级，但房屋建筑、水利水电、公路和市政公用专业资质可设立丙级。甲级、乙级、丙级按照工程性质和技术特点分为房屋建筑工程、冶炼工程、矿山工程、化工石油工程、水利水电工程、电力工程、农林工程、铁路工程、公路工程、港口与航道工程、航天航空工程、通信工程、市政公用工程、机电安装工程共计14个专业工程类别，每个专业工程类别按照工程规模或技术复杂程度又分为3个等级。

《工程监理企业资质管理规定》（建设部第158号令）规定工程监理企业的资质等级标准如下。

2.3.1.1　综合资质标准

（1）具有独立法人资格且注册资本不少于600万元。

（2）企业技术负责人应为注册监理工程师，并具有15年以上从事工程建设工作的经历或者具有工程类高级职称。

（3）具有5个以上工程类别的专业甲级工程监理资质。

（4）注册监理工程师不少于60人，注册造价工程师不少于5人，一级注册建造师、一级注册建筑师、一级注册结构工程师或者其他勘察设计注册工程师合计不少于15人次。

（5）企业具有完善的组织结构和质量管理体系，有健全的技术、档案等管理制度。

（6）企业具有必要的工程试验检测设备。

（7）申请工程监理资质之日前一年内没有本规定第十六条禁止的行为。

（8）申请工程监理资质之日前一年内没有因本企业监理责任造成重大质量事故。

（9）申请工程监理资质之日前一年内没有因本企业监理责任发生三级以上工程建设重大安全事故或者发生两起以上四级工程建设安全事故。

2.3.1.2　专业甲级资质标准

（1）具有独立法人资格且注册资本不少于300万元。

（2）企业技术负责人应为注册监理工程师，并具有15年以上从事工程建设工作的经历或者具有工程类高级职称。

（3）注册监理工程师、注册造价工程师、一级注册建造师、一级注册建筑师、一级注册结构工程师或者其他勘察设计注册工程师合计不少于25人次。其中，相应专业注册监理工程师不少于表2-1中要求配备的人数，注册造价工程师不少于2人。

（4）企业近2年内独立监理过3个以上相应专业的二级工程项目，但是，具有甲级设计资质或一级及以上施工总承包资质的企业申请本专业工程类别甲级资质的除外。

（5）企业具有完善的组织结构和质量管理体系，有健全的技术、档案等管理制度。

（6）企业具有必要的工程试验检测设备。

（7）申请工程监理资质之日前一年内没有本规定第十六条禁止的行为。

（8）申请工程监理资质之日前一年内没有因本企业监理责任造成重大质量事故。

（9）申请工程监理资质之日前一年内没有因本企业监理责任发生三级以上工程建设重大安全事故或者发生两起以上四级工程建设安全事故。

表2-1　专业资质注册监理工程师人数配备表

序号	工程类别	甲级	乙级	丙级	序号	工程类别	甲级	乙级	丙级
1	房屋建筑工程	15	10	5	8	铁路工程	23	14	
2	冶炼工程	15	10		9	公路工程	20	12	5
3	矿山工程	20	12		10	港口与航道工程	20	12	
4	化工石油工程	15	10		11	航天航空工程	20	12	
5	水利水电工程	20	12	5	12	通信工程	20	12	
6	电力工程	15	10		13	市政公用工程	15	10	5
7	农林工程	15	10		14	机电安装工程	15	10	

注　表中各专业资质注册监理工程师人数配备是指企业取得本专业工程类别注册的注册监理工程师人数。

2.3.1.3　专业乙级资质标准

（1）具有独立法人资格且注册资本不少于100万元。

（2）企业技术负责人应为注册监理工程师，并具有10年以上从事工程建设工作的经历。

（3）注册监理工程师、注册造价工程师、一级注册建造师、一级注册建筑师、一级注册结构工程师或者其他勘察设计注册工程师合计不少于15人次。其中，相应专业注册监理工程师不少于表2-1中要求配备的人数，注册造价工程师不少于1人。

（4）有较完善的组织结构和质量管理体系，有技术、档案等管理制度。

（5）有必要的工程试验检测设备。

（6）申请工程监理资质之日前一年内没有本规定第十六条禁止的行为。

（7）申请工程监理资质之日前一年内没有因本企业监理责任造成重大质量事故。

（8）申请工程监理资质之日前一年内没有因本企业监理责任发生三级以上工程建设重大安全事故或者发生两起以上四级工程建设安全事故。

2.3.1.4　专业丙级资质标准

（1）具有独立法人资格且注册资本不少于50万元。

（2）企业技术负责人应为注册监理工程师，并具有8年以上从事工程建设工作的经历。

（3）相应专业的注册监理工程师不少于表2-1中要求配备的人数。

（4）有必要的质量管理体系和规章制度。

（5）有必要的工程试验检测设备。

2.3.1.5　事务所资质标准

（1）取得合伙企业营业执照，具有书面合作协议书。

（2）合伙人中有3名以上注册监理工程师，合伙人均有5年以上从事建设工程监理的工作经历。

（3）有固定的工作场所。

（4）有必要的质量管理体系和规章制度。

（5）有必要的工程试验检测设备。

2.3.2　工程监理企业业务范围

工程监理企业资质相应许可的业务范围如下：

（1）综合资质：可以承担所有专业工程类别建设工程项目的工程监理业务。

（2）专业甲级资质：可承担相应专业工程类别建设工程项目的工程监理业务。

（3）专业乙级资质：可承担相应专业工程类别二级以下（含二级）建设工程项目的工程监理业务。

（4）专业丙级资质：可承担相应专业工程类别三级建设工程项目的工程监理业务。

（5）事务所资质：可承担三级建设工程项目的工程监理业务，但是，国家规定必须实行强制监理的工程除外。

各级工程监理企业都可以开展相应类别建设工程的项目管理、技术咨询等业务。

2.3.3　工程监理企业资质的申请

申请综合资质、专业甲级资质的，应当向企业工商注册所在地的省、自治区、直辖市人民政府建设主管部门提出申请；省、自治区、直辖市人民政府建设主管部门应当自受理申请之日起 20 日内初审完毕，并将初审意见和申请材料报国务院建设主管部门；国务院建设主管部门根据初审意见审批。专业乙级、丙级资质和事务所资质由企业所在地省、自治区、直辖市人民政府建设主管部门审批。

工程监理企业申请资质应当提交以下材料：

（1）工程监理企业资质申请表（一式三份）及相应电子文档。

（2）企业法人、合伙企业营业执照。

（3）企业章程或合伙人协议。

（4）企业法定代表人、企业负责人和技术负责人的身份证明、工作简历及任命（聘用）文件。

（5）工程监理企业资质申请表中所列注册监理工程师及其他注册执业人员的注册执业证书。

（6）有关企业质量管理体系、技术和档案等管理制度的证明材料。

（7）有关工程试验检测设备的证明材料。

2.3.4　工程监理企业禁止的行为

工程监理企业不得有下列行为：

（1）与建设单位串通投标或者与其他工程监理企业串通投标，以行贿手段谋取中标。

（2）与建设单位或者施工单位串通弄虚作假、降低工程质量。

（3）将不合格的建设工程、建筑材料、建筑构配件和设备按照合格签字。

（4）超越本企业资质等级或以其他企业名义承揽监理业务。

（5）允许其他单位或个人以本企业的名义承揽工程。

（6）将承揽的监理业务转包。

（7）在监理过程中实施商业贿赂。

(8) 涂改、伪造、出借、转让工程监理企业资质证书。

(9) 其他违反法律法规的行为。

2.3.5　监理资质的撤销与注销

(1) 有下列情形之一的，资质许可机关或者其上级机关，根据利害关系人的请求或者依据职权，可以撤销工程监理企业资质：

1) 资质许可机关工作人员滥用职权、玩忽职守作出准予工程监理企业资质许可的。

2) 超越法定职权作出准予工程监理企业资质许可的。

3) 违反资质审批程序作出准予工程监理企业资质许可的。

4) 对不符合许可条件的申请人作出准予工程监理企业资质许可的。

5) 依法可以撤销资质证书的其他情形。

以欺骗、贿赂等不正当手段取得工程监理企业资质证书的，应当予以撤销。

(2) 有下列情形之一的，工程监理企业应当及时向资质许可机关提出注销资质的申请，交回资质证书，国务院建设主管部门应当办理注销手续，公告其资质证书作废：

1) 资质证书有效期届满，未依法申请延续的。

2) 工程监理企业依法终止的。

3) 工程监理企业资质依法被撤销、撤回或吊销的。

4) 法律、法规规定的应当注销资质的其他情形。

2.3.6　监理企业的法律责任

《工程监理企业资质管理规定》对涉及建设企业资质的监理企业、建设主管部门的工作人员规定了相应的法律责任。对监理企业，需承担的相应法律责任有：

(1) 申请人隐瞒有关情况或者提供虚假材料申请工程监理企业资质的，资质许可机关不予受理或者不予行政许可，并给予警告，申请人在1年内不得再次申请工程监理企业资质。

(2) 以欺骗、贿赂等不正当手段取得工程监理企业资质证书的，由县级以上地方人民政府建设主管部门或者有关部门给予警告，并处1万元以上2万元以下的罚款，申请人3年内不得再次申请工程监理企业资质。

(3) 工程监理企业有本规定第十六条第七项、第八项行为之一的，由县级以上地方人民政府建设主管部门或者有关部门予以警告，责令其改正，并处1万元以上3万元以下的罚款；造成损失的，依法承担赔偿责任；构成犯罪的，依法追究刑事责任。

(4) 违反本规定，工程监理企业不及时办理资质证书变更手续的，由资质许可机关责令限期办理；逾期不办理的，可处以1千元以上1万元以下的罚款。

(5) 工程监理企业未按照本规定要求提供工程监理企业信用档案信息的，由县级以上地方人民政府建设主管部门予以警告，责令限期改正；逾期未改正的，可处以1千元以上1万元以下的罚款。

2.4　监理企业的经营管理

2.4.1　监理企业经营活动的基本准则

监理单位从事工程建设监理活动，应当遵循"守法、诚信、公正、科学"的准则。

1. 守法

守法是任何一个具有民事行为能力的个人及单位最基本的行为准则，对监理单位，守法就是依法经营，集中体现在以下几方面：

（1）监理单位只能在资质核定的业务范围内开展监理活动。

这里所说的核定的业务范围，是指经建设监理资质管理部门审查确认并在发给监理单位的资质证书中明确载明的经营业务范围。核定的业务范围包含两方面的内容：一是监理业务的性质；二是监理业务的等级。监理业务的性质是指可以监理什么专业的工程，如核定的业务范围只是房屋建筑工程，则只能监理房屋建筑工程的建设项目，不得承揽水利水电工程项目的建设监理；若核定了项目管理、技术咨询服务，相应地也要在资质证书上载明。监理单位承接经营业务范围以外的任何业务都是违法经营。监理业务的等级是指要按照核定的监理资质等级承接监理业务。如甲级资质监理单位可以承接一等、二等、三等工程项目的建设监理业务；丙级资质的监理单位，一般情况下，只能承接三等工程项目的建设监理业务。

（2）监理单位不得伪造、涂改、出租、出借、转让、出卖《资质等级证书》。

（3）按监理合同监理工程项目。工程建设监理合同一经双方签订，即具有法律约束力，监理单位应按照合同的规定认真履行监理职责，不得无故或故意违背自己的承诺。

（4）遵守国家、地方关于企业法人的其他法律、法规的规定，包括行政的、经济的和技术的。如监理单位跨区域承接监理业务，要自觉遵守项目所在地人民政府颁发的监理有关规定，并要主动向监理工程所在地的省、自治区、直辖市建设行政主管部门备案登记，接受其指导和监督管理。

2. 诚信

所谓诚信，简单地讲，就是忠诚老实、讲信用。诚信是人们行为、处事的基本品德，也是企业信誉的核心内容。监理单位向业主提供的是智力性技术服务，其最终在建筑产品上体现出来。监理对工程建设投资、质量、工期的控制，涉及工程建设的各个环节、各个方面。一个监理单位如果本来监理水平高，但不严格要求自己，对待监理工作持应付的态度，不为业主提供与其监理水平相适应的技术服务，这是不诚信的表现；或者本来监理能力有限，却在竞争承揽监理业务时，有意夸大自己的能力；或者承揽到监理任务后借故不认真履行监理合同规定的义务和职责等，都是不讲诚信的行为。

我国的建设监理事业还处于发展的初级阶段，每个监理单位、每一位监理人员能否做到诚信，都会对监理行业的发展造成一定的影响；不讲诚信的行为会对监理单位、监理人员自己的声誉带来很大负面影响。所以说，诚信是监理单位经营活动基本准则的重要内容之一。

3. 公正

所谓“公正”，主要是指监理单位在处理业主与承建商之间的矛盾和纠纷时，要做到“一碗水端平”，是谁的责任，就由谁承担；是谁的权益，就维护谁的权益。虽然监理单位是受业主的委托才对工程具有监理权，监理费是业主支付给监理单位的，但在处理纠纷的时候，决不能就因此而偏袒业主。例如，因业主的过错没有按合同规定的时间提供施工图或提供施工场地，承建商提出索赔。监理单位接到承建商的索赔单后，据实调查、处理。

如果承建商的索赔事项、索赔要求等成立，监理就应该签认业主赔偿多少。再如，对承建商编制的施工组织方案，监理要从工程的全局来通盘考虑，不能只考虑该承建商的进度、利益等。若涉及与其他承建单位的施工，由于交叉作业等可能会影响总工期；甚至该承建单位的施工组织自身也难以按计划执行，监理则要从全局考虑，建议承建商优化施工组织设计，以维护业主的利益。

总的说来，由于业主具有建设费用的最终支付权，监理单位维护业主的合法权益容易做到，维护承建商的利益相对比较难。这一则是业主单位对监理单位的角色认识不到位，总认为监理单位是由业主聘请的，就应该维护业主的利益；再则承建单位在很多纠纷事情上，证据不足、索赔计算方法错误等，导致监理最终对索赔的处理结果与承建商对索赔的期望差距较大，使得承建单位对监理单位产生误解。

监理单位要做到公正，必须要做到以下几点：

(1) 培养良好的职业道德，不为私利而违心地处理问题。

(2) 坚持实事求是的原则，不唯上级或业主的意见是从。

(3) 提高综合分析问题的能力，不为局部问题或表面现象而影响自己的判断。

(4) 不断提高自己的专业技术能力、加强对国家的法律、法规的掌握，尤其是要尽快提高综合理解、熟练运用工程建设有关合同条款的能力，以便以合同条款为依据，恰当地协调、处理问题。

4. 科学

所谓“科学”，是指监理单位的监理活动要依据科学的方案、运用科学的手段、采取科学的方法。工程项目监理结束后，还要进行科学的总结，以积累经验、逐步提高监理能力与业务水平。总之，监理工作的开展必须要有科学的思想、科学的方法。监理在处理业务中要有可靠依据和凭证；判断问题、作出决策、下发监理通知等，要基于真实的数据。监理工程师只有实事求是，采取科学的态度与科学的方法，才能提供高智能的、科学的服务，顺利完成监理任务。提高监理的科学化水平，可从以下几方面着手：

(1) 科学的计划。就一个具体工程项目的监理工作而言，科学的方案体现在监理规划和监理细则方面。在实施监理前，通过编写监理规划和监理细则，集思广益，充分运用已有的经验和监理单位的管理制度，尽可能地把各种问题都列出来，并拟订解决办法，使各项监理活动的具体开展都纳入计划管理的轨道。

(2) 科学的工具。单凭人的感官直接进行监理是最低级的监理手段。要高质量完成监理任务，必须借助于先进的科学仪器，如计算机、各种检测、试验、化验仪器等。这一则提高监理效率，二则提高监理活动的科学化水平。

(3) 科学的方法。监理工作的科学方法主要体现在监理人员在掌握大量、真实的有关监理对象及其外部环境的信息基础上，科学、及时、正确地处理有关问题。监理解决问题要“用事实说话”、“用数据说话”、“用书面文件说话”、“用法规、标准说话”；监理工作不能“想当然”地去解决问题，要注重经验的积累并将经验上升到理论的水平，分析问题要尽量定量，建立数据库等辅助进行监理。

2.4.2 监理企业经营活动的基本原则

监理单位受业主委托对建设工程实施监理时，应遵守以下基本原则：

1. 公正、独立、自主的原则

监理工程师在建设工程监理中必须尊重科学、尊重事实，组织各方协同配合、共同完成建设项目，维护业主的合法权益的同时，也维护承建单位的应得利益。为此，必须坚持公正、独立、自主的原则。业主与承建单位都是独立运行的经济主体，在一个工程建设项目上他们追求的经济目标是显著不同的，监理工程师应在合同约定的权、责、利关系的基础上，协调双方的矛盾。只有按合同的约定建成工程，业主才能实现投资的目的，承建单位也才能顺利获得工程款、实现盈利。

2. 权责一致的原则

监理工程师承担的职责与业主授予的权限相一致。监理权的授予，除集中体现在业主与监理单位之间签订的委托监理合同之外，还反映在业主与承建单位之间签订的建设工程合同条款上。监理单位获得业主对工程建设监理任务的委托后，在明确业主提出的监理目标和监理工作内容要求基础上，与业主协商，明确相应的授权，达成共识后明确反映在委托监理合同中。据此，监理工程师才能开展监理活动。这是业主对监理单位的授权需要权责一致的集中体现。

工程建设项目现场监理机构的总监理工程师代表监理单位全面履行建设工程委托监理合同，承担合同中确定的监理方向业主方所承担的义务和责任。因此，在委托监理合同实施中，监理单位对总监理工程师应充分授权，这是监理企业内部在完成监理任务时权责一致原则的体现。

3. 总监理工程师负责制的原则

总监理工程师是工程项目现场全部监理工作的总负责人，其全面负责委托监理合同的履行、主持项目监理机构工作。建立和健全总监理工程师负责制，就要明确权、责、利关系，健全具有科学运行制度和现代化管理手段的项目监理机构，形成以总监理工程师为首的高效能的决策指挥体系。

4. 严格监理、热情服务的原则

严格监理，就是监理人员要严格按照国家政策、法规、规范、标准和合同控制建设工程的目标，依照既定的程序和制度，认真履行职责，对承建单位的建设行为进行严格监理。

热情服务就是监理工程师应“运用合理的技能，谨慎而勤奋地工作”。由于业主一般不熟悉建设工程管理与技术业务，监理工程师应按照委托监理合同的要求，为业主提供多方位、多层次的良好服务，维护业主的正当权益。但是，也不能向各承建单位转嫁应当由业主承担的风险，而损害承建单位的正当经济利益。

5. 综合效益原则

建设工程监理活动既要考虑业主的经济效益，也必须考虑与社会效益和环境效益的有机统一。工程建设监理权只有经业主的委托和授权才能获得，但监理工程师应首先严格遵守国家的建设管理法律、法规、标准等，时刻铭记作为一位工程建设人员所担当的社会责任。因此监理工程师要以高度负责的态度和责任感，在监理活动中既要对业主负责，谋求最大的经济效益，又要对国家和社会负责，取得工程建设项目的最佳综合效益。只有符合宏观经济效益、社会效益和环境效益的前提条件下，工程建设项目的微观经济效益才能得以保证。

2.4.3 监理企业的内部管理

监理企业的内部管理，应强调经营成本管理、资金管理、质量管理、建章立制，增强法制意识，守法经营。为做好监理企业的内部管理工作，提高企业竞争力，可从下面几方面着手。

1. 做好市场定位

监理单位要加强自身发展战略研究，以市场需求为导向，结合本企业专业人员情况，合理确定企业的市场定位，制定和实施明确的业务发展战略、技术创新战略，根据市场需求变化、国家产业政策调整、经济发展转型，完善服务功能，着力开拓咨询服务市场，适时做好企业定位调整。

2. 管理现代化

要广泛采用现代管理技术、方法和手段，推广、采用先进企业的管理经验，借鉴国外企业成熟的现代管理方法，以企业核心竞争力和品牌效应取得竞争优势。

3. 建立市场信息系统

建立市场信息系统。要加强现代信息技术的运用，建立灵敏、准确的市场信息系统，掌握市场动态。从监理工作招标信息收集方面着手，拓展监理业务；同时对工程监理行业中出现的一些事故案例进行收集、剖析；对国家新的政策、标准、法规等进行解读、贯彻，提高企业的业务水平。

4. 开展贯标活动

积极推行ISO9000质量管理体系贯标认证工作，严格按照质量手册和程序文件的要求开展各项工作，将贯标认证工作落实到实处。通过企业的贯标工作，提高企业市场竞争能力、提高企业人员素质、规范企业各项工作；并尽可能避免或减少工作失误。

5. 加强法制教育

要严格贯彻实施国家法规、标准，特别是对于《建设工程监理规范》(GB/T 50319—2013)，要结合企业实际情况，制定相应的实施细则，组织全员学习。签订委托监理合同、实施监理工作、检查考核监理业绩、制定企业规章制度等监理企业管理的各个环节，都应当以该规范为主要依据。

6. 进行人才培养

企业应从长远发展的角度出发，高度重视监理人才培养；建立长期的人才培养规划，针对不同层次的监理人员制定相应的培训计划，系统地组织开展监理人员培训、进修工作，建立和完善多渠道、多层次、多形式、多目标的人才培养体系，实施人才战略发展措施。

7. 发展企业文化

企业文化是一个企业在发展过程中形成的以企业精神和经营管理理念为核心，凝聚、激励企业各级经营管理者和员工归属感、积极性、创造性的人本管理理论，是企业的灵魂和精神支柱。通过企业文化建设，可以提高企业的整体素质，树立企业的良好形象，增强企业的凝聚力，提高企业本身在同行业中的社会影响。加强企业文化建设是争创名牌监理企业、提高企业的市场竞争力、获得社会公信力和强化企业执行力的有效途径。

8. 建章立制

通过建立企业的规章制度，企业领导、员工依据规章办事，可明确职责、提高办事效率，企业员工的活动也有章可循。监理企业规章制度一般包括组织管理制度、人事管理制度、劳动合同管理制度、财务管理制度、经营管理制度、项目监理机构管理制度、设备管理制度、科技管理制度、档案文书管理制度等各个方面。

2.4.4　监理企业的经营活动

2.4.4.1　监理任务的承揽

工程监理企业承揽监理业务的途径有两种：一是通过投标竞争取得监理业务；二是由业主直接委托取得监理业务。通过投标取得监理业务，是市场经济体制下建设领域实行招投标制的体现。《中华人民共和国招标投标法》明确规定下列工程建设项目的监理工作必须实行招标：

(1) 大型基础设施、公用事业等关系社会公共利益、公众安全的项目。

(2) 全部或者部分使用国有资金投资或者国家融资的项目。

(3) 使用国际组织或者外国政府贷款、援助资金的项目。

在不宜公开招标的机密工程或没有投标竞争对手的情况下，或者是工程规模比较小、比较单一的监理业务，或者是对原工程监理企业的续用等情况下，业主也可以直接委托工程监理企业。

监理企业向业主提供的是管理服务，监理投标书的核心是要对建设单位对监理企业的管理水平及招标工程的管理方案的期望作出实质性响应，其集中体现在监理大纲上，尤其是主要的监理对策。业主在监理招标时应以监理大纲的水平作为评定投标书优劣的重要依据，把监理费的高低当作选择工程监理企业的次要因素考虑。工程监理企业为了承揽到监理任务，也不应该以降低监理费作为竞争的主要手段。监理单位在承揽监理任务的时候，应注意如下几方面事项：

(1) 严格遵守国家的法律、法规及有关规定，遵守监理行业职业道德，不参与恶性压价竞争。

(2) 严格按照监理资质批准的范围承揽监理任务。

(3) 同时承担的监理任务总量要控制，视本企业的监理力量而定，不得将监理业务转包给其他工程监理企业；也不得允许其他企业、个人以本企业的名义挂靠承揽监理业务。

(4) 对监理风险较大的工程，可以联合几家监理企业组成联合体承揽监理业务，发挥各企业所长，以分担风险。

2.4.4.2　监理费用

1. 监理费用的构成

工程建设监理费是业主根据委托监理合同支付给监理企业的监理酬金，是构成工程建设概（预）算的一部分，在其中单独列支。工程建设监理费主要包括直接成本、间接成本、税金和利润 4 部分。

(1) 直接成本。监理企业的直接成本就是监理企业履行委托监理合同过程中所支出的费用，主要包括现场监理工作人员的工资、奖金、津贴、补助、附加工资等；监理机构开展监理工作所需的检测仪器、设备购置费、租赁费；现场监理人员的办公费、通信费、差旅费、会议费、劳保费、保险费等以及其他费用。

（2）间接成本。监理企业的间接成本是指全部业务经营开支及非工程监理的特定开支，主要包括管理人员、行政人员、后勤人员的工资、奖金、津贴和补助；为承揽监理业务而发生的广告费、宣传费、交通费等经营性业务开支；办公费、公用设施使用费、业务培训费、企业人员的附加费及其他费用等。

（3）税金。税金是指按照国家规定，监理企业应缴纳的各种税金总额，包括营业税、所得税、印花税等。

（4）利润。利润是指工程监理企业的监理活动总收入，扣除直接成本、间接成本和各种税金总额后的余额。

2. 监理费用收费原则

《建设工程监理与相关服务收费管理规定》（发改价格〔2007〕670号）明确规定我国对工程建设监理与相关服务费用的收费根据建设项目投资额的不同，分别采用政府指导价和市场调节价。依法必须实行监理的建设工程施工阶段的监理收费实行政府指导价；其他建设工程施工阶段的监理收费和其他阶段的监理与相关服务收费实行市场调节价。实行政府指导价的建设工程施工阶段监理收费，其基准价根据《建设工程监理与相关服务收费标准》计算，浮动幅度为上下20%。发包人和监理人应当根据建设工程的实际情况在规定的浮动幅度内协商确定收费额。实行市场调节价的建设工程监理与相关服务收费，由发包人和监理人协商确定收费额。

工程监理工作的收费应体现优质优价的原则。在保证工程质量的前提下，通过监理提供的优质服务而节省投资、缩短工期、工程提前投产，取得显著经济效益的，业主可以根据监理合同里的约定奖励监理企业，奖励条款、标准等应在监理委托合同中事先明确。由于监理人原因造成监理与相关服务工作量增加的，发包人不另行支付监理与相关服务费用。监理人提供的监理与相关服务不符合国家有关法律、法规和标准规范的，提供的监理服务人员、执业水平和服务时间未达到监理工作要求的，不能满足合同约定的服务内容和质量等要求的，发包人可按合同约定扣减相应的监理与相关服务费用。由于非监理人原因造成建设工程监理与相关服务工作量增加或减少的，发包人应当按合同约定与监理人协商另行支付或扣减相应的监理与相关服务费用。

3. 监理费用的计算方法

建设工程监理与相关服务收费包括建设工程施工阶段的工程监理服务收费和勘察、设计、保修等阶段的相关服务收费。两种收费的计算方法不同。

（1）施工阶段的工程监理服务收费计算办法：

施工监理服务收费按照下列公式计算：

施工监理服务收费＝施工监理服务收费基准价×（1＋浮动幅度值）

施工监理服务收费基准价＝施工监理服务收费基价×专业调整系数×工程复杂程度调整系数×高程调整系数

——施工监理服务收费基准价：以施工监理服务收费基价为基础，综合考虑了项目具体情况，业主与监理企业在规定的浮动范围内协商确定施工监理服务收费的合同额。

——施工监理服务收费基价：完成国家法律法规、规范规定的施工阶段监理基本服务内容的价格，按表 2-2 分档取定。计费额处于两个数值区间的，采用直线内插法确定施工监理服务收费基价。

表 2-2　　施工监理服务收费基价表　　单位：万元

序号	计费额	收费基价	序号	计费额	收费基价
1	500	16.5	9	60000	991.4
2	1000	30.1	10	80000	1255.8
3	3000	78.1	11	100000	1507.0
4	5000	120.8	12	200000	2712.5
5	8000	181.0	13	400000	4882.6
6	10000	218.6	14	600000	6835.6
7	20000	393.4	15	800000	8658.4
8	40000	708.2	16	1000000	10390.1

注　计费额大于 1000000 万元的，以计费额乘以 1.039%的收费率计算收费基价。其他未包含的其收费由双方协商议定。

施工监理服务收费调整系数包括：专业调整系数、工程复杂程度调整系数和高程调整系数。

——专业调整系数是对不同专业建设工程的施工监理工作复杂程度和工作量差异进行调整的系数。计算施工监理服务收费时，专业调整系数在《施工监理服务收费专业调整系数表》中查找确定。

——工程复杂程度调整系数是对同一专业建设工程的施工监理复杂程度和工作量差异进行调整的系数。工程复杂程度分为一般、较复杂和复杂三个等级，其调整系数分别为：一般（Ⅰ级）0.85；较复杂（Ⅱ级）1.0；复杂（Ⅲ级）1.15。计算施工监理服务收费时，工程复杂程度在《工程复杂程度表》中查找确定。

——高程调整系数如下：

海拔高程 2001m 以下的为 1.0；

海拔高程 2001～3000m 为 1.1；

海拔高程 3001～3500m 为 1.2；

海拔高程 3501～4000m 为 1.3；

海拔高程 4001m 以上的，高程调整系数由发包人和监理人协商确定。

(2) 其他阶段的工程监理服务收费计算办法。在施工阶段以外的其他阶段，包括勘察、设计、设备采购监造、保修等各阶段，相关服务收费一般按相关服务工作所需工日和表 2-3 的标准计算收费额。表 2-3 一般只适用于提供短期相关服务的人工费用标准，对于需要提供服务的时间超过 1 年的，仍应参照前面施工阶段监理服务费用计算的方法计算服务费。

表 2-3 建设工程监理与相关服务人员人工日费用标准表

建设工程监理与相关服务人员职级	工日费用标准/元
高级专家	1000～1200
高级专业技术职称的监理与相关服务人员	800～1000
中级专业技术职称的监理与相关服务人员	600～800
初级及以下专业技术职称监理与相关服务人员	300～600

2.5 监 理 机 构

项目监理机构是监理企业获得监理任务后，组建的派驻到工程现场、负责履行建设工程监理合同的，由总监理工程师、专业监理工程师、监理员等所有监理人员、办公人员组成的组织机构。

2.5.1 组织的基本原理

2.5.1.1 组织的基本概念

所谓组织，就是为了使系统达到特定的目标，使全体参加者经分工与协作以及设置不同层次的权力和责任制度而构成的一种人的组合体。组织一词包含三层意思。

1. 目标是组织存在的前提

组织是为了达到自身的目标而结合在一起的、具有正式关系的一群人。组织必须具有目标并且为了达到自身的目标而产生和存在。

2. 没有分工与协作就不是组织

在组织中工作的人们必须承担某种职务且承担的职务需要依据组织的目标进行刻意的设计，规定所需各项活动有人去完成，组织内的每个人都要完成一项或多项活动，并且确保各项活动协调一致，使人们在组织内高效工作。系统的总目标由系统内的每个人分工、协作共同完成。

3. 权力与责任制度是实现组织目标的保障

组织是反映人们正式的、有意形成的职务和职位结构。组织内的个体处于不同层次，具有相应层次的权力并承担相应的责任。管理者还要根据环境变化对组织结构进行改革和创新或再构造。合理的组织结构只是为了达到某种目标提供了一个前提，要有效地完成组织的任务，还需要各层管理者合理行使自己的权力，能动、合理地协调人力、物力、财力和信息，并勇于担当责任，使组织结构得以高效地运行。

组织是生产要素之一，与其他要素相比有明显特点：

(1) 不可替代性。其他要素可以互相替代，如增加机器设备可以替代劳动力，而组织不能替代其他要素，也不能被其他要素所替代。

(2) 增值性。合理的组织可以使其他要素合理配置而增值，即使得系统的总效益比各要素效益的总和还要大。随着社会化大生产的发展、生产要素日趋复杂，组织的增值性作用更显著。

2.5.1.2 组织结构

组织内部构成和各部分间所确立的较为稳定的相互关系和联系方式，称为组织结构。

可以从以下几方面理解组织结构的基本内涵：

（1）组织结构与职权的关系。组织结构与职权形态之间存在着一种直接的相互关系，这是因为组织结构与职位以及职位间关系的确立密切相关，因而组织结构为职权关系提供了格局。组织中的职权指的是组织中成员间的工作关系，而不是某一个人的属性。职权的概念与合法地行使某一职位的权力紧密相关，而且是以下级服从上级的命令为基础的。

（2）组织结构与职责的关系。组织结构与组织中各部门、各成员的职责分配直接相关。在组织中，只要有职位就有职权，而只要有职权也就有职责，并且职权与职责要相一致。组织结构为职责的分配和确定奠定了基础，而组织的管理则是以机构和人员职责的分配和确定为基础的，利用组织结构可以评价组织各个成员的功绩与过错，从而使组织中的各项活动高效进行。

（3）组织结构图。组织结构图是组织结构简化了的抽象模型，比较形象地反映出了组织内各层的地位、等级关系、组织内各个部门或个人分派任务和各种活动的路径等，但是它不能准确、完整地表达组织结构，如它不能说明一个上级对其下级所具有的职权的程度，难以表述平级职位之间相互作用的横向关系。

2.5.1.3　组织设计

组织设计就是对组织活动和组织结构的设计过程，主要考虑组织构成的因素和组织设计的原则。

1. 组织构成的因素

组织由管理层次、管理跨度、管理部门、管理职能四大因素组成。

（1）管理层次。管理层次是指从组织的最高管理者到最基层的实际工作人员之间等级层次的数量。管理层次可分为三个层次，即决策层、协调层和执行层、操作层。决策层的任务是确定组织的目标和大政方针以及实施计划；协调层的任务主要是参谋、咨询职能；执行层的任务是直接调动和组织人力、财力、物力等具体活动内容；操作层的任务是从事操作和完成具体任务。

（2）管理跨度。管理跨度是指一名上级管理人员所直接管理的下级人数。管理跨度的大小取决于所需要协调的工作量，与管理人员性格、才能、个人精力、授权程度以及被管理者的素质有关，还与职能的难易程度、工作的相似程度、工作制度和程序等客观因素有关。

（3）管理部门。管理部门的划分要根据组织目标与工作内容确定，形成既有相互分工又有相互配合的组织机构。

（4）管理职能。组织设计确定各部门的职能，应使纵向的领导、检查、指挥灵活，达到指令传递快、信息反馈及时；使横向各部门间相互联系、协调一致，使各部门有职有责、尽职尽责。

2. 组织设计的原则

项目监理机构的组织设计一般需要考虑如下几项原则：

（1）集权与分权统一的原则。任何组织都不存在绝对的集权和分权。在项目监理机构中，所谓集权就是总监理工程师掌握所有监理大权，各专业监理工程师只是其命令的执行者；所谓分权是指各专业监理工程师在各自管理的范围内有足够的决策权，总监理工程师主要起协调作用。

（2）专业分工与协作统一的原则。分工就是将监理目标分成各部门以及各监理工作人员的目标、任务；协作就是明确组织机构内部各部门之间和各部门内部的协调关系与配合方法。

（3）管理跨度与管理层次统一的原则。管理跨度与管理层次成反比例关系。应该在通盘考虑影响管理跨度的各种因素后，在实际运用中根据具体情况确定管理层次。

（4）权责一致的原则。在项目监理机构中应明确划分职责、权力范围，做到责任和权力相一致。

（5）才职相称的原则。应使每个人的现有和可能有的才能与其职务上的要求相适应，做到才职相称，人尽其才，才得其用，用得其所。

（6）经济效率原则。应组合成最适宜的结构形式，实行最有效的内部协调，使事情办得简洁而正确，减少重复和扯皮。

（7）弹性原则。组织机构既要有相对的稳定性，又要具有一定的适应性。

2.5.1.4 组织活动遵循的原理

1. 要素有用性原理

组织机构的基本要素有人、财、物、时间等，管理者在组织活动过程中不但要看到一切要素都有作用，还要具体分析各要素的特殊性，以便充分发挥每一要素的作用，做到人尽其才、财尽其利、物尽其用，尽可能发挥各要素的作用。

2. 动态相关性原理

组织机构内部各要素之间既相互联系，又相互制约；既相互依存，又相互排斥。各要素在相互作用过程中，影响、决定组织的整体效益。整体效应不是其各局部效应的简单相加，组织管理者的重要任务就在于使组织机构活动的整体效应大于其局部效应之和。否则，组织就失去了存在的意义。

3. 主观能动性原理

人是生产力中最活跃的因素，组织管理者的重要任务就是要把人的主观能动性发挥出来。只有把人的主观能动性发挥出来，组织的目标才可能得到很好的实现。

4. 规律效应性原理

要取得好的效应，就要主动研究规律，坚决按规律办事。组织管理者只有把注意力放在抓事物内部的、本质的、必然的联系上，探明规律与效应的关系，才有取得好的效应的可能。

2.5.2 项目监理机构的组织形式

项目监理机构的组织形式有直线制、职能制、直线职能制、矩阵制 4 种形式。

2.5.2.1 直线制监理组织形式

直线制组织形式又称为单线制组织结构，是一种最简单、古老的传统组织形式，它的特点是组织中各种职位是按垂直系统直线排列，其组织结构图见图 2-1 所示。这种组织形式的特点是命令系统自上而下进行传达，责任系统自下而上承担。上层管理下层若干个子项目管理部门，下层只接受唯一的上层指令。每个下一级管理者只对唯一的上一级管理者负责，上下级之间按管理层次垂直进行管理。

这种组织形式适用于监理项目能划分为若干相对独立子项的、技术与管理专业性不太强的建设项目监理。总监理工程师负责整个项目的计划、组织和指导，并着重整个项目内各方面的协调工作。子项目监理部门分别负责子项目的目标控制，具体领导现场专业或专项监理组的工作。

此种组织形式的主要优点是结构简单、权力集中、命令统一、职责分明、决策迅速、隶属关系明确；缺点是实行没有职能机构的“个人管理”，这就要求各级监理负责人员博晓各有关业务，掌握多种知识技能，成为“全能”式人物。这种组织形式不太适合技术和管理较复杂的项目监理。

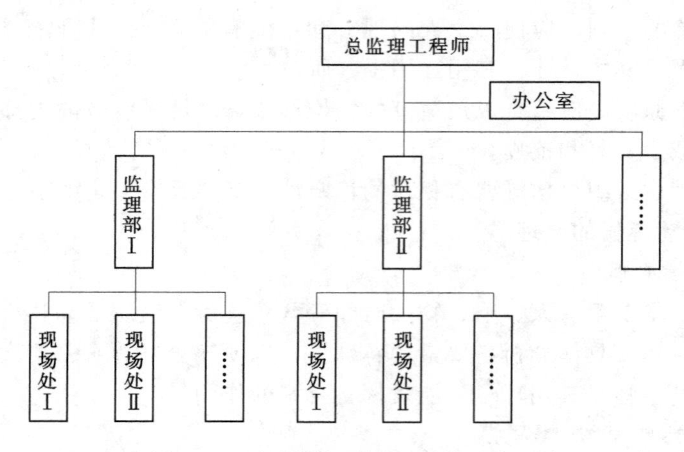

图2-1 直线制监理组织结构示意图

2.5.2.2 职能制监理组织形式

职能制监理组织形式是总监理工程师下设若干个职能机构，分别从职能角度对基层监理组进行业务管理，其组织结构图如图2-2所示。这些职能机构在总监理工程师授权的范围内，就其主管的业务范围向下下达命令和指示。

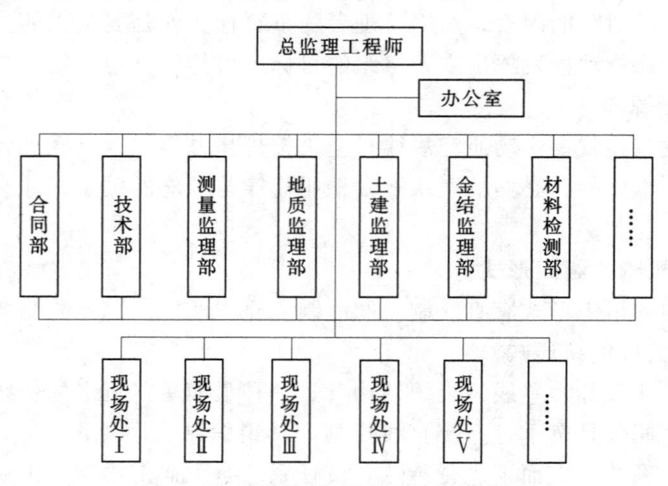

图2-2 职能制监理组织结构示意图

这种组织形式的优点是能体现专业化分工特点，人才资源分配方便，有利于人员发挥专业特长，处理专门性问题水平高，有利于减轻总监理工程师的负担；缺点是现场人员受多头领导，命令源不唯一，易于出现指令相互矛盾的情形；责权关系不够明确，出现问题相互推诿，导致决策效率低，不利于责任制的建立。这种组织形式适用于工程项目在地理位置上相对集中、技术较复杂的工程建设监理。

2.5.2.3 直线职能制监理组织形式

直线职能制监理组织形式是吸收了直线型组织模式和职能型组织模式的优点而构成的一种组织模式，如图2-3所示。

这种组织模式既有直线型组织模式权力集中、责权分明、决策效率高等优点，又兼有职能部门处理专业化问题能力强的优点。但是，此形式的监理组织最大缺点是职能部门与指挥部门容易产生矛盾，信息传递路线长，不利于互通情报。实际上，直线职能制监理组织形式中，职能部门是对直线指挥机构起参谋作用，故这种模式也叫直线-参谋模式或直线-顾问模式。

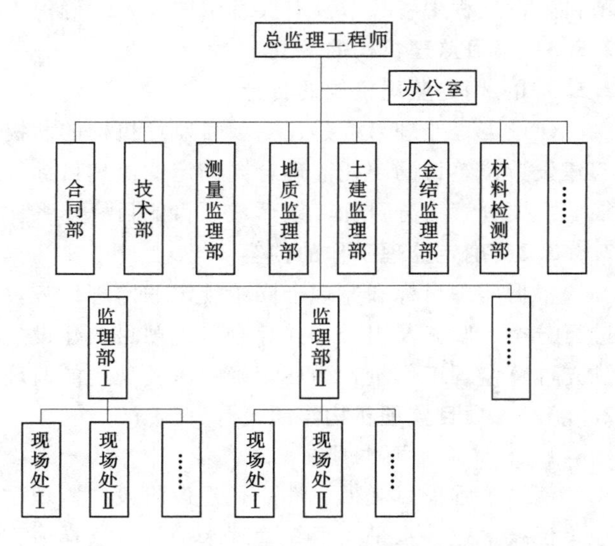

图2-3　直线职能制监理组织结构示意图

2.5.2.4 矩阵制监理组织形式

矩阵结构是从专门从事某项工作小组（不同背景、不同技能、不同知识、分别选自不同部门的人员为某个特定任务而工作）形式发展而来的一种组织机构。在一个系统中既有纵向管理部门，又有横向管理部门，纵横交叉，形成矩阵，所以称其为矩阵结构，如图2-4所示。

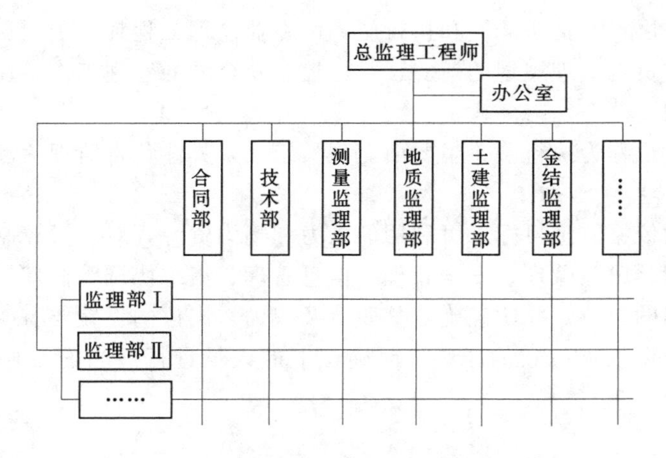

图2-4　矩阵制监理组织结构示意图

这种组织模式常用于有纵向监理系统，又有横向监理系统的大、中型项目建设监理。此种模式的优点是加强了各职能部门的横向联系，具有较大的动机性和适应性；把上下左右集权与分权实行最优的结合，有利于解决复杂难题，有利于监理人员业务能力的培养。缺点是命令源不唯一，纵横向协调工作量大，处理不当会造成扯皮现象，产生矛盾。为克服权力纵横交叉这一缺点，必须严格区分两类工作部门的任务、责任和权力，并应根据项目建设的具体情况和外围环境，确定在某一时期纵向、横向哪一个为主命令方向，解决好项目建设过程中各环节及有关部门的关系，确保工程项目总目标最优的实现。

2.5.3　项目监理机构的设立

2.5.3.1　确定监理机构的目标

建设工程监理目标是建立项目监理机构的前提。项目监理机构的建立应依据监理企业与建设单位签订的委托监理合同确定的监理目标，制定出监理机构的总目标，并对总目标根据需要分解为分目标，以形成项目的目标体系。

2.5.3.2　确定监理工作的内容

根据监理目标和监理合同中规定的监理任务，明确监理工作内容，并对监理工作内容进行分类、归并及组合，并综合考虑项目的建设规模、性质、工期、工程复杂程度，以便预先计算监理工作量，为后续确定派驻现场的监理人员数量奠定基础。

2.5.3.3　项目监理机构组织设计

1. 确定监理机构的组织形式

依据工程项目规模、性质、建设阶段、监理服务期限、空间分布等的不同，并考虑监理单位技术业务水平、组织管理水平等，选择适宜的监理组织结构形式，以适应监理工作需要。在选择组织形式时，应考虑有利于监理的目标控制、有利于项目的合同管理、有利于监理机构的决策指挥、有利于信息传递。

2. 合理确定监理机构的管理层次

监理组织结构中一般包含三个层次：

（1）决策层：由总监理工程师及其助手组成，根据监理项目的工作内容进行科学化、程序化决策等工作。

（2）中间控制层：包括协调层和执行层，由专业监理工程师、子项目监理部及职能机构人员组成，具体负责监理规划的落实、目标控制及合同的管理工作，在监理机构组织内起承上启下的作用。

（3）作业层：也称为执行层，主要由监理员组成，具体负责监理活动的操作实施。

3. 制定岗位职责

项目监理机构依据监理目标、可利用的人力和物力资源，对质量控制、进度控制、投资控制、合同管理、风险管理、安全管理、信息管理、组织协调等监理工作内容设置不同的职能部门或不同的岗位，并明确确定其职责及权力。岗位的设置要有明确的目的性，不可因人设岗；并根据权责一致的原则，对岗位上的人员进行适当的授权，并明确相应的职责。

4. 选派监理人员

根据监理工作的任务，选择相应的各层次人员。监理机构工作人员的选派除主要考虑监理工作的专业配套、监理人员的数量、个人的素质之外，还要考虑人员总体构成的合理性与协调性。

《建设工程监理规范》(GB/T 50319—2013) 规定：总监理工程师必须是注册监理工程师；总监理工程师代表必须是具有工程类注册执业资格或具有中级及以上专业技术职称、3年及以上工程实践经验并经监理业务培训的人员；专业监理工程师必须具有工程类注册执业资格或具有中级及以上专业技术职称、2年及以上工程实践经验并经监理业务培训的人员；监理员必须具有中专及以上学历并经过监理业务培训的人员。

2.5.3.4 制定监理机构的规章制度

为使监理工作科学、有序进行，应按照监理工作的客观规律制定工作流程、工作制度，规范化地开展监理工作，并应确定考核标准，包括考核内容、考核时间、奖惩办法等，对监理人员的工作进行定期考核。

2.5.4 项目监理机构人员的职责及配备

2.5.4.1 项目监理机构各类人员的职责

项目监理机构的监理人员应由总监理工程师、专业监理工程师和监理员组成，且专业配套、数量应满足建设工程监理工作需要，必要时可设总监理工程师代表，各类监理人员承担相应职责。《建设工程监理规范》(GB/T 50319—2013) 规定了监理机构内部各类监理人员的职责。

1. 总监理工程师应履行下列职责

(1) 确定项目监理机构人员及其岗位职责。

(2) 组织编制监理规划，审批监理实施细则。

(3) 根据工程进展及监理工作情况调配监理人员，检查监理人员工作。

(4) 组织召开监理例会。

(5) 组织审核分包单位资格。

(6) 组织审查施工组织设计、(专项) 施工方案。

(7) 审查开复工报审表，签发工程开工令、暂停令和复工令。

(8) 组织检查施工单位现场质量、安全生产管理体系的建立及运行情况。

(9) 组织审核施工单位的付款申请，签发工程款支付证书，组织审核竣工结算。

(10) 组织审查和处理工程变更。

(11) 调解建设单位与施工单位的合同争议，处理工程索赔。

(12) 组织验收分部工程，组织审查单位工程质量检验资料。

(13) 审查施工单位的竣工申请，组织工程竣工预验收，组织编写工程质量评估报告，参与工程竣工验收。

(14) 参与或配合工程质量安全事故的调查和处理。

(15) 组织编写监理月报、监理工作总结，组织整理监理文件资料。

总监理工程师不得将下列工作委托给总监理工程师代表：

(1) 组织编制监理规划，审批监理实施细则。

(2) 根据工程进展及监理工作情况调配监理人员。

(3) 组织审查施工组织设计、(专项) 施工方案。

(4) 签发工程开工令、暂停令和复工令。

(5) 签发工程款支付证书，组织审核竣工结算。

(6) 调解建设单位与施工单位的合同争议，处理工程索赔。

(7) 审查施工单位的竣工申请，组织工程竣工预验收，组织编写工程质量评估报告，参与工程竣工验收。

(8) 参与或配合工程质量安全事故的调查和处理。

2. 专业监理工程师应履行下列职责

(1) 参与编制监理规划，负责编制监理实施细则。

(2) 审查施工单位提交的涉及本专业的报审文件，并向总监理工程师报告。

(3) 参与审核分包单位资格。

(4) 指导、检查监理员工作，定期向总监理工程师报告本专业监理工作实施情况。

(5) 检查进场的工程材料、构配件、设备的质量。

(6) 验收检验批、隐蔽工程、分项工程，参与验收分部工程。

(7) 处置发现的质量问题和安全事故隐患。

(8) 进行工程计量。

(9) 参与工程变更的审查和处理。

(10) 组织编写监理日志，参与编写监理月报。

(11) 收集、汇总、参与整理监理文件资料。

(12) 参与工程竣工预验收和竣工验收。

3. 监理员应履行下列职责

(1) 检查施工单位投入工程的人力、主要设备的使用及运行状况。

(2) 进行见证取样。

(3) 复核工程计量有关数据。

(4) 检查工序施工结果。

(5) 发现施工作业中的问题，及时指出并向专业监理工程师报告。

2.5.4.2　项目监理机构的人员结构

项目监理机构的人员结构，需要从以下三方面来确定。

1. 合理的专业结构

项目监理机构应由监理工程的性质、业主对监理的要求相适应的各专业人员组成，亦即要求各专业人员要配套。项目监理机构应配备监理工作中要涉及的各专业工作的专业监理人员，对于工程局部监理工作量小、需要采用特殊手段而监理企业没有相应人员的情形，业主也可以将这部分监理工作另外委托给具有相应资质的咨询机构、监理企业来承担，从整体上保证现场监理人员合理的专业结构。

2. 合理的技术职称结构

合理的技术职称结构表现为具有高级职称、中级职称和初级职称的监理人员与监理工作要求相称的比例。一般而言，决策阶段、设计阶段的监理工作要求高级职称及中级职称的人员应占绝大多数；施工阶段的监理工作，需要有较多的初级职称的监理人员来从事具体的实际操作。

3. 合理的年龄结构

监理机构中老中青三代人员的比例要合理。老年人经验丰富、处理事情专业，但身体条件受到限制，不能过多从事现场具体监理工作；中年人有一定的经验、良好的体质，是监理机构的骨干；年轻人缺乏经验，但体质好，可多从事现场的具体监理工作。施工阶段的监理人员，由于施工现场的监理工作较多，应以中年人、年轻人为主，并有少量的老年人，以形成合理的年龄结构。

2.5.4.3 项目监理机构人员数量的确定

监理机构人员数量受工程规模、技术复杂程度、监理人员的素质及监理企业的管理水平的影响，要考虑的因素有：

（1）工程建设强度。工程建设强度是指单位时间内投入的工程建设资金的数量，用下式表示：

工程建设强度＝投资/工期

其中，投资和工期是指由监理单位所承担的那部分工程的建设投资和工期。投资可按工程估算、概算或合同价计算，工期是根据进度总目标及其分目标计算。显然，工程建设强度越大，需投入项目的监理人数越多。

（2）建设工程复杂程度。工程复杂程度涉及的因素有设计活动多少、工程地点位置、气候条件、地形条件、工程地质情况、施工方法、工程性质、工期要求、材料供应、工程分散程度等。根据各项因素的具体情况，可将工程分为若干复杂程度等级。不同等级的工程需要配备的项目监理人员数量有所不同。例如，分成简单、一般、一般复杂、复杂、很复杂五级。具体工程的复杂程度定级可采用 10 分制进行，先对各影响因素分别按 10 分制打分（越复杂，打分越高），然后按各因素权重进行加权评分计算来确定工程的复杂程度。最终得分值 1～3 分、3～5 分、5～7 分、7～9 分、＞9 分者依次为简单、一般、一般复杂、复杂、很复杂各等级。显然，工程复杂程度越简单，需要的项目监理人员较少；工程复杂程度越高，需要的项目监理人员较多。依据工程建设强度和工程复杂程度，监理人员需要量定额见表 2－4。

表 2－4　　监理人员需要量定额　　单位：百万美元/年

工程复杂程度	监理工程师	监理人员	行政人员
简单	0.20	0.75	0.10
一般	0.25	1.00	0.10
一般复杂	0.35	1.10	0.25
复杂	0.50	1.50	0.35
很复杂	＞0.50	＞1.50	＞0.35

注　以上所列的监理人员数量不是绝对的，只是参考数字，实际配备要从需要出发，以满足监理工作的需要为准。

（3）监理单位的业务水平。每个监理单位的业务水平和监理人员对所监理工程的熟悉程度不尽完全相同，监理人员素质、管理水平和监理的设备手段等方面也存在差异，这都会直接影响到监理效率的高低。高水平的监理单位可投入较少的监理人力完成一个建设工程的监理工作，而一个经验不多或管理水平不高的监理单位则需投入较多的监理人力。

（4）项目监理机构的组织结构和任务职能分工。项目监理组织结构情况关系到具体的监理人员配备，选择何种监理机构组织形式务必使项目监理机构任务、职能分工的要求得到满足，必要时，还可根据项目监理机构的职能分工、工程建设的进展情况对监理人员的配备作适时的调整。

【例 2－1】 某建设工程施工阶段合同总价为 5000 万美元，包含两个子项目，合同价分别为 2800 万美元、2200 万美元。合同工期为 20 个月。试确定监理机构人员数量。

（1）确定工程建设强度。

工程建设强度＝5000÷20×12＝3000(万美元/年)＝30(百万美元/年)

（2）确定工程复杂程度。

影响该工程复杂程度的 10 个因素各权重相等，结合本工程实际情况分别按 10 分制打分。工程复杂程度评价结果见表 2－5。

表 2－5　　工程复杂程度评价表

项　次	影响因素	子项目 1	子项目 2
1	设计活动	6	5
2	工程位置	7	6
3	气候条件	7	6
4	地形条件	6	5
5	工程地质	6	6
6	施工方法	7	6
7	工期要求	6	6
8	工程性质	5	5
9	材料供应	6	6
10	分散程度	5	6
综合得分		6.1	5.7

从综合得分来看，两个子项目的复杂程度都属于一般复杂。

（3）根据工程复杂程度和工程建设强度，计算监理机构各类监理工作人员总数。从监理人员需要量定额中查到相应项目监理机构监理人员定额如下：

监理工程师：0.35；监理员 1.10；行政文秘人员 0.25。

各类监理人员数量如下：

监理工程师：0.35×30＝10.5 人，按 11 人考虑；

监理员：1.10×30＝33 人，按 33 人考虑；

行政人员：0.25×30＝7.5 人，按 7 人考虑。

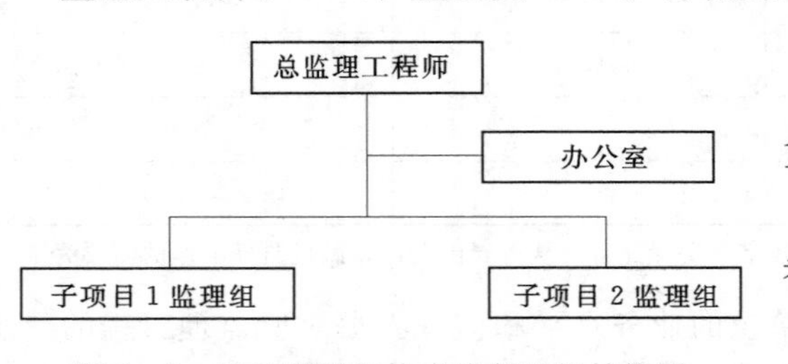

图 2－5　项目监理机构直线制组织结构图

（4）监理人员分配。

本工程监理机构组织形式采用直线制，组织结构如图 2－5 所示。

根据监理机构组织结构图，监理人员分配如下：

监理总部：监理工程师（含总监）3 人，监理员 3 人，行政人员 3 人；

子项目 1 监理组：监理工程师 4 人，监理员 17 人，行政人员 2 人；

子项目 2 监理组：监理工程师 4 人，监理员 13 人，行政人员 2 人。

习　题

一、单选题

1. 新设立监理单位，应在（　　）后，方可到建设行政主管部门办理资质申请手续。

A 其主管部门同意　　B 取得企业法人营业执照

C 达到规定的监理业绩　　D 达到规定的年限

2. 建立项目监理机构的前提是（　　）。

A 明确监理任务　　B 明确监理工作

C 明确监理目标　　D 明确总监理工程师

3. 总监理工程师应根据（　　）原理，使项目监理机构做到一体化运行，提高监理工作的水平及效果。

A 要素有用性　　B 主观能动性　　C 动态相关性　　D 规律效应性

4. 在下列有关建立项目监理机构的工作排列顺序中，正确的是（　　）。

①确定各项监理工作，并分类、归并形成部门；

②明确监理总目标并确定各项监理任务；

③制定监理工作流程；

④建立监理组织结构图；

⑤制定监理部门和人员的任务、工作、职能分工。

A ①②③④⑤　　B ④①③②⑤　　C ②①④⑤③　　D ④②⑤①③

5. 矩阵制监理组织形式的主要优点是（　　）。

A 权利集中，隶属关系明确　　B 命令统一，决策迅速

C 发挥职能机构的专业管理作用　　D 机动性大，适应性好

6. 建设项目管理咨询单位和 Project Controlling 咨询单位两者服务的（　　）不尽相同。

A 对象　　B 内容　　C 性质　　D 方式

二、多选题（每题有 2～4 个正确答案）

1. 监理单位按照其拥有的（　　）等条件申请资质。

A 监理人员数量　　B 专业技术人员

C 注册资本　　D 监理业绩　　E 成立年限

2. 总监理工程师应承担下列职责中的（　　）。

A 主持编写监理大纲　　B 确定项目监理机构的部门负责人

C 审查并确认分包单位　　D 审查施工方案

E 审核并签署工程竣工资料

3. 下列内容中，属于监理工程师应严格遵守的职业道德的有（　　）。

A 不同时在两个或两个以上监理单位注册和从事监理活动
B 坚持独立自主地开展工作
C 不出借《监理工程师执业资格证书》
D 不泄露所监理工程各方认为需要保密的事项
E 通知建设单位在监理工作过程中可能发生的任何潜在的利益冲突

4. 项目监理机构的组织结构设计步骤有（　　）。
A 确定监理工作内容　　B 选择组织结构形式
C 确定管理层次和管理跨度　　D 划分项目监理机构部门
E 制定岗位职责和考核标准

5. 总监理工程师不得将（　　）等工作委托给总监理工程师代表。
A 审批监理实施细则　　B 审查承包单位的施工组织设计
C 审核和处理工程变更　　D 调换不称职监理人员
E 审核签认竣工结算

第3章 工程项目组织管理

建设监理制的推行，使得建设领域形成了三个主体（业主、监理企业、承包商）的结构体系。这三个主体是相互独立、平等的关系，以合同为纽带，相互联系在一起形成了工程项目建设的组织系统。在市场经济条件下，业主有权把工程建设中的设计、施工、原材料供应、设备制造等活动分别委托给具备相应资质的任何一家单位，也可以把所有活动委托给一家单位，亦即业主可以根据需要，选择合适的项目承发包模式。为了充分发挥监理的作用，业主应选择与项目承发包模式相适应的监理任务委托模式。建设工程项目承发包模式与建设工程监理模式对建设工程项目的“三控制四管理一协调”起着重要的作用，不同的模式对应有不同的合同体系和不同的管理特点。

3.1 建设工程组织管理基本模式

工程项目管理有平行承发包、设计或施工总分包、项目总承包、项目总承包管理等多种模式，各种管理模式具有各自的优缺点。

3.1.1 平行承发包模式

平行承发包模式就是业主将建设工程的设计、施工以及材料设备采购的任务经过分解，分别发包给若干个设计单位、施工单位和材料设备供应单位，并分别与各方签订合同，各设计单位之间、各施工单位之间、各材料设备供应单位之间的关系都是平行的，如图3-1所示。采用这种模式首先应合理地进行工程建设任务的分解，然后进行分类综合，确定每个合同的发包内容，有利于选择承建单位。

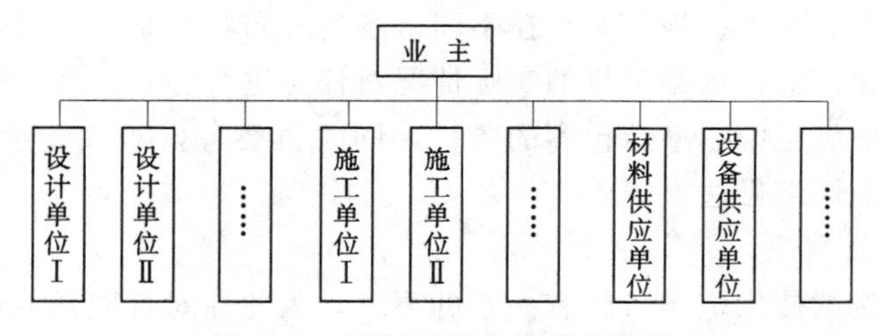

图3-1 平行承发包模式示意图

平行承发包模式的优点：

（1）有利于缩短工期。由于设计和施工任务经过分解分别发包，设计阶段与施工阶段可以形成搭接关系，只要设计进行到了一定深度，满足施工需求，就可以进入施工环节，从而缩短整个建设工程工期。

（2）有利于质量控制。整个工程经过分解分别发包给各专业承建单位，有合同约束与相互制约和评比，使每一部分能够较好地实现质量要求。如主体与装修分别由两个施工单位承包，当主体工程不合格，装修单位就不会同意在不合格的主体上进行装修，这相当于在自我监督、约束的基础上，再增加了一道由他方参与的控制，比自己控制更有约束力。因此合同约束和相互制约使得每一部分能够较好地实现质量要求。

（3）有利于项目业主择优选择承建单位。由于对工程建设任务进行了分解，这种模式下的合同涉及的内容比较单一、合同价值小、风险小，使各种类型、规模的承建单位更有可能参与竞争。业主选择承建单位的范围非常大，为选择优质承建单位创造了条件。

（4）有利于发展建设市场。平行承发包模式给专业性较强的、大中小型承包商都提供了生存、发展的机会，可以促进建设市场的繁荣和发展。

平行承发包模式的缺点：

（1）合同管理困难。由于对工程建设任务进行分解，各专业任务委托给专业承包商，因此工程建设项目的合同数量多，合同间的关系复杂，导致合同管理困难。而且众多承建单位各自承担的任务结合部位增加，使得工程管理的组织协调工作量加大。

（2）投资控制难度大。主要表现在：一是工程的总合同价不易确定，因为合同是陆续签订的，合同没全部签订完，无法知道工程建设合同总额，影响工程的投资控制工作；二是工程招标任务量大，施工过程中设计变更和修改是难以避免的，这也增加了投资控制难度。

选择平行承发包模式关键是要事先合理地对工程建设任务进行分解，然后进行分类综合，正确地确定每个合同的发包内容，以准确地选择专业承包队伍。应从以下三方面进行考虑。

1. 工程状况

工程项目的性质、规模、结构是决定承包建设活动内容的重要因素，从而影响合同数量和合同涉及到的工作内容。工程规模大、范围广、专业多的项目，肯定比规模小、专业单一的项目合同量多。而且地质情况、工程所在位置等也影响合同数量；工程项目实施时间的长短也对合同数量有影响。

2. 市场状况

各类承包商的专业性质、规模大小在不同市场的分布状况是不同的，项目的分解发包应尽量与市场结构相适应；依据项目的实际情况对任务进行分解，各合同所涉及到的任务及内容应尽可能多地满足中小型承包商的条件，同时也要考虑对大型承包商具有吸引力，同时还要参照行业的惯例做法。

3. 满足贷款协议要求

由于贷款人对贷款使用范围可能有一定的要求，因此在对合同任务进行分解时，应事先充分考虑各合同所涉及的内容与贷款人对贷款使用范围是否有冲突。

3.1.2　设计或施工总分包模式

设计或施工总分包，是指业主将全部设计任务发包给一个设计单位作为设计总承包单位，将全部施工任务发包给一个施工单位作为施工总承包单位；设计、施工总承包单位还可以将其任务的一部分分包给其他的承包单位，从而形成一个设计总合同、一个施工总合同以及若干个分包合同的模式。设计或施工总分包模式如图 3－2 所示。

设计或施工总分包模式的优点：

(1) 有利于建设工程的组织管理。建设单位只与设计总包单位或施工总包单位签订设计或施工承包合同，合同数量相对于平行承发包模式要少得多，因而有利于合同管理。由于合同数量大量减少，使得业主的协调工作量相应减少，有利于提高监理与总包单位间多层次协调的积极性。

(2) 有利于投资控制。总包合同一经签订，就确定了总包合同价格，投资控制目标相应就能确定下来，因此有利于监理企业掌握和控制项目的总投资额。

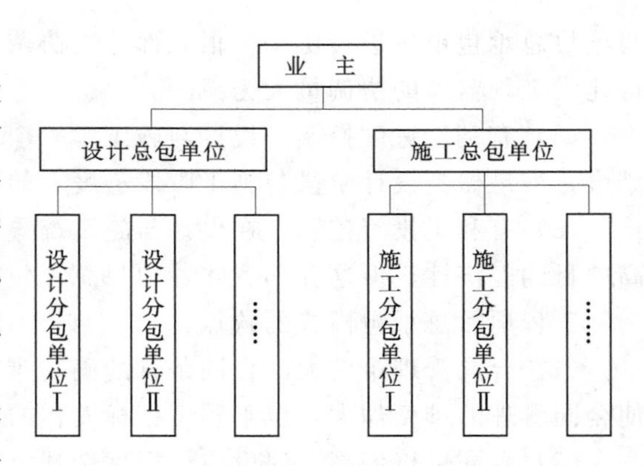

图 3-2　设计或施工总分包模式示意图

(3) 有利于质量控制。总包单位与分包单位间的合同约定了双方的责、权、利关系。在质量方面，各分包方进行自控，同时又有总包方的监督，还有监理方的检查、认可，从而形成了多层次的质量控制体系，这样对质量控制有利。在实际监理工作中，监理工程师要督促总包单位承担起对分包单位的管理职责，避免出现总包单位“以包代管”的情形，以免对工程质量控制造成不利影响。

(4) 有利于进度控制。这种工程管理模式下总包单位具有控制的积极性，各分包单位之间也能相互制约，有利于监理工程师对项目总体进度的协调与控制。

设计或施工总分包模式的缺点：

(1) 建设周期相对较长。由于设计图纸全部完成后才能进行施工总包的招标，施工招标需要一定的时间，设计阶段与施工阶段进行最大限度的搭接，所以工程的工期相对较长。

(2) 总包报价一般较高。由于建设工程的发包规模较大，对总包单位的资格和能力要求较高，参与竞争的总包单位相对较少，不利于组织有效的竞争招标；对于分包出去的工程内容，总包单位向业主的报价中一般都要在其预先考虑的分包价格基础上再加收一定的管理费用，因此总包投标报价一般偏高。

3.1.3　项目总承包模式

工程项目总承包是指业主把工程设计、施工、材料和设备采购等工作全部发包给一家承包单位，由其负责实质性的设计、施工和采购等全部工作，最后向业主交付一个能达到使用条件的工程，如图 3-3 所示。这种承发包模式又称“交钥匙工程”。

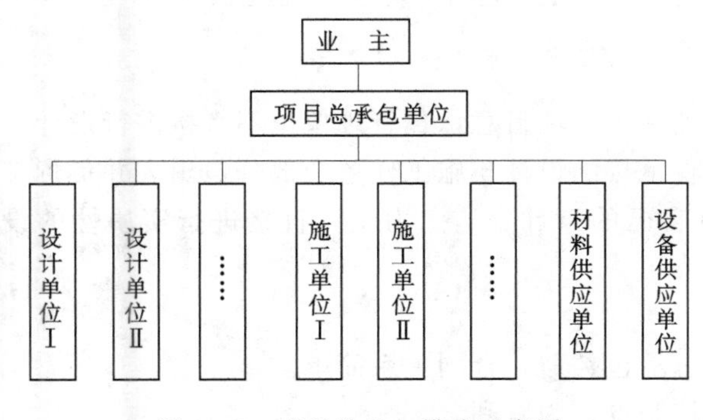

图 3-3　项目总承包模式示意图

工程项目总承包模式的优点：

(1) 合同关系简单，协调工作量小。建设单位与项目总承包方之间只有一个主合同，合同关系大大简化。监理工程师主要与项目总承包单位进行协调。很大部分的协调工作属于项目总承包单位内部事务，这就使得建设工程监理的协调量大为减少。

（2）有利于进度控制。设计与施工由一个单位统筹安排，可使这两个阶段能够有机地结合，容易做到设计阶段与施工阶段进度上的相互搭接，可以缩短建设周期。

（3）有利于投资控制。在设计与施工统筹考虑的基础上，从价值工程的角度来讲可提高项目的经济性，但这并不意味着项目总承包的价格低。

工程项目总承包模式的缺点：

（1）合同管理难度大。合同条款的确定难以具体化，因此容易造成较多的合同纠纷，使合同管理的难度加大，也不利于招标发包的进行。

（2）合同价格偏高。建设单位择优选择承包单位的范围小，往往导致合同价格较高。在选择招标单位时，由于承包量大、工作进行较早、工程信息未知数多，因此承包单位可能要承担较大的风险。所以，有此能力的承包单位数量相对较少、合同价格较高，导致建设单位择优选择承包单位的范围小。

（3）不利于质量控制。其原因主要是质量标准与功能要求难以做到全面、具体、明确，质量控制标准制约性受到一定程度的影响；再者“相互之间被制约、被控制”的能力薄弱。

3.1.4　项目总承包管理模式

所谓工程项目总承包管理亦称为“工程托管”，是指业主将工程项目的建设任务发包给专门从事工程建设组织管理的单位，再由其分包给若干个设计单位、施工单位、材料供应单位和设备供应单位，并在项目实施过程中对各分包单位实施项目管理，如图 3-4 所示。

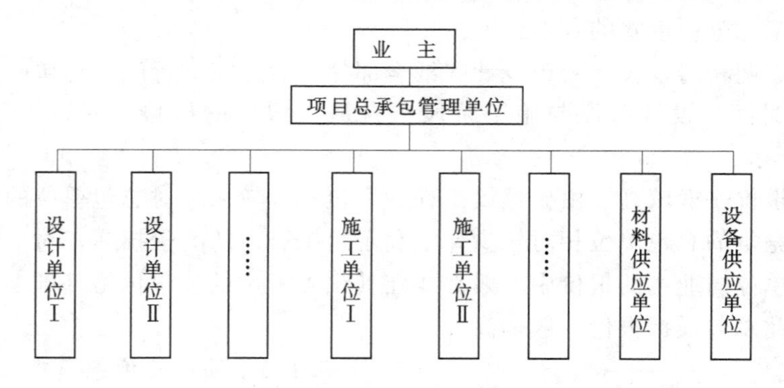

图 3-4　项目总承包管理模式示意图

项目总承包管理与项目总承包不同之处在于：项目总承包管理单位不直接进行设计与施工，没有自己的设计和施工力量，而是将承接的设计与施工任务全部分包出去并负责工程项目的建设管理；而项目总承包单位有自己的设计、施工力量，直接进行实质性的设计、施工、材料和设备采购等工作。

项目总承包管理模式的优点：

（1）工程项目总承包管理模式与项目总承包类似，合同关系简单。

（2）组织协调比较有利，进度和投资控制也较为有利。

项目总承包管理模式的缺点：

（1）由于总承包管理单位与设计、施工单位是总包与分包关系，分包单位才是项目实施的实质单位，所以监理工程师对分包单位资质条件的确认是关系到项目管理工作成效的一项十分关键的工作。

(2) 项目总承包管理单位自身经济实力一般比较弱，而承担的风险相对较大，因此，采用这种承发包模式前应以慎重的态度对项目总承包管理单位的风险承担能力进行充分的分析论证。

3.2 工程监理委托模式

业主将建设监理任务委托给几家监理企业，亦即选择何种监理委托模式，应与该建设工程组织管理模式相适应，为监理机构顺利开展监理工作、取得良好的监理效果创造条件。

3.2.1 平行承发包模式下的监理委托模式

平行承发包模式下，业主可以委托一家监理企业承担监理任务，也可以委托多家监理企业承担监理任务。

1. 业主委托一家监理单位监理

这种监理委托模式是指业主只委托一家监理单位为其提供监理服务。监理模式如图3-5所示。

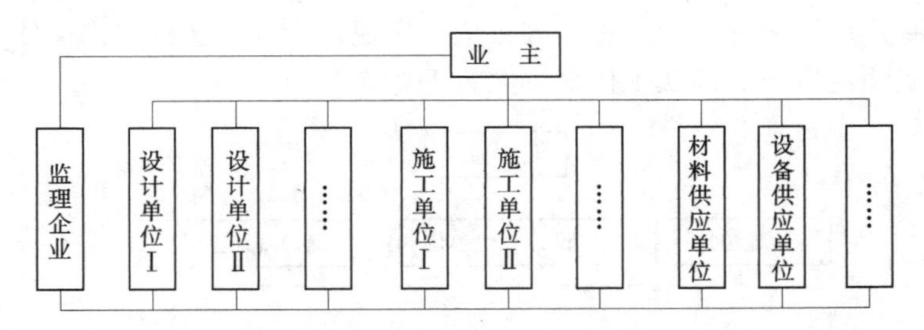

图3-5 平行承发包管理模式下只委托一家监理企业示意图

这种监理委托模式要求被委托的监理单位要具有较强的合同管理与组织协调能力，并能做好全面规划工作。监理单位的项目监理机构可以组建多个监理分支机构对各承建单位分别实施监理。在具体的监理过程中，项目总监理工程师应重点做好总体协调工作，加强横向联系，保证建设工程监理工作的有效运行。

2. 业主委托多家监理单位监理

业主分别委托几家监理单位针对不同的承建单位实施监理，各监理单位之间的相互协作与配合需要业主进行协调。这种监理模式一般适用于专业性强、工程较为复杂的工程，其监理模式如图3-6所示。

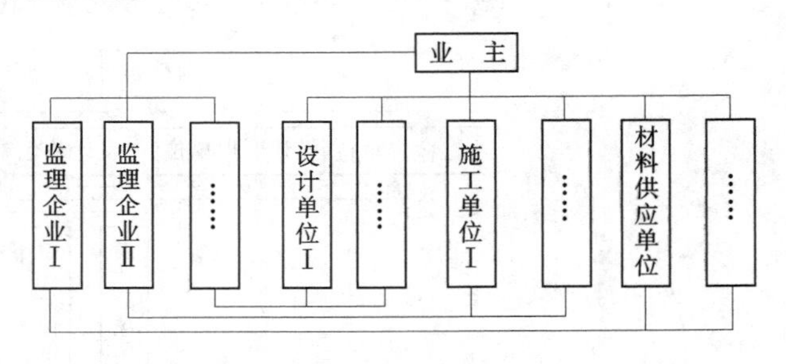

图3-6 平行承发包管理模式下委托多家监理企业示意图

这种监理委托模式下，业主分别与多家监理单位签订委托监理合同，各监理单位的监理对象相对单一，便于管理；但是整个工程的建设监理工作被肢解，各监理单位各负其责，缺少一个对建设工程进行总体规划与协调控制的监理单位。因此做好各监理企业之间的协调工作就是业主的工作重点。为了克服上述不足，在某些大、中型项目的委托监理工作中，业主可以首先委托一个“总监理工程师单位”负责建设工程的总体规划和协调控制，再由业主和“总监理工程师单位”共同选择几家监理单位分别承担不同合同段的监理任务。由“总监理工程师单位”来牵头负责协调、管理监理单位之间的组织协调工作（注意：不是协调、管理承包单位的工作），从而减少业主的管理工作。当然，这种模式下，业主对各单位的监理范围的授权一定要明确，不要出现各单位监理范围的重叠，也不要出现工程实施范围没有监理单位来承担相应监理职责的情形。

3.2.2 设计或施工总分包模式下的监理委托模式

对设计或施工总分包模式，业主可以委托一家监理单位提供实施阶段全过程的监理服务，如图3-7所示；也可以分别按照设计阶段和施工阶段委托监理单位，如图3-8所示。委托一家监理单位的优点是监理单位可以对设计阶段和施工阶段的工程投资、进度、质量控制统筹考虑，合理进行总体规划协调，更可使监理工程师掌握设计思路与设计意图，有利于施工阶段的监理工作。

总承包单位与业主具有合同关系，分包单位与业主没有合同关系，因此总包单位对承包合同承担乙方的最终责任，但分包单位是有关建设活动的直接实施者，因此分包单位的资质、能力直接影响着工程质量、进度等目标的实现，所以在这种模式条件下，监理工程师对分包单位资质的审查、确认工作显得尤为重要。

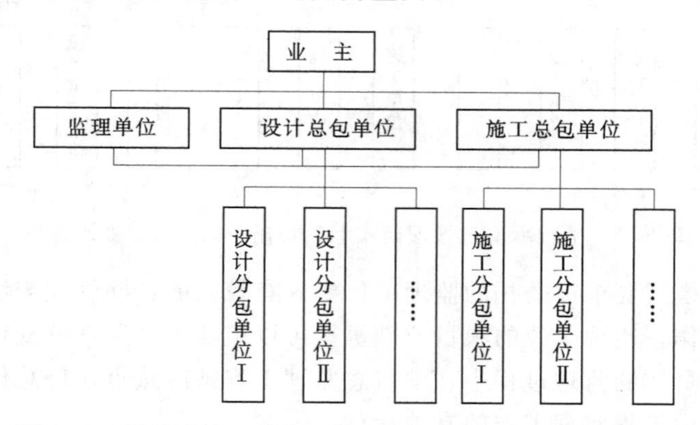

图3-7 设计或施工总分包模式下委托一家监理企业示意图

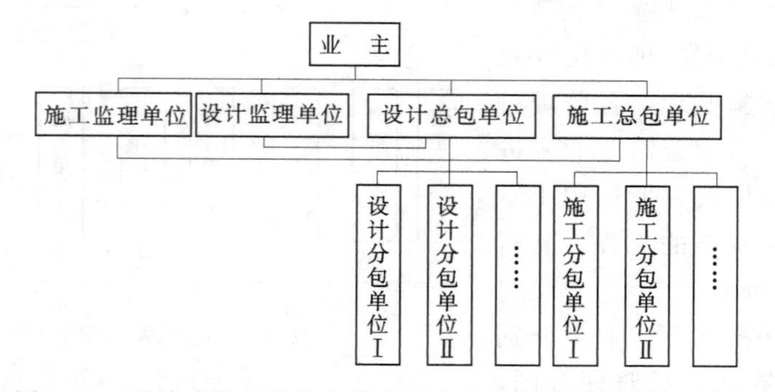

图3-8 设计或施工总分包模式下分阶段委托监理企业示意图

3.2.3 项目总承包模式下的监理委托模式

在项目总承包模式下，业主和总承包单位签订的是项目总承包合同，业主适宜委托一家监理单位提供监理服务，如图3－9所示。在这种模式条件下，由于监理工作时间跨度大，涉及专业多，管理内容多，要求监理工程师具备较全面的知识，重点做好合同管理工作。

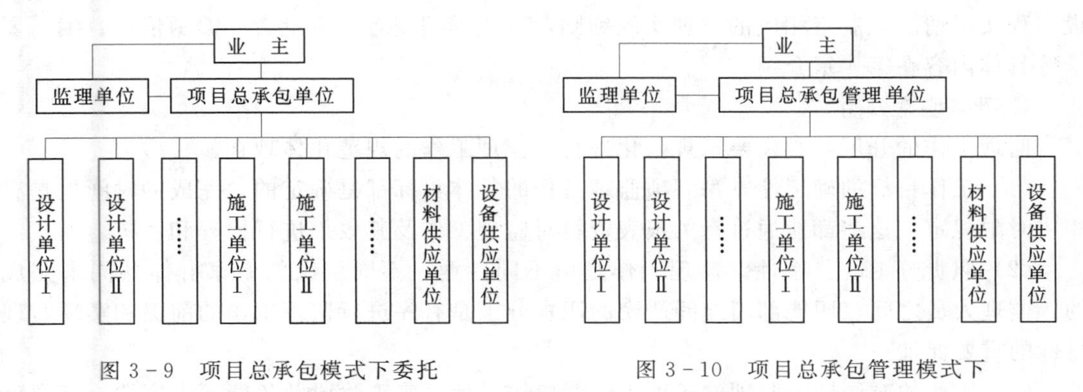

图3－9 项目总承包模式下委托监理企业示意图

图3－10 项目总承包管理模式下委托监理企业示意图

3.2.4 项目总承包管理模式下的监理委托模式

同项目总承包模式一样，项目总承包管理模式下业主也应委托一家监理单位提供监理服务，如图3－10所示。这样可以明确管理责任，便于监理工程师对项目总承包管理合同和项目总承包管理单位进行分包等活动的监理。

3.3 工程建设监理实施程序

工程建设监理实施程序如下。

1．组建监理机构

监理单位在承揽到监理任务、签订监理合同后，应根据工程的规模、性质以及业主对监理的要求，明确监理的工作目标、任务、监理范围，选择合适的监理机构组织形式，组建现场监理机构，并选派称职的监理人员到监理机构相应的工作岗位，并及时将项目监理机构的组织形式、人员构成及对总监理工程师的任命书面通知业主。

一般情况下，监理单位在承揽工程监理任务阶段，在编写工程监理的投标书、监理大纲以及与业主商签监理委托合同时，最好让监理企业拟定的该项目总监理工程师参与到上述工作中。因为项目总监理工程师是代表监理单位全面负责监理工作，其在承接任务阶段及早介入，更能了解业主的建设意图和对监理工作的要求及监理企业对业主的承诺，能与后续工作更好地衔接。总监理工程师是建设工程项目监理工作的总负责人，是监理机构的最高权力者，对内向监理企业负责，对外向业主负责。监理机构的人员构成是监理投标书中的重要内容，特别是拟委派的总监理工程师，是业主衡量监理企业投标书质量的一个重要方面。总监理工程师在组建项目监理机构时，应根据监理大纲和签订的监理委托合同中的内容组建，并在监理规划和具体实施计划执行中根据需要及时调整。

2. 编制监理规划

监理规划是指导工程监理活动的纲领性文件，有关其编制者、审批者、编制依据、编写要求等具体内容在第4章介绍。

3. 制定监理实施细则

在监理规划的指导下，为具体指导某一专业或某一子项具体监理任务的进行，结合建设工程实际情况，制定相应的监理实施细则，有关其编制者、审批者、编制依据、编写要求等具体内容在第4章介绍。

4. 开展监理工作

监理工作的开展，必须要求规范化进行。监理工作的规范化体现在：

(1) 工作目标的确定性。每一项监理工作的具体目标都是确定的，完成的时间也是有相应时限规定，这些都能通过有关报表资料对监理工作及其效果进行检查和考核。

(2) 职责分工的严密性。监理工作是由不同专业、不同层次的专家群体共同来完成的，监理人员之间、职能部门之间严密的职责分工是有序进行监理工作的前提和实现监理目标的重要保证。

(3) 工作的时序性。监理的各项工作都应按设计、施工阶段及各施工内容的一定逻辑顺序先后展开，从而使监理工作能有效地达到目标而不致造成工作状态的无序和混乱。

5. 参与工程验收

建设工程施工完成以后，监理单位应在正式验收前组织竣工预验收，在预验收中发现的问题，应及时与施工单位沟通，提出整改要求，并督促施工单位完成所发现问题的处理工作。监理单位应参加建设单位组织的工程竣工验收，并签署监理单位意见。

6. 监理工作总结

监理工作完成后，项目监理机构应及时向建设单位、监理企业提交监理工作总结。向建设单位提交的监理工作总结的主要内容应包括：监理委托合同履行情况概述，监理组织机构、监理人员和投入的监理设施，监理任务或监理目标完成情况的评价，工程实施过程中存在的问题和处理情况，由建设单位提供的供监理活动使用的办公用房、车辆、试验设施等的清单，必要的工程图片，表明监理工作总结的说明等；向监理企业提交的监理工作总结的主要内容应包括：本项监理工程的监理工作经验，如采用某种监理技术、方法的经验，采用某种经济措施、组织措施的经验，或监理委托合同执行方面的经验以及如何处理好与建设单位、承包单位关系的经验，监理工作中存在的问题及改进的建议等。

7. 移交监理档案

监理工作完成后，监理单位向建设单位提交监理档案资料，应向建设单位提交的监理档案资料应在监理委托合同文件中事先约定。无论所监理工程性质、规模如何，监理委托合同中是否作出明确规定，监理单位提交的资料均应符合有关规范规定的要求，并且一般应包括：设计变更、工程变更资料、监理指令性文件、各种签证资料等档案资料。

3.4 国外工程项目管理情况简介

在国际上，各国在长期的工程建设实践中形成了多种建设管理模式，每种管理模式都有其产生、存在、发展的特定历史背景、社会经济制度，每种模式都有其自身的优点及局限性。目前在各国建设项目中广泛采用的工程项目管理模式，既有传统模式，也有新发展的工程管理模式。建设工程项目管理，从工程师全程负责设计、施工招标、监督施工的传统模式，逐渐发展为可为业主、承包商、贷款方等多个与建设项目有关的单位提供经济、管理、法律方面知识，能为工程决策和管理提供智力服务的工程咨询，并伴生出了多种工程项目管理模式。

3.4.1 工程建设项目管理

3.4.1.1 工程建设项目管理的发展

在第二次世界大战之前，工程建设领域广泛采用设计-招标-建造（Design - Bid - Build）的建设工程组织管理模式。此模式的特点是工程师不仅负责提供设计文件，而且负责组织施工招标工作，并对施工单位的施工活动进行监督、对工程结算报告进行审核并签署。

第二次世界大战以后，传统的工程组织管理模式已经满足不了业主对工程建设项目进行全面控制、对工程实施全过程进行控制的需求，其固有的缺陷日益突出。主要体现为：由于工程师全过程参与，缺乏他方的监督管理，因此投资控制和进度控制及合同管理较弱，效果较差；设计工作、对施工的监督都是由工程师来完成，因此难以发现设计本身的错误或缺陷，经常由于设计的原因导致投资增加和工期拖延。传统的工程组织管理模式的专业化体现为技术方面的专业化，前述弊端的体现要求进行建设项目管理的专业化。建设项目管理专业化的形成和发展在工程建设领域专业化发展史上具有里程碑意义，其符合建设项目一次性的特点，符合工程建设活动的客观规律。

建设项目管理专业化发展的初期仅局限在施工阶段，对工程的设计活动和工程总目标的控制效果不理想。结合业主对工程管理的要求，建设项目管理专业化向建设工程实施的前期延伸，加强对设计的控制，体现了早期控制的思想，取得了良好的控制效果。建设项目管理的进一步发展就是将服务范围扩大到工程建设的全过程，涵盖决策阶段、实施阶段，最大限度发挥全过程控制和早期控制的作用。

3.4.1.2 工程建设项目管理的类型

建设项目管理的类型可从不同的角度划分。

1. 按管理主体分

参与工程建设的各方都有自己的项目管理任务。因此建设项目管理就可以分为业主方的项目管理、设计单位的项目管理、施工单位的项目管理以及材料、设备供应单位的项目管理。在大多数情况下，业主没有能力自己实施建设项目管理，需要委托专业化的建设项目管理公司为其服务；材料、设备供应单位的项目管理比较简单，主要表现在按时、按质、按量供货，除了特大型建设工程的设备系统之外一般不做专门研究；施工单位相比设计单位而言，所涉及的问题要复杂得多，对项目管理人员的要求亦高得多，因此是建设项目管理理论研究和实践的重要方面。

2. 按服务对象分

专业化建设项目管理公司虽然是适应业主新需求的产物，但在其发展过程中，并不仅仅局限于为业主提供项目管理服务，也出现了为设计单位和施工单位提供项目管理服务工作的情形。因此，按服务对象分类，专业化建设项目管理公司可以分为为业主服务的项目管理、为设计单位服务的项目管理和为施工单位服务的项目管理。为业主服务的项目管理最为普遍，所涉及的问题最多，也最复杂，需要系统运用建设项目管理的基本理论。为设计单位服务的项目管理主要是为设计总包单位服务，这种情况比较少见。为施工单位服务的项目管理，应用较为普遍，但服务范围较为狭窄，大多侧重于合同争议和索赔方面。

3. 按服务阶段分

根据专业化建设项目管理公司为业主服务的时间范围，建设项目管理可分为施工阶段的项目管理、实施阶段全过程的项目管理和工程建设全过程的项目管理。实施阶段全过程的项目管理和工程建设全过程的项目管理则更能体现建设项目管理基本理论的指导作用，对建设工程各项目标控制的效果亦更好，这两方面的项目管理所占的比例越来越大，逐渐成为专业化建设项目管理公司主要的服务领域。

3.4.2　工程咨询

3.4.2.1　工程咨询概述

1. 工程咨询的概念

所谓工程咨询，是指适应现代经济发展和社会进步的需要，集中专家群体或个人的智慧和经验，运用现代科学技术和工程技术以及经济、管理、法律等方面的知识，为工程建设的决策和管理提供智力服务。

2. 工程咨询的作用

（1）为决策者提供科学合理的建议。

（2）保证工程的顺利实施。

（3）为客户提供信息和先进技术。

（4）发挥准仲裁人的作用。

（5）促进国际间工程领域的交流和合作。

3. 工程咨询的发展趋势

（1）与工程承包相互渗透、相互融合。具体表现主要是以下两种情况：一是工程咨询公司与工程承包公司相结合，组成大的集团企业或采用临时联合方式，承接“交钥匙工程”；二是工程咨询公司与国际大财团或金融机构紧密联系，通过项目融资取得项目的咨询业务。

（2）向全过程服务和全方位服务方向发展。全方位服务还可能包括决策支持、项目策划、项目融资或筹资、项目规划和设计、重要工程设备和材料的国际采购等。

（3）以工程咨询为纽带，带动本国工程设备、材料、技术和劳务的出口，促进国内设备加工制造等行业发展。

3.4.2.2　咨询工程师概述

1. 咨询工程师的概念

咨询工程师是以从事工程咨询业务为职业的工程技术人员和其他专业（如经济、管理）人员的统称。咨询工程师一词在很多场合也泛指工程咨询公司。

2. 咨询工程师的素质要求

（1）知识面宽。除了掌握建设工程的专业技术知识之外，咨询工程师还应熟悉与工程建设有关的经济、管理、金融和法律等方面的知识，对工程建设的管理过程有深入的了解，并熟悉项目融资、设备采购、招标咨询的具体运作和有关规定。

（2）精通业务。这首先意味着不但要具有实际动手能力，还要具有丰富的工程实践经验；此外，应具备一定的计算机应用和外语能力。

（3）协调、管理能力强。

（4）责任心强。咨询工程师的责任心首先表现在职业责任感和敬业精神，同时还负有社会责任。工程咨询业务往往由多个咨询工程师协同完成，每个咨询工程师独立完成其中某一部分工作。每个咨询工程师都必须确保按时、按质地完成预定工作，并对自己的工作成果负责。

（5）不断进取，勇于开拓。咨询工程师必须及时更新知识，了解、熟悉乃至掌握与工程咨询相关领域的新进展；同时，要勇于开拓新的工程咨询领域，以适应客户的新需求，顺应工程咨询市场发展的趋势。

3. 工程咨询公司的服务对象和内容

（1）为业主服务。为业主服务是工程咨询公司最基本、最广泛、所占比例最大的业务，这里所说的业主包括各级政府、企业和个人。工程咨询公司为业主服务既可以是全过程服务（包括实施阶段全过程和工程建设全过程），也可以是阶段性服务。在全过程服务的条件下，咨询工程师是作为业主的受雇人开展工作，代行业主的部分职责。阶段性服务又分为两种不同的情况：一种是业主已经委托某工程咨询公司进行全过程服务，但同时又委托其他工程咨询公司对其中某一或某些阶段的工作成果进行审查、评价。另一种是业主按照工程进展的各个阶段，分别委托多个工程咨询公司完成不同阶段的工作，或将某一阶段工作分别委托多个工程咨询公司来完成。工程咨询公司为业主服务既可以是全方位服务，也可以是某一方面的服务。

（2）为承包商服务。为承包商服务主要有提供合同咨询和索赔服务、提供技术咨询服务、提供工程设计服务三大方面。其具体表现有两种方式：一种是工程咨询公司仅承担详细设计；另一种是工程咨询公司承担全部或绝大部分设计工作，其前提是承包商以项目总承包方式承包工程，且承包商没有能力自己完成工程设计。

（3）为贷款方服务。常见形式有两种：一是对申请贷款的项目进行评估，主要是对该项目的可行性研究报告进行审查、复核和评估；二是对已接受贷款项目的执行情况进行检查和监督。

（4）联合承包工程。大型工程咨询公司可能与设备制造商和土木工程承包商组成联合体，参与项目总承包工程的投标，中标后共同完成项目建设的全部任务。在少数情况下，工程咨询公司甚至可以作为总承包商，还可能参与 BOT（Build－Operate－Transfer）项目，甚至作为这类项目的发起人和策划公司。虽然联合承包工程的风险相对较大，但可以给工程咨询公司带来更多的利润，而且在有些项目上可以更好地发挥工程咨询公司在技术、信息、管理等方面的优势。

3.4.3 国外建设工程组织管理模式

3.4.3.1 DBB 模式

1. DBB 模式的概念

DBB 为 Design - Bid - Build 三个英文单词首字母的缩写，可将其翻译为设计－招标－

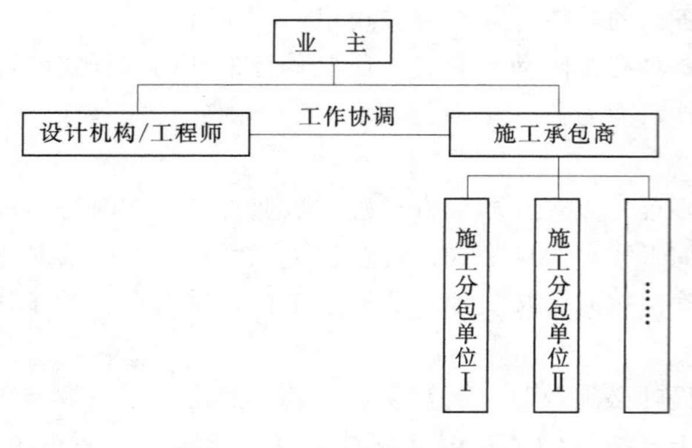

图3-11 DBB模式示意图

建造。这是一种传统项目管理模式，采用这种模式时，业主与设计机构（工程师）签订专业服务合同，由其负责完成项目的设计和施工文件。在设计机构的协助下，业主通过竞争性招标将工程施工任务交给最合意的投标人（总承包商）来完成。在施工阶段，设计专业人员通常也承担监督的任务，担负起业主与承包商之间沟通的作用。这种模式下，各方的关系如图3-11所示。

DBB模式将工程项目建设过程分为可行性阶段、设计阶段、施工阶段，即一个阶段衔接一个阶段，具有清晰的建设程序。目前在国际工程上广泛采用DBB模式。

2. DBB模式的优缺点

DBB模式的主要优点：

(1) 管理方法成熟。

(2) 对设计的完全控制。

(3) 标准化的合同关系。

(4) 可自由选择咨询人员。

(5) 采用竞争性投标。

DBB模式的主要缺点：

(1) 项目周期长。

(2) 业主的管理费用较高。

(3) 在明确整个项目的成本之前投入较大。

(4) 索赔与变更的费用较高。

3.4.3.2 CM模式

1. CM模式的概念

所谓CM（Construction Management）模式，就是从建设工程的开始阶段就雇用具有施工经验的CM单位（或CM经理），参与到建设工程实施过程中来，以便为设计人员提供施工方面的建议且随后负责管理施工过程。这种安排的目的是将建设工程的实施作为一个完整的过程来对待，并同时考虑设计和施工的因素，将工程的详细设计工作、招标工作与工程施工搭接起来，力求使建设工程在尽可能短的时间内、以尽可能经济的费用和满足要求的质量建成并投入使用。

随着国际建设市场的发展变化，人们对CM概念有多种不同的解释，但众多的解释都有这样的一个共识：即业主委托一个单位来负责与设计方的协调工作，并管理施工。尤其要注意的是，不要将CM模式与快速路径法混为一谈。因为快速路径法只是改进了传统模式条件下建设工程的实施顺序，不仅可在CM模式中使用，也可在其他模式中使用。而CM模式则是在工程实施阶段，业主建立以CM单位为核心的建设工程组织管理模式，具有独特的合同关系和组织形式。

2. CM 模式的类型

(1) 代理型 CM 模式 (CM/Agency)。采用代理型 CM 模式时，CM 单位是业主的咨询单位，业主与 CM 单位签订咨询服务合同，CM 合同价就是 CM 费，其表现形式可以是百分率（以今后陆续确定的工程费用总额为基数）或固定数额的费用；业主分别与多个施工单位签订所有的工程施工合同。代理型 CM 模式中的 CM 单位通常是由具有丰富施工经验的专业 CM 单位或咨询单位担任。

(2) 非代理型 CM 模式 (CM/Non Agency)。采用非代理型 CM 模式时，业主一般不与施工单位签订工程施工合同，但也可能在某些情况下，对某些专业性很强的工程内容和工程专用材料、设备，业主与少数施工单位和材料、设备供应单位签订合同。业主与 CM 单位所签订的合同既包括 CM 服务的内容，也包括工程施工承包的内容；而 CM 单位则与施工单位和材料、设备供应单位签订合同。

虽然 CM 单位与各个分包商直接签订合同，但 CM 单位对各分包商的资格预审、招标、议标和签约都对业主公开并必须经过业主的确认才有效。另外，由于 CM 单位介入工程时间较早（一般在设计阶段介入）且不承担设计任务，所以 CM 单位并不向业主直接报出具体数额的价格，而是报 CM 费，至于工程本身的费用则是今后 CM 单位与各分包商、供应商的合同价之和。

为了促使 CM 单位加强费用控制工作，业主往往要求在 CM 合同中预先确定一个具体数额的保证最大价格（Guaranteed Maximum Price，GMP，包括总的工程费用和 CM 费）。而且，合同条款中通常规定，如果实际工程费用加 CM 费超过了 GMP，超出部分由 CM 单位承担；反之，节余部分归业主。GMP 具体数额的确定是 CM 合同谈判中的一个焦点和难点。确定一个合理的 GMP，一方面取决于 CM 单位的水平和经验，另一方面更主要的是取决于设计所达到的深度。非代理型 CM 模式中的 CM 单位通常是由过去的总承包商演化而来的专业 CM 单位或总承包商担任。

3. CM 模式的适用范围

(1) 设计变更可能性较大的建设工程，比如项目组成或参与单位复杂，对变更的灵活性要求较高，各方面技术不够成熟的项目。

(2) 时间因素最为重要的建设工程，如建设周期长、工期要求紧，不能等到设计全部完成后再招标的项目。

(3) 因总的范围和规模不确定而无法准确定价的建设工程。

(4) 投资量大、规模大的项目，如现代化的群体高层建筑或智能化大厦。

不论哪一种情况，应用 CM 模式都需要有具备丰富施工经验的高水平的 CM 单位，这是应用 CM 模式的关键和前提条件。

3.4.3.3 DM 模式

DM 为 Design Management 英文单词首字母的缩写，可将其翻译为设计-管理。DM 模式是一种类似 CM 模式但更为复杂的，由同一实体向业主提供设计和施工管理服务的工程管理模式。在 CM 模式中，业主就设计和专业施工过程管理分别签订合同；而 DM 模式中，业主与同一实体签订一份既包括设计也包括 CM 服务在内的合同。这一实体通常是由设计机构和施工管理企业（CM经理）组成的联合体。DM模式的示意图见图3-12。

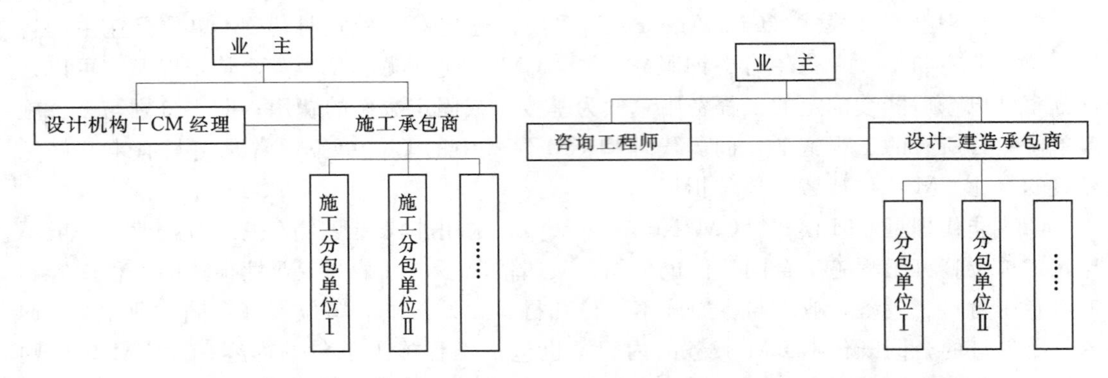

图3-12 DM模式示意图

图3-13 设计-建造模式示意图

3.4.3.4 DB模式

DB为Design Build英文单词首字母的缩写，可将其翻译为设计-建造。采用DB模式，在项目原则上确定后，业主只需选定唯一的实体负责项目的设计与施工。设计-建造承包商对设计阶段的成本负责并以竞争性招标的方式选择分包商或由本公司的专业人员自行完成工程实施。当然，设计工作也可以由承包商的内部机构完成或由与承包商签订合同的专业设计机构完成。设计-建造模式的示意图如图3-13所示。

DB模式下，业主应授权一具有足够专业知识的人代表业主，作为项目实施期间与设计-建造承包商之间的联络人。在项目的设计、建造工作中，业主应与承包商紧密合作，并及时审阅承包商的送审材料，以保证项目的顺利开展。

3.4.3.5 BOT模式

BOT模式（Build-Operate-Transfer），即建造-运营-移交模式，是20世纪80年代国际上兴起的主要利用国外私人资本融资、建造基础设施的项目管理方式。这种模式是项目所在国政府开放本国基础设施建设和运营市场，吸收国外资本，给予项目公司特许权负责融资和组织建设，在项目建成后负责运营及偿还贷款，在特许期满后将工程移交给项目所在国政府。BOT模式在铁路建设、公路建设、港口建设、桥梁建设等方面运用较多。

BOT模式的运作程序如下。

1. 项目的提出与招标

拟采用BOT模式的工程一般由政府部门提出，委托一家咨询公司对项目进行初步的可行性研究，随后颁布特许意向，准备招标文件，公开招标。

2. 组织投标

由项目发起人组织投标，BOT模式下的项目发起人一般是强有力的咨询顾问公司、大型的工程公司，在通过了资格预审后购买招标文件进行投标。BOT模式下的投标要比一般工程项目的投标复杂，需要进行对BOT项目深入的技术、财务可行性分析，据此向政府提出有关的实施方案及特许年限等相关要求，同时还要与金融机构接洽，使得金融机构认可提出的融资方案，上述条件具备后才可正式投标。

3. 成立项目公司

项目的发起人原则上就是项目公司的组织者，项目公司的参与各方包括发起人、承包公司、设备供应商等直接参建单位，还有保险公司、金融机构等不直接参与项目的单位。

4. 建设与运营

这一阶段的工作包括项目公司组织发包、选择承包商和咨询公司，筹集并支付资金，保证建设项目顺利进行，最终投入运行。项目投入运营后，按照协议向股东分红，偿还金融机构的贷款及利息。

5. 项目移交

在特许期满之前，做好工程的必要维修、资产评估、档案整理等工作，按时将BOT项目移交政府。政府接手后，可以聘用原运营公司继续运行该工程，也可以重新组建新的运营公司来运行该项目。

3.4.3.6 EPC模式

1. EPC模式的概念

EPC为Engineering－Procurement－Construction三个英文单词首字母的缩写，可将其翻译为设计-采购-建造，类似于项目总承包模式。Engineering一词的含义极其丰富，在EPC模式中，它不仅包括具体的设计工作，而且可能包括整个建设工程内容的总体策划以及整个建设工程实施组织管理的策划和具体工作。EPC模式是指业主通过固定总价合同，将建设工程项目发包给总承包单位，由总承包单位承揽整个建设工程的勘查、设计、采购、施工，并对所承包建设工程的质量、安全、工期、造价等全面负责，通过系统优化整合，最终向建设单位提交一个符合合同约定、满足使用功能、具备使用条件并经竣工验收合格的建设工程。EPC模式将承包（或服务）范围进一步向建设工程的前期延伸，业主只要大致说明一下投资意图和要求，其余工作均由EPC承包单位来完成。EPC模式特别适用于工厂、发电厂、石油开发和基础设施等建设工程。

2. EPC模式的特征

(1) 承包商承担大部分风险。承包商承担设计风险、自然力风险、不可预见的困难等。

(2) 业主或业主代表管理工程实施。业主不聘请“工程师”来管理工程，而是自己或委派业主代表来管理工程。业主或业主代表管理工程显得较为宽松，不太具体和深入。虽然也有施工期间检验的规定，但重点是在竣工检验，必要时还可能作竣工后检验。如果业主委派某个建设项目管理公司作为其代表，可能对建设工程的实施从设计、采购到施工进行全面的严格管理。

(3) 总价合同。EPC模式所适用的工程一般规模均较大、工期较长，且具有相当的技术复杂性。因此，在这类工程上采用接近固定的总价合同是EPC模式的重要特征。

3. EPC模式的适用条件

(1) 在招标阶段，业主应给予投标人充分的资料和时间，以使投标人能够仔细审核“业主的要求”；另一方面，从工程本身的情况来看，所包含的地下隐蔽工作不能太多，承包商在投标前无法进行勘察的工作区域也不能太大，亦即潜在的风险不能太多。

(2) 虽然业主或业主代表有权监督承包商的工作，但不能过分地干预承包商的工作，应突出对承包商过去业绩的审查，尤其是在其他采用EPC模式的工程上的业绩，并注重对承包商投标书中技术文件的审查以及质量保证体系的审查。

（3）工程的期中支付款（interim payment）应由业主直接按照合同规定支付，可以按月度支付，也可以按阶段支付。在合同中可以规定每次支付款的具体数额，也可以规定每次支付款占合同价的百分比。

3.4.3.7　Partnering模式

1. Partnering模式的概念

Partnering模式就是业主与建设工程参与各方在相互信任、资源共享的基础上达成一种短期或长期的协议；在充分考虑参与各方利益的基础上确定建设工程共同的目标；建立工作小组，及时沟通以避免争议和诉讼的产生，相互合作、共同解决建设工程实施过程中出现的问题，共同分担工程风险和有关费用，以保证参与各方目标和利益的实现。

2. Partnering协议

Partnering协议需要建设工程参与各方共同签署。对此，要注意两个问题：一是提出Partnering模式的时间可能与签订Partnering协议的时间相距甚远，二是Partnering协议的参与者未必一次性全部到位。

Partnering协议一般都是围绕建设工程的三大目标以及工程变更管理、争议和索赔管理、安全管理、信息沟通和管理、公共关系等问题作出相应的规定，而这些规定都是有关合同中没有或无法详细规定的内容。

3. Partnering模式的特征

（1）出于自愿。

（2）高层管理的参与。

（3）Partnering协议不是法律意义上的合同。

（4）信息的开放性。

4. Partnering模式与其他模式的比较

Partnering模式与其他模式的在各自目标、相互关系等方面有显著的不同，见表3-1。

表3-1　Partnering模式与其他模式的比较

	Partnering模式	其他模式
目标	参建各方的目标融合为一个整体，考虑各方利益的同时要满足甚至超越业主的预定目标，着眼于不断的提高和改进	业主与施工单位均有三大目标，但除了质量方面各方的目标一致外，在费用和工期上各方目标可能存在矛盾
期限	可以是一个建设工程的一次性合作，也可以是多个建设工程的长期合作	合同约定了相应的期限
信任性	信任是建立在共同的目标、不隐瞒任何事实以及相互承诺的基础上，长期合作则不再招标	信任是建立在对完成建设工程能力的基础之上，因而对每个建设工程均需要组织招标
回报	建设工程产生的结果很自然地被彼此共享，各自都实现了自身的价值；还可就工程实施过程中产生的额外利益进行分配	除按合同获得工程款之外，施工单位有时可能得到一定的奖金（如工期提前奖、优质工程奖）或再接到新的工程

续表

	Partnering模式	其 他 模 式
合同	传统的具有法律效力的合同加非合同性质的Partnering协议	传统的具有法律效力的合同
相互关系	强调共同的目标和利益，强调合作精神，共同解决问题	强调各方的权力、义务和利益，在微观利益上相互对立
争议与索赔	较少出现甚至可以避免	频繁发生、数额大，甚至导致仲裁或诉讼

5. Partnering模式的要素

（1）长期协议。虽然Partnering模式也经常被运用于单个建设工程，但在多个建设工程上持续运用Partnering模式可以取得更好的效果，因而是Partnering模式的发展方向。

（2）共享。共享的含义是指建设工程参与各方的资源共享、工程实施产生的效益共享；同时，参与各方共同分担工程的风险和采用Partnering模式所产生的相应费用。在这里，资源和效益都是广义的。

（3）信任。只有相互理解才能产生信任，而只有相互信任才能产生整体性的效果。Partnering模式所达成的长期协议本身就是相互信任的结果，其中每一方的承诺都是基于对其他参与方的信任。有了信任才能将建设工程组织管理其他模式中常见的参与各方之间相互对立的关系转化为相互合作的关系，才可能实现参与各方的资源和效益共享。

（4）共同的目标。只有建设工程实施结果本身是成功的，才能实现建设工程参与各方目标和利益，从而取得双赢和多赢的结果。为此，就需要通过分析、讨论、协调、沟通，针对特定的建设工程确定参与各方共同的目标，在充分考虑参与各方利益的基础上努力实现这些共同的目标。

（5）合作。合作意味着建设工程参与各方都要有合作精神，并在相互之间建立良好的合作关系。为此，需要建立一个由建设工程参与各方人员共同组成的工作小组。

6. Partnering模式的适用情况

（1）业主长期有投资活动的建设工程。

（2）不宜采用公开招标或邀请招标的建设工程。

（3）复杂的不确定因素较多的建设工程。

（4）国际金融组织贷款的建设工程。

3.4.3.8 Project Controlling模式

1. Project Controlling模式的概念

Project Controlling可直译为“项目控制”。Project Controlling方实质上是建设工程业主聘请的决策支持机构。Project Controlling模式的核心就是以工程信息流处理的结果（或简称信息流）指导和控制工程的物质流。

大型建设工程的决策对工程建设尤为重要，因此有必要聘请专业人士为业主、高层管理人员决策提供建议，Project Controlling模式由此应运而生。Project Controlling模式是工程咨询和信息技术相结合的产物，反映了建设项目管理专业化发展的一种新的趋势，即专业分工的细化。这样可以更好地满足业主的不同要求，有利于建设项目管理公司发挥各自的特长和优势，有利于在建设项目管理咨询服务市场形成有序竞争的局面。

2. Project Controlling 模式的类型

（1）单平面 Project Controlling 模式。当业主方只有一个管理平面（指独立的功能齐全的管理机构），一般只设置一个 Project Controlling 机构，称为单平面 Project Controlling 模式。单平面 Project Controlling 模式的组织关系简单，Project Controlling 方的任务明确，仅向项目总负责人（泛指与项目总负责人所对应的管理机构）提供决策支持服务。

（2）多平面 Project Controlling 模式。当项目规模大，业主方有必要设置多个管理平面时，Project Controlling 方可以设置多个平面与之对应，这就是多平面 Project Controlling 模式。多平面 Project Controlling 模式的组织关系较为复杂，Project Controlling 方的组织需要采用集中控制和分散控制相结合的形式，即针对业主项目总负责人（或总管理平面）设置 Project Controlling 总机构，同时针对业主各子项目负责人（或子项目管理平面）设置相应的 Project Controlling 分机构，就是要求 Project Controlling 方能满足业主的需求，其组织结构与业主方项目管理的组织结构要具备明显的一致性和对应关系。

3. Project Controlling 与建设项目管理的比较

Project Controlling 与建设项目管理的相同点：

（1）工作属性相同：即都属于工程咨询服务。

（2）控制目标相同：即都是控制项目的投资、进度和质量三大目标。

（3）控制原理相同：即都是采用动态控制、主动控制与被动控制相结合并尽可能采用主动控制。

Project Controlling 与建设项目管理的不同点：

（1）服务对象不尽相同：Project Controlling 的服务对象是业主的最高决策层，常规的监理单位是负责项目的实质性的监督、管理。

（2）地位不同：Project Controlling 独立于项目实施班子之外，站在特殊的立场上，从一个特殊的角度考察、控制项目的实施，监理是直接的建设参与方之一。

（3）服务时间不尽相同：Project Controlling 是全过程服务，监理的服务时间在委托监理中规定。

（4）工作内容不同：Project Controlling 的工作主要是通过对项目决策、实施全过程进行目标跟踪，调查和分析，及时向业主的最高决策层提出项目实施的有关信息与咨询建议，以供决策者参考，传统的监理是建设的实施者。

（5）权力不同：Project Controlling 对工程的决策、实施具有建议权，监理具有现场的决定权。

4. 应用 Project Controlling 模式需注意的问题

（1）Project Controlling 模式一般适用于大型和特大型建设工程。

（2）Project Controlling 模式不能作为一种独立存在的模式。Project Controlling 模式往往是与建设工程组织管理模式中的其他模式同时并存。

（3）Project Controlling 模式不能取代建设项目管理。不能因为有了 Project Controlling 咨询单位的信息处理工作，而淡化或弱化建设项目管理公司常规的工程管理工作。

（4）Project Controlling 咨询单位需要建设工程参与各方的配合。建设项目管理公司与 Project Controlling 咨询单位的配合显得尤为重要。

习　　题

一、单选题

1. 由多家监理单位分别承担监理业务的建设工程中，作为一名总监理工程师，应当负责（　　）。

A 建设单位代表分配的各项工作　　B 整个建设工程的监理工作

C 所承担的那部分工程的指挥工作　　D 监理合同范围内受委托的监理工作

2. 在 CM 模式中，CM 单位对设计单位（　　）。

A 有指令权　　B 没有指令权　　C 有合同关系　　D 没有任何关系

3. 在下列工程建设组织管理模式中，不能独立存在的是（　　）。

A 总分包模式　　B 项目总承包模式　　C CM 模式　　D Partnering 模式

4. 建设工程平行承发包模式的缺点是（　　）。

A 业主选择承包单位范围小　　B 投资控制难度大

C 进度控制难度大　　D 质量投资控制难度大

5. EPC 模式条件下，工程质量控制的重点在（　　）。

A 施工期间检验　　B 竣工检验　　C 竣工后检验　　D 设计图纸检验

二、多选题（每题有 2～4 个正确答案）

1. 在下列选项中，属于 EPC 模式基本特征的是（　　）。

A 承包商承担大部分风险　　B 工程师管理工程实施

C 业主代表管理工程实施　　D 接近固定总价合同

E 资源共享

2. 下列关于 Project Controlling 模式的表述中，正确的是（　　）。

A Project Controlling 方是业主的决策支持机构

B Project Controlling 的核心是以工程的信息流指导和控制工程的物质流

C 业主可以向 Project Controlling 方的具体工作人员下达指令

D 采用 Project Controlling，不需要项目管理咨询单位的信息管理工作

E Project Controlling 是工程咨询与信息技术结合的产物

3. 建设工程的监理模式中，宜委托一家监理单位进行监理的是（　　）模式条件下的监理模式。

A 平行承发包　　B 设计总分包　　C 施工总分包

D 项目总承包　　E 项目总承包管理

4. 有利于工程投资控制的建设工程组织管理模式是（　　）。

A 平行承发包模式　B 设计总分包模式　C 项目总承包模式

D 施工总分包模式　E 项目总承包管理模式

5. Partnering 模式的特征主要表现在（　　）。

A 出于自愿　　B 长期协调　　C 高层管理的参与

D 信息的开放性　　E Partnering 协议不是法律意义上的合同

第4章 监 理 系 列 文 件

监理大纲是监理单位为承揽监理业务、在监理投标工作中编制的监理方案性质的文件；监理规划是监理单位接受业主委托后编制的指导项目监理、组织全面开展监理工作的纲领性文件；监理实施细则是针对工程项目中某一专业或某一方面监理工作而编制的指导具体监理工作的操作性文件。监理大纲、监理规划、监理实施细则这三者是由粗到细、前者指导后者、后者补充前者的系列文件。

4.1 监 理 大 纲

4.1.1 监理大纲的概念

监理大纲又称监理方案，是监理单位为承揽监理业务、在参与监理投标工作中编制的监理方案性质的文件，是监理投标文件的重要组成部分。监理单位中标后，其投标时的监理大纲是工程建设监理合同的一部分，也是后期开展监理工作中需要编制监理规划的直接依据。

4.1.2 监理大纲的作用

监理大纲的编制是在监理投标过程中，让业主了解本监理企业并对如何完成该工程的监理任务在拟派监理人选、拟采取的监理措施等方面向业主作出承诺，使业主相信本监理企业有能力完成该工程的监理任务，从而让业主将监理任务委托给本监理企业。因此监理大纲主要有如下两方面的作用：

（1）使业主认可监理大纲中的监理方案，承揽到监理业务。

（2）为项目监理机构今后开展监理工作制定基本的方案。

4.1.3 监理大纲的编写要求

（1）监理大纲是为业主提供监理服务总的方案性文件，要求企业在编制监理大纲时，应在企业主管负责人的主持下，由企业技术负责人、经营部门、技术质量部门等配合下编制。拟派该工程的总监理工程师应参与到该工程的监理大纲编制工作中，使其尽早参与该工程，有利于其了解业主意图，方便于其担任总监后编制监理规划和监理工作的顺利开展。

（2）监理大纲的编制应依据监理招标文件、设计文件，并对业主的要求作出实质性的响应。

（3）监理大纲的编制要体现企业自身的管理水平、技术装备等实际情况，编制的监理方案既要满足尽可能中标，同时其所提措施、拟委派人员等又要建立在合理、可行的基础上。因为监理单位一旦中标，投标文件将作为监理合同文件的组成部分，对监理单位履行合同具有约束效力。

4.1.4 监理大纲的编写内容

为使业主认可监理单位提出的监理方案，使监理单位中标，监理大纲应侧重介绍如下内容：

(1) 资质及人员。需要有监理单位基本情况介绍，公司资质证明文件，如企业营业执照、资质证书、质量体系认证证书、各类获奖证书等复印件，加盖单位公章以证明其真实有效。监理单位拟派往工程项目上的主要监理人员及其执业资格等情况介绍，如具有监理工程师资格证书的人员、人员的专业、学历及职称组成等方面的情况，可附相关证书的复印件等材料予以说明。对于拟委派的总监理工程师，一定要着重介绍。

(2) 监理单位工作业绩。监理单位工作经验及以往承担的主要工程项目，尤其是与招标项目同类型项目要重点介绍，这是向业主证明本监理企业有能力胜任该工程的最有说服力的材料，必要时可附上以往承担监理项目的工作成果（获优质工程奖、业主对监理单位的好评等复印件）。

(3) 拟采用的监理方案。根据业主招标文件要求以及监理单位所了解掌握的工程信息，制定拟采用的监理方案，包括现场监理机构的组织方案、项目三大目标的具体控制方案、合同管理方案、监理工作制度、监理工作流程、组织协调方案等，这一部分是监理大纲的核心内容。

(4) 拟投入的监理设施。为实现监理工作目标，实施监理方案，必须投入监理项目工作所需要的监理设施，包括开展监理工作所需要的检测、检验设备，工具、器具、办公设施，为保障工作的顺利开展所需的交通、生活设施等。

(5) 向业主提供的阶段性文件。监理大纲中还应明确说明监理工作中向业主提供的反映监理阶段性成果的文件，这是向业主作出本监理企业中标监理任务后会积极履行监理职责，接受业主的监督。业主可依据监理机构提交的阶段性文件，掌握工程进展情况，判定监理工作的成效。

4.2 监 理 规 划

4.2.1 监理规划的概念

建设工程监理规划是监理单位接受业主委托并签订建设工程监理委托合同之后、监理工作开始之前编制的指导工程项目监理机构全面开展监理工作的指导性文件。

4.2.2 监理规划的作用

建设工程监理规划有以下几方面的作用。

1. 指导项目监理机构全面开展监理工作

工程建设监理工作的中心任务是协助业主实现项目总目标。实现项目总目标是一个全面、系统的过程，需要制订计划，建立组织机构，配备监理人员，投入监理工作所需资源，并确定出明确具体的、符合项目实际情况的工作内容、工作方法、监理措施、工作程序和工作制度，使得监理工程中明确有哪些工作要做？由谁去做？如何去做？并制定行之有效的监控、检查措施，只有做好这些工作才能完成好业主委托的建设工程监理任务，实现监理工作目标。委托监理的工程项目一般表现出投资规模大、工期长、影响因素多、生产经营环节多，其管理具有复杂性、艰巨性、危险性等特点，这就决定了工程项目监理工作要想顺利实施，必须事先制订缜密的计划、做好合理的安排。监理规划就是针对上述要求所编制的指导监理工作的行动纲领，监理机构只有依据监理规划，才能做到全面、有序、规范地开展监理工作。

2. 监理规划是建设行政主管部门对监理单位实施监督管理的重要依据

建设行政主管部门对监理单位实施监督管理的工作体现在两个方面：一方面是资质管理，通过对监理单位的管理水平、人员数量情况、专业配套、监理业绩等进行考评，确认监理单位的资质及等级；另一方面是通过监理企业的实际监理工作来判定其监理水平。监理单位在开展具体监理工作时，主要是在已经批准的监理规划指导下开展各项具体的监理工作。所以，监理工作的好坏、监理服务水平的高低，很大程度上取决于监理规划，它对建设工程项目的目标是否能得到控制有重要的影响。监理单位的实际监理水平主要通过具体监理工程项目的监理规划以及是否能按既定的监理规划实施监理工作来体现。所以，建设行政主管部门对监理单位的工作进行检查以及考核、评价时，把对监理规划的内容进行检查作为实施监督管理的重要手段。

3. 监理规划是业主确认监理单位履行监理合同的主要依据

监理规划对现场监理机构如何构建并完成所承担的各项监理服务工作、派驻到现场的人员情况、各控制目标的具体措施等都有明确的说明。作为监理工作的委托方，业主需要了解和确认指导监理工作开展的监理规划文件。监理工作开始前，按有关规定，监理单位要报送业主一份监理规划，既明确地告诉业主监理机构如何开展具体的监理工作，又为业主提供了用来检查、监督监理机构是否有效、全面履行监理合同的依据。

4. 监理规划是监理企业内部考核的依据和重要的存档资料

我国工程项目管理及建设监理工作越来越趋于规范化，体现工程项目管理工作的重要原始资料的监理规划无论作为建设单位竣工验收存档资料，还是作为体现监理单位自己监理工作水平的标志性文件都是极其重要的，其既从侧面反映了工程的建设过程，同时也是监理单位监理工作经验的积累。按现行国家标准《建设工程监理规范》（GB/T 50319—2013）规定，监理规划应在召开第一次工地会议前报送建设单位。监理规划是监理资料的主要内容，在监理工作结束后应及时整理归档，建设单位应当长期保存，监理单位、城建档案管理部门也应当存档。

4.2.3 监理规划的编制依据

监理规划编制的依据主要有如下三方面：

（1）工程建设方面的法律、法规。

工程建设方面的法律、法规具体包括三个层次：

1）国家颁布的建设工程领域现行的相关法律、法规、条例。

2）工程所在地或所属部门颁布的建设工程领域现行的相关法律、法规、规定和政策。

3）工程建设的各种标准、规范。

（2）政府批准的工程建设文件。

包括政府主管部门批准的可行性研究报告、立项批文以及政府规划部门确定的规划条件、土地使用条件、环境保护要求、市政管理规定等。

（3）建设工程的设计文件及有关技术资料。

（4）监理大纲、委托监理合同文件及与建设项目相关的合同文件。

4.2.4 监理规划的编写要求

1. 基本构成内容应力求统一

监理规划基本构成内容一般由目标规划、目标控制、组织协调、合同管理、信息管理等组成，具体编写过程中应考虑整个建设监理任务对建设工程监理的内容要求和监理规划的基本作用。

2. 具体内容应有针对性。

监理规划具体内容的针对性是保证监理规划有效实施的重要前提。由于工程建设具有单件性、一次性的特点，因此监理规划的编制应针对工程项目的实际情况，明确项目监理机构的工作目标，确定具体的监理机构组织形式和监理机构的工作制度、程序、方法和措施，并应具有可操作性，以保证监理规划真正起到指导监理工作的作用。监理规划的编制工作应在签订委托监理合同及收到设计文件后、工程项目实施具体监理工作之前完成。

3. 监理规划应当遵循建设工程的运行规律

监理规划要随着建设工程的开展、建设工程资料的详尽程度不断地进行补充、修改和完善，在监理过程中也要随时收集工程的信息，为编写监理规划提供材料。

4. 总监理工程师是监理规划编写的主持人

监理规划应在项目总监理工程师的主持下编写制定，要充分调动监理机构的专业监理工程师的积极性，广泛征求各专业监理工程师的意见和建议，听取业主的意见，并结合本监理企业的要求来进行编写。监理规划编写完成后必须经监理单位技术负责人审核批准。

5. 监理规划要分阶段编写

由于监理规划的内容需要很强的针对性，而且工程实施的各阶段的资料详尽程度、设计深度等都不同，因此监理规划也应依据工程实施的各阶段来写。如可划分为勘察设计阶段、施工招标阶段、施工阶段。工程建设项目的动态性也决定了监理规划的形成过程具有较强的动态性。这就要求监理规划的编写要做好资料的收集、编写、审查及修改工作，使工程建设监理工作能够始终在监理规划的指导下进行。

6. 监理规划的编写应力求格式化、标准化

为了使监理规划表达更准确、更简洁、更直观，编写中应尽量采用图、表，并用简单的文字来说明，体现出监理文件的格式化、标准化的要求。

7. 监理规划应经过审查

总监理工程师主持下编写的监理规划应提交监理企业的技术主管部门进行内部审核，修改、完善后其负责人应签字、确认，然后在第一次工地会议前报送一份给建设单位。

4.2.5 监理规划的基本内容

工程项目施工阶段的监理规划通常应包括如下内容。

1. 工程项目概况

包括工程名称、工程地点、工程范围与内容、总投资、工程项目计划工期、工程项目质量等级要求、业主单位名称、工程设计单位名称、施工单位名称、工程项目合同构成、

主要材料、设备供货单位名称、总建筑面积、项目结构图及编码系统等。

2. 监理工作范围

建设工程监理范围是指监理单位所承担监理任务的工程项目建设范围。监理工作范围要根据委托监理合同的要求来确定是全部工程项目，还是工程项目的某些事项或某些标段的建设监理。按照委托监理合同的规定，写明“三控制、四管理、一协调”方面业主的授权范围。

3. 监理工作内容

监理工作的内容主要是依据业主和监理单位签订的委托监理合同的规定来确定。按照建设工程监理的实际情况，如委托建设工程项目全过程，监理按工程实施进度分别编写工程项目立项阶段、设计阶段、施工招标阶段、施工阶段以及竣工验收、保修使用等阶段的监理工作内容，以保证监理规划具有针对性。

4. 监理工作的目标

工程项目建设监理目标通常用工程项目建设的投资、工期、质量三大控制目标来表示，即工程项目建设的目标就是监理工作的目标，这在合同中有相应的规定。

5. 监理工作的依据

监理工作的依据包括现行有关建设工程的法律、法规、条例，与建设工程项目相关的规范、标准，施工承包合同、监理委托合同，已经审查批准的施工图设计文件等。

6. 项目监理机构的组织形式

监理单位在签订委托监理合同后，应及时建立项目监理机构，其组织形式和规模应依据委托监理合同规定的服务内容、服务期限、工程类别和规模、技术复杂程度、工程环境等因素确定，并用组织结构图表示出来。

7. 项目监理机构的人员配备计划

项目监理机构的人员应包括总监理工程师、专业监理工程师和监理员，必要时可配备总监理工程师代表。项目监理机构人员的配备受监理合同规定的服务内容、服务期限、工程类别和规模、技术复杂程度、工程环境等因素影响，在监理合同履行过程中，必须依据工程项目进展情况、现场监理工作对监理的需求进行动态调整。

8. 项目监理机构的人员岗位职责

监理机构的总监理工程师、专业监理工程师和监理员在各自的岗位上承担相应的职责，具体见第2章的监理机构相关内容。

9. 监理工作程序

对不同的监理工作内容要分别制定监理工作程序。如对原材料进入施工现场、设备到达、混凝土浇筑前的仓位验收等各项工作，工作性质、专业显著不同，应分别制定各自的工作程序。

10. 监理工作方法及措施

监理工作方法就是开展各项监理工作采用的方法、手段及工程项目质量、投资、进度控制的方法，为保证监理工作的顺利进行，可以采取的措施包括组织措施、技术措施、经济措施、合同措施。监理控制目标的方法与措施应重点围绕监理的三大控制目标“投资控制、进度控制、质量控制”来展开，这三大控制方面的方法与措施内容应包括风险分析、工作流程与措施、动态分析。不同项目的监理工作、不同阶段的监理工作所采取的方法及措施可能不同。

11. 监理工作制度

根据监理的经常性工作制定相应的工作制度及项目监理机构的内部工作制度。

12. 监理工作设施

根据监理工作的任务、要求及监理大纲中承诺为项目监理机构投入监理资源的情况，为项目监理机构所配置的办公设施；开展监理服务所需的检测试验设备、仪器、仪表、工具、器具等；监理工作所必要的交通、通信设施；监理人员生活必需设施、劳动保护设施等。对一些特殊的工程监理内容，可以在监理委托合同中约定该监理内容所需监测设备的解决办法，若约定由业主负责提供的，项目监理机构应妥善保管和使用业主提供的设施，并应在完成监理工作后移交业主。

4.3 监理实施细则

4.3.1 监理实施细则的概念

监理实施细则是监理工作实施细则的简称，是根据监理规划由专业监理工程师编制，并经总监理工程师批准，针对工程项目中某一专业或某一方面监理工作来指导具体监理工作的操作性文件。对于技术复杂、专业性比较强的工程项目，为保证监理工作的顺利进行、监理工作的成效，项目监理机构应编制监理实施细则。监理实施细则应符合监理规划的要求，并应结合工程项目的专业特点，做到详细、具体，其重要特征是具有可操作性。

4.3.2 监理实施细则的编写要求

监理实施细则要求详细、具体、具有可操作性，根据监理工作的实际情况、拟定的监理实施细则具有针对性，要求针对工程项目的具体监理对象、监理时间、具体操作等，结合监理项目的监理组织机构、职责分工、配备监理设备资源实际情况，确定有哪些监理工作、由谁来完成、在什么时候及什么地点完成、如何完成。如某一部位的混凝土浇筑监理工作，应明确其施工工序组成情况，确定由监理组织机构中具体哪一位专业监理工程师、监理员去实施监理；监理过程中应检查哪些项目；是采取巡视的监理方式，还是采用旁站的监理方式；有关检查表格如何记录；未达到规范、设计要求标准的情况下如何处理等。

4.3.3 监理实施细则的编制程序

1. 监理实施细则的编制程序

（1）监理实施细则应在相应工程施工开始前编制完成。为保证相应工程施工前，监理员等现场监理人员知道如何监理职责范围内的施工活动，监理实施细则应在相应工作正式施工前完成编制。

（2）监理实施细则应由专业监理工程师编制。监理实施细则是针对具体的施工活动、某一专业的监理活动编制的，应由负责该监理工作的专业监理工程师进行编制。

（3）监理实施细则应经总监理工程师批准。总监理工程师是项目监理机构的最高权力者，指导专业监理的实施细则应由总监理工程师批准。

2. 监理实施细则的编制依据

（1）已批准的监理规划。监理规划是指导整个监理机构工作的纲领性文件，监理实施细则必须按照监理规划来确定各专业、相应子项监理工作的监理方法。

（2）与专业工程相关的规范标准、设计文件和技术资料。

（3）施工组织设计。

3. 监理实施细则的主要内容

（1）专业工程的特点。

（2）监理工作的流程。

（3）监理工作控制要点及目标值。

（4）监理工作的方法及措施。

监理实施细则的内容应体现出针对性强、可操作性强、便于实施的特点。

4.4 监理系列文件的相互关系

工程建设监理大纲是承揽监理任务编制的投标文件的一部分，监理规划是指导监理机构开展工作的纲领性文件，监理细则是指导具体专业或某一方面实质性监理工作的文件。三者共同构成监理系列文件，它们之间既有区别又有联系。

4.4.1 监理系列文件的相互区别

监理大纲是社会监理单位为了承揽监理任务，在投标阶段编制的项目监理方案性文件，亦称监理方案；监理规划是在监理委托合同签订后，在项目总监理工程师主持下，按合同要求，结合项目的具体情况制定的指导监理工作开展的纲领性文件；监理实施细则是在监理规划指导下，项目监理机构的各专业监理的责任落实后，由专业监理工程师针对项目具体情况制定的具有可实施性和可操作性的业务文件。从对监理大纲、监理规划、监理实施细则的概念中可以看出，三者在编制目的、编制对象、编制阶段、编制人方面存在不同之处。三者间的不同点见表4-1。

表4-1 监理系列文件的区别

	编制目的	编制对象	编制阶段	编制人	批准者
监理大纲	使业主信服，承揽到监理业务	监理投标的范围	监理投标阶段	监理企业主管负责人主持，企业技术负责人、经营部门、技术质量部门参与，可能有拟定的总监理工程师参与	监理企业领导
监理规划	指导监理工作开展	委托监理合同中规定的监理范围	监理委托合同签订后、监理工作开展前	总监理工程师主持，监理机构的各专业监理工程师参与	单位技术负责人
监理实施细则	具体指导监理实务作业	技术复杂、专业性比较强的监理工作	监理规划编制后、具体某项专业监理工作开展前	监理机构的专业监理工程师	总监理工程师

4.4.2　监理系列文件的相互联系

项目监理大纲、监理规划、监理细则是成系列的文件，相互之间是关联的，它们之间存在着明显的先后性、依据性关系。监理大纲最先编制完成，在编写项目监理规划时，一定要严格根据监理大纲的有关内容编写；在制定项目监理实施细则时，一定要在监理规划的指导下进行。

习　　题

一、单选题

1. 监理招标的宗旨是对监理单位（　　）的选择。

A 能力　　B 人员　　C 设备　　D 报价

2. 工程建设监理规划要随建设工程的进展不断补充、修改和完善，这反映了监理规划（　　）的编写要求。

A 具体内容应具有针对性　　B 应当遵循建设工程运行规律

C 一般宜分阶段编写　　D 应当由总监理工程师主持编写

3. 监理规划的审核应侧重于（　　）是否与合同要求和业主建设意图一致。

A 监理范围、工作内容及监理目标　　B 项目监理机构

C 投资、进度、质量控制方法和措施　　D 监理工作制度

4. 某工程项目的建设单位通过招标与某监理单位签订了施工阶段委托监理合同，总监理工程师应根据（　　）组建项目监理机构。

A 监理大纲和监理规划　　B 监理大纲和委托监理合同

C 委托监理合同和监理规划　　D 监理规划和监理实施细则

5. 关于监理规划作用的表述中，错误的是（　　）。

A 指导项目监理机构全面开展监理工作

B 政府建设主管部门对监理单位在设立时审查的主要材料

C 业主了解和确认监理单位履行合同的依据

D 监理单位内部考核的依据和重要的存档资料

二、多选题（每题有2～4个正确答案）

1. 监理实施细则是在（　　）编制的。

A 签订监理合同前　　B 监理招标过程中　　C 监理规划编制之后

D 正式开展监理活动前　　E 开展监理工作过程中

2. 监理单位承揽到监理业务后，应当由项目监理机构相继编写的监理工作文件是（　　）。

A 委托监理合同　　B 监理大纲　　C 监理工作制度

D 监理规划　　E 监理实施细则

3. 下列内容中，属于监理规划内容的是（　　）。

A 监理规划的编制依据　　B 建设工程总目标

C 项目监理机构　　D 投资、进度、质量控制的措施

E 监理单位的权利和义务

4. 监理规划除其基本作用外，还具有（ ）等方面的作用。

A 指导项目监理机构全面开展监理工作 B 监理单位内部考核依据

C 监理单位的重要存档资料 D 业主确认监理单位履行监理合同的依据

E 政府建设主管机构对监理单位监督管理的依据

5. 建设工程监理规划编写的要求包括（ ）。

A 基本构成内容应当力求统一

B 具体内容应具有针对性

C 监理规划应当遵循建设工程的运行规律

D 监理规划一般应以实施阶段统一编写

E 表达方式应力求格式化、标准化

第5章　工程经济基础知识

作为从事工程项目管理者的监理工程师，仅具有过硬的工程技术是不够的，还必须要有经济头脑。如果不懂工程经济，则难以给业主的决策提供良好的建议；如果工程项目只做一个方案，没有其他方案进行经济比较，则很难提交出优秀的设计方案。发展经济是工程技术的目的与归宿，孤立地去应用或推广工程技术、不考虑资金投入或收益，有可能对经济建设造成不利的影响。

随着时代的发展，对工程项目进行经济分析与评价，已成为工程项目实施过程中一个必不可少的环节。一个项目本来具有较好的经济效果，不能因为经济评价失误而错误地被放弃；本来经济效果很差的项目，也不能因为经济评价失误而错误地上马。因此，掌握工程经济知识显得越来越重要。一个优秀的工程师既要精通本行业的工程技术，还需掌握工程经济基础知识、经济评价基本方法和技能。

5.1　工程经济概述

工程经济学也称技术经济学，是在现代科学技术和社会经济的发展中，互相渗透、互相促进，逐渐形成和发展起来的工程技术学科和经济学科交叉的边缘学科，其主要研究工程技术实践活动的经济效果，是在社会生产不断发展的大背景下从经济学、财务、管理等相关学科中吸取理论与方法，研究国民经济各部门、各专业领域的经济活动和经济关系的规律性，或对非经济活动领域进行经济效益、社会效益的分析，从而为工程项目评价服务。

在工程经济学中，工程技术是基础，经济则处于服务地位。对于工程管理人员来说，掌握一门专业技术固然重要，但缺乏工程经济方面的知识，难以对工程管理中的决策、工程建设中的投融资等提供建设性的建议。工程经济学的产生正是为了从经济角度解决对技术方案的选择问题，因此工程经济学是研究工程技术领域经济问题和经济规律的科学，为实现一定投资目标和功能，针对提出的在技术上可行的各种技术方案，从经济性的角度出发，研究如何对方案进行计算、分析、比较和评价，并提供经济方面的意见或建议，其本质是以工程技术为主体，以技术经济系统为核心，研究在工程建设的方案比选阶段如何选出技术上可行、经济上有利的最优方案，为正确的投资决策提供科学依据。

1. 工程技术的概念

工程技术是指人类利用和改造自然的手段和方法，不仅包含劳动者的技艺，还包括部分辅助这些技艺的工具、仪器、设备等。因此，工程技术可概况为包括工作过程中的劳动工具、劳动对象等一切劳动的物质手段和在工作过程之前、过程中、过程后反映出来的工艺、方法、程序、信息、经验、技巧和管理能力等方面的非物质手段。

工程技术具有技术的应用特征、经济的目的性、先进性。对于任何一种技术，要在实际工程中应用，都必须考虑其经济效果，即其支出和收益的问题。不计成本支出的技术，是难以在实际工程中推广使用的；工程技术的先进性表现为能够创造原有技术所不能创造的产品或劳务、而且能用更少的人力、物力和财力创造出相同的产品或劳务。

综上所述，工程技术是包括相应的生产工具和物资设备、生产的工艺过程或作业程序及方法、生产的经验、知识、能力和技巧等众多方面，是为实现投资目标的物质形态技术、社会形态技术和组织形态技术的集成。

2. 经济的概念

工程经济学中的"经济"，主要是指在工程建设的寿命周期内为实现投资目标或获得单位效用而对投入资源的节约，即要在实现投资目的的前提下尽可能少花费资金。随着科学技术的进步、社会经济的发展、工程规模的日趋增大，人们在生产实践中越来越体会到工程经济的重要性。很多重大工程技术的失误不是由于科学技术上的原因，而是经济分析上的失算。对于一项工程，工程师不仅要对他所提出的方案的技术可能性负责，还必须考虑到工程建设实现的经济合理性，这就要求工程师必须具有经济意识、掌握工程经济学的客观规律，并在工程设计中体现出工程经济学的思想方法。

3. 工程技术和经济的关系

具体工程的实施活动必须考虑技术环境和经济环境的问题。技术环境是社会生产活动的基础，经济环境是物质环境的服务对象。在技术环境中，只有遵循自然科学的规律，才能保证建设出高质量、安全的建筑工程。建筑工程不论技术系统的设计多么精良，其效用大小往往要用人们愿意为此付出的金钱来衡量，如果建筑工程没有消费市场，其经济效果必然很低。因此技术兼有自然科学和经济学两方面的特性，工程师只有了解经济环境，依据经济规律进行工程建设才能保证所建设工程具有良好的经济性。因此经济环境和技术环境密不可分，它们相互依存，协调发展，连接两者的纽带就是技术实践活动。

5.2　价值、价格与价值工程

5.2.1　价值

对商品价值概念的描述有两种观点，即劳动价值观和效用价值观。劳动价值观认为商品的价值是由生产该商品的社会必要劳动时间决定的，具有使用价值和价值两种属性。价值是凝结在商品中的具体劳动和一般的、无差别的人类劳动（抽象的人类劳动）的结合，并以生产该商品的社会必要劳动时间来衡量。具体劳动创造商品的使用价值，抽象劳动形成商品的交换价值。价值是商品交换的共同基础。效用价值观认为商品的价值主要取决于消费者从商品消费中所获得的满足程度。这是一种主观价值观，取决于消费者个体的主观感受。效用价值观广泛应用在市场经济及商品经济下解决现实问题和具体问题的分析中。

5.2.2　价格

价格是商品价值的货币表现，是商品与货币的交换比率。商品价格是通过货币表现出来的商品价值，因此商品价格的变化决定于商品价值和货币价值的相互变化情况。当货币价值不变，商品价格与其价值成正比变化；当商品价值不变，商品价格与货币价值成反比变化。商品的价格不但与货币价值有关，还与市场中该商品的供求关系有关。若商品的商品价值与货币价值都不变，当处于供不应求状况下，商品的价格高于商品的价值；当供大于求，商品的价格低于其价值。供求关系对商品的价格影响是暂时的、短暂的，同时也影响工厂的加工生产活动，促使工厂在供大于求情况下减产，在供不应求的情况下增产，通过市场手段反作用于市场价格。总的而言，市场中的商品价格以其价值为中心上下波动；长期而言，市场价格等于其价值，价格是以价值为基础，这是商品价格的发展规律。

我国在经济建设和经济评价工作中，曾采用不同的价格体系，包括现行价格、时价和实价、财务价格、不变价格、影子价格等。

1. 现行价格

现行价格是指包括了通货膨胀（物价上涨率为正）或通货紧缩（物价上涨率为负）的影响在内的现在正在实行的价格，又称为报告期价格或当年价格（如果报告期为年）。

2. 时价和实价

时价是包括通货膨胀或通货紧缩的影响在内的任何时候的当时的价格，其反映绝对价格的变化，也反应出相对价格的变化。若某商品在2010年初的时价为100，当年的物价上涨率为4.5%，则2011年初的时价为104.5。对工程建设中已经发生的费用、效益，如是按当年的价格计算的，则称为时价。从时价中扣除通货膨胀因素的影响后的价格，就是实价。实价若以某一基准年价格水平表示，则可以体现出相对价格的变化。

3. 财务价格

财务价格是进行工程项目财务评价时所用的以现行价格体系为基础的预测价格。

4. 不变价格

不变价格又称为固定价格或可比价格，是指由国家规定的计算各个时期产品价值指标所统一采用的某一时期的平均价格，目的是为了消除各时期价格变动的影响，保证前后时期之间、地区之间、计划与实际之间指标的可比性。

5. 影子价格

影子价格是指社会处于某种最优状态下，能够反映社会劳动消耗、资源稀缺程度和最终产品需求状况的价格，即反映社会资源获得最佳配置的一种价格。影子价格是社会对货物真实价值的度量，只有在完善的市场条件下才会出现。然而这种完善的市场条件是不存在的，因此现成的影子价格也是不存在的，只有通过对现行价格的调整，才能求得它的近似值。

5.2.3 价值工程

价值工程（Value Engineering，VE），又称价值分析，是运用集体智慧和有组织的活动，对产品进行功能分析，使之以最低成本，可靠地实现产品的必要功能，从而提高产品价值的技术经济分析方法。由价值工程的目的可知其是研究产品功能和成本之间关系问题的管理技术。功能属于技术指标，成本属于经济指标，价值工程要求结合技术和经济两方面来提高产品的经济效益。

5.2.3.1 基本概念

1. 价值

价值工程中的价值，是指产品功能与成本之间的比值，其计算式为：

$$价值(V)=\frac{功能(F)}{成本(C)} \tag{5-1}$$

由计算式可见，价值是产品功能与成本的综合反映，价值的高低是评定产品好坏的一种标准。

2. 功能

功能是指产品所具有的特定的用途，即满足人们某种需求的属性。产品的功能只有通过使用才能最终体现出来，因此产品的功能如何，最终由用户所决定、认可。因此价值工程里的功能，是指由最终用户所承认、所接受的产品的必要功能。

3. 成本

成本是指产品寿命周期成本，即一个产品从设计、制造、使用，最后到报废的全过程中的制造成本和使用成本之和。用户在购买一个产品时，既要考虑产品的售价（即制造成本），也必须考虑使用成本。

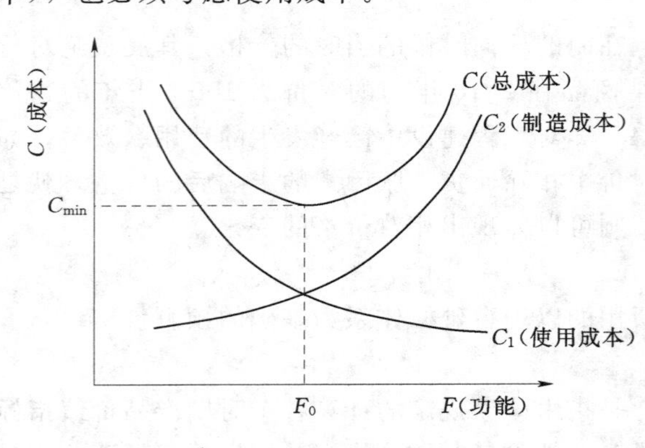

图5-1 功能与总成本的关系

5.2.3.2 价值工程的主要特征

1. 价值工程的工作目标

价值工程的目标是以最低的总成本，实现产品或工作具有他所必须具备的功能。在价值工程里，强调的是总成本的降低，也就是强调整个工作、产品的经济效果，如图5-1所示。由图可见对应于功能 F，产品的寿命周期总成本有一个最低点，从价值工程的角度来看，就是寻求寿命周期成本的最小值 C_{min} 与功能 F_0 的成本与经济的最佳结合点。

2. 价值工程的工作核心

价值工程的核心是对产品进行功能分析，在保证产品质量的前提下，对产品的结构、零部件、附配件的功能进行分析研究，排除与质量无关的、多余的功能，从而达到降低成本、提高经济效益的目的。

3. 价值工程的集体协作

价值工程是有组织的集体智慧的工作。一个产品从创意、设计、进行试验到投产出厂，要通过企业内部的许多部门的集体协作，依靠集体的智慧和力量，才能最终体现在产品上，实现提高产品功能和降低成本的目的。

4. 价值工程的工作阶段

众多的研究实践证明，无论是开发新产品，还是对老产品的升级、换代，在设计、研制、试验、投产的各阶段，价值工程实施得越早、实施得越深入，其对最终产品的功能和成本影响越大。

5.2.3.3　提高产品价值的途径

从价值与功能、成本之间的关系可以看出有5条基本途径来提高产品的价值。

1. 功能不变、成本小幅降低

其含义可表达为：

$$价值(V)=\frac{功能(F)\rightarrow}{成本(C)\downarrow} \tag{5-2}$$

（说明：→表示相应的量保持不变，↑表示相应的量小幅增加，↓表示相应的量小幅降低，↑↑表示相应的量大幅增加，↓↓表示相应的量大幅降低。）

在保证成品原有功能不变的情况下，通过小幅降低产品成本来提高产品的价值。

2. 成本不变，功能小幅提高

其含义可表达为：

$$价值(V)=\frac{功能(F)\uparrow}{成本(C)\rightarrow} \tag{5-3}$$

在不增加成品成本的前提下，通过小幅提升产品功能来提高产品的价值。

3. 成本小幅增加，功能大幅提高

其含义可表达为：

$$价值(V)=\frac{功能(F)\uparrow\uparrow}{成本(C)\uparrow} \tag{5-4}$$

通过增加少量成本，使成品功能有大幅度的提高，从而提高产品的价值。

4. 功能小幅降低、成本大幅降低

其含义可表达为：

$$价值(V)=\frac{功能(F)\downarrow}{成本(C)\downarrow\downarrow} \tag{5-5}$$

根据用户的需要，通过适当降低产品的某些功能，以使产品成本有较大幅度的降低，从而提高产品的价值。

5. 功能提高，成本降低

其含义可表达为：

$$价值(V)=\frac{功能(F)\uparrow}{成本(C)\downarrow} \tag{5-6}$$

运用新技术、新工艺、新材料，在提高产品功能的同时，又降低产品成本，最终使得产品的价值有大幅度的提高。

提高产品的价值，应从用户的角度来考虑，这是价值工程的原则。因为产品必须要销售出去，才能最终获得利润。用户要购买某种产品，必然要认可、接受该产品的价值（即权衡考虑其功能和成本），因此企业开展价值工程，必须站在用户的角度来考虑最终产品的功能和成本。

5.2.3.4　价值工程的工作程序

价值工程的工作程序一般可以分为准备、分析、创新、实施与评价四个阶段，总计又可以分为12个步骤，其实质就是如何围绕功能与成本提出问题、分析问题、解决问题、经验总结的过程，如表5-1所示。

表5-1 价值工程的工作程序

工作阶段	工作步骤
准备阶段	对象选择
	组建价值工程小组
	制定价值工作计划
分析阶段	收集整理信息资料
	功能分析
	功能评价
创造阶段	方案创造
	方案评价
	提案编写
实施与评价阶段	提案审批
	提案实施
	提案总结

1. 准备阶段

准备阶段的工作重点为确定价值工程的对象。价值对象的选择过程就是确定研究范围、寻找目标、确定主攻方向，价值对象的选择是否正确直接关系价值工程的成败及收效。

(1) 价值工程对象的选择原则。一般说来，价值工程对象的选择需遵循以下原则：

1) 设计方面：对产品结构复杂、性能和技术指标差距大、体积大、重量大的产品进行价值工程活动，可使产品结构、性能、技术水平得到优化，从而提高产品价值。

2) 生产方面：对量多面广、关键部件、工艺复杂、原材料和能源消耗高、废品率高的产品或零部件，只要成本下降，就能取得良好的经济效果。

3) 销售方面：选择用户反馈意见集中、系统配套差、返修率高、维修成本高、竞争力差、利润率低、寿命周期较长、市场上畅销但竞争激烈的产品或零部件。

4) 成本方面：选择成本高于同类产品、成本比重大的，如材料费、管理费、人工费等。

(2) 价值工程对象选择的方法。价值工程对象的选择方法有很多，应根据具体的情况选用，常用的方法有经验分析法、ABC分析法、强制确定法。

1) 经验分析法。经验分析法是指凭借分析人员的经验集体研究确定选择对象的一种方法，这是一种定性分析方法，主要依据分析人员的实践经验做出选择，简便易行，特别适用于被研究对象彼此相差比较大以及时间紧迫的情况。经验分析法的缺点是缺乏定量依据、准确性较差，对象选择的正确与否，主要决定于价值工程活动人员的经验、业务水平及工作态度，分析质量的可靠性得不到保证。利用经验分析法进行价值工程，应选择技术水平高、经验丰富、熟悉业务的人员参加，并且要发挥集体智慧，共同确定对象。

2) ABC分析法。ABC分析法是应用数理统计分析的方法来选择对象，其基本原理为“关键的少数和次要的多数”，指导思想是“抓住关键的少数，解决问题的大部”，其基本思路是：首先统计一个产品的各种部件的成本，然后按成本的大小由高到低排列起来，绘成零部件—累积费用分布图（图5-2）。然后将占总成本70%～80%而占零部件总数10%～20%的零部件划分为A类部件；将占总成本5%～10%而占零部件总数60%～80%的零部件划分为C类；其余为B类。A类零部件就是价值工程的主要研究对象。

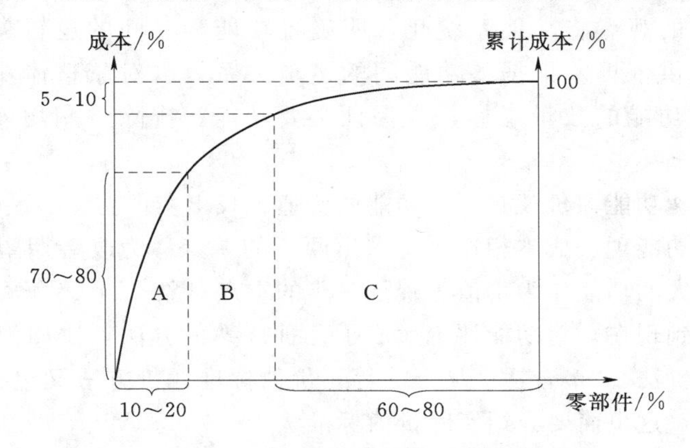

图5-2 ABC分析法原理图

对于工程建设项目的价值工程，可按费用构成项目分类，如分为管理费、动力费、人工费等，将其中所占比重最大的，作为价值工程的重点研究对象。ABC分析法也可从产品成本利润率、利润比重角度分析，选择那些利润额占总利润比重最低、成本利润率也最低的作为价值工程的研究对象。ABC分析法的实质是抓住成本比重大的零部件或工序作为研究对象，重点突破、简便易行、效果明显，广泛为人们所采用。但在实际工作中，有时由于成本分配不合理，导致成本比重不大但功能重要的对象可能被漏选或排序靠后，未被作为价值工程的分析对象，可以结合经验分析法、强制确定法等方法完善。

3）强制确定法。

强制确定法是以功能重要程度作为选择价值工程对象的一种分析方法，其先求出分析对象的成本系数、功能系数，然后得出价值系数，判定分析对象的功能与成本之间是否相符，价值低的对象则被选为价值工程的研究对象。强制确定法是一种定量分析结果，综合考虑了功能和成本两方面因素，但这种方法带有很大的人为主观性，难以准确反映出功能差距的大小，因此此方法只适用于各部件间功能差别不太大且比较均匀的对象，而且一次分析的部件数目也不能太多。

2. 分析阶段

分析阶段的主要工作有功能分析和功能评价两部分的内容，目的是明确功能特性要求，弄清楚产品各功能间的关系，找出实现功能的最低费用并作为功能的目标成本，以此为基准，选择功能价值低、改善期望值大的功能作为价值工程的重点对象，并制定功能的目标成本。

（1）功能分析。功能分析是价值工程的基本内容，其通过动词和名词的组合方式简明表达各对象的功能，主要目的是掌握用户的功能要求。依据功能的不同特性，可以将功能按照重要程度、功能的性质、用户的需求、功能的量化标准进行分类。通过对产品的功能分析，弄清楚哪些功能是必要的，哪些是不必要的，使得在创造阶段去掉不必要的功能，补充不足的功能，使产品功能结果更为合理，实现使用者所需功能。

产品具有的使用价值就是功能，功能需要用简洁的语言加以描述，即功能定义。对功能进行定义要注意这是干什么的、没有它行不行、为什么它是必不可少的等若干问题。通过对功能定义，加深对产品功能的理解，为提出功能代用方案提供依据。功能定义后，要用系统的观点将功能系统化，明确各功能相互间的逻辑关系并用图表示出来，为功能评价提供依据。依据各功能间的逻辑关系，以对象整体功能的定量指标为出发点，确定各级功能的数量指标，为保证必要功能、排除过剩功能、补足不足功能提供依据。

（2）功能评价。功能评价就是评定功能的价值，找出实现功能的最低费用作为功能的目标成本，通过与功能现实成本相比较，求出两者的差（称为改善期望值）。选择功能价值低、改善期望值大的功能作为价值工程下一步的重点对象。

价值工程发展到现在，对功能评价形成了几种成熟的方法，比如价值标准评价方法、功能重要性系数评价法、"最合适区域"法等，价值标准评价方法又包括实际价值标准法和理论价值标准法，这里简要介绍实际价值标准法。

实际价值标准法是针对现有产品或零件的实际技术经济资料进行广泛调查统计，从中选择出功能相同而成本最低的作为功能评价值的方法。其主要步骤为：

1）收集有关同种产品或零件的技术经济资料、功能实现程度及其成本。

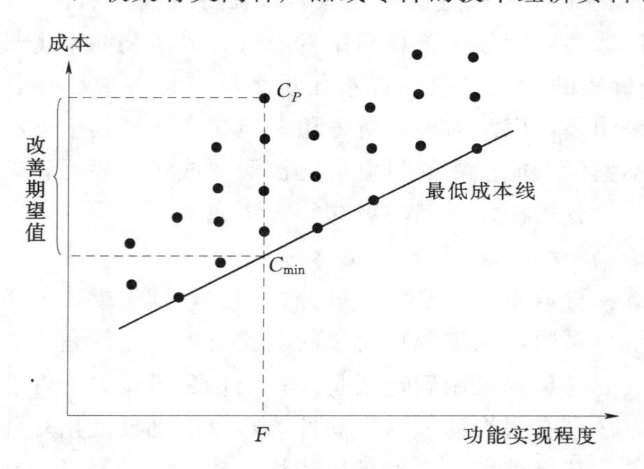

图5-3　产品功能实现程度-成本关系图

2）建立对比标准，将收集的资料按功能实现程度分级，把功能实现程度基本相同的产品或零件归为一个等级。

3）以横坐标为功能实现程度、纵坐标为成本建立功能实现程度一成本关系图，依据每个产品或零件的功能和成本，将其标入到图里，如图5-3所示。

4）确定出每一级功能的最低成本，把各最低成本连线，即为最低成本线。

5）按功能实现程度和最低成本线确定出产品的目标成本，求出成本的改善期望值。如图5-3所示，若产品的功能实现程度为F，在最低成本线上对应的成本为C_{min}，而对应的现实成本为C_P，则该产品成本的改善期望值为$A=C_P-C_{min}$。

3. 创造阶段

在创造阶段主要的工作内容为方案创造和方案评价。方案创造就是从提高对象的价值出发，在功能分析、功能评价的基础上，通过创造性的思维活动，对价值对象提出实现必要功能的现实、可行的新方案，这是决定价值工程的关键。方案评价就是对创造阶段提出的多种方案从技术、经济、社会方面进行分析、比较、论证和评价，并在评价过程中推荐出实施的方案并对其进一步的完善。

4. 实施与评价阶段

在价值工程方案的实施过程中，要对实施情况进行及时调查，发现问题并提出解决方案；方案实施一段时间后要对方案进行总结、评价，以积累价值工程经验。

5.2.3.5　价值工程的应用

工程项目进行管理的目的就是要以最低的成本，实现项目的必要功能，从而获得较高的经济效益，因此建设项目的管理工作都可以引进价值工程。在经济发达的国家，在工程建设项目的管理工作中引进价值工程已经是普遍的做法，而且取得了明显的经济效果。工程建设的设计阶段中引入价值工程，全面分析功能、成本之间的关系，经济效果最为明显，主要体现在以下 5 方面：

（1）可以提高工程功能，又可以降低项目成本。

（2）在保证工程功能的情况下，降低项目成本。

（3）在保证项目主要功能、略为降低次要功能情况下，使项目成本大幅降低。

（4）在项目成本不变的情况下，提高项目功能。

（5）在项目成本小幅上升的情况下，大幅提升工程功能。

1972 年，美国在进行俄亥俄河大坝枢纽设计中，引入了价值工程方法，从功能和成本两方面对大坝、溢洪道进行了综合分析，最后采取了增加溢洪道闸门高度的办法，使闸门数量由 17 道减少为 12 道，并且改进了闸门施工工艺，保证了大坝的功能和安全不受影响，亦即保证了工程的必须功能。仅此一项，大坝建设就节省费用 1935 万美元，而聘请专家进行价值工程的花费却只有 1.29 万美元，相当于取得了 1 美元收益接近 1500 美元的投资效果。因此在工程设计阶段引入价值工程，可以取得较好的经济效果。

5.3　建设项目总投资的组成

建设项目总投资是指在工程项目建设阶段，为使工程项目达到使用要求所需要的预计或实际投入的全部费用的总和。生产性建设项目总投资包括建设投资、建设期利息和流动资金三部分，其中建设投资和建设期利息之和即为固定资产投资，固定资产投资与建设项目的工程造价在数量上相等，该部分资金包括用于购买工程项目所包含的各种设备的费

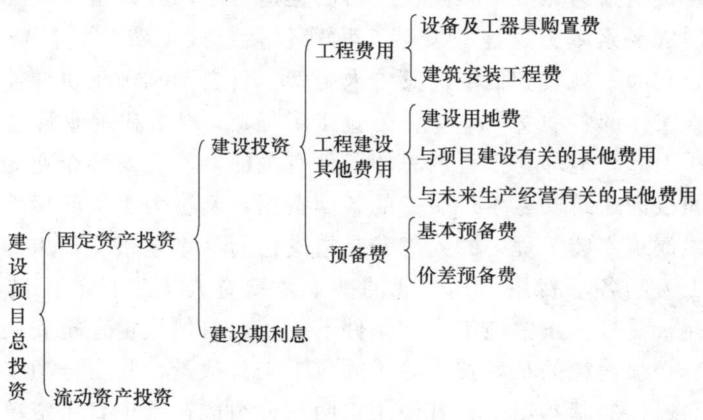

图 5-4　我国现行建设项目总投资构成

用、用于建筑施工和安装施工的费用、用于勘察设计所支付的费用、用于购置土地的费用、建设单位进行项目筹建及管理的费用等；其具体数额、项目受工程项目的建设内容、建设规模、建设标准、功能要求、使用要求等因素决定。建设项目总投资所包含的费用项目如图 5-4 所示。

5.3.1　固定资产投资

固定资产投资主要包括工程费用、工程建设其他费用、预备费和建设期利息 4 大部分。

5.3.1.1　工程费用

工程费用包括设备及工器具购置费、建筑安装工程费两部分。

1. 设备及工器具购置费

设备及工器具购置费是由设备购置费和工具、器具及生产家具购置费组成，是固定资产中的重要组成部分。工程建设项目投资组成中，设备及工器具购置费占比重越大，意味着生产技术的进步和资本有机构成的提高。

（1）设备购置费。设备购置费是指购置或自制的达到固定资产标准的设备、工器具及生产家具等所需的费用，包括设备原价和设备运杂费构成。

设备购置费的计算式为：

$$\text{设备购置费}=\text{设备原价}+\text{设备运杂费} \tag{5-7}$$

式中　设备原价——国产设备或进口设备的原价；

设备运杂费——关于设备采购、运输、途中包装及仓库保管等方面支出费用的总和。

（2）工器具及生产家具购置费。工器具及生产家具购置费是指新建或扩建项目初步设计规定的，保证初期正常生产必须购置的没有达到固定资产标准的设备、仪器、工卡模具、器具、生产家具及相应的保证生产顺利进行的备品、备件等的购置费。其计算一般以设备购置费为计算基数，按照部门或行业规定的工具、器具及生产家具费率计算。

工器具及生产家具购置费的计算式为：

$$\text{工器具及生产家具购置费}=\text{设备购置费}\times\text{定额费率} \tag{5-8}$$

2. 建筑安装工程费

建筑安装工程费是指为完成工程建设项目的建造、生产性设备及配套工程安装所需的费用。按照费用构成要素划分，建筑安装工程费包括：人工费、材料费、施工机具使用费、企业管理费、利润、规费和税金。其中人工费、材料费和施工机械使用费是施工过程中耗费的构成工程实体的各项费用，又称为直接工程费；规费和企业管理费是指虽不直接由施工工艺过程所引起，但却与工程的总体条件有关的，建筑安装企业为组织施工和进行经营管理，以及间接为建筑安装生产服务的各项费用，又称为工程间接费。

（1）人工费。建筑安装工程中的人工费是指支付给从事建筑安装工程施工的生产工人和附属生产单位工人的各项费用，其构成的基本要素有人工工日消耗量和人工日工资单价。人工工日消耗量是指在正常施工生产条件下，生产单位假定建筑安装产品（分部分项工程或结构构件）必须消耗的某种技术等级的人工工日数量，其由分项工程所综合的各个工序施工劳动定额包括的基本用工、其他用工两部分组成；人工日工资单价是指施工企业平均技术熟练程度的生产工人在每工作日（国家法定工作时间内）按规定从事施工作业应得的日工资总额。

人工费的基本计算公式为：

$$人工费=\sum(工日消耗量\times日工资单价) \tag{5-9}$$

（2）材料费。建筑安装工程费中的材料费是指施工过程中耗费的构成工程实体的各种原材料、辅助材料、构配件、零件、半成品或成品的费用。其构成的基本要素有材料消耗量、材料单价和检验试验费。材料消耗量是指在合理使用材料的情况下，生产单位假定建筑安装产品（分部分项工程或结构构件）必须消耗的一定品种、规格的原材料、辅助材料、构配件、零件、半成品或成品等的数量，它包括材料净用量和不可避免的材料损耗量；材料单价是指建筑材料从其来源地通过购买、运输、保管等环节，直至从施工工地仓库出库形成的价格，其内容包括材料原价（或供应价格）、材料运杂费、运输损耗费、采购及保管费等；检验试验费是指对建筑材料、构件和建筑安装物进行一般鉴定、检查所发生的费用，包括自设实验室进行试验所耗用的材料和化学药品等费用。

材料费的基本计算公式为：

$$材料费=\sum(材料消耗量\times材料单价)+检验试验费 \tag{5-10}$$

（3）施工机具使用费。建筑安装工程费中的施工机具使用费是指施工机具作业所发生的施工机具、仪器仪表使用费或其租赁费。其构成的基本要素有施工机械台班消耗量和机械台班单价。施工机械台班消耗量是指在正常施工条件下生产单位假定建筑安装产品（分部分项工程或结构构件）必须消耗的某类某种型号施工机械的台班数量；机械台班单价包括台班折旧费、台班大修理费、台班经常修理费、台班安拆费及场外运输费、台班人工费、台班燃料动力费、税费等。

施工机械使用费的基本计算公式为：

$$施工机械使用费=\sum(施工机械台班消耗量\times机械台班单价) \tag{5-11}$$

（4）企业管理费。企业管理费是指建筑安装企业组织施工生产和经营管理所需费用，包括管理人员工资、办公费、差旅交通费、固定资产使用费、工具用具使用费、劳动保险费、工会经费、职工教育经费、财产保险费、财务费、税金（企业按规定缴纳的房产税、车船使用税、土地使用税、印花税等）及其他费用。

企业管理费一般采用取费基数乘以费率的方法计算，其计算式为：

$$企业管理费=取费基数\times费率 \tag{5-12}$$

取费基数的确定有三种方法：以分部分项工程费为计算基础、以人工费和机械费合计为计算基础和以人工费为计算基础，其对应的企业管理费费率计算方法分别如下：

$$企业管理费费率(\%)=\frac{生产工人年平均管理费}{年有效施工天数\times人工单价}\times人工费占分部分项工程费比例(\%) \tag{5-13a}$$

$$企业管理费费率(\%)=\frac{生产工人年平均管理费}{年有效施工天数\times(人工单价+每一工日机械使用费)}\times100\% \tag{5-13b}$$

$$企业管理费费率(\%)=\frac{生产工人年平均管理费}{年有效施工天数\times人工单价}\times100\% \tag{5-13c}$$

（5）利润。利润是指施工企业完成所承包工程获得的盈利，由施工企业根据自身条件结合建筑市场的实际情况来取定。利润的计算为计算基数乘以费率，其计算式为：

$$利润=计算基数\times费率 \tag{5-14}$$

计算基数可以取定为直接费与间接费之和；费率取得过高可能会导致丧失一定的市场机会，取得过低又会承担很大的市场风险。利润率的选定体现了企业的定价政策及竞争力，利润率确定得是否合理也反映出企业的市场成熟度。

（6）规费。规费是指依据国家法律、法规，政府和有关权力部门规定必须缴纳的费用（简称规费），包括社会保险费（养老保险费、失业保险费、医疗保险费、生育保险费、工伤保险费）、住房公积金和工程排污费。社会保险费和住房公积金的计取以定额人工费为计算基础，根据工程所在地的费率计算，其计算式为：

$$社会保险费和住房公积金=\sum(工程定额人工费\times费率) \tag{5-15}$$

工程排污费按工程所在地环境保护部门规定的标准缴纳。

（7）税金。建筑安装工程税是指国家税法规定的应计入建筑安装工程费用的营业税、城市维护建设税、教育费附加及地方教育附加等。

1）营业税。营业税是按含税营业额乘以营业税税率确定，其中建筑安装企业营业税税率为3%，计算公式为：

$$应纳营业税额=含税营业额\times3\% \tag{5-16}$$

计税营业额是指从事建筑、安装、修缮、装饰及其他工程作业所收取的全部收入，包括建筑、修缮、装饰工程所用原材料及其他物资和动力的价款。当安装的设备的价值作为安装工程产值时，亦包括所安装设备的价款。若有工程分包情形，总承包单位的营业额不包括付给分包单位的价款。

2）城市维护建设税。城市维护建设税是为筹集城市维护和建设资金，稳定和扩大城市、乡镇维护建设的资金来源，而对有经营收入的单位和个人征收的一种税，按应纳营业税乘以适用税率确定，计算公式为：

$$应纳税额=应纳营业税额\times适用税率 \tag{5-17}$$

城市维护建设税的纳税人所在地为市区的，其适用税率为营业税的7%；所在地为县镇的，其适用税率为营业税的5%；所在地为农村的，其适用税率为1%。

3）教育费附加。教育费附加是按应纳营业税额乘以3%确定，计算公式为：

$$应纳税额=应纳营业税额\times3\% \tag{5-18}$$

4）地方教育附加。地方教育附加是按应纳营业税额乘以2%确定，各地有不同规定的，应遵循其规定。其计算式为：

$$应纳税额=应纳营业税额\times2\% \tag{5-19}$$

在上述各税金的计算式中，营业税的计税依据是含税营业额，而城市维护建设税、教育费附加及地方教育附加的计税依据是应纳营业税额。而在计算税金时，已知的是税前金额，因此要将税前金额转换为含税营业额，再按相应公式计算各项税金。含税营业税的计算公式为：

$$含税营业额=\frac{人工费+材料费+施工机具使用费+企业管理费+利润+规费}{1-营业税率-营业税率\times城市维护建设税率-营业税率\times教育费附加率-营业税率\times地方教育附加率} \tag{5-20}$$

为了简化计算，可将上述几种税合并为一个综合税率，按下式计算应纳税的总税额：

$$应纳税额=含税营业额\times综合税率 \tag{5-21}$$

综合税率的计算根据纳税所在地不同而有如下不同计算式。

1）纳税点在市区的综合税率计算：

$$综合税率=\frac{1}{1-3\%-3\%\times7\%-3\%\times3\%-3\%\times2\%}-1\approx3.48\% \tag{5-22a}$$

2）纳税点在县城、镇的综合税率计算：

$$综合税率=\frac{1}{1-3\%-3\%\times5\%-3\%\times3\%-3\%\times2\%}-1\approx3.41\% \tag{5-22b}$$

3）纳税点在农村的综合税率计算：

$$综合税率=\frac{1}{1-3\%-3\%\times1\%-3\%\times3\%-3\%\times2\%}-1\approx3.28\% \tag{5-22c}$$

【例 5-1】 某市建筑公司承担该市一企业的办公楼建设任务，工程税前造价为 3000 万元，求该建筑公司应缴纳的营业税、城市维护建设税、教育费附加及地方教育附加分别为多少。

解：

$$含税营业额=3000\times\frac{1}{1-3\%-3\%\times7\%-3\%\times3\%-3\%\times2\%}=3104.305（万元）$$

$$应缴纳的营业税=3104.305\times3\%=93.129(万元)$$

$$应缴纳的城市维护建设税=93.129\times7\%=6.519(万元)$$

$$应缴纳的教育费附加=93.129\times3\%=2.794(万元)$$

$$应缴纳的地方教育附加=93.129\times2\%=1.863(万元)$$

5.3.1.2　工程建设其他费用

工程建设其他费用是指从工程筹建到竣工验收交付使用为止整个建设期间内，除了建筑安装工程费用和设备及工器具购置费以外的，为保证工程建设顺利完成和使用后能够正常发挥效用而产生的各种费用，主要包括建设用地费、建设管理费、研究费、勘察设计费、环境影响评价费、劳动安全卫生评价费、场地准备及临时设施费、技术及设备引进费、工程保险费、特殊设备安全监督检验费、市政公用设施费以及与未来生产经营有关的其他费用。

1. 建设用地费

建设用地费是为获得工程项目建设土地的使用权而在建设期内发生的各项费用。建设用地使用权的获得基本方式有两种：出让和划拨，其他还有租赁和转让方式。

（1）出让。出让方式获得国有土地使用权，是指国家将国有土地的使用权在一定年限内出让给土地使用者，并由土地使用者向国家支付土地使用权出让金。通过出让方式获得土地使用权有两种具体方式：一是通过拍卖等竞争的方式；二是通过协议出让方式。

土地使用权出让最高年限按土地的用途来确定，具体如下：

1）居住用地 70 年。

2）工业用地 50 年。

3）教育、科技、文化、卫生、体育用地 50 年。

4）商业、旅游、娱乐用地40年。

5）综合或者其他用地50年。

通过竞争的市场机制获得土地使用权的，不承担征地补偿费用及原用地单位或个人的拆迁补偿费用，但须向国家支付土地出让金。

（2）划拨。划拨方式获得国有土地使用权，是指县级以上人民政府依法批准，在土地使用者缴纳补偿、安置等费用后将土地交付使用，或者是县级以上人民政府依法将土地使用权无偿交付给土地使用者使用的行为。

除法律、法规规定的以外，通过划拨方式获得土地使用权的没有使用期限的限制，但须承担征地补偿费用及原用地单位或个人的拆迁补偿费用。由于通过划拨方式获得国有土地使用权所需支付的费用相对于通过市场竞争方式获得土地使用权所需支付的费用低得多，而且一般没有年限的限制，因此国家对划拨用地控制得非常严格。下列方面的建设用地，经县级以上人民政府依法批准，可以以划拨的方式获得土地使用权：

1）国家机关用地和军事用地。

2）城市基础设施用地和公益事业用地。

3）国家重点扶持的能源、交通、水利等基础设施建设用地。

4）法律、法规规定的其他用地情形。

2. 建设管理费

建设管理费是指建设单位为组织完成工程项目建设，在建设期内发生的各类管理性费用，主要包括建设单位发生的管理性质的开支及工程监理费两大类。

3. 勘察设计、研究费

勘测设计费是指对工程项目进行工程水文、地质勘察、地形测量、工程设计所发生的费用；研究包括可行性研究和试验研究。可行性研究费是指在工程项目投资决策阶段对有关建设技术方案、生产经营方案等进行技术经济论证，编制可行性研究报告所需的费用；研究试验费是指为建设项目提供设计数据、资料等进行必要的研究试验所需的费用。可行性研究、试验研究和勘测设计可委托给有相关资质的一个单位进行，也可以分别委托给有相关资质的单位进行。

4. 评价费

评价费包括环境影响评价费和劳动安全卫生评价费。环境影响评价费是指按照《中华人民共和国环境保护法》、《中华人民共和国环境影响评价法》等法律，在工程投资决策过程中对其进行环境污染或环境影响评价所需的费用；劳动安全卫生评价费是指按照《建设项目（工程）劳动安全卫生监察规定》和《建设项目（工程）劳动安全卫生预评价管理办法》的规定在工程项目投资决策过程中为编制劳动安全卫生评价报告所需的费用。

5. 场地准备及临时设施费

建设项目场地准备费是指为使工程项目的建设场地达到开工条件，由建设单位组织进行的场地平整等准备工作而发生的费用；临时设施费是指建设单位为满足工程项目建设、生活、办公的需要，用于临时设施建设、维修、租赁、使用而发生或摊销的费用。

6. 引进技术和设备其他费

引进技术和引进设备其他费是指引进技术和设备发生的但未计入设备购置费中的

费用。

7. 工程保险费

工程保险费是指为转移工程项目建设风险，在建设期内对建筑工程、安装工程、机械设备和人身安全进行投保而发生的费用，包括建筑安装工程一切险、引进设备财产险和人生意外伤害险等。

8. 特殊设备安全监督检验费

特殊设备安全监督检验费是指安全监察部门对在施工现场组装的锅炉及压力容器、压力管道、消防设备、电梯等特殊设备和设施实施安全检验收取的费用。

9. 市政公用设施费

市政公用设施费是指使用市政公用设施的工程项目，按照项目所在地省级人民政府有关规定建设或缴纳的市政公用设施建设配套费用，以及绿化工程补偿费用。

10. 与未来生产经营有关的其他费用

与未来生产经营有关的其他费用包括联合试运转费、专利及专有技术使用费、生产准备及开办费。

5.3.1.3 预备费

预备费包括基本预备费和价差预备费。

1. 基本预备费

基本预备费是指针对项目实施过程中可能发生难以预料的支出而事先预留的费用，又称为工程建设不可预见费，主要指设计变更及施工过程中可能增加工程量的费用。基本预备费是按工程费用和工程建设其他费用之和为计算基数，乘以基本预备费费率进行计算的，其计算式为：

$$基本预备费=(工程费用+工程建设其他费用)\times 基本预备费费率 \tag{5-23}$$

基本预备费费率的取值执行国家及有关部门的规定。

2. 价差预备费

价差预备费是指为在建设期内利率、汇率或价格等因素变化而预留的可能增加的费用，也称为价格变动不可预见费，其内容包括：人工、设备、材料、施工机械的价差费，建筑安装工程费及工程建设其他费用调整，利率，汇率调整等增加的费用。价差预备费的计算一般根据国家规定的投资综合价格指数，按估算年份价格水平的投资额为基数，采用复利方法计算，其计算式为：

$$PF=\sum_{t=1}^{n} I_t[(1+f)^m(1+f)^{0.5}(1+f)^{t-1}-1] \tag{5-24}$$

式中 PF——价差预备费；

n——建设期年份数；

I_t——建设期中第 t 年的静态投资计划额；

f——年涨价率，按政府部门的规定执行；

m——建设前期年限（从编制估算到开工建设），年。

5.3.1.4 建设期利息

建设期利息主要是指在建设期内发生的为工程项目筹集资金的融资费用及债务资金的

利息，其计算方法有一个假设前提，即借款自年初至年末陆续均衡使用，总的看来相当于当年的借款全部集中在当年年中使用，因此按半年计息，在后续年份全年计息，即当年贷款按半年计息，以前的贷款的本息按全年计息。计算式为：

$$q_j=\left(P_{j-1}+\frac{A_j}{2}\right)\times i \tag{5-25}$$

式中　q_j——建设期第 j 年应计利息；

P_{j-1}——建设期第 $j-1$ 年末贷款本金与利息之和；

A_j——建设期第 j 年贷款金额；

i——年利率。

【例 5-2】 某项目，建设期为3年，第一年贷款1000万元，第二年贷款1500万元，第三年贷款1200万元，每年的贷款年内均衡使用，贷款利息为12%，各年只计息不支付，计算建设期满后所贷款的利息。

解：建设期各年的利息分别为

$$q_1=\frac{A_1}{2}\times i=\frac{1000}{2}\times 12\%=60(\text{万元})$$

$$q_2=\left(P_1+\frac{A_2}{2}\right)\times i=\left(1000+60+\frac{1500}{2}\right)\times 12\%=217.2(\text{万元})$$

$$q_3=\left(P_2+\frac{A_3}{2}\right)\times i=\left(1000+60+1500+217.2+\frac{1200}{2}\right)\times 12\%=405.264(\text{万元})$$

建设期总利息：$q=q_1+q_2+q_3=60+217.2+405.264=682.464(\text{万元})$

5.3.2　流动资产投资

流动资产投资，又称经营性投资，是指企业采用购置或资产形态转化方式进行流动资产的再生产活动，为企业用于购买、储存劳动对象以及占用在生产过程和流通过程的在产品、产成品等周转资金的投资。

5.4　资金的时间价值

资金作为一种生产要素，用于投资、投入建设与生产，参与再生产过程，与劳动相结合，随着时间的推移，不仅产生价值，同时产生价值的增值（剩余价值），这个价值的增值，就是资金的时间价值。也就是说资金的时间价值，是指货币资金在时间推移中，与劳动相结合的增值能力，其与利息紧密相连，由于利息的存在而产生。资金的时间价值也可以这样理解：资金一旦用于投资，即失去了现期消费的机会，牺牲现期消费是为了将来能得到更多的消费，个人的储蓄和国家的积累都是如此。因此，从消费者的角度来看，资金的时间价值体现为对放弃现期消费的损失所应做的必要补偿。

货币具有时间价值并不意味着货币本身能够增值，而是因为货币代表着一定量的物化劳动，并在生产和流通中心与劳动相结合，才产生增值。如果货币作为储藏手段保存起来，则不论经过多长时间，仍为同名义货币，金额不变，只有作为社会生产资金（或资本）参与再生产过程，才会带来利润，产生增值。

货币资金用于投资的一个重要特性就是它具有时间价值。一方面，投资把资金作为一种生产要素，投入生产，与劳动相结合，形成价值增值，在不考虑通货膨胀的条件下，这一增值过程表现为同数量的资金在运动的不同时刻具有不同的价值，即当前的100元钱与以后的100元钱在价值量上是不等的；另一方面，投资即是放弃一次使用资金获利的机会，因此要求相应地按照放弃资金使用时间长短计算报酬。

资金的时间价值是客观存在的，是符合经济规律而不是人为的，其常以利息和利率两个指标体现。利息是以绝对数表示，利率是以相对数表示，常为年利率。正确理解货币资金的时间价值有利于我们从资金运动的时间观念上，即从贷款期和投资周期上选择最合适的筹资方式，在资金的使用上合理分配资金，有效利用资金，减少资金成本，提高资金的利用率。

5.4.1 利息与利率

利息指占用资金所付出的代价或放弃使用资金所得的补偿。如果将一笔资金存入银行，这笔资金就称为本金 P。经过一段时间后，储户可在本金之外得到一笔利息 I_n，这笔利息相当于是储户借钱给银行一段时间后，银行给予储户的报酬。

这一资金的时间价值过程可表示为：

$$F=P+I_n \tag{5-26}$$

式中 F——本利和；

P——本金；

I_n——利息；

n——利息计算的周期数，如按年计算利息，n 就是存款的年数。

利息是根据利率来计算的，是与本金数额有关的一个绝对数额。利率是一个计息周期内应得的利息与本金的比值，一般用百分数表示，是与本金数额无关的一个相对数值。用 i 来表示利率，其计算式为：

$$i=\frac{I_1}{P} \tag{5-27}$$

式中 I_1——一个计息周期内的利息。

利率根据计息周期的不同，一般有年利率、季利率、月利率等。

5.4.2 利率与利息的计算

在利息的计算方式上，有单利和复利两种。复利计算所使用的利率周期通常以年为单位，这个可以与计息周期相同，也可以与计息周期不同。当利率周期与计息周期不同时，就产生了名义利率和有效利率的概念。

5.4.2.1 名义利率

名义年利率 r 是指计息周期不为年，但通常以年表示的利率。假设计息周期为月，月利率为1%，通常称为"年利率12%，每月计息一次。"，这个年利率12%就称为名义年利率。名义年利率 r 等于每一计息周期的利率与每年的计息周期数的乘积。即：

$$r=i_m\times m \tag{5-28}$$

式中 r——名义年利率；

i_m——每一计息周期的利率；

m——每年的计息周期数。

名义利率的计算实质为单利，忽略前一计息周期内的利息在后续计息周期内再生利的影响。

5.4.2.2 实际利率

实际利率是对资金的计息按复利计算，考虑上一计息期内产生的利息在本计息期内再生利的影响。根据利率的定义及复利的计算，可得实际利率 i 为：

$$i=\left(1+\frac{r}{m}\right)^{m}-1 \tag{5-29}$$

式中 r——名义年利率；

m——每年的计息周期数；

i——实际利率。

由上所述可见名义利率、有效利率实质上是在计息期内按单利，还是按复利计算。

假设名义年利率 $r=12\%$，若分别按年、半年、季、月、日计息，其对应的年实际利率见表5-2。

表5-2 年有效利率计算

名义年利率 r	计息周期	年计息次数 m	计息周期利率 $i_m=r/m$	年有效利率 i
12%	年	1	12%	12%
	半年	2	6%	12.36%
	季	4	3%	12.55%
	月	12	1%	12.68%
	日	365	0.0329%	12.75%

由表5-2可见，对同样的名义年利率 r，年内的计息次数 m 越多，年实际利率 i 与年名义利率相差越大。在工程建设的经济分析、投融资方案决策中，要正确考虑各方案的计息周期，必须要换算成统一周期内的实际利率来进行比较，才能得出正确的结论。

5.4.2.3 单利的计算

按是否考虑上一计息期内的利息在下一计息期内的时间价值，利息的计算有单利和复利两大类方法。

用单利计算利息，不管计息周期数 n 多大，只考虑其本金在各计息期内的利息，不计算各计息期内利息在以后的计息期内所能增加的利息。单利法计算资金的本金和利息的公式为：

$$F=P(1+ni) \tag{5-30}$$

单利法是没考虑前面计息期内的利息的“增值”能力，其对资金的时间价值考虑是不充分的，不能完全体现出资金的时间价值。

【例5-3】 某企业向银行借款100万元，期限为5年，年利率为10%，按单利法计算，到期后企业应还款的额度为多少？

解： 本金 $P=100$ 万元，利率 $i=10\%$，计息周期数 $n=5$，得：

$$F=P(1+ni)=100\times(1+5\times10\%)=150(\text{万元})$$

5.4.2.4 复利的计算

采用复利计算利息，就是本金加上以前各期的总利息来一起计算。也就是最初的本金要计算，每一个计息周期产生的利息对于下一计息周期而言就是本金的一部分，可以再生利息。这种计算方法就是“利滚利”。采用复利法计算利息充分考虑了资金的时间价值，比较符合资金活动的情况。复利法计算资金的本利和的公式为：

$$F=P(1+i)^n \tag{5-31}$$

【例 5-4】 某企业向银行借款 100 万元，期限为 5 年，年利率为 10%，按复利法计算，到期后企业应还款的额度为多少？

解： 本金 $P=100$ 万元，利率 $i=10\%$，计息周期数 $n=5$，得：

$$F=P(1+i)^n=100\times(1+10\%)^5=161.051(\text{万元})$$

5.4.3 资金流量图

工程项目的建设与运行都是一个比较长时间的过程。资金的投入与收益构成一个时间上有先后次序、数量上有大小、资金流动有方向的现金流量序列。要评价工程项目或技术方案的经济指标，不仅要考虑现金的流入与流出的数额，还要考虑每笔流动现金所发生的时间。

在工程经济中，通常将所分析的对象看作一个独立的经济系统，现金流量则是该工程寿命期内流入、流出的现金活动。通常将在某一时点 t 流入系统的货币叫现金流入（Cash Inflow，CI），记为 CI_t；将流出系统的货币叫现金流出（Cash Outflow，CO），记为 CO_t；把某一时间点上的现金流入与现金流出的差额称作净现金流量，记为 $(CI-CO)_t$。现金的流入、流出是站在特定的角度上来划分的。比如：企业从银行获得一笔贷款，对企业而言是现金流入，对银行而言是现金流出。

为了形象、直观清晰地表达工程建设各年投入的费用和取得的收益，方便于计算，在经济分析时通常绘制现金流量图。现金流量图是一种反应经济系统资金运动过程的图式，运用现金流量图可以形象、直观地表示出现金流量的三大要素：大小（资金数量）、方向（资金流入还是流出）和作用点（资金流入或流出所发生的时间点）。如图 5-5 所示。

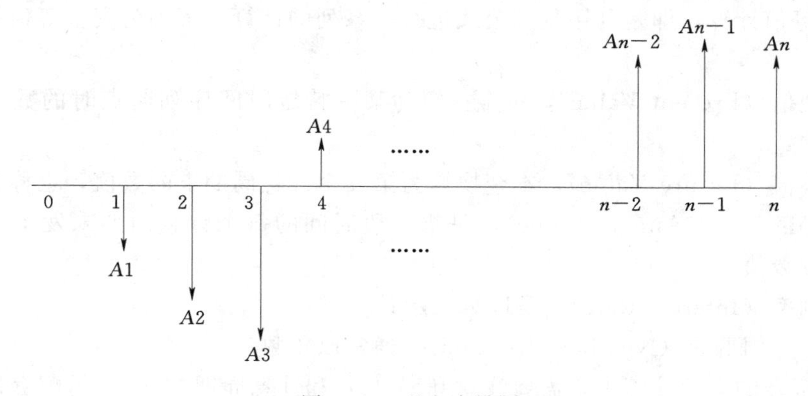

图 5-5 现金流量图

现金流量图的绘制要遵循如下规则：

(1) 横轴为时间轴，0 表示时间序列的起始点，n 表示时间序列的终点，是工程项目的寿命周期。时间轴上每一间隔表示一个计息周期，可按需要取年、季、月等时间单位。

（2）与横轴相垂直的短箭线表示不同时点上的现金流入或流出。箭线指向上方的表示现金流入，箭线指向下方的表示现金流出。

（3）箭线的长短要按照应体现该时点的现金流量多少按比例取定，并在各箭线的上方（或下方）标明其表示的现金流量数值。

（4）箭线与时间轴相垂直，其交点表示为相应现金流量的时点。

（5）所有收益和费用均按年末计算。

5.4.4 资金的等值计算

在工程规划、决策中，要进行经济比较，就要求按照等价的原则，将不同时期的投资费用和经济效益折算到同一个时间，以此对各方案进行经济比较。工程建设的建设期间投资较大，只有很少量的收益；而工程竣工投产运行后，工程的收益较大而运行费用相对较低。由于资金的时间价值，不同时点发生的现金流不能直接相加或相减，对不同方案的不同时点的现金流量只有通过资金等值计算，换算为同一时点后才能相加或相减。为了进行比较，就必须要有一个共同的时间基准，即基准年，将不同时间点上发生的支出、收入等都折算到这一个统一的基准年时间点上。如果以计算基准年年初作为计算的时间点，在现金流量图上相当于是时间轴的坐标原点。

工程建设的基准年的取定一般有以下三种方法：①工程开工的第一年；②工程投产的第一年；③施工结束达到设计水平的年份。大多数的工程项目是将基准年取定在工程开工的第一年。在各方案的比较计算中，基准年一经确定就不能随意改变；即使各方案的建设期与生产期不同，也必须选择共同的计算基准年。

在工程经济分析中，是采用资金等值的概念，将发生在不同时期的金额换算成同时期的金额，再进行评价。等值计算是对发生在不同时间的现金流计算为其他时间的等值现金流的计算过程。在计算过程中，把将来某一时点的现金流量折算成现在时点的等值现金流量称为“折现”，计算得到现在的现金流量称为“现值”；把当前的现金流计算到将来时点的等值现金流，计算得到的将来时点的等值现金流称为“终值”。

资金的等值计算，即是利用复利公式进行一系列的计算。下列为资金等值中要用到的有关概念：

P——现值（Present Value），资金换算为某一特定时间序列起点时的数值，也称为本金；

F——终值（Future Value），本金换算为第 n 个计息周期末的数值，也称为本利和；

A——等额年金（Annual Value），是指一段时间的每个计息周期末发生的一系列等额数值；

i——利率（Interest Rate），常以%表示；

n——计息周期数（Number of Period），通常以年数计算。

在进行资金的等值计算中，需要注意利率（i）和计息周期数（n）需配套使用。即若计息周期数是按年计算的，利率应是年利率；若计息周期数是按月计算的，利率应是月利率。

5.4.4.1　一次支付终值计算

一次支付是指所分析系统的现金流量无论是流入还是流出，均在一个时间点上发生。如有一项资金 P 按年利率 i 进行投资，即在期初一次性投入现值 P，n 期末应收回的终值为 F。也就是已知 P、n、i，求 F。其典型的现金流量图如图 5-6 所示。

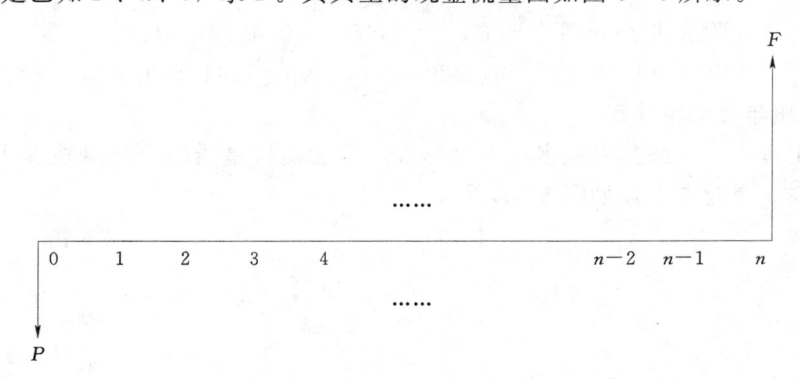

图 5-6　一次支付终值现金流量图

一次支付终值公式为：

$$F=P(1+i)^n=P(F/P,i,n) \tag{5-32}$$

式中　$(1+i)^n$——一次支付终值系数，用符号$(F/P, i, n)$表示。

在$(F/P, i, n)$这类符号中，括号内斜线右边的字母表示是已知数，斜线左边的表示要求的未知数。$(F/P, i, n)$就表示已知 P、i、n 的情况下求 F。为了计算方便，通常按照不同的利率 i 和计息周期数 n 计算出$(1+i)^n$ 的值，并列表表示。需要计算 F 时，只需要查出相应的一次支付终值系数并乘以本金即可。资金等值计算的相关系数可查书后附录Ⅲ。

【例 5-5】　某企业向银行借款 100 万元，期限为 10 年，年利率为 10%，到期后企业一次性还款的额度为多少？

解：本金 $P=100$ 万元，利率 $i=10\%$，计息周期数 $n=10$，得：

$$F=P(1+i)^n=100\times(1+10\%)^{10}=259.4(\text{万元})$$

也可以直接查附表Ⅲ-1，得 $(F/P, 10\%, 10)=2.594$，则：

$$F=P(F/P,10\%,10)=100\times2.594=259.4(\text{万元})$$

5.4.4.2　一次支付现值计算

一次支付现值，就是已知终值 F、i、n，求现值 P 的计算。比如预期在未来的第 n 期期末一次收入 F 数额的现金，在利率为 i 的条件下，现在应一次支出本金 P 为多少。一次支付现值计算是一次支付终值计算的逆运算。由式 5-31 可得一次支付现值的计算式为：

$$P=F(1+i)^{-n}=F(P/F,i,n) \tag{5-33}$$

式中　$(1+i)^{-n}$——一次支付现值系数，用符号 $(P/F, i, n)$ 表示。

在工程经济分析中，较常见的是将未来时刻的资金折算到现在时刻，这个过程称为“折现”，因此 $(1+i)^{-n}$也称为折现系数。

【例 5 - 6】 某公司希望 5 年后一次性收回 2000 万元资金，年利率为 10%，问现在需一次性投入多少？

解：终值 F=2000 万元，利率 i=10%，计息周期数 n=5，得：

$$P=F(1+i)^{-n}=2000\times(1+10\%)^{-5}=1241.8(\text{万元})$$

也可以直接查附表Ⅲ-2，得（F/P，10%，5）=0.6209，则：

$$P=F(P/F,10\%,5)=2000\times0.6209=1241.8(\text{万元})$$

5.4.4.3　等额年金终值计算

在实际工程中，一般是采取多次支付形式。多次支付是指现金流量在多个时点发生，而不是集中在一个时点上，如图 5 - 7 所示。

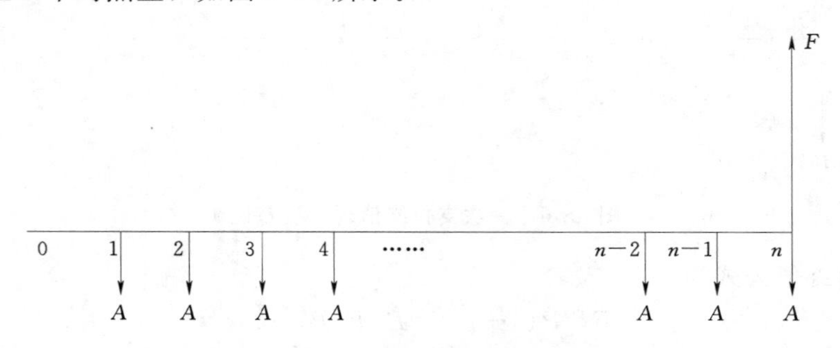

图 5 - 7　等额年金终值现金流量图

如果在每年年末投入现金 A，到 n 年末的终值 F 的计算，用各个折现的方法，将各次的现金流量等值折算到 n 年末，然后将折算后的各年等值现金流量相加。这样得到终值 F 的计算式：

$$\begin{aligned}F&=A+A(1+i)+A(1+i)^2+\cdots+A(1+i)^{n-1}\\&=A[1+(1+i)+(1+i)^2+\cdots+(1+i)^{n-1}]\end{aligned}$$

利用等比数列求和的公式，得：

$$F=A\frac{(1+i)^n-1}{i}=A(F/A,i,n)\tag{5-34}$$

式中　$\frac{(1+i)^n-1}{i}$——年金终值系数，记为（F/A，i，n）。

【例 5 - 7】 某人每年年末存入银行 2 万元，存款利率为 5%，则到第 10 年年末，其本利之和为多少？

解：年金 A=2 万元，利率 i=5%，计息周期数 n=10，得：

$$F=A\frac{(1+i)^n-1}{i}=2\times\frac{(1+5\%)^{10}-1}{5\%}=25.156(\text{万元})$$

也可以直接查附表Ⅲ-3，得（F/A，5%，10）=12.578，则：

$$F=A(F/A,5\%,10)=2\times12.578=25.156(\text{万元})$$

5.4.4.4　等额年金偿债计算

为了在 n 年末能够筹集一笔资金用于偿还债务 F，按年利率 i 计算，拟从现在起至 n 年的每年年末等额存入一笔资金 A，以便于在 n 年末偿清债务。

等额年金偿债计算实质是等额年金终值计算的逆运算，故由式（5 - 33）可得：

$$A=F\frac{i}{(1+i)^n-1}=F(A/F,i,n) \tag{5-35}$$

式中 $\frac{i}{(1+i)^n-1}$——等额年金偿债资金系数，记为（A/F，i，n）。

【例 5-8】 某企业新进一条生产线，在运行 5 年后要进行大修，大修费为 100 万元，现拟在每年的年末存入一笔资金，作为大修基金，存款年利率为 5%，问每年应存入多少钱才能满足 5 年后的大修使用？

解：终值 $F=100$ 万元，利率 $i=5\%$，计息周期数 $n=5$，得：

$$A=F\frac{i}{(1+i)^n-1}=100\times\frac{5\%}{(1+5\%)^5-1}=18.10(\text{万元})$$

也可以直接查附表Ⅲ-4，得（A/F，5%，5）=0.1810，则：

$$A=F(A/F,5\%,5)=100\times0.1810=18.10(\text{万元})$$

5.4.4.5 等额年金回收计算

若在第一年年初以年利率 i 存入一笔资金 P，希望在今后从第 1 年起至第 n 年止，把存入的资金及其利息在每年的年末等额取出 A，确定 A 的大小就是等额年金回收计算的问题，其现金流量图如图 5-8 所示。

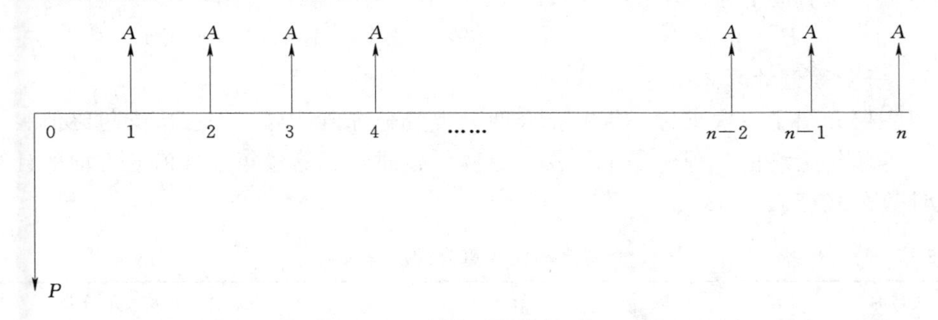

图 5-8 等额年金回收现金流量图

等额年金回收计算过程可以由等额年金偿债和一次支付终值计算综合得到，即可由式（5-31）和式（5-34）得：

$$\begin{aligned}A&=F\frac{i}{(1+i)^n-1}=P(1+i)^n\frac{i}{(1+i)^n-1}=P\frac{i(1+i)^n}{(1+i)^n-1}\\&=P(A/P,i,n)\end{aligned} \tag{5-36}$$

式中 $\frac{i(1+i)^n}{(1+i)^n-1}$——资金回收系数，记为($A/P$，$i$，$n$)。

【例 5-9】 某企业投入 1000 万元购买一条生产线，拟定在 6 年内收回投资，年利率为 7%，问每年该生产线至少应赚多少才能按期收回投资？

解：现值 $P=1000$ 万元，利率 $i=7\%$，计息周期数 $n=6$，得：

$$A=P\frac{i(1+i)^n}{(1+i)^n-1}=1000\times\frac{7\%\times(1+7\%)^6}{(1+7\%)^6-1}=209.8(\text{万元})$$

也可以直接查附表Ⅲ-5，得（A/P，7%，6）=0.2098，则：

$$A=P(A/P,7\%,6)=1000\times0.2098=209.8(\text{万元})$$

5.4.4.6　等额年金现值计算

在 n 年内，按年利率 i 计算，为了在今后几年中每年年末可提取相等金额的资金 A，则确定现在必须投入的资金 P 的问题就属于等额年金现值计算，其是等额年金回收计算的逆运算，由式（5-35）可得：

$$P=A\frac{(1+i)^n-1}{i(1+i)^n}=A(P/A,i,n) \tag{5-37}$$

式中　$\frac{(1+i)^n-1}{i(1+i)^n}$——年金现值系数，记为$(P/A, i, n)$。

【例5-10】 某企业新进一条生产线，寿命期为11年，在运行期间每年年末要进行检修，每次检修费为20万元，年利率为5%，现拟存入一笔资金作为检修使用，问应存入多少钱才能满足每年的检修使用？

解： 年金 $A=20$ 万元，利率 $i=5\%$，计息周期数 $n=10$（寿命期为11年，最后一年的年底不检修），得：

$$P=A\frac{(1+i)^n-1}{i(1+i)^n}=20\times\frac{(1+5\%)^{10}-1}{5\%\times(1+5\%)^{10}}=154.434(万元)$$

也可以直接查附表Ⅲ-6，得（P/A，5%，10）=7.7217，则：

$$P=A(P/A，5\%，10)=20\times7.7217=154.434(万元)$$

5.4.4.7　资金等值计算总结

这里主要介绍了一次支付、等额年金两大类资金等值计算，即一次支付终值、一次支付现值、等额年金终值、等额年金偿债、等额年金回收、等额年金现值6方面的计算，现汇总其计算公式至表5-3。

表5-3　　资金等值计算公式汇总表

公式名称	已知	求解	计算公式	系数名称及表示符号
一次支付终值公式	P	F	$F=P(1+i)^n$	一次支付终值系数（F/P，i，n）
一次支付现值公式	F	P	$P=F(1+i)^{-n}$	一次支付现值系数（P/F，i，n）
等额年金终值公式	A	F	$F=A\frac{(1+i)^n-1}{i}$	年金终值系数（F/A，i，n）
等额年金偿债公式	F	A	$A=F\frac{i}{(1+i)^n-1}$	偿债资金系数（A/F，i，n）
等额年金回收公式	P	A	$A=P\frac{i(1+i)^n}{(1+i)^n-1}$	资金回收系数（A/P，i，n）
等额年金现值公式	A	P	$P=A\frac{(1+i)^n-1}{i(1+i)^n}$	年金现值系数（P/A，i，n）

在上表汇总的等值计算公式中，一次支付终值公式是最基本的，其他公式都可以由其推导得出。需要注意的是上述公式都是复利计算，复利计算才能充分反应出资金的时间价值。实际计算过程中，可以用公式进行，也可以查取附录Ⅲ里的各对应表格，查取相应系数后直接计算。

5.5 投资方案经济效果评价

投资方案的工程经济评价是对评价方案计算期内各种有关技术经济因素和方案的费用、收益等数据进行调查、分析、预测，对方案的经济效果进行计算、评价，比较各方案的优劣，从而推荐出最优方案。经济评价是投资项目方案评价的核心内容，是工程项目决策的重要手段，其主要从两方面进行。其一为“绝对效果”进行评价，即评价方案的费用与收益；其二是“相对效果”评价，即从多个方案中选择最优方案。经济效果用一系列的经济评价指标来反映，评价的指标依据绝对值与相对值，又分为以货币单位计量的如净现值、净年值等价值型指标和以资金利用效率来反映的收益率、利润率等效率性指标两大类。按照是否考虑资金的时间价值，经济指标又可分为静态评价指标和动态评价指标。不考虑资金的时间价值的称为静态指标，考虑资金的时间价值的称为动态指标。静态指标计算简便，一般适用于有关经济数据不完备或不精确的项目初选阶段或者是对短期投资项目进行评价；动态指标一般适用于有关经济数据等比较明确的项目决策的可行性研究阶段，由于考虑了资金的时间价值，能比较全面反映投资方案整个计算期的经济效果。

5.5.1 经济效果评价的指标体系

投资方案经济效果评价指标较多，根据所获得资料多少及评价工作的深度要求，可选用不同的指标。根据是否考虑资金的时间价值，可以将众多的指标分为静态指标和动态指标两大类，如图 5-9 所示。这些指标从不同角度反映了投资方案的经济效果。

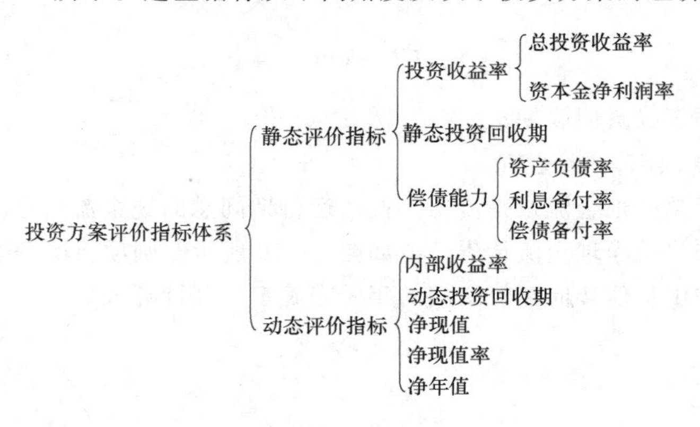

图 5-9 投资方案经济评价指标体系

5.5.2 静态评价指标

5.5.2.1 总投资收益率

总投资收益率（Return On Investment，*ROI*）又称投资报酬率，是指项目达到设计生产能力后正常年份的息税前利润（Earnings Before Interest and Tax，*EBIT*）或运营期年均息税前利润占项目总投资（Total Investment，*TI*）的百分比，其计算公式为：

$$ROI=\frac{EBIT}{TI}\times 100\% \tag{5-38}$$

式中 $EBIT$——指项目达到设计生产能力后正常年份的年息税前利润或运营期年均息税

前利润；

TI——项目总投资。

总投资收益率高于同行业的收益率参考值，表明该方案用总投资收益率指标表示的项目盈利能力满足要求。总投资收益率指标的优点是计算简单；缺点是没有考虑资金时间价值因素，不能全面反映建设期长短及投资方式不同及生产受影响导致回收额的有无对项目的影响。

5.5.2.2 资本金净利润率

资本金净利润率（Rate of Return On Common Stock holders'Equity，ROE）是年净利润（Net Profit，NP）与技术方案资本金（Equity Capita，EC）的比值，表示项目的盈利水平，其计算公式为：

$$ROE=\frac{NP}{EC}\times 100\% \tag{5-39}$$

式中 NP——项目达到设计生产能力后正常年份的年净利润；

EC——技术方案资本金。

资本金净利润率高于同行业的净利润率参考值，表明该方案用项目资本金净利润率表示的项目盈利能力满足要求。

5.5.2.3 静态投资回收期

静态投资回收期就是从项目建设初起，用各年的净收入将全部投资收回所需的期限。其表达式为：

$$\sum_{t=0}^{P_t}(CI-CO)_t=0 \tag{5-40}$$

式中 P_t——静态投资回收期；

$(CI-CO)_t$——第 t 年净现金流量。

项目建设期间总的现金流量是流出，投产运行期间总的现金流量是流入，但各年净收益一般不相等，项目的净现金流量累计值如图 5-10 所示，则项目的静态投资回收期可从累计现金流量图中由负值转向正值之间的年份来确定。其计算式为：

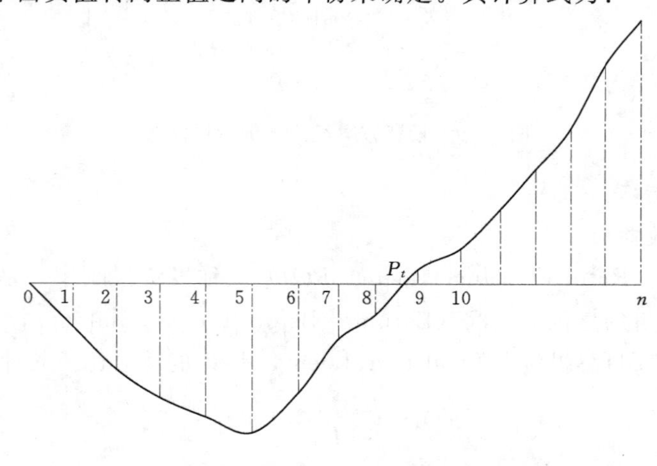

图 5-10 项目累计净现金流量示意图

$$P_t=(T-1)+\frac{\text{第}(T-1)\text{年累计净现金流量的绝对值}}{\text{第}T\text{年的净现金流量}} \tag{5-41}$$

式中 T——项目的累计净现金流量首次出现正值的年份数。

若计算出的静态投资回收期短于确定的基准投资回收期，则项目在经济上可以接受。

投资回收期是一个时间概念，比较容易理解，计算也比较简便，显示出了所评价项目或方案资金的回收速度。这个指标对于技术上更新快或者资金短缺的项目特别有用，但该指标只考虑“投资回本”的时间长短，没考虑到在计算期内成本回收后的现金流量，不能反映出投资回收后的情况，因此不能全面反映出项目在整个计算期内的经济效果。

5.5.2.4 资产负债率

资产负债率（Liability On Asset Ratio，*LOAR*）是指投资方案各期末负债总额（Total Liabilities，*TL*）与资产总额（Total Assets，*TA*）的比率。资产负债率的计算公式为：

$$LOAR=\frac{TL}{TA}\times 100\% \tag{5-42}$$

适度的资产负债率表明企业经营安全、稳健，具有较强的筹资能力，也表明企业和债权人的风险较小。资产负债率到底多少比较合适，应结合国家宏观经济、国家对企业所在行业的政策、企业所处的竞争环境状况等具体条件来确定，一般认为该指标在0.5～0.8之间比较合适。

5.5.2.5 利息备付率

利息备付率（Interest Coverage Ratio，*ICR*）也称为已获利息倍数，是指投资方案在借款偿还期内各年可用于支付利息的息税前利润（*EBIT*）与当期应付利息（*PI*）的比值，是从付息资金来源的充裕性角度反映项目偿付债务利息的保障程度，其计算式为：

$$ICR=\frac{EBIT}{PI}\times 100\% \tag{5-43}$$

式中 $EBIT$——息税前利润；

PI——计入总成本费用的应付利息。

利息备付率表示使用项目息税前利润支付利息的保证倍率，其值越高，表明利息偿付的保障程度越高。对于正常经营项目，利息备付率应当大于2，否则，表示项目的付息能力保障程度不足。尤其是当利息备付率低于1时，表示项目没有足够的资金支付利息，偿债风险很大。

5.5.2.6 偿债备付率

偿债备付率（Debt Service Coverage Ratio，*DSCR*）是指投资方案在借款偿还期内各年可用于支付本息的资金（$EBITDA-T_{AX}$）与当期应还本付息金额（*PD*）的比值，其计算式为：

$$DSCR=\frac{EBITDA-T_{AX}}{PD}\times 100\% \tag{5-44}$$

式中 $EBITDA$——息税前利润加折旧和摊销；

T_{AX}——企业所得税；

PD——应还本付息金额。

偿债备付率表示当期可用于还本付息的资金偿还债务资金的保障程度。偿债备付率高，表明可用于还本付息的资金保障程度高。正常情况下，偿债备付率应大于1，当指标小于1时，表示当年资金来源不足以偿付当年应付债务，此种情况下可以通过短期借款偿付已到期债务。

5.5.3 动态评价指标

5.5.3.1 净现值

净现值（Net Present Value，NPV）是反映投资方案在计算期内获利能力的动态评价指标，是指用一个预先取定的基准收益率 i_c，将计算期内各年所发生的净现金流量都折算到投资方案开始初的现值之和，其计算式为：

$$NPV = \sum_{t=0}^{n}(CI - CO)_t(1 + i_c)^{-t} \tag{5-45}$$

式中 NPV——净现值；

$(CI-CO)_t$——第 t 年的净现金流量；

i_c——基准收益率；

n——投资方案的计算期。

当计算出的净现值 $NPV \geqslant 0$，说明该方案能满足基准收益率对应的盈利水平，其在经济上是可行的。净现值考虑了资金的时间价值，并涉及项目的整个计算期，而且直接用金额表示项目的盈利水平，经济意义明确直观。该指标中取定的基准收益率应符合现实情况，否则得出的结果将不准确；而且该指标反映的是收益的绝对金额，体现不出投资的使用效率。

5.5.3.2 净现值率

净现值率（Net Present Value Ratio，$NPVR$）是项目净现值与项目全部投资现值的比值，反映出了单位投资现值能带来的净现值，是一个考虑投资效果的效率指标，其计算式为：

$$NPVR = \frac{NPV}{I_P} \tag{5-46}$$

$$I_P = \sum_{t=0}^{m} I_t(P/F, i_c, t) \tag{5-47}$$

式中 I_P——投资现值；

I_t——第 t 年的投资额；

m——建设期年数。

只有净现值指标获得认可的方案，才有必要计算净现值率。净现值率指标要与投资额、净现值结合起来使用。

5.5.3.3 净年值

净年值（Net Annual Value，NAV）又称等额年金，是以一定的基准收益率将项目计算期内净现金流量等值换算而得的等额年值，其计算式为：

$$NAV = NPV(A/P, i_c, n) = \left[\sum_{t=0}^{n}(CI - CO)_t(1 + i_c)^{-t}\right](A/P, i_c, n) \tag{5-48}$$

由于资金回收系数（A/P，i_c，n）是一个正数，因此净年值 NAV 与净现值始终同为正或同为负。当净年值 $NAV>0$，则投资方案可以接受。

5.5.3.4 内部收益率

内部收益率（Internal Rate of Return，IRR）是使投资方案在计算期内各年净现金流量的现值累计等于零的情况下的折现率，即在该折现率的情况下，项目的现金流入现值和等于其现金流出的现值和，也就是项目到计算期末正好将未收回的资金全部收回来的折现率，这是项目对贷款利率的最大承担能力。其计算式为：

$$NPV(IRR) = \sum_{t=0}^{n}(CI - CO)_t(1 + IRR)^{-t} = 0 \quad (5-49)$$

工程经济的实际问题而言，在 $0<i<+\infty$ 范围内，工程的净现值 NPV 是单调下降的，即随着折现率的逐渐增大，净现值由大逐渐变小，由正变负，净现值 NPV 与折现率 i 之间的关系如图 5-11 所示。

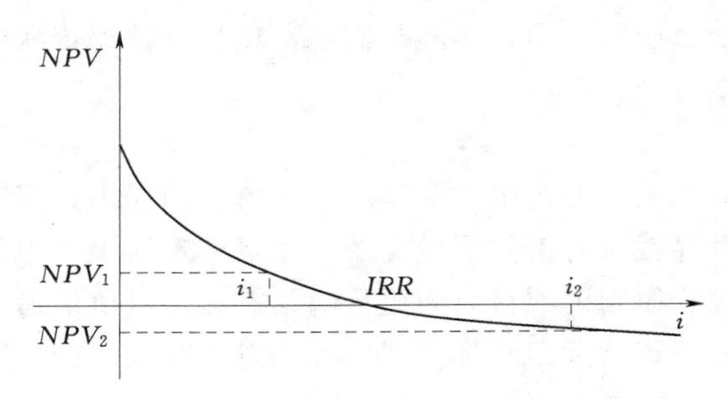

图 5-11 净现值与折现率关系图

内部收益率是一个未知数，而且式（5-48）是一个高次方程，在实际计算工作中，求解比较麻烦，可以先用 i_1 试算，假设其净现值 $NPV_1>0$；再取 i_2 试算（$i_2>i_1$），若 $NPV_2<0$，则内部收益率 IRR 必定介于 i_1、i_2 之间，当两者相差小于2%，可用线性内插的方法求解出 IRR 的近似值，其计算式为：

$$IRR = i_1 + \frac{NPV_1}{NPV_1 - NPV_2}(i_2 - i_1) \quad (5-50)$$

计算出的 IRR 与基准收益率 i_c 相比较，如果 $IRR>i_c$，则投资方案可以接受。内部收益率考虑了资金的时间价值以及项目计算期内的整个经济状况，比较客观、真实反映了项目方案的经济情况，但计算比较麻烦。

5.5.3.5 动态投资回收期

动态投资回收期是将投资方案各年的净现金流量按基准收益率折算成现值，再推求各年现值的累计值，动态投资回收期就是前述累计值等于零时的年份，其计算式为：

$$\sum_{t=0}^{P'_t}(CI - CO)_t(1 + i_c)^{-t} = 0 \quad (5-51)$$

式中 P'_t——动态投资回收期；

i_c——基准收益率。

如果不计算资金的时间价值得到的静态投资回收期相对较短，决策者认为可以接受；但在考虑了资金的时间价值后，后面各年的现金流量都要折算到项目建设期初，相应的动态投资回收期就要比不计资金的时间价值的静态投资回收期要长，因此用静态投资回收期能被接受的方案，用动态投资回收期来衡量，方案就未必能被接受。

5.6　世界银行贷款程序

世界银行的资金来源于成员国缴纳的股金、向国际金融市场贷款及营业收入，其主要的业务包括向成员国提供贷款、为成员国从其他机构或其他渠道获得贷款提供担保、向成员国提供经济金融技术咨询服务。世界银行对向其申请贷款的项目有一套完整、严密的程序和制度，要使用世界银行的资金，必须遵循世界银行对工程项目的管理程序。

世界银行发放项目贷款的过程称为项目周期，包括项目选定、项目准备、项目评估、项目谈判、项目实施与监督、项目总结评价六个阶段。世界银行对贷款项目的管理贯穿于整个项目周期。

1. 项目的选定阶段

项目的选定主要是考察由借款国提出、符合世界银行贷款原则的项目。在这个阶段，世界银行对借款国送交的“项目选定简报”中的项目进行筛选，优先考虑并符合世界银行投资原则的项目。为此目的，有时需对申请借款国的基本经济情况进行一些必要的调查，并审查其近期经济发展情况和发展前景。经世行筛选同意后的项目，列入世行对该国该年度的贷款计划。

2. 项目的准备阶段

项目的准备工作就是申请借款国选定的项目得到世界银行初步同意之后，进行项目建设的必要性、市场调查预测、建设条件、工程技术、实施计划、组织机构等方面详细内容的项目报告，并进行财务和经济评价，作出风险估计，进行多方案比较，提出最佳方案，亦即做好可行性研究。这部分工作由申请借款国负责进行。世界银行负责提供必要的指导和资金援助，通常还要求和帮助发展中国家聘请咨询人员参与工作，并对咨询工作加以监督。

3. 项目的评估阶段

申请借款国提出项目报告以后，世界银行要对其进行详细审查，此为项目的评估阶段。项目的评估完全由世界银行的各种技术、经济专家负责。世界银行通过派出评估小组实地考察等手段，对项目的技术、组织、经济和财务等方面进行全面、系统的检查和评价，然后提出详细的评估报告，向世界银行建议该项目是否同意贷款。

4. 项目的谈判阶段

世界银行同意贷款后，即邀请申请借款国就贷款协议进行谈判。谈判内容包括贷款金额、期限、费率、支付办法、还贷方式和项目执行的保证措施。谈判达成协议后，世界银行与申请借款国共同签署谈判协议，另由申请借款国的财政部代表申请借款国政府签署担保协议。两协议报世行执行董事会批准后，项目的贷款协议就完成法定手续，送联合国注册登记备案后，世界银行即可放款，项目进入执行阶段。

5. 项目的执行与监督阶段

在此阶段，借款国负责项目的执行和经营，世界银行负责按贷款协议规定的用款计划提供资金，并对资金的使用、项目的执行或施工情况进行监督。世行通过派出代表现场视察和借款国报送的项目进度报告，掌握项目发展情况及借款国对贷款协议中各项保证的履行情况，并就违反协议规定的情况帮助借款国查找原因，商讨解决办法。此外，世界银行在此阶段还可能给予借款国帮助，如派出各种高级专家到项目地视察，帮助借款国建立实施项目的组织机构、培训人员、派送经理人员或顾问协助项目的基本建设、组织项目的招标及采购等。

6. 项目的总结评价

世界银行在项目贷款全部发放完毕后一年左右，要对其放贷的建设项目进行总结，称为项目的总结评价阶段。根据实际资料的分析，确定在项目评估阶段所作出的预测和判断是否正确，应从中吸取哪些经验教训，为以后类似工程积累经验，同时也是对借款国的工程项目管理能力的评价及使用世界银行贷款能力的考核。

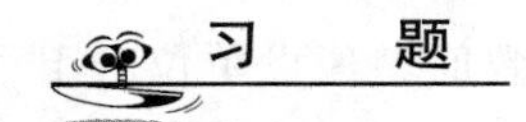

习　题

单选题

1. 某工程计算期为 5 年，各年净现金流量如下表所示，该项目的行业基准收益率为 $i_c=10\%$，该项目财务净现值为（　　）万元。

年份	1	2	3	4	5
净现金流量	−250	20	150	200	220

A 150.8　　B 165.2　　C 171.6　　D 175.2

2. 某建设工程，当折现率 $i_c=12\%$ 时，财务净现值为 300 万元；当折现率 $i_c=13\%$ 时，财务净现值为 −100 万元，用内插公式计算内部收益率为（　　）。

A 12.25%　　B 12.47%　　C 12.68%　　D 12.75%

3. 价值工程的核心是（　　）。

A 功能分析　　B 成本分析　　C 价值分析　　D 寿命周期分析

4. 某工程建设期 3 年，在建设期第一年贷款 100 万元，第二年贷款 300 万元，第三年贷款 100 万元，贷款年利率为 6%。用复利法计算，该项目建设期完后，贷款应还的本金与利息为（　　）万元。

A 562.18　　B 546.27　　C 553.18　　D 541.25

5. 某公司拟投资一项目，预期在 4 年内（含建设期）收回全部贷款的本金与利息，预计项目从第 1 年开始每年末能获得 40 万元，银行贷款年利率为 8%，则项目总投资的现值应控制在（　　）万元以内。

A 145.87　　B 140.25　　C 135.98　　D 132.49

第6章　工程建设质量控制

工程建设质量控制是指致力于满足工程质量要求，亦即保证工程质量满足工程合同、设计文件、技术规范标准所规定的质量标准而采取的一系列措施、方法和手段；工程质量控制的主体包括政府、建设单位、勘察设计单位、施工单位；质量监督机构和项目监理机构属于质量监控主体，是分别代表政府、建设单位对工程实施质量控制。建设工程质量控制是监理工作中最重要的内容，是监理“三大控制”目标的核心，其直接关系到工程建设的成败、工期及投资，而且直接关系到国家财产和人民的生命安全。

为加强房屋建筑和市政基础设施工程（以下简称建筑工程）质量管理，提高质量责任意识，强化质量责任追究，保证工程建设质量，根据《中华人民共和国建筑法》、《建设工程质量管理条例》等法律法规，住房城乡建设部于2014年8月25日印发了《建筑工程五方责任主体项目负责人质量终身责任追究暂行办法》，明确规定：建筑工程五方责任主体项目负责人是指承担建筑工程项目建设的建设单位项目负责人、勘察单位项目负责人、设计单位项目负责人、施工单位项目经理、监理单位总监理工程师；建筑工程开工建设前，建设、勘察、设计、施工、监理单位法定代表人应当签署授权书，明确本单位项目负责人；建筑工程竣工验收合格后，建设单位应当在建筑物明显部位设置永久性标牌，载明建设、勘察、设计、施工、监理单位名称和项目负责人姓名；建设单位应当建立建筑工程各方主体项目负责人质量终身责任信息档案，工程竣工验收合格后移交城建档案管理部门。

6.1　工程质量管理基础知识

6.1.1　工程质量基本概念

质量（Quality）是反映实体满足明确需要和隐含需要的能力的特性综合。“明确需要”是指在标准、规范、设计图纸及其他文件中已经明确规定出的需要，“隐含需要”是指人们对实体的期望及公认的、不言而喻的需要。建设领域内狭义的质量指建筑工程质量，广义的质量还包括工作质量和工序质量。

6.1.1.1　建筑工程质量

建筑工程质量是指工程满足业主需要的，符合国家法律、法规、技术规范标准、设计文件及合同的特性的综合，除具有通常的质量特性，如性能、寿命、可靠、安全等基本属性之外，还有特定的内涵。

1. 建筑工程质量的特性

建筑工程质量的特性主要表现在如下6个方面：

（1）性能。就是指工程满足使用目的的各种性能，如强度、硬度、韧性、防渗、抗冻、耐酸碱、耐腐蚀等，包括理化性能、结构性能、使用性能、外观性能等各方面。

（2）寿命。就是指在工程规定的条件下满足规定功能要求使用的年限，也就是工程竣工后的合理使用寿命期。如水库大坝由于建筑材料的老化、水库泥沙的淤积及其他自然力的作用，其能发挥正常功能的工作时间是有一定限制的。但由于建筑物本身结构类型不同、质量要求不同、施工方法不同、使用性能不同的个性特点，国家对建设工程的合理使用寿命周期没有统一的规定，仅在少数技术标准中提出了要求。

（3）安全性。是指工程建成投产后在使用过程中其结构安全、保证人身和环境免受危害的安全程度。建筑工程的结构安全度、抗震、耐火、防火能力，核工业工程的抗辐射、抗核污染、抗核爆炸波等能力，机械设备安装运行后的操作安全保障能力等等都是安全性的重要标志。

（4）可靠性。是指工程在规定的时间和规定的使用条件下具备完成规定功能的能力及维修的方便程度。可靠性不仅是要求在工程竣工移交的时候要达到规定的指标，还要在一定的使用期内保持应有的功能。如土坝在规定的年限内，在规定的蓄水水位下不至于发生渗透破坏，埋设的一些监测设备、仪器，应能便于观测和维修。

（5）经济性。是指工程产品的造价、生产能力或效益及其生产过程中的能耗、材料消耗和维修费的高低等，即工程在规划、勘察、设计、施工到使用的寿命周期成本和消耗的费用，表现为设计成本、施工成本、使用成本之和。

（6）适应性。是指建筑工程与其周围生态环境的协调性，与所在地区经济环境相协调及与周围已建工程相协调，以适应可持续发展的要求。

建筑工程质量具有相对性，一方面质量标准不是一成不变的，另一方面工程规模、等级不同，用户的要求也不一样；而且前述建筑工程质量的特性彼此之间也是相互依存的，也是建筑工程必须达到的，但不同专业、不同区域的工程，其地域环境条件不同、技术经济条件不一样、建设单位经济实力不一样，特性的各方面有所侧重。

2. 建筑工程质量的特点

建筑工程质量的特性是由建设工程本身及建筑生产的特点决定的，建设工程及其生产过程具有的特点为：产品的固定性，生产的流动性；产品的多样性，生产的单件性；产品投资大、生产周期长、风险大；产品的社会性、生产的外部约束性。由于建设工程的这些特点，使得建筑工程质量具有如下的特点：

（1）影响因素多。工程质量受到多种因素的影响，如决策、设计、材料、机具设备、施工方法、施工工艺、技术措施、人员素质、工期、工程投资、地形、地质、气候条件、管理模式等，这些因素直接或间接地影响工程项目质量。

（2）质量波动大。由于建筑生产的单件性、流动性，不像一般工业产品的生产那样，有固定的生产流水线、有规范化的生产工艺和完善的检测技术、有成套的生产设备和稳定的生产环境，所以工程质量容易产生波动；影响工程质量的偶然性因素和系统性因素比较多，任一因素发生变化，都会使工程质量产生波动，如未按设计选用合适的钢筋、混凝土加料搅拌时未考虑砂石的含水率、机械设备过度磨损或出现故障、设计计算失误等，都会发生质量波动，为工程质量事故的发生留下隐患。

（3）质量的隐蔽性。建设工程施工过程中，由于工序交接多、中间产品多、隐蔽工程多，因此质量存在隐蔽性。若不及时进行质量检查，事后只能从表面上检查，很难发现内在的质量问题，这样就容易产生第二类判断错误（将不合格的产品认为是合格的）；若不认真检查，测量仪表不准，读数有误，就会产生第一判断错误（将合格产品认为是不合格的）。

（4）终检的局限性。工程项目建成后，不可能像某些工业产品那样，可以对产品进行拆卸或解体来检查内在的质量。所以工程项目终检（竣工验收）时难以发现工程内在的、隐蔽的质量缺陷。因此，对工程质量更应重视事前控制、事中严格监督，以预防为主、防患于未然，将质量事故消灭于萌芽状态。

（5）评价方法的特殊性。工程质量的检查评定及验收是按检验批、分项工程、分部工程、单位工程进行的。检验批的质量是分项工程乃至整个工程质量检验的基础，检验批合格与否主要取决于主控项目和一般项目抽样检验的结果。隐蔽工程在隐蔽前要检查合格后验收，涉及结构安全的试块、试件以及有关材料，应按规定进行见证取样检测，涉及结构安全和使用功能的重要分部工程要进行抽样检测。工程验收是在施工单位按合格质量标准自行检查评定的基础上，由监理工程师（或建设单位项目负责人）组织有关单位、人员进行检查确认验收。在工程验收、评价工作中要贯彻"验评分离、强化验收、完善手段、过程控制"的指导思想。

6.1.1.2　工作质量

工作质量是指参与建设各方为了保证工程产品质量所做的组织管理工作和生产全过程各项工作的水平和完善程度，其可以概况为社会工作质量和生产过程质量两方面。社会工作质量是指社会调查、维修服务等方面工作的好坏程度，生产过程质量主要指思想工作质量、管理工作质量、技术工作质量、后勤工作质量等，最终是通过工序质量体现出来的。

6.1.1.3　工序质量

工序是指施工人员在工作面上借助工具或施工机械对劳动对象完成施工活动的综合，其质量包括满足这些活动条件的质量和活动效果的质量。施工过程的基本单位是工序，而工程产品又是由若干道工序加工完成的，工程产品的质量受工序直接或间接的影响。因此工序质量是形成工程产品质量的最基本环节，而工序质量又受人、材料、机械设备、工艺及环境等五方面因素的影响。

6.1.2　质量控制

质量控制（Quality Control，QC）是为了达到质量要求所采取的作业技术和活动。质量控制的对象是过程，如设计过程、施工过程；控制的结果是使控制对象达到规定的质量要求；控制的手段是采取适应、有效的措施，包括作业技术和方法。

在工程质量形成过程中，为使工程产品满足用户的需求、达到规定的质量要求，需进行一系列的作业技术和活动，目的在于监控整个生产过程中可能存在的、影响工程质量的问题并排除之。只有将这一系列的作业技术和活动置于严格的控制之下，才能及时排除这些环节的作业技术和活动中发生偏离有关规范、标准的现象，并采取措施使之恢复正常，达到质量控制的目的。对形成质量过程中的每个环节的作业技术和活动进行有效的控制，就是工程质量控制。

6.1.3　全面质量管理

6.1.3.1　全面质量管理的概念

全面质量管理（Total Quality Management，TQM）是指一个组织以质量为中心，以全员参与为基础，目的在于通过顾客满意和本组织所有成员及社会受益而达到长期成功的管理途径。

全面质量管理最早起源于美国，其中心思想是“一个企业各部门都要做质量改进与提高的工作，以最经济的水平进行生产，使用户得到最大程度的满意”，其基本核心是提高人的素质，增强质量意识，调动人的积极性，人人做好本职工作，通过抓好工作质量来保证和提高产品质量或服务质量。全面质量管理是一种现代的质量管理。它重视人的因素，强调全员参加、全过程控制、全企业实施的质量管理。全面质量管理从顾客需要出发，树立明确而又可行的质量目标；要求形成一个有利于产品质量系统管理的一套完整的质量体系；并且要求把一切能够提高产品质量的现代管理技术和管理方法，都运用到质量管理中来。这比传统的单纯依靠质量检验、统计质量管理等手段更为有效。

6.1.3.2　全面质量管理的过程

全面质量管理的过程为 4 个阶段，简称 PDCA 循环。

（1）计划阶段。又称 P(Plan) 阶段，主要是在调查问题的基础上制订计划。计划的内容包括分析质量现状、查找质量问题；分析造成质量问题的原因；制定改善质量的对策和措施，提出行动计划，预计行动的效果。

（2）实施阶段。又称 D(Do) 阶段，就是按照制定的质量计划，组织、协调和保证其具体实施，即执行计划。

（3）检查阶段。又称 C(Check) 阶段，就是将生产（如设计或施工）的成果与计划目标进行对比，检查计划执行情况。

（4）处理阶段。又称 A(Action) 阶段，就是总结经验和清理遗留问题，建立巩固措施，把检查结果中成功的做法和经验加以标准化、制度化，并使之巩固下来；提出尚未解决的问题，转入到下一个循环。

PDCA 的循环过程是一个不断解决问题，不断提高质量的过程，如图 6-1（a）所示。同时，在各级质量管理中都有一个 PDCA 循环，形成一个大环套小环，一环扣一环，互相制约，互为补充的有机整体，如图 6-1（b）所示。在 PDCA 循环中，前一级的循环是后一级循环的依据，后一级的循环是前一级循环的落实和具体化。

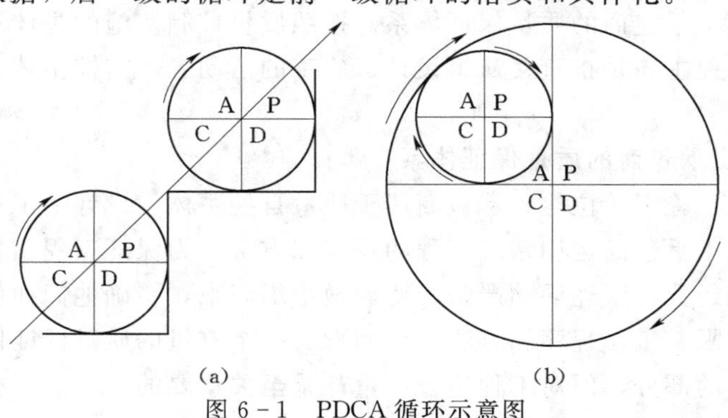

图 6-1　PDCA 循环示意图

6.1.3.3 全面质量管理的观点

1. 质量第一的观点

“质量第一”是推行全面质量管理的思想基础。工程质量的好坏，不仅关系到国民经济的发展及人民生命财产的安全，而且直接关系到企事业单位的信誉、经济效益、生存和发展。因此，在工程项目的建设全过程中，所有人员都必须牢固树立“质量第一”的观点。

2. 用户至上的观点

“用户至上”是全面质量管理的精髓。这里的“用户”具有广泛的含义：对企业外部，直接或间接使用工程的单位或个人是用户；对企业内部，生产中下一道工序为上一道工序的用户。

3. 预防为主的观点

工程质量的好坏是设计、建筑出来的，而不是检验出来的。检验只能判定工程质量是否符合标准要求，但不能决定工程质量。全面质量管理必须及时观察和分析工程产品的质量动态和波动的原因，强调从事后检验把关变为工序控制，从管质量结果变为管质量因素，防检结合，预防为主，防患于未然。

4. 用数据说话的观点

工程技术数据是实行科学管理的依据，没有数据或数据不准确，质量则无法进行评价。全面质量管理就是以数学理论和统计方法为基本手段，依靠实际数据资料，作出正确判断，进而采取正确措施，进行质量管理。

5. 全面管理的观点

全面质量管理工作突出一个“全”字，要求实行全员、全过程、全企业的管理。与产品相关的每个部门、每个环节和每个职工都直接或间接地决定着工程质量的好坏，只有共同努力、齐心管理，才能全面保证工程项目的质量。

6. 不断完善和提高的观点

坚持按照计划、实施、检查、处理的循环过程（PDCA）办事，是进一步提高工程质量的基础。经过一次循环，对事物内在的客观规律就有进一步的认识，从而制定出新的质量计划与措施，使全面质量管理工作及工程质量不断提高。

6.1.4 工程质量管理体系

工程建设质量管理体系包括政府部门的工程质量监督体系、业主/监理工程师的质量控制体系和设计施工承包商的质量保证体系。按照质量控制实施的主体不同，分为自控主体和监控主体。自控主体是指直接从事设计、施工的活动者，监控主体是指对他人质量能力和效果的监控者。

6.1.4.1 设计施工承包商的质量保证体系

勘察设计单位、施工单位等各承包商属于质量自控主体。设计施工承包商的质量保证体系是指设计、施工承包商运用系统工程的观点和方法，为保证工程质量，对本单位内部各部门、各环节的经营、管理活动严密、协调地组织起来，明确他们在保证工程质量方面的任务、责任、权限、工作程序和方法，从而形成一个有机的质量保证体，这是我国工程质量管理中最基础的部分，但对工程建设质量却是至关重要的。

设计、施工承包商对工程项目质量负有首要责任。这就要求其积极推行全面质量管理，保证全员、全过程、全企业的工作质量，严格执行“三检制”（施工班组的初检、施工队的兼职质检员的复检、承包商专职质检员的终检），实现本单位内部经营、生产的标准化、规范化、系列化，以保证设计质量、工程质量，缩短工期、降低物质消耗、提高社会经济效益。在市场经济条件下，承包商总是期望获得更多的利润，往往有意无意牺牲工程质量。因此单纯依靠承包商内部的质量保证体系是不够的，还要引入业主/监理工程师的质量控制体系、政府部门的工程质量监督体系的外部约束机制。

6.1.4.2 业主/监理工程师的质量控制体系

业主为维护自己的利益，保证工程质量及投资效益，需要建立质量控制体系，对工程建设各道工序、各阶段进行检查、监督。在实行监理制后，业主把这部分工作委托给监理企业来完成。业主/监理工程师属于质量监控主体。

在建设项目的施工阶段，监理单位根据业主的委托授权，对建设项目进行质量控制，如协助业主编写开工报告、审查分包单位、审查施工单位提交的施工技术措施、核实工程量、签发付款凭证等工作。根据委托监理合同，业主授予监理单位“质量认证和否决权”及“工程付款凭证签字认可权”，即施工单位必须在“三检”合格的基础上，经监理工程师检查合格后，方可进行下一道工序。未经质量检验或检验不合格，不能验收，不得对其进行计量认可、不得支付工程进度款。监理工程师有权对质量可疑的部位进行抽检，有权要求施工单位对不合格或有缺陷的工程部位进行返工或修补。

业主/监理工程师对工程质量的控制，有完整、严密的组织机构、工作制度，构成了工程建设的质量控制体系，对工程建设质量管理发挥着越来越重要的作用；但是其并不能代替承包商的内部质量保证体系，只能通过承包合同、监理合同来运用质量认证和否决权、支付款凭证的签发及拒签权来促使承包商建立健全质量保证体系并充分发挥其作用，从而保证工程质量。

6.1.4.3 政府部门的工程质量监督体系

政府的工程质量监督部门属于质量监控主体，主要是以法律法规为依据，通过抓工程报建、施工图设计文件审查、施工许可、材料和设备准用、工程质量监督、重大工程竣工验收备案等工程建设环节来实现对工程质量的监控。

政府部门的质量监督是以抽查为主的监督方式，运用法律和行政手段，做好监督抽查后的处理工作。工程竣工验收时，质量监督机构对工程质量等级进行核定。未经质量核定或核定不合格的工程，施工承包商不得交验，工程主管部门不得验收，工程不得投入使用。

各级工程质量监督机构对工程质量进行监督是政府部门的职能，代表政府行使工程质量监督权，其作用不同于业主/监理工程师的质量控制体系和设计施工承包商的质量保证体系。相反，其对前述两者具有监督的权力。根据我国国情，要保证工程质量，单靠经济杠杆是不够的，还有必要辅之以行政的强制性手段。

6.2 施工阶段质量控制

施工阶段是形成工程质量最为关键的阶段，是将工程“蓝图”中的设计意图变为工程实体的过程。虽然全过程的监理包括对勘察、设计阶段的质量控制，但目前工程监理工作主要还是侧重对施工阶段进行，因此这里侧重讲述施工阶段的质量控制。

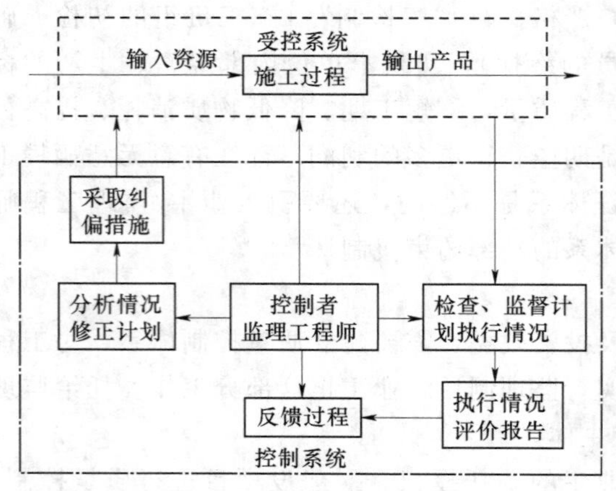

图6-2 质量控制过程示意图

6.2.1 质量控制系统

质量控制系统是一个复杂的体系，涉及控制论的有关知识。根据控制论理论，工程施工阶段质量控制是一个对投入资源（如材料）的质量控制开始，对涉及施工活动、质量形成的因素（如人、机械）等进行控制，在质量形成过程中检查计划执行情况，对发生的偏差进行分析，并在后续活动中采取纠偏措施，使得工程实际情况与预期目标尽可能相吻合，直到工程最终质量检验合格为止的全过程的系统控制过程，如图6-2所示。

6.2.2 影响工程质量的因素

在工程建设中，无论勘察、设计、施工，还是设备的安装，影响质量的因素主要有5个方面，即人（Man）、材料（Material）、机械（Machine）、方法（Method）和环境（Environment）五大方面，简称为4M1E。事前对这5方面的因素予以严格控制，是保证建设项目工程质量的关键。

（1）人。人是生产经营活动的主体，直接参与工程建设的决策、组织、指挥和操作。人员的素质直接或间接地对工程规划、决策、勘察、设计和施工的质量产生影响。为了达到以工作质量保工序质量、保工程质量的目的，工程实施过程中应充分调动人的积极性，发挥人的主导作用；除了加强职业道德教育、专业技术知识培训，健全岗位责任制，改善劳动条件，公平合理的激励外，还需根据工程项目的特点，从确保质量出发，本着适才适用，扬长避短的原则来控制人的使用。我国在建筑行业实行企业经营资质管理和从业人员持证上岗的制度是保证人员素质的重要管理措施。

（2）材料。工程材料泛指构成工程实体的各类建筑材料、构配件、半成品等，它是工程建设的物质条件，是工程质量的基础。工程材料选用是否合理、产品是否合格、材质是否经过检验、保管使用是否得当等，都将直接影响建设工程使用功能、工程的使用安全。

（3）机械。施工机械设备是实现施工机械化的重要物质基础，对工程项目的施工进度和质量均有直接影响。施工机具、设备产品质量的优劣，直接影响工程的使用功能，其类型是否符合工程项目施工特点，性能是否先进稳定，操作是否方便安全，都会影响工程项目的质量。

（4）方法。工艺方法是指施工现场采用的施工方案、操作方法、工艺方法。在工程施工中，施工方案是否合理，施工工艺是否先进，施工操作是否正确，都将对工程质量产生重大的影响。施工方案正确与否，将直接影响工程项目的进度控制、质量控制、投资控制三大目标能否顺利实现。因此，必须结合工程实际，从技术、组织、管理、工艺、操作和经济等方面进行全面分析、综合考虑，力求方案技术可行、经济合理、工艺先进、措施得力、操作方便，有利于提高质量、加快进度、降低成本。大力推进采用新技术、新工艺、新方法，不断提高施工技术水平，是保证工程质量的重要手段。

(5) 环境。环境因素是指对工程质量特性起重要作用的环境条件。影响工程项目质量的环境因素较多，有工程技术环境、工程管理环境、劳动环境等。环境因素具有复杂而多变的特点，如气象条件就变化万千；施工中前一工序就是后一工序的环境，前一分项、分部工程就是后一分项、分部工程的环境。因此，根据工程特点和具体条件，应对影响质量的环境因素，采取有效的措施，严加控制；同时要不断改善施工现场的环境和作业环境，尽可能减少施工所产生的危害及对环境的污染，要健全施工现场管理制度，合理布置施工现场，使施工现场秩序化、标准化、规范化，实现文明施工。采取必要的措施来加强环境管理、改进作业条件、把握好技术环境，是控制环境对质量影响的重要保证。

6.2.3 施工阶段全过程控制

根据图 6-2 可知施工阶段质量控制可分为事前控制、事中控制和事后控制三个阶段。

6.2.3.1 事前控制

施工阶段质量事前控制的工作包括如下几方面：

(1) 人员方面。注重检查工程技术负责人是否到位，审查分包单位资质等。

(2) 材料方面。注重审核工程原材料、构配件、设备的出厂证明或质量合格证；原材料及制品进场时要进行抽检；对新型材料、制品应检查鉴定文件；重要原材料的订购前要审查样品；对重要原材料、构配件、设备的生产工艺、质量控制措施及保证体系、检测手段应到厂家实地查看，并在制造厂家进行质量验收；设备安装前应按技术说明书的要求进行质量检查。

(3) 机械方面。对直接影响工程质量的施工机械应按技术说明书查验其技术性能、技术指标；工程中涉及的计量装置等应完好并有在有效期内的技术合格证书、鉴定证书。

(4) 方法方面。侧重审查施工单位提交的施工组织设计或施工方案。

(5) 环境方面。掌握和熟悉质量控制的技术依据，包括设计图纸及设计说明书、工程验收规范；参加设计技术交底和图纸会审；改善生产环境、管理环境。

6.2.3.2 事中控制

事中质量控制是指监理机构在施工单位的施工过程中所进行的质量控制工作，主要内容有：

(1) 施工工艺过程控制。协助并督促施工单位完善工序质量控制，如建立质量保证体系、设立质量控制点、实行“三检”制。

(2) 严格进行质量监督。如施工中上一道工序完成，未经监理工程师检查、签署合格意见，不得进行下一道工序施工；隐蔽工程部位在施工单位自检、初验合格后报告监理工程师检查验收；对施工单位擅自进行下一道工序施工、擅自使用未经认可或批准的原材料及构配件等、擅自让未经同意的分包商进场施工、质量出现下降情况而不采取有效改正措施、不按照设计图纸施工等情形的，监理工程师可以下发停工令。

(3) 严格处理质量事故。包括责令承包商分析质量事故原因，并认定其责任；批准质量事故处理的技术措施和方案；监督、跟踪质量事故处理效果。

（4）做好日常工作。如完成监理日志的撰写并对工程质量动态变化情况进行分析；对工程中出现的质量情况及时召开协调会，分析、通报工程质量情况；行使好质量否决权，为工程进度款的支付签署质量认证意见。

6.2.3.3　事后控制

事后质量控制是指监理机构在施工单位的施工活动完成后，对建筑产品的质量控制活动，主要有：

（1）审核竣工资料及承包商提交的质量检验报告、有关技术文件。

（2）对工程建设项目质量有关的文件进行整理、归档。

（3）评价工程项目质量。

（4）组织联动试车等活动。

6.2.4　施工质量控制的依据

为使监理工程师、施工承包商等各方对工程质量控制的掌握、运用一致，在工程开工前，各方应具有统一的质量控制依据。施工阶段监理工程师的质量控制主要有如下几方面。

1. 法律、法规、规范

国家、行业或相关部门颁布的法律、施工技术规范、操作规程、工程验收标准是建立、维护正常生产秩序、保证工程质量的重要依据，是工程施工经验的总结，工程质量的自控主体、监控主体都必须严格遵守。对于涉外工程，无论是监理单位，还是施工承包商，还要熟悉项目所在地国家及该项目的相关标准。

2. 设计文件

经批准的设计文件、设计图纸、设计变更等是施工的依据，也是监理机构进行质量控制的依据。监理单位要首先对施工图纸进行审查，对发现的问题按程序与设计单位进行沟通、提请设计单位出具变更。正确的设计图纸是工程质量的前提，也是设计意图的反映。设计单位作为设计文件的质量控制主体要保证设计质量，监理单位作为监控主体，要承担起对设计文件的监控责任，把对设计文件、施工图的审查等工作形成制度并写进监理委托合同，以保证施工依据的正确性。

3. 合同文件

工程承包合同中有关质量控制的相关条款，是承包商向建设单位就质量保证作出的承诺。对于监理单位，要监督承包商履行质量保证的义务。原材料、设备、半成品、构配件的采购、运输、检验等相关合同，也是属于质量控制的依据，相关合同的条款也要符合相应的有关产品标准、规范。

4. 技术标准

设备制造厂家的安装说明书及相应的技术标准，是设备安装工程承包商所必须遵循的施工依据，也是监理对安装工程进行质量检查、控制的依据。对于采用新工艺、新材料、新技术的工程，应事先进行相应试验，并要有权威部门的技术鉴定书、有关的质量数据、指标等，在此基础上制定的质量标准、技术标准等，也是监理进行质量控制的依据。

5. 施工组织设计

经过审查的施工组织设计是承包商进行施工准备及现场施工的规划性、指导性文件，其规定了承包商进行工程施工的人员组织配备、机械配置、工程施工技术要求、施工工艺、施工方法、技术措施、质量检查方法及技术标准等内容。承包商在工程开工前，必须就上述内容编写施工组织设计，其一旦经过审查，就成为监理工程师进行质量控制的重要依据。

6.2.5 施工质量控制的手段

施工质量控制的方法主要有审核施工单位提交的有关质量文件、现场的质量监督、检验、下发有关指令性文件及利用支付手段。

6.2.5.1 审核文件

审核与工程有关的技术文件、报告、报表、证明文件等是进行质量控制的重要手段，主要内容有：

（1）审查进入施工现场的分包单位的资质证明文件。

（2）审批施工承包单位的开工申请书，检查、核实与控制其施工准备工作质量。

（3）审查承包单位提交的施工方案、质量计划、施工组织设计或施工计划，使工程施工质量有可靠的技术措施保障。

（4）审批施工承包单位提交的有关材料、半成品和构配件质量证明文件（出厂合格证、质量检验或试验报告等），确保工程质量有可靠的物质基础。

（5）审核承包单位提交的反映工序施工质量的动态统计资料或管理图表。

（6）审核承包单位提交的有关工序产品质量的证明文件（检验记录及试验报告）、工序交接检查（自检）、隐蔽工程检查、分部分项工程质量检查报告等文件、资料，以确保和控制施工过程的质量。

（7）审批有关工程变更、修改设计图纸等，确保设计及施工图纸的质量。

（8）审核有关应用新技术、新工艺、新材料、新结构等的技术鉴定书，审批其应用申请报告，确保新技术应用的质量。

（9）审批有关工程质量事故或质量问题的处理报告，确保质量事故或质量问题处理的质量。

（10）审核与签署现场有关质量技术签证、文件等。

6.2.5.2 现场监督

现场监督的方式主要有旁站和巡视两种，这是监理人员现场获取施工真实情况、及时进行施工质量控制的最有效、最直接的手段。

（1）旁站。旁站是指在关键部位或关键工序施工过程中由监理人员在现场进行的监督活动。在施工阶段，很多工程的质量问题是由于现场施工或操作不当或不符合规程、标准所致，有些施工操作不符合要求的工程质量，虽然在表面上似乎影响不大，或外表上看不出来，但却隐蔽着潜在的质量隐患与危险。旁站的部位、工序等，需要结合工程特点、施工单位内部质量管理状况等进行确定。

（2）巡视。巡视是指监理人员对正在施工的部位或工序在现场进行的定时或不定时的监督活动，巡视是一种“面”上的活动，巡视的范围、对象较宽，并不限于某一部位或过程，而旁站则是“点”的活动，它是针对某一部位或工序而进行。

6.2.5.3　现场检验

现场检验是监理工程师在承包单位自检的基础上，利用一定的检查或检测手段，按照一定的比例独立进行检查或检测的活动，这是监理工程师进行质量控制的重要手段，是监理工程师对原材料、施工产品质量做出自己独立判断的重要依据之一。

1. 质量检验的方法

对现场所用原材料、半成品、工序过程或工程产品质量进行检验的方法主要有目测法、量测法、试验法三种。

(1) 目测法：即凭借感官进行检查，也称为观感检验，主要是采用看、摸、敲、照等手段进行检查。

(2) 量测法：就是利用量测工具或计量仪表，将实际量测结果与规定的质量标准、规范的要求或设计文件的要求相比较，从而判断质量是否符合要求，主要有靠、吊、测量等手段。

(3) 试验法：指通过现场试验或试验室试验等理化试验手段，取得数据，分析判断质量情况，包括理化试验和无损测试。

1) 理化试验是指工程中进行的各种物理力学性能方面的检验和化学成分及含量的测定。力学性能的检验，如钢材的抗拉强度、抗压强度、冲击韧性等；物理性能方面的测定，如土的密度、含水量、混凝土的凝结时间、水泥的安定性等；化学方面的试验如化学成分及其含量的测定，如钢筋中的磷、硫含量、混凝土粗骨料中的活性氧化硅成分测定等。必要时还可在现场通过诸如对桩或地基的现场静载试验或打测试桩，确定其承载力；对混凝土现场取样，通过测定试块的强度来判定混凝土的强度等级等。

2) 无损测试是指借助超声波探伤仪、磁粉探伤仪、γ射线探伤仪、渗透液探伤等专门的仪器、仪表等手段探测结构物或材料、设备内部组织结构或损伤状态。这种检测手段可以在不损伤被探测物的情况下了解被探测物的质量情况。

2. 质量检验的种类

按质量检验过程中检验对象被检验的数量划分，可有以下几类：

(1) 全数检验。就是对检验对象全部进行检验，主要用于关键工序部位或隐蔽工程，以及技术规程、质量检验验收标准或设计文件中明确规定应进行全数检验的对象。总的而言，就是规格、性能指标对工程的安全性、可靠性起决定作用的施工对象；质量不稳定的工序；质量水平要求高，对后继工序有较大影响的施工对象，若不采取全数检验不能保证工程质量时，均需采取全数检验。

(2) 抽样检验。就是从一批材料或产品中，随机抽取少量样品进行检验，并根据对其数据统计分析的结果，判断该批产品的质量状况。此种方法主要是对于工程建设中用到的用量大的主要建筑材料、半成品或工程产品等采取抽样检验。抽样检验具有检验数量少，比较经济；适合于需要进行破坏性试验（如混凝土抗压强度的检验）的检验项目；检验所需时间较少等优点。

(3) 免检。就是在某种情况下，免去质量检验过程，直接认定其合格的检验方法。这种检验方法主要适用于那些已有足够证据证明质量有保证的一般材料或产品；或实践证明其产品质量长期稳定、质量保证资料齐全者，或施工质量只有在施工过程中的严格质量监控，而质量检验难以再对质量做检验的。

6.2.5.4 发布文件

监理工程师发布文件也属于质量控制的手段之一，这里的文件包括强制性的指令文件和一般性的管理文件。

1. 指令文件

所谓指令文件是监理工程师对施工承包单位提出指示或命令的书面文件，属于要求强制性执行的文件，是监理工程师运用指令控制权的具体形式，属于一种非常慎用而严肃的管理手段。指令文件通常是监理工程师从全局利益和目标出发，对某项施工作业或管理问题经过充分调研、沟通和决策之后，必须要求承包人严格按监理工程师的意图和主张实施工作的一种指令。

承包人对监理工程师所发的指令文件应全面正确执行，监理工程师同时承担监督指令实施效果的责任。监理工程师的各项指令都应是书面形式的方为有效，如因时间紧迫，来不及做出正式的书面指令，也可以用口头指令的方式下达给承包单位，但随即应按合同规定，及时补充书面文件对口头指令予以确认。指令文件一般均以监理通知的方式下达，在监理指令中，工程开工令、工程暂停令及工程复工令属于常见的指令文件，指令性文件应作为技术文件资料存档。

2. 一般管理文件

如备忘录、会议纪要、发布的有关通报等，主要是对承包商工作状态和行为，提出建议、希望和劝阻等，不属强制性要求执行，仅供承包人自主决策参考。

6.2.5.5 影像资料

做好监理资料的原始记录整理工作，对监理工作中的影像资料进行收集和管理，保证影像资料的正确性、完整性和说明性，按照分部工程为单元、按分项工程及专题内容、拍摄时间进行排序和归档，并对影像资料加注包括影像编号、影像文件名、拍摄内容简要描述、拍摄时间、地点及拍摄者等相关信息。

6.2.5.6 支付控制

支付控制权就是施工承包单位的任何工程款项，均需由总监理工程师审核签发支付凭证，若没有总监理工程师签署的支付证书，建设单位不得向承包单位支付工程款。控制支付是国际上较通用的一种重要的控制手段，是建设单位在监理委托合同中赋予监理工程师的权利。工程款支付的条件之一就是工程质量要达到规定的要求和标准。如果工程质量达不到要求的标准，监理工程师有权采取拒绝签署支付证书的经济手段，停止对承包单位支付部分或全部工程款。因此控制支付是一种十分有效的控制和约束手段。

6.2.6 质量控制的措施

施工质量控制的措施有组织措施、技术措施、合同措施、经济措施4大类。

6.2.6.1 组织措施

（1）建立健全监理机构的质量控制体系和质量控制组织机构，使质量控制任务明确，责任清楚。

（2）制定监理实施细则，使质量控制有章可循，标准统一。

（3）审查承包人的质量保证体系，了解承包人的质量保证体系的组织机构和相关的制度是否健全，项目经理、质检等管理人员是否经过培训并具有相应的技术水平。具体施工人员、现场管理人员是否具有较高的技术水平，特种作业人员是否持证上岗。

（4）对施工过程进行旁站、巡视和检查，巡检人员包括监理工程师、监理员和总监本身。

（5）加强对隐蔽工程的隐蔽过程、下道工序施工完后难以检查的重点部位进行重点旁站，及时发现问题、解决问题；专业监理工程师对隐蔽工程的报验和自检结果进行现场检查，对符合工序质量要求的予以签认；不符合要求的，监理应要求承包单位整改，在再次检查合格前，不允许进行下道工序施工；专业监理工程师对承包单位报送的分项工程质量验评资料进行审核，符合要求的予以签认；总监理工程师组织监理人员对承包单位报送的分部工程和单位工程质量验评资料进行审核和现场检查，符合要求后予以签认。

（6）定期召开监理例会或质量专题会，研究和提出改进工程质量的措施。

（7）由总监理工程师组织各专业监理工程师，依据有关法律、法规、工程建设强制性标准、设计文件及施工合同，对承包单位报送的竣工资料进行审查，并对工程质量进行预验收，对存在的问题及时要求承包单位整改。整改完毕由总监签署工程竣工报验单，并在此基础上提出工程质量评估报告，由总监审核签字。项目监理机构参加由建设单位组织的竣工验收，并提供相关的监理资料。对验收中提出的整改问题，项目监理机构及时要求承包单位整改，工程质量符合要求后，由总监会同参加验收的各方签署竣工验收报告。

（8）对施工过程中出现的质量缺陷，监理工程师及时下达监理通知，要求承包单位整改，并检查整改结果。对影响下道工序的质量问题，先整改后方可进行下道工序；监理人员如发现施工存在重大质量隐患，可能造成质量事故或者已经造成质量事故时，通过总监及时下达工程暂停令，要求承包单位停工整改。整改完毕并经监理人员复查，符合规定要求后，由总监及时签署复工报审表。对需返工处理或加固补强的质量事故，总监应责令承包单位报送质量事故调查报告和经设计单位等相关单位认可的处理方案，项目机构将对质量事故的处理过程和处理结果进行跟踪检查和验收。由总监及时向建设单位和本监理单位提交有关质量事故的书面报告，并将完整的质量事故处理记录整理归档。

（9）在保修期内，由监理单位安排监理人员对建设单位提出的工程质量缺陷进行检查和记录，对承包单位进行修复的工程质量进行验收，合格后予以签认。

6.2.6.2　技术措施

（1）总监理工程师组织监理工程师熟悉施工图纸，了解工程特点，以及质量要求。将发现的施工图纸中的问题汇总，通过建设单位书面提交给设计单位，必要时提出监理的建议，以便与各方协商研究、统一意见。

（2）对已批复的施工组织设计，要求承包单位按审批意见进行调整和补充，由总监审查和签认，并要求承包单位报送见证点、停止点、重点部位、关键工序的施工工艺和确保工期的质量措施，由专业监理工程师审核、签认。在此同时，专业监理工程师对重点部位、关键工序编制监理实施细则，明确监控重点和要求，真正做到主动控制，预防为主。

（3）专业监理工程师对承包单位报送的拟进场工程材料、构配件、设备进行审核和检验。

（4）专业监理工程师对承包单位报送的施工测量放线成果进行复验和确认。

6.2.6.3 合同措施

（1）分析监理合同及建设工程施工合同。

（2）认真落实施工管理合同的责、权、利及严格控制建设工程施工合同有关工程质量条款。

（3）定期对施工合同、监理合同执行情况进行检查分析，写出报告，分别送业主和监理单位。

（4）认真复核施工单位呈报的索赔事项和金额。

6.2.6.4 经济措施

（1）审核工程概（预）算，增减预算及竣工决算，控制总造价。

（2）严格复核完成的工程量，不合格工程不计量。

（3）严格复核工程付款单。

（4）审核分析比较施工方案的技术经济效果：质量指标、工期指标、劳动指标、主要材料和能源消耗、机械使用费、工程成本。

6.2.7 工序质量控制

工程实体的质量是在施工过程中形成，而不是最终检验出来的。整个施工过程是由前后具有逻辑关系的一系列工序构成，而工序是影响工程质量的人、机械、原材料、施工方法及环境各因素综合作用的过程。每道工序质量的好坏，将直接或间接地影响工程的总体质量，由此可见工序质量是形成工程质量的基本环节，是现场质量控制的关键。因此对施工的质量控制，必须以工序质量控制为基础和核心，将质量控制落实在各项工序的控制上，设置相应的质量控制点。对工序进行质量控制就是为达到工序质量要求所采取的作业技术和活动，其根据工序质量检验及对反馈的工程产品质量数据的分析，针对存在的问题采取改正措施，尽可能使质量达到要求并处于稳定状态。

6.2.7.1 工序质量控制的对象

工序质量控制的对象为工序的生产条件和工序的活动效果两方面。

1. 工序的生产条件

控制工序的生产条件的质量，就是控制影响工序质量的4M1E。对工序生产条件的控制，是工序质量控制的途径。即使在工程开工前对生产条件进行了初步控制，但在工序生产活动中，有的条件还是会发生变化，导致生产过程产生质量不稳定情形。因此，只有对工序生产条件进行控制，才能实现对工程的质量控制。工序生产条件涉及的内容比较多，只有全面分析，找到影响工序质量的主因，加以调节、控制，才能实现工序质量控制。

2. 工序的活动效果

工序的活动效果就是每道工序的结果是否达到有关质量标准。控制工程的质量指标，是工序质量控制的最终目的。表征工程质量的指标非常多，但可以找出影响工程质量的关键性的特性指标，将其作为工序质量控制的首要对象；在此基础上，再选择次要、一般性的特性指标作为控制对象。

工序质量控制是工程质量控制的关键。工序质量得不到控制，就很难保证工程质量的稳定；即使建立了质量保证体系，如果工序质量控制不好，质量保证体系难以正常运转，工程质量仍然得不到保证。

6.2.7.2　工序质量控制的步骤

工序质量控制为对工序的生产条件和工序的活动效果两方面，实际工作中这是一个反复循环的过程，通过对生产条件、工序的活动效果不断检查、分析、纠正，达到工序质量控制的目的。进行工序质量控制的步骤如下：

（1）工序活动前的控制。要求人、机械、材料、工艺、环境能满足质量要求。

（2）检验。采取必要的手段和工具，对工序进行质量检验。

（3）分析。采用质量统计分析方法对检验所得的质量数据进行分析，找出这些质量数据的变化规律。

（4）判断。根据质量数据分析的结果，判断质量是否正常、合格。若出现异常情况，寻找原因，研究、采取对策和措施加以控制、预防，实现工序质量控制的目的。

（5）找出实施结果与预期目标的差异，分析差异产生的原因，找出影响工序质量的因素，并对各因素进行分析，确定哪些是主要因素。

（6）针对影响工序质量的主要因素，制定对策、采取措施并加以实施。

（7）重复检测。重复步骤（2）～（6），检查制定的措施执行的效果，直到满足要求。

6.2.7.3　质量控制点

质量控制点是指在工程项目施工之前，为保证工程项目作业过程质量而确定的需要重点控制的对象、关键部位或薄弱环节。设置质量控制点，是根据“关键的少数”原理进行质量控制的卓有成效的控制方法，是保证达到施工质量要求的必要前提。对于质量控制点，一般要事先分析可能造成质量问题的原因，再针对原因制定对策和措施进行预控。

不论是结构部位、影响质量的关键工序、操作、施工顺序、技术、材料、机械、自然条件、施工环境等均可作为质量控制点来控制。总的来说，应当选择那些质量保证难度大的、对质量影响大的或者是发生质量问题时危害大的对象作为质量控制点，比如施工过程中的关键工序或环节以及隐蔽工程；施工中的薄弱环节，或质量不稳定的工序、部位或对象；对后续工程施工或对后续工程质量或安全有重大影响的工序、部位或对象；采用新技术、新工艺、新材料的部位或环节。施工单位在工程施工前应根据施工过程质量控制的要求，详细地列出各质量控制点的名称或控制内容、检验标准及方法等，提交工程师审查批准后，在此基础上实施质量预控。如监理工程师对施工单位对质量控制点的设置有不同的意见，应书面通知承包单位，要求予以修改，修改后再上报监理工程师审批后执行。表 6－1列出了某些分部分项工程的质量控制点，可以参考使用。

表 6－1　　质量控制点的设置

分部分项工程		质量控制点
建筑物定位		标准轴线桩、定位轴线、标高
地基开挖及清理		开挖位置、轮廓尺寸、钻孔、装药量、起爆方式、建基面；断层、破碎带、软弱夹层、岩溶的处理；渗水的处理
基础处理	灌浆	孔位、孔深、压水情况、灌浆情况、结束标准、封孔
	基础排水	造孔、洗孔工艺；孔口、孔口设施的安装工艺
	锚桩孔	造孔工艺、锚桩材料质量、规格、焊接、孔内回填

续表

分部分项工程		质量控制点
土石料填筑	土石料	粘粒含量、含水率、石料的粒径、级配、坚硬度、抗冻性
	砌石护坡	石块尺寸、强度、砌筑方法、垫层级配、厚度、孔隙率
	土料填筑	结合部处理、铺土厚度、铺填边线、碾压、压实干密度
	石料砌筑	石块重量、砌筑工艺、砌体密实度、砂浆配比、强度
混凝土生产	砂石料生产	开采、筛分、运输、堆存、质量、含水率、骨料降温措施
	混凝土拌和	配合比、拌和时间、坍落度；温控措施、外加剂的比例
混凝土浇筑	建基面清理	岩基面清理（冲洗、积水处理）
	模板、预埋件	位置、稳定性、内部清理；预埋件情况、保护措施
	钢筋	钢筋品种、规格、尺寸、搭接长度、钢筋焊接、根数、位置
	浇筑	层厚、振捣、积水和泌水情况、埋设件保护、养护、强度

设定的质量控制点，依据其重要程度或其质量后果影响程度的不同，可以分为见证点和停止点，其相应的操作程序和监督要求也不同。

1. 见证点

见证点也称为W点（Witness point），凡是列为见证点的质量控制对象，在施工前承包单位应提前通知监理人员在约定的时间内到现场进行见证和对其施工实施监督。如果监理人员未能在约定的时间内到现场见证和监督，承包单位则有权进行该W点相应工序的施工。

见证点的监理实施程序为：

（1）承包单位应在见证点施工之前一定时间，例如24h前，书面通知监理工程师，说明该见证点准备施工的日期与时间，请监理人员届时到达现场进行见证和监督。

（2）监理工程师收到通知后，应注明收到该通知的日期并签字。

（3）监理工程师应按规定的时间到现场见证，对该见证点的实施过程进行监督、检查并详细记录该项工作所在的建筑物部位、工作内容、数量、质量及工时等后签字，作为凭证。

（4）如果监理人员在规定的时间不能到场见证，承包单位可以认为已获监理工程师默认，则有权进行该项施工。

（5）如果在此之前监理人员已到过现场检查，并将有关意见写在“施工记录”上，承包单位应在该意见旁写明他根据该意见已采取的改进措施，或者写明他的某些具体意见。

2. 停止点

停止点也称为待检点或H点（Hold point），它是重要性高于见证点的质量控制点，通常是针对“特殊过程”或“特殊工序”而言。这里所说的“特殊过程”或“特殊工序”通常是指该施工过程或工序的施工质量不易或不能通过其后的检验和试验得到验证。对该类万一发生质量事故则难以挽救的施工对象，应设置停止点。凡列为停止点的控制对象，要求必须在规定的控制点到来之前通知监理方派员对控制点实施监控，如果监理方未在约定的时间到现场监督、检查，施工单位应停止该停止点相应的工序，并按合同规定等待监理方，未经监理工程师的认可，不能越过该点继续活动。

见证点和停止点通常由工程承包单位在质量计划中明确，并且施工单位应将施工计划和质量计划提交监理工程师审批。如果监理工程师对见证点和停止点的设置有不同意见，应书面通知施工单位，要求予以修改，再报监理工程师审批后执行。

6.2.8 施工阶段质量控制的工作制度

监理机构在施工阶段的质量控制，必须要有一套健全的制度体系作保证，除了一般应遵守的制度外，还应遵循下列制度。

1. 图纸会审制

开工前，组织监理机构人员对图纸进行分析研究和审查，通过审查，预见施工难点、施工薄弱环节和隐患，研究确定监理的预控措施，预防质量事故发生。

2. 技术交底制

在图纸审查的基础上，由监理工程师对有关监理人员进行“四交底”工作，即设计要求交底、施工要求交底、质量标准交底、技术措施交底。

3. 材料检验制

监理工程师应负责检查和审阅施工承包商提供的材质证明资料和试验报告。对材质有怀疑的主要材料，应进行抽样复查，经检查合格的才能使用。

4. 隐蔽工程验收制

隐蔽部位施工前，施工承包商应实行“三检制”，并将评定为合格的工程资料提交监理工程师。监理工程师收到施工承包商的资料后，进行复查，复查合格后，施工承包商才可以进行隐蔽部位的施工。

5. 工程质量整改制

监理工程师对在质量控制过程中发现的一般性质量问题，应及时通知施工承包商进行整改，并做好相应记录；对较大的质量问题或工程隐患，施工承包商在整改后应报监理工程师进行复查、签证。

6. 设计变更制

有关设计变更的事宜，对涉及工程设计文件修改的工程变更，应由建设单位转交原设计单位进行修改；对施工单位提出的工程变更，由总监理工程师组织专业监理工程师审查并提出审查意见；必要时，项目监理机构应建议建设单位组织设计单位、施工单位等召开专题会议研究相关变更。经过批准的工程变更文件属于施工及质量控制的依据，项目监理机构监督施工单位落实。

6.3 质量控制的统计分析方法

利用统计分析方法对质量控制过程中收集到的质量数据进行分析、总结，是监理工程师进行质量控制的重要手段，其主要过程为收集质量数据→整理质量数据→分析质量数据→判断质量状况→找出影响质量的主因→提出改进措施。本节简要介绍有关质量数据的概念及常用的质量数据统计分析方法。

6.3.1 质量数据

质量数据是指对工程（或产品）进行某种质量特性的检查、试验、化验等工作所得的用以描述工程质量特性的数据，这些数据向人们提供了工程的质量评价和质量信息。通过现场检验等途径收集质量数据并进行相应的处理和分析，可以了解生产过程、控制工程质量。

6.3.1.1 质量数据的分类

(1) 按质量数据的本身特征分类，质量数据可分为计量值数据和计数值数据两种。

1) 计量值数据。计量值数据是质量性能指标为连续取值的数据，属于连续型变量，如长度、重量、强度等。这些数据都可以用测量工具、仪器仪表进行测量，如混凝土的抗压强度 28.5 MPa、28.6MPa。工程质量检验得到的原始检验数据大部分属于计量值数据。

2) 计数值数据。计数值数据是指只能计数、不能连续取值的数据。如废品的个数、合格的分项工程数等等。依据计数值数据衍生出来的其他量值也属于计数值数据，如合格率是百分数，由于其原始的分子、分母数据是计数值，所以其也属于计数值数据。

(2) 按质量数据收集的目的不同分类，质量数据可分为控制性数据和验收性数据两种。

1) 控制性数据。控制性数据是指以工序质量作为研究对象、定期随机抽样检验所获得的质量数据，其用途是分析、预测施工过程是否处于稳定状态。

2) 验收性数据。验收性数据是以工程实体的最终质量为研究对象，采用随机抽样检验而获取的，分析、判断其质量是否达到技术标准或用户要求的质量数据。

6.3.1.2 质量数据的波动

由于影响质量的众多因素本身处于变化状态，因此质量数据相应地始终处于波动状态。根据造成质量波动的原因，可将质量数据的波动分成两大类，即正常波动和异常波动。

1. 正常波动

正常波动又称偶然性波动，质量数据的正常波动是由大量微小的偶然性、不可避免的因素造成的。虽然不可避免，但可以采取相应措施减小其对质量的影响。造成质量数据正常波动的因素具有随机性，如材料成分的微小差异、机床的固有振动、工人操作技术上的细微变化等。正常波动对工序质量的影响比较小，其客观存在而且也难以消除。工序质量控制的任务是使正常波动维持在适度的范周内。虽然质量波动的单个观测结果具有随机性，但在受控状态下的大量观测结果呈现某种可以描述的“分布”形式的统计规律性（计量数据大多服从正态分布）。只要质量波动的分布处于规定的控制界限内，就可以说过程“处于受控状态”。

2. 异常波动

异常波动又称系统性波动，是影响质量的因素出现系统性变化而导致质量数据出现波动，如原材料质量不合格、操作违反规程、仪器设备的参数或系数设定错误等。这类数据的实际值与其理论值的差值往往始终为正或为负，或按一定规律变化，而这规律通过少数的质量数据就能体现出来。异常波动是质量控制工作所不允许的，应设法消除，而且是可以采取措施消除的。

6.3.2　质量数据的分析方法

质量数据是工程质量的客观反映，通过对质量数据的整理和分析，判断质量的现状及其变化规律，据以评价质量及可能将出现的问题，为质量控制提供依据。质量数据的分析方法很多，常用的有直方图法、控制图法、排列图法、鱼刺图法、相关图法等。

6.3.2.1　直方图法

直方图法是通过位于一定区间范围内的质量数据出现的频数来分析、研究其分布，判定质量状况的方法，是整理数据、判断和预测生产过程中质量状况的常用方法。

1. 直方图的绘制

直方图的绘制步骤，举例说明：某工程混凝土浇筑过程中，对先后取得的试块测定其抗压强度，如表 6-2 所示。

表 6-2　　混凝土抗压强度数据表

行次	混凝土试块抗压强度/MPa										最大值	最小值
1	34.4	32.3	33.2	32.1	33.3	33.5	33.9	33.3	34.9	33.0	34.9	32.1
2	33.9	32.9	33.1	33.3	33.9	33.3	32.8	32.5	33.4	32.9	33.9	32.5
3	33.8	32.1	32.1	33.2	33.0	33.5	33.6	33.3	33.9	33.8	33.9	32.1
4	33.5	34.1	33.4	34.0	33.6	33.7	33.4	32.8	33.6	33.4	34.1	32.8
5	33.7	34.2	34.0	34.1	33.0	33.5	33.9	32.7	32.9	32.7	34.2	32.7
6	34.1	34.0	33.7	32.6	33.3	33.3	33.6	33.0	33.3	33.5	34.1	32.6
7	33.5	33.7	33.3	33.3	33.7	33.3	34.1	33.5	32.7	34.3	34.3	32.7
8	33.8	33.3	32.8	33.1	33.4	33.9	33.1	32.3	32.5	33.4	33.9	32.3
9	33.4	34.0	33.0	33.3	33.6	32.7	33.7	32.7	34.0	34.4	34.4	32.7
10	34.3	33.1	34.7	33.5	33.1	33.5	33.8	33.1	34.4	32.9	34.7	32.9
最大值，最小值											34.9	32.1

(1) 统计最大值、最小值。分别找出每行的最大值、最小值，记入到每行最后两空格内，然后统计最大值、最小值两列的最大值、最小值，记在最下一行，即为所有数据的最大值、最小值。由表中可知 $X_{max}=34.9$MPa，$X_{min}=32.1$MPa，相应极差 $R=2.8$MPa。

(2) 确定分组数 K。一般数据的数量在 50 个以内时，可分为 5～7 组；数据量在 50～100 个，可为分 6～10 组；数据在 100～250 个时，可分为 7～12 组；数据在 250 个以上，可分为 10～20 组。本示例分为 10 组，即 $K=10$。

(3) 确定组距 h。组距 h 可先试算，再确定。本例中 $h=R/K=2.8/10=0.28$，取定 $h=0.3$。

(4) 确定各组区间范围。这里有个问题需要注意，为了避免数据恰好落在两相邻组的组界上，各组的区间确定时要比原测定的质量数据高一等级。如本例组界的确定：

第一组的下界：$X_{1,min}=32.1-\frac{h}{2}=32.1-\frac{0.3}{2}=31.95$(MPa)

第一组的上界：$X_{1,max}=32.1+\frac{h}{2}=32.1+\frac{0.3}{2}=32.25$(MPa)

后续各组的组距，其下界为前一组的上界，上界为本组的下界加组距 h。依次确定出各组的组界。见表 6－3 所示。

（5）统计频数。确定出质量数据落在各组区间范围的数据频数，从而得到数据的分布频数表，如表 6－3 所示。

表 6－3　混凝土抗压强度数据分组频数表

组号	组区间值	组中值	频数
1	31.95～32.25	32.10	3
2	32.25～32.55	32.40	4
3	32.55～32.85	32.70	9
4	32.85～33.15	33.00	15
5	33.15～33.45	33.30	22
6	33.45～33.75	33.60	20
7	33.75～34.05	33.90	15
8	34.05～34.35	34.20	7
9	34.35～34.65	34.50	3
10	34.65～34.95	34.80	2
总计			100

（6）画直方图。以各组发生频数为纵坐标，各组的区间范围为横坐标，绘出直方图，如图 6－3所示。

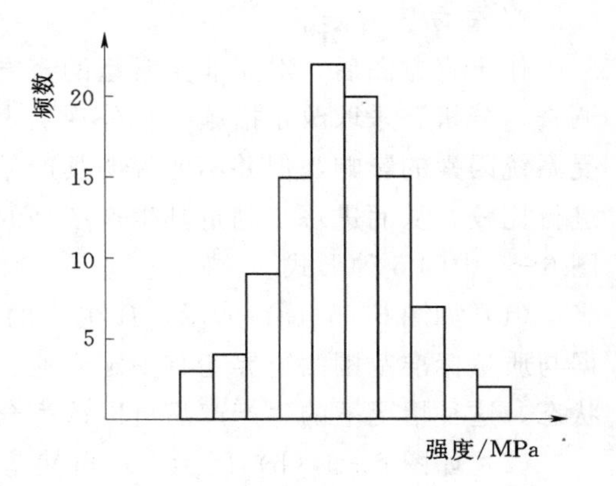

图 6－3　混凝土抗压强度分布直方图

2. 直方图的类型

影响工程质量的因素在生产过程中不断变化，导致质量数据出现不同的分布特征，从而使得直方图呈现不同的外在表现形式，如图 6－4 所示。

（1）正常型，如图 6－4（a）所示，其呈左右对称的单峰型，体现出正态分布的特征。

（2）折齿型，如图 6－4（b）所示，这主要是由于数据分组的组数太多、组距太小造成的。

（3）绝壁型，如图 6－4（c）所示，这种情况主要是人为剔除了不合格的数据，或者是在检测过程中存在某种人为因素。

（4）孤岛型，如图 6－4（d）所示，这主要是由于原材料或操作方法发生了显著变化所致，也可能是临时由他人代班造成。

（5）双峰型，如图 6－4（e）所示，这可能是将来自两个独立的总体（比如两种不同材料、两台机器、两种不同操作方法、两个人的产品）混在一起所致。

（6）缓坡型，如图 6－4（f）所示，这主要是操作中对上限（下限）控制过严所致。

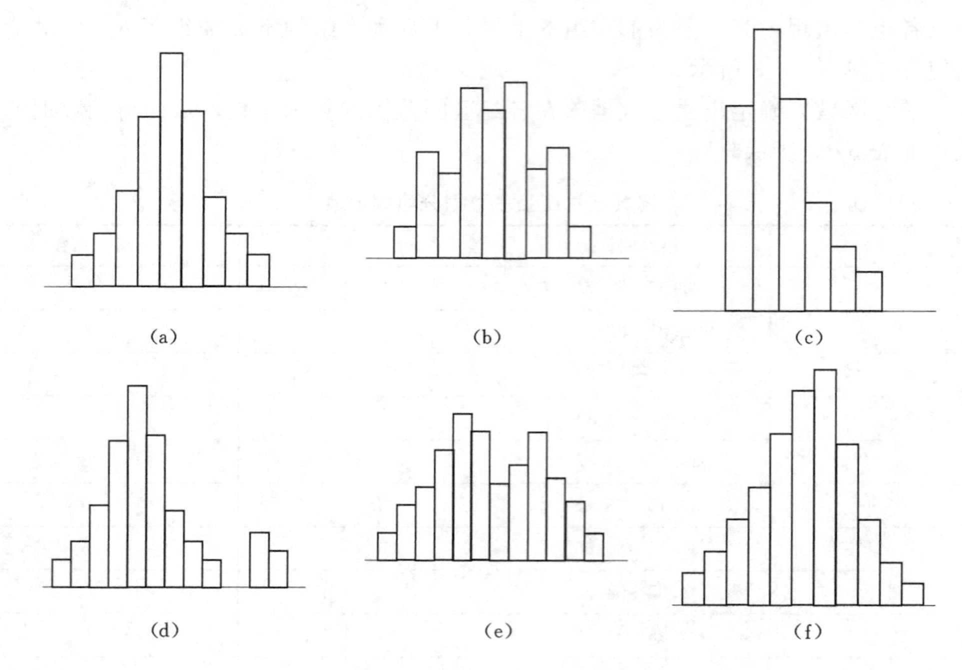

图6-4　直方图分布类型

(a) 正常型；(b) 折齿型；(c) 绝壁型；(d) 孤岛型；(e) 双峰型；(f) 缓坡型

3. 直方图的使用

作出直方图后，对于非正常型的直方图，要依据分析的情况对其生产过程进行相应的调查、分析、采取改正措施。从外观上表现为正常型的直方图，只能判定其生产过程没有受系统因素的影响，但并不能说明其产品质量满足要求；还要将其与质量标准或质量要求进行比较，从而进一步判定其生产产品的质量。正常型直方图与质量标准的比较，一般有图6-5中的6种形式。

(1) 如图6-5 (a) 所示，B在T的中间且B的中心和T的中心相重合，而且实际数据与质量标准范围两边界还有一定余地。这种生产过程是理想的，说明生产过程处于控制状态，这种情况下的生产产品可以认为全部是合格产品。

(2) 如图6-5 (b) 所示，B虽然落在T内，但B的中心偏向T的中心一侧，B的一侧边界与T的一侧边界很靠近或相重合。这种情形下的生产过程，如果一旦发生变化，很容易导致产品的质量超出标准界限而出现不合格产品。对这种生产过程应及时采取措施，使直方图的中心向质量标准的中心移动。

(3) 如图6-5 (c) 所示，B在T的中间且B的两侧边界线接近T的边界线，没有多大的余地，生产过程中一旦有小的变化，产品的质量特性很容易超出质量标准。出现这种情况，应立即采取措施，缩小产品质量波动范围。

(4) 如图6-5 (d) 所示，B在T的中间，但B的边界线远离T的边界线，两侧的余地很大，说明对加工、生产过程控制过严、不经济。在这种情况下，可对原材料、设备、工艺等控制要求适当放宽，有目的地放宽质量波动范围，降低生产成本。

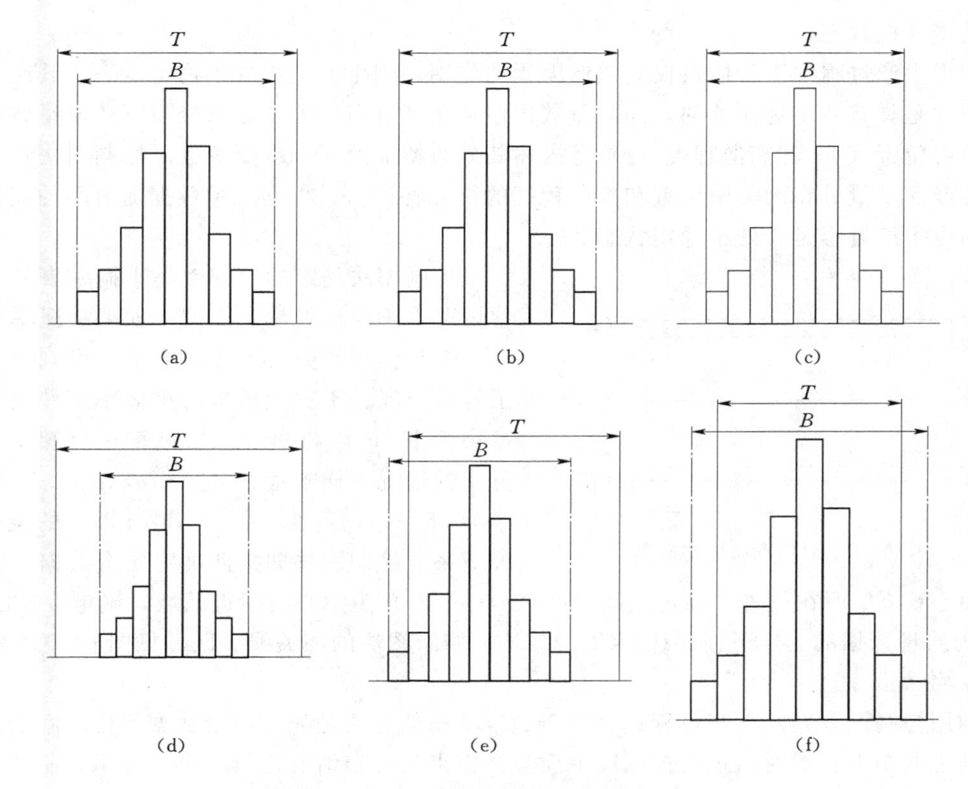

图 6-5 正常型直方图与质量标准的比较

T—质量标准要求范围及界限；B—实际质量数据分布范围

(5) 如图 6-5 (e) 所示，质量分布范围 B 已超出质量标准 T 的下限，说明产品中有不合格品。此时应采取措施进行调整，使产品的质量分布位于质量标准范围之内。

(6) 如图 6-5 (f) 所示，质量分布范围 B 已超出质量标准 T 的上、下限，说明产品质量波动太大、废品很多、对生产的质量控制措施不严。这种情况下应提高生产过程的质量控制措施、力度，使质量分布范围 B 缩小。

4. 直方图的优缺点

直方图相关的计算过程、绘制方法比较简单，形象地表示了产品的质量分布状况，但这是一种静态分析方法，只能反映质量在一段时间的静止状态，不能反映出质量数据随时间变化的规律性，而且要求质量数据的数量较多，数量太少则难以客观反应质量状况。

6.3.2.2 控制图法

控制图有双侧控制图和单侧控制图两类，这里简要介绍控制图的原理及利用双侧控制图来判定质量动态情况的使用方法。

1. 控制图的原理

在生产过程中，产品质量的形成是一动态的过程。为了使产品的质量处于受控状态，必须掌握质量状况随时间变化的过程，并使质量处于稳定状态，控制图是了解生产过程质量变化情况的有效手段。通过控制图，反映出质量的动态变化规律，使得人们可以随时了解工序或产品质量，从事后的质量检查转变为事中的质量控制，有利于及时采取措施，使生产处于受控状态。

如果生产过程中工程质量仅受偶然因素的作用，则生产过程处于稳定状态，其产品质量的波动是具有一定规律性的，即质量数据服从正态分布。处于正态分布下的质量数据的分布中心位置（μ）和离散程度（σ）是描述其分布特征的两个重要参数。控制图法就是依据描述产品质量分布的集中位置和离散程度的统计特征值，根据质量数据随时间的变化情况来判定生产过程是否处于稳定状态。

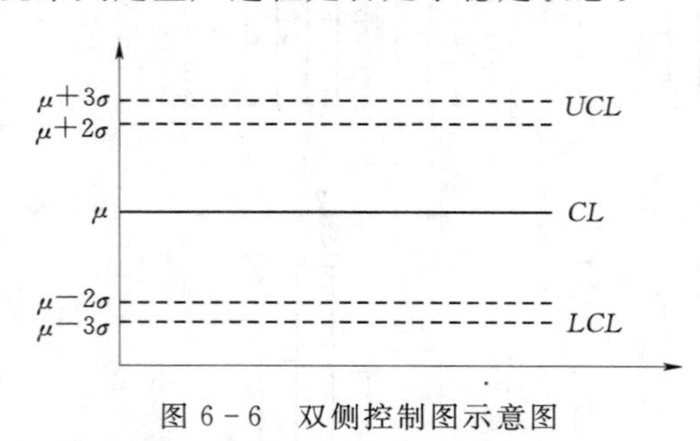

图6-6　双侧控制图示意图

控制图法判定的原则就是小概率事件在正常情况下不应该发生，亦即：如果小概率事件在一个具体的研究对象上发生了，可判定出现了异常情况。工程上所指的小概率事件是指概率小于1%的随机事件。由概率论可知，正态分布的情况下样本落在（$\mu-2\sigma$，$\mu+2\sigma$）的概率为95.4%，落在（$\mu-3\sigma$，$\mu+3\sigma$）的概率为99.7%。控制图法即据此确定质量数据μ的大小为中心线CL所在位置，确定区间（$\mu-2\sigma$，$\mu+2\sigma$）为中心线附近区域，确定$\mu+3\sigma$、$\mu-3\sigma$为质量数据的上、下控制线UCL、LCL。控制图法的相关线、区域见图6-6所示。

2. 控制图的使用

利用控制图来判断生产过程是否处于稳定状态的方法是先将质量数据依据时间的先后绘制到控制图上，然后通过对控制图上质量数据点的分布情况进行分析。如果控制图上的质量数据点同时满足这两个条件：一是质量数据点几乎全部落在控制界限内；二是控制界限内的质量数据点的排列或趋势没有缺陷；则可以判定生产过程处于稳定状态。否则可判定生产过程异常。

（1）质量数据点的位置。质量数据点几乎全部落在控制界限内，是指应符合下面的三个要求：

1）连续25点无超出控制界限的点；

2）连续35点中最多只有1点超出控制界限；

3）连续100点中最多2点超出控制界限。

（2）质量数据点的排列。质量数据点的排列无缺陷是指点的排列是随机的，没有异常现象。点排列的异常现象是指质量数据点的排列呈现出"链"、"多次同侧"、"趋势"、"周期性变动"、"接近控制界限"等情况。数据点排列的各种异常现象如图6-7所示。

1）链。如图6-7（a）所示，就是质量数据点连续出现在中心线一侧的现象。如果出现五点链，应注意生产过程发展状况；如果出现六点链，应开始调查原因；如果出现七点链，可以判定工序出现了异常，需立即采取措施。

2）多次同侧。也称为偏离，如图6-7（b）所示，是指所有的质量数据点，出现在中心线一侧的点数量明显偏多的情形。如果连续11点有10点在中心线的一侧，或连续14点有12点在中心线的一侧，或连续17点有14点在中心线的一侧，或连续20点有16点在中心线的一侧，都可以判定生产工序出现了异常。

3）趋势。如图6-7（c）所示，是指质量数据点呈现连续上升或下降的情形。即使

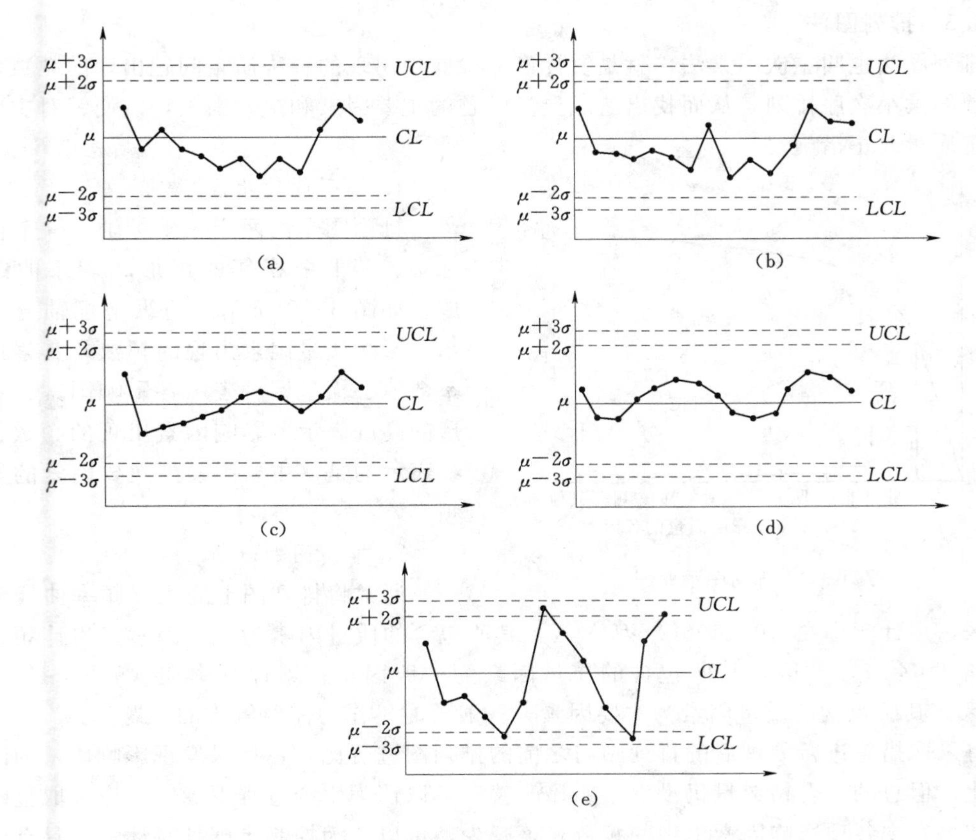

图 6-7 有缺陷的数据点排列示意图

(a) 链；(b) 多次同侧；(c) 趋势；(d) 周期性变动；(e) 接近控制界限

所有的点位都在控制线的界限内，也可以判定生产工序出现了异常情形。

4）周期性变动。如图 6-7（d）所示，是指质量数据点的排列出现周期性变化的情形，即使所有的点位都在控制线的界限内，也可以判定生产工序出现了异常情形。

5）接近控制界限。如图 6-7（e）所示，是指质量数据点落在了（$\mu-3\sigma$，$\mu-2\sigma$）和（$\mu+2\sigma$，$\mu+3\sigma$）的范围内。如果出现了下列情形：连续 3 点至少有 2 点接近控制界限，或连续 7 点至少有 3 点接近控制界限；或连续 10 点至少有 4 点接近控制界限，则可以判定工序出现了异常情况。

控制图的使用，要随着生产过程的进展及时将抽样检验数据绘制成控制图，当点子落在界限上或者界限外，立即可判定生产出现异常；即使点子在界限内，也要及时判定其排列是否有缺陷。

双侧控制图仅适用于对产品质量的上、下界限都需要控制的质量特性，如加工零件的直径、角度的测量、混凝土的坍落度、土坝的填筑土料的含水率等。工程建设上也有一些产品只需要控制其质量特性的上限或下限，如钢铁中杂质含量、混凝土的强度等，这种情况下就要采用单侧控制图。单侧控制图的绘制、使用与双侧控制图相类似，主要的区别在于单侧控制图只有一侧的控制界限，而双侧控制图两侧都有控制界限。

6.3.2.3 排列图法

排列图法也叫主次因素法，就是统计产品检验中出现的各种质量问题出现的频数，按照频数的大小次序排列，从而找出造成质量问题的主要因素和次要因素，以便针对主要因素制定质量改正措施。

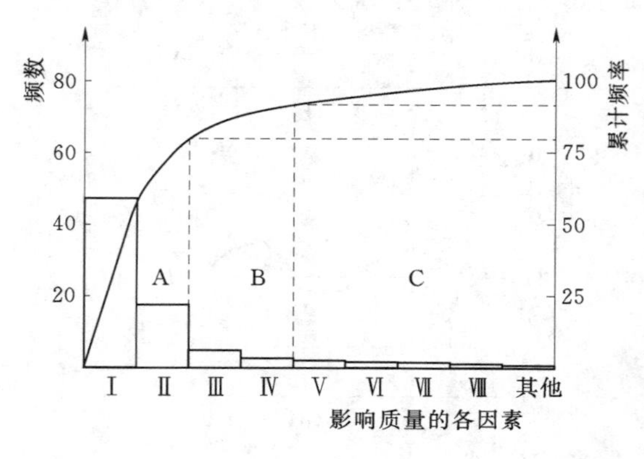

图6-8 排列图示意图

1. 排列图的组成

排列图是由两个纵坐标轴、一个横坐标轴、若干个相邻的矩形和一条曲线组成，如图6-8所示。两纵坐标轴分别表示各影响质量因素出现的频数及其累计频率数值、横坐标轴表示各影响因素、各矩形的高度表示各影响因素出现的频数、曲线表示的是从主要因素到次要因素的累计频率。

2. 排列图的分析

通常将排列图上的累计频率曲线分为三个区，累计频率在（0～80%）为A区，其所包含的质量因素为主要因素；累计频率在（80%～90%）为B区，其所包含的质量因素为一般因素；累计频率在（90%～100%）为C区，其所包含的质量因素为次要因素，一般暂时不作为需要解决的问题。

将采取措施进行处理后的排列图与之前的排列图进行比较，如果发现影响质量的因素有变化，但总的不合格数量仍没发生明显改善，可以认为生产过程不稳定，应采取整改措施；如果发现各项影响因素出现的频数显著减少，可以认为控制措施针对性强、具有明显的作用。

3. 排列图的作用

排列图可以形象、直观地反映影响质量的主次因素，其主要的应用有：

（1）按不合格的内容分类，可以判定造成质量问题的薄弱环节。

（2）按生产工序分，可以找出生产过程中产生不合格品最多的关键过程。

（3）按生产班组分，可以分析、比较各班组的技术水平、质量管理水平。

（4）将采取整改措施前后的排列图进行对比，可以分析措施是否有效。

6.3.2.4 鱼刺图法

鱼刺图是利用影响质量的因素与工程质量的因果关系来系统分析某个质量问题与影响因素之间关系的方法，由于其图形像鱼刺，故称为鱼刺图，也称为特性要因图、树枝图。其使用方法就是把对工程质量有影响作用的各因素加以分析、归类，并在一个图上将其影响关系系统地表示出来，通过分析、归纳、总结，将因果关系弄清楚，然后针对性的采取措施，解决质量问题，使得质量控制过程系统化、条理化。如图6-9所示，从影响混凝土强度的5个要素方面入手，采用鱼刺图的方法来分析影响其质量的各要素。

6.3.2.5 相关图法

相关图又称为散布图，是通过展点、分析、判定两种测定数据之间是否存在相关关系并计算其相关程度的一种方法。工程建设中，需要分析相关关系的主要有三类：质量特性

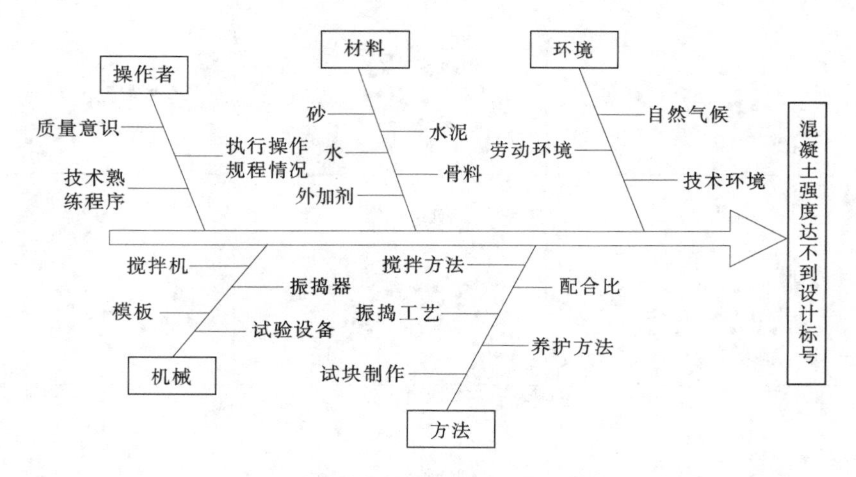

图 6-9 鱼刺法示意图

与质量特性间的关系（如混凝土强度与骨料强度的关系）、质量特性与影响因素间的关系（如钢筋的强度与碳含量的关系）、影响因素与影响因素间的关系（如混凝土搅拌中水的用量与骨料、砂含水量的关系）。

1. 相关图的绘制

相关图的绘制步骤如下：

（1）收集拟分析的两对象的数据；

（2）建立坐标系，分别以 x、y 轴为代表原因或将要控制的因素、代表结果的质量特性；

（3）将整理后的数据点到坐标纸上对应位置，即得相关图。如图 6-10 所示。

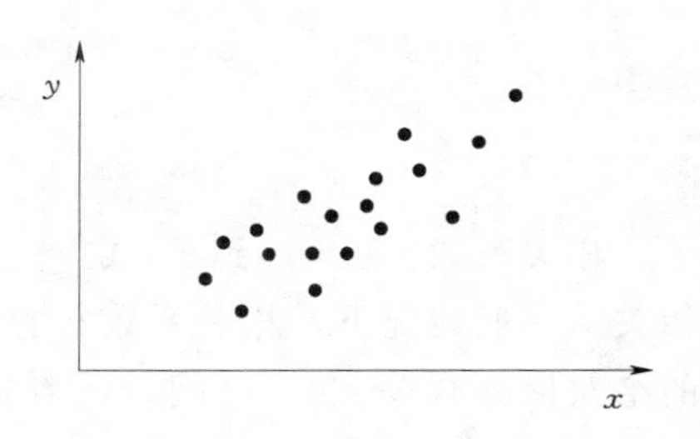

图 6-10 相关图法示意图

2. 相关图的分析

相关图中点的分布情况反映出了两分析对象间的相关性及其相关程度，典型的相关图有如下 6 种，如图 6-11 所示。

（1）强正相关。如图 6-11（a）所示，随 x 值增加，y 值也随之增加，点的分布密集。这种情况下，正确控制 x 的变化，即能控制 y 值的变化。

（2）弱正相关。如图 6-11（b）所示，随 x 值增加，y 值总的趋势也随之增加，但是点的分布比较分散。这种情况下，说明 y 受 x 的影响之外，还受其他因素的影响。

（3）强负相关。如图 6-11（c）所示，随 x 值增加，y 值随之减小，点的分布密集。这种情况下，正确控制 x 的变化，同样也能控制 y 值的变化。

（4）弱负相关。如图 6-11（d）所示，随 x 值增加，y 值总的趋势也随之减小，但是点的分布比较分散。这种情况下，说明 y 受 x 的影响之外，还受其他因素的影响。

（5）非线性关系。如图 6-11（e）所示，x 和 y 的关系不是直线关系，而是曲线关系。

（6）不相关。如图 6-11（f）所示，x 和 y 之间没有明显的规律性。

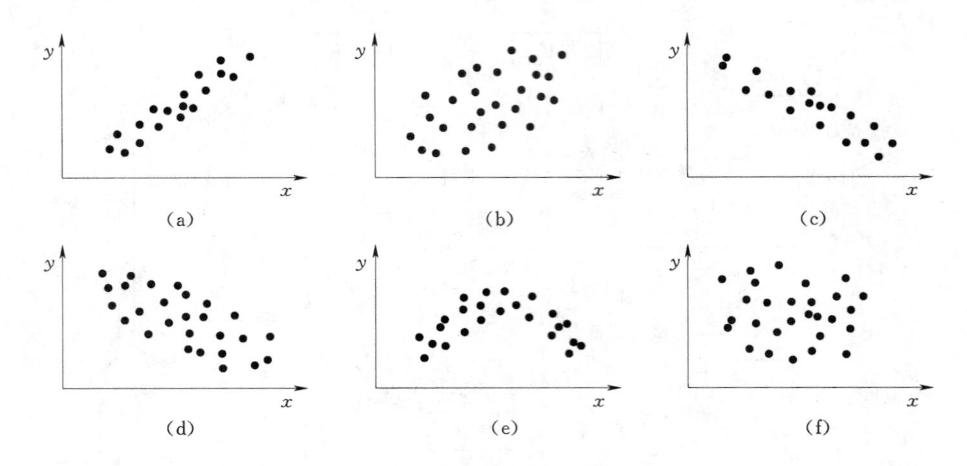

图6-11　典型相关图示意图

(a) 强正相关；(b) 弱正相关；(c) 强负相关；(d) 弱负相关；(e) 非线性相关；(f) 不相关

3. 相关系数的计算

相关系数 r 是定量表示两对象之间相关程度的指标，其值的大小可用式（6-1）计算，前提是两对象的影响因素或质量特性应是服从正态分布。

$$r=\frac{L_{xy}}{\sqrt{L_{xx}L_{yy}}} \tag{6-1}$$

其中

$$L_{xx}=\sum(x_i-\overline{x})^2$$

$$L_{yy}=\sum(y_i-\overline{y})^2$$

$$L_{xy}=\sum(x_i-\overline{x})(y_i-\overline{y})$$

相关系数 r 在-1到$+1$之间。当 $r>0$，可判定两者正相关；当 $r<0$，可判定两者负相关。一般情况下，相关系数 r 的绝对值在0.3以下，可判定两者线性相关程度微弱，r 的绝对值在0.3～0.5之间，可判定两者存在低度线性相关；r 的绝对值在0.5～0.8之间，可判定两者存在显著线性相关；r 的绝对值在0.8以上，可判定两者高度线性相关。

4. 相关图的使用注意事项

要利用相关图法来判定两分析对象间的相关程度，应注意以下几点：

(1) 数据量要足够多，最好不少于20个。

(2) 变化量 x 的取值范围应足够大，这样才能全面反映两对象间的相互关系。

(3) 两分析对象应采用同类型的数据。

6.4 质量事故处理

工程建设原则上是不允许出现质量事故的，但由于影响工程质量的因素很多，而且影响因素一直处于变化状态，因此质量事故是很难完全避免的。通过质量自控主体和监控主体的共同努力，对质量事故的产生进行防范，可以避免质量事故产生后进一步恶化，将危害降低到最低程度。对工程建设中出现的非监理工程师的过失或失职造成的质量事故，监理工程师不承担责任，但应负责组织对质量事故的分析和监督处理工作。

6.4.1 质量事故的概念

根据国际标准化组织（ISO）有关质量、质量管理和质量保证标准的定义，凡是工程产品质量没有满足某个规定的要求，就称为质量不合格。根据我国有关法规、条例的规定，质量事故就是工程在建设中或投入运行后，由于设计、施工、材料、设备等原因造成工程质量不符合规程、规范或合同规定的质量标准，影响工程使用寿命或正常运行，或造成经济损失、人员伤亡或者其他损失的意外情况。

有不少的质量事故往往开始被误认为是一般的质量缺陷，随着时间的推移，最终可能发展为质量事故，最终导致处理困难，或根本无法补救。因此，对于除了明显是一般质量缺陷之外的质量问题，应认真分析，采取必要措施，避免误判质量问题。

6.4.2 质量事故的特点

影响工程质量的因素来自多方面，而且工程建设活动具有一次性、流动性、综合性、协作性等特点，使得质量事故具有复杂性、严重性、可变性、多发性的特点。

（1）质量事故的复杂性。建筑工程的生产过程是人和生产机械随产品流动，产品千变万化，并且是露天作业多，受自然条件影响多，受原材料、构配件质量的影响多，施工工序多，施工方法千差万别，受人为因素的影响大。即使是同一种质量事故，导致的原因有时也截然不同。比如水利大坝工程出现裂缝，可能是设计对地质情况考虑欠全、计算错误、温度控制不当、建筑材料有质量问题等。所以导致质量事故的原因也极其复杂，增加了质量事故的原因和危害分析的难度，相应的工程质量事故的判断和处理也就比较困难。

（2）质量事故的严重性。建筑工程是一项特殊的产品，不像一般的生活用品可以报废、降低使用等级或使用档次。如果发生工程质量事故，不仅会影响工程顺利进行，增加工程费用，拖延工期，甚至还会给工程留下隐患或缩短工程使用寿命，危及社会和人民生命财产的安全。

（3）质量事故的可变性。一般情况下工程质量问题不是一成不变的，而是随着时间的推移而变化着。材料特性的变化、荷载和应力的变化、外界自然条件和环境的变化等，都会引起原工程质量问题不断发生变化。比如土坝的渗透破坏问题，一般开始在下游坡面出现散浸、冒浑水等现象，当水头逐渐增大、水库蓄水时间越久，就可能发展成管涌、流土，最终可能导致大坝溃决。

（4）质量事故的多发性。

建设工程产品受人和原材料多变等影响，造成某些工程质量事故经常发生，降低了建筑标准，影响建筑物的使用功能及外在美观，甚至危及使用安全。比如混凝土出现蜂窝、麻面、表面裂缝等情形。对此应总结经验，吸取教训，采取有效的预防措施。

6.4.3 质量事故的成因

导致工程质量事故发生的因素主要是4M1E，从这5方面来分析，质量事故的发生原因可以归纳为如下几方面。

1. 违背建设程序

基本建设程序是工程建设活动必须遵循的先后顺序，是多年工程建设的经验总结。违反基本建设程序的情形主要有：可行性研究不充分或者根本不进行可行性研究、违规承揽工程建设项目、违反设计顺序、违反施工顺序等。有些工程不按基建程序办事，例如未搞清地质情况就仓促开工；边设计、边施工；基础未经验收就进行上部施工；无图施工；不经竣工验收就交付使用等若干行为，常是导致重大工程质量事故的重要原因。

2. 违反法规行为

例如无证设计；无资质队伍施工；越级承揽设计任务；越级施工；工程招、投标中的不公平竞争；超常的低价中标；施工图设计文件未按规定进行审查，施工单位擅自转包、层层分包；施工图设计文件未按规定进行审查，施工单位擅自修改设计，不按设计图施工等情形，难以保证设计、施工质量。

3. 地质勘探失误或基础处理不当

未认真进行地质勘察或钻孔的深度、间距、布设范围不符合规定要求，地质资料不能全面反映实际的地基情况等，使得对地下情况不清，或对基岩起伏、土层分布误判，或未查清裂隙、软弱夹层、孔洞等地质构造，或对地下水位评价错误等。错误的地质资料会导致采用不恰当或错误的设计方案，造成建筑物不均匀沉降、失稳，从而使得上部结构或墙体开裂、破坏，或引发建筑物倾斜、倒塌等质量事故。对软弱土、回填土、杂填土、湿陷性黄土、膨胀土、土洞、岩层出露等不均匀地基未进行处理或处理措施不当，给质量事故埋下隐患。必须根据地基的实际特性，从地基处理、结构设计、施工等各方面综合考虑，选择合适的处理措施。

4. 设计差错

对设计规范未准确理解，结构构造不合理，采用不正确的设计方案，计算简图与实际受力情况不符，有关参数、系数取值错误，荷载取值过小或漏掉了应该考虑的荷载，内力分析有误，沉降缝或变形缝设置不当，断面使用错误，以及计算错误等，都是引发质量事故的隐患。

5. 施工与管理不到位

主要的情形有：擅自修改设计，偷工减料或不按图施工；仓促施工，盲目施工；不遵守有关的施工规范或操作规程；施工人员缺乏专业知识，野蛮施工；施工管理制度不完善，施工方案考虑不周，施工顺序混乱、错误，房屋楼面上超载堆放构件和材料；疏于检查、验收等等，均将给质量和安全造成严重后果。

6. 使用不合格的原材料、制品及设备

水泥过期、结块或保管不善导致受潮；骨料含泥量及有害物质含量超标；混凝土外加剂质量不符合要求；钢筋型号使用错误或使用“瘦身钢筋”等情形，导致发生质量事故。

7. 自然环境因素

工程建设施工活动露天作业多，受外界自然条件影响较大，空气温度、湿度、风、日晒等均可能成为质量事故的原因，施工中均应特别注意并采取有效的措施预防。

8. 建筑物使用不当

例如擅自对建筑物进行加层，房屋装修中随意拆除承重强（柱）或在承重结构上开槽、打洞以至削弱承重结构截面，或在屋面上安置较重设备或震动设备等使用不当情形，会导致质量事故发生。

6.4.4 质量事故的处理程序

当发生工程质量问题，监理工程师应按照下列程序进行处理：

(1) 发生工程质量问题，监理工程师首先判定其严重程度。对于一般的质量缺陷等可以通过修补等措施可以挽救的，可以签发《监理通知》，责成施工单位进行质量问题调查、提出处理措施，报监理工程师审核后，由承包单位处理，并对处理过程进行跟踪检查、对处理结果进行验收。

(2) 对需要加固补强的质量问题，或其质量影响后续工序、上部工程的，监理工程师签发《工程暂停令》，责令施工单位暂停有质量部位或工序及相关部位、工序的施工，并责成施工单位写出质量问题调查报告，并报送经设计等相关单位认可的处理方案，监理工程师负责跟踪检查处理过程并对处理结果进行验收。

(3) 施工单位接到《监理通知》或《工程暂停令》后，应立即进行质量问题调查、研究是否采取临时防护措施及质量问题处理的建议方案、对该质量问题的防控措施，写成质量问题调查报告。

(4) 监理工程师审核、分析质量问题报告，判断和确认质量问题产生的原因，并审核签认质量问题处理方案。

(5) 监督施工单位按质量处理方案进行处理。

(6) 施工单位处理完质量问题部位、工序后，监理工程师组织有关人员对处理结果进行检查、鉴定和验收。

工程质量事故处理的步骤，一般可按图 6-12 所示进行。

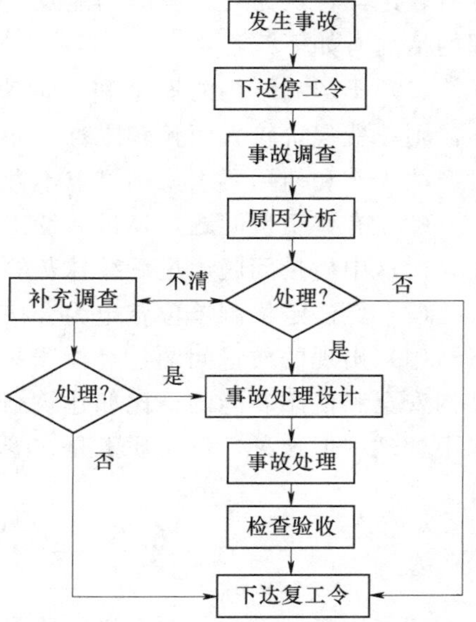

图 6-12 质量事故分析处理步骤

6.4.5 质量事故处理的原则及方法

6.4.5.1 质量事故处理的原则

质量事故报告和调查处理，既要及时、准确地查明事故原因，明确事故责任，使责任人受到追究；同时又要总结经验教训，落实整改和防范措施，杜绝类似事故再次发生。

为此，事故处理要实行"四不放过"原则。"四不放过"，即事故原因未查明不放过，责任人未处理不放过，整改措施未落实不放过，有关人员未受到教育不放过。这是事故调查处理工作的根本要求。

对于质量事故造成的损失，若施工质量事故是由施工单位造成，则由施工单位承担相应的费用及损失；若不是施工单位的原因，则施工单位可就该质量事故对本单位造成的损失向建设单位提出索赔；若是设计单位、监理单位的责任，则建设单位可依据设计合同、监理合同中相应条款，向责任单位提出赔偿。

6.4.5.2 质量事故处理的方法

对工程施工中出现的质量事故，根据其严重程度以及对工程影响的大小，可以采取如下三种措施。

1. 修补处理

这是最常用的一种处理方法，通常是某一分部、分项的质量虽然没有达到规范、标准或设计的要求，存在一定的缺陷，但是可以通过修补的办法予以补救而并不影响工程的外观和正常运行。可以通过修补的办法来补救工程质量的质量事故，是工程施工中大量、经常发生的。

2. 返工处理

工程质量未达到规定的标准和要求，存在严重的质量问题，对建筑物的使用及安全存在严重的威胁，而且无法通过修补处理措施来纠正的质量事故，必须采取返工措施。

3. 不处理

某些工程质量问题虽然不符合规定的要求和标准，但根据相关检测单位和设计单位的分析、论证，认为对工程的功能及安全影响不大，则可不做专门处理。通常不用做专门处理的情况有如下几种：

（1）不影响结构的安全和正常使用。比如有的建筑在施工中发生错位事故，若要纠正，则花费代价较大而且较困难，如果经分析论证，只要建筑物结构安全，不影响建筑物投产的工艺和使用要求，则可以不做处理。

（2）有些质量问题，经过后续工序可以弥补。如混凝土墙板上出现了轻微的蜂窝、麻面，而这中质量问题通过后续抹灰等工序即可弥补，则没必要对该类事故进行处理。

（3）经法定检测单位鉴定为合格。

（4）出现的质量问题，经检测鉴定未达到设计要求，但经原设计单位核算，仍能满足结构安全和使用功能的。比如建筑结构断面削弱，但经核算，仍能承受设计的荷载，则可以不处理。但这种情形实质上是在挖掘设计的余地，对这种质量事故的处理要特别慎重。

6.5　工程质量评定及工程验收

工程质量评定是承包商进行质量控制结果的表现，也是竣工验收确认质量的主要法定方法和手段，主要由承包商来实施，并经第三方的工程质量监督部门或竣工验收组织确认。工程项目竣工验收是工程建设的最后一个程序，是全面检验工程建设是否符合设计要求和施工质量的重要环节；也是检查承包合同执行情况，促进建设项目及时投产和支付使用；同时，通过竣工验收，总结建设经验，全面考核参建各方的建设、管理成果，为今后的建设工作积累经验。

6.5.1　工程质量评定

对工程进行验收前，必须进行工程质量评定。对整个项目进行质量评定，应首先评定各分项工程的质量，以各分项工程的质量来综合评定分部工程的质量，再以分部工程的质量来综合评定单位工程的质量，在质量评定的基础上，再与工程合同及有关文件相对照，决定项目能否验收。

6.5.1.1　分项工程质量评定

1. 分项工程质量评定的主要内容

分项工程质量评定的主要内容可划分为保证项目、基本项目和允许偏差项目三类。

（1）保证项目。保证项目是在质量评定中必须达到的指标要求，是保证工程安全或主要使用功能的重要检验项目。条文中采用“必须”或“严禁”词语表示，以突出其重要性。保证项目具体包括以下几个方面：

1）重要材料、半成品、成品及附件的材质、性能等，检查出厂证明及试验数据。

2）结构的强度、刚度和稳定性等检验数据、检查试验报告。

3）工程进行中和完成后必须进行检测，现场抽查或检查测试记录。

（2）基本项目。基本项目是对结构的使用要求、使用功能、美感外观等都有较大影响，要求应基本符合规定要求的指标内容，其重要性仅次于保证项目，须按规定标准逐项评定等级，具体内容如下：

1）允许有一定的偏差，但又不宜纳入实测的项目。

2）不能确定偏差值，又允许出现一定缺陷的项目。

3）可因处于不同影响部位而区别对待的项目。

4）可用定性评判方法区分质量程度的项目。

（3）允许偏差项目。允许偏差项目是指分项工程检验项目中，允许有一定偏差范围的项目。允许偏差值的具体取值应结合对结构性能或使用功能、观感质量等的影响程度确定。

2. 分项工程质量评定的等级标准

分项工程质量评定等级依据保证项目、基本项目和允许偏差项目综合评定，只划分为“合格”与“优良”两个等级，不列废品等级。达不到合格标准的工程必须返工。

（1）合格。

1）保证项目必须符合相应质量检验评定标准的规定。

2）基本项目抽检的处（件）应符合相应质量检验评定标准的合格规定。

3）允许偏差项目抽检的点数中，建筑工程有70%及其以上，建筑设备安装工程有80%及其以上的实测值应在相应质量检验评定标准的允许偏差范围内。

（2）优良。

1）保证项目必须符合相应质量检验评定标准的规定。

2）基本项目每项抽检的处（件）应符合相应质量检验评定标准的合格规定；其中有50%及其以上的处（件）符合优良规定，该项即为优良；优良项数应占检验项数50%及其以上。

3）允许偏差项目抽检的点数中，有90%及其以上的实测值应在相应质量检验评定标准的允许偏差范围内。

3. 分项工程质量的检验评定

分项工程质量的检验评定，监理工程师必须严格按照相应的验收规范选择检查点数，经检查后将结果填入分项工程质量检验评定表，然后按表中要求计算相关项目的合格率、优良率，最后依据验收规范确定出该分项工程的质量等级。

6.5.1.2　分部工程质量评定

分部工程的质量评定是在分项工程质量评定的基础上进行的。

1. 分部工程质量评定的等级标准

分部工程的质量等级也只划分为“合格”与“优良”两个等级，是由其所包含的分项工程的质量评定等级基础上，通过统计来确定的。

(1) 合格。所含分项工程的质量全部合格。

(2) 优良。所含分项工程的质量全部合格，其中有50%及其以上为优良，其中主要分项工程、重要隐蔽工程及关键部位的分项工程质量优良，且未发生过质量事故。

2. 分部工程质量评定的注意事项

(1) 分部工程的基本评定方法是用统计方法评定。所含的分项工程，都必须达到合格标准，才能对分部工程进行质量评定。

(2) 在用统计方法评定的同时，指定的主要分项工程必须达到优良。

(3) 地基与基础和主体分部工程对工程结构安全方面起关键作用，多数属于隐蔽工程，而且施工技术较复杂，但施工过程中的施工试验记录数据充分反映了该分部工程的质量状况。对这两个分部工程的质量，由企业技术部门和质量部门组织核定并进行现场检查。具体工作包括以下几个方面：

1) 检查各分项工程的项目评定结论是否满足分部工程质量评定要求。

2) 系统核查主要质量保证资料。原材料质量证明，混凝土、砂浆配比及试块强度等质量保证资料是否具备和数据正确，是否达到评定标准和设计要求。

3) 现场检查。基础工程或主体结构完成后，在进行回填或装饰前及时进行现场检查。

6.5.1.3　单位工程质量评定

1. 单位工程质量评定内容

(1) 分部工程质量等级汇总。质量评定工作中，把分项工程质量的评定作为保证分部工程和单位工程质量的基础。若发现分项工程质量达不到合格标准，必须进行返工或修理，合格后才能进行下道工序。将过程控制体现在质量评定工作中，这样分部工程质量才有保证，单位工程的质量相应也就有了保证。

(2) 质量保证资料核查。主要是对建筑结构、设备性能和使用功能方面的主要技术性能的核验。每个分项工程在质量评定中，虽对主要技术性能都进行了检验，但受检验的局限性，对一些主要技术性能还不能作出全面的、系统的结论。因此，就需要通过检查单位工程的质量保证资料，对主要技术性能进行系统的、全面的评定。质量保证资料对一个分项工程来讲，只有符合与不符合要求的区分。对一个单位工程来讲，就是检查要求的资料是否能够反映结构安全和主要使用功能达到设计要求。

(3) 观感质量评定。观感质量评定是在工程全部竣工后进行的一项重要评定工作，是全面评价一个单位工程的外观及使用功能质量，是在实地对工程进行一次宏观的、全面的检查，包括核查分项、分部工程核验评定的正确性，以及对在分项工程检验评定中，当时还不能检查的项目进行核验等。如工程是否发生不均匀沉降、有没有出现裂缝、是否出现渗水等。对于这些项目的检验，在分项工程评定时是无法进行的，只有通过单位工程观感质量检查时，能看出其质量状况。

2. 单位工程质量评定等级标准

单位工程质量由分部工程质量等级、质量保证资料核查和观感质量评定三个方面综合评定，结论只分为“合格”与“优良”两个等级。

(1) 合格。

1）所含分部工程的质量应全部合格。

2）质量保证资料应基本齐全。

3）观感质量的评定得分率应达到70%及其以上。

（2）优良。

1）所含分部工程的质量应全部合格，其中有50%及其以上优良，主要分部工程质量优良，且施工中未发生过重大质量事故。

2）质量保证资料应基本齐全。

3）观感质量的评定得分率应达到85%及其以上。

6.5.1.4　工程项目质量评定

工程项目质量评定等级只分为合格、优良两个等级。

（1）合格。要求单位工程质量全部合格。

（2）优良。要求单位工程质量全部合格，其中有50%以上的单位工程优良，且主要单位工程为优良。

6.5.1.5　质量评定的组织工作

分项工程质量由施工单位质检部门组织评定，监理单位复核；重要隐蔽工程及工程关键部位在施工单位自评合格后，由监理、质量监督、设计、施工单位共同核定质量等级；分部工程质量评定在施工单位质检部门自评的基础上，由监理单位复核，报质量监督机构审查核定；单位工程质量评定在施工单位自评基础上，由监理单位复核，报质量监督机构核定；工程项目的质量等级由质量监督机构在单位质量评定的基础上进行核定。

6.5.2　工程验收

工程验收是工程建设质量控制的重要手段，主要包括中间验收和竣工验收两方面。中间验收主要是对生产过程的中间产品进行验收，实行的是过程控制；竣工验收是对建设最终产品的质量验收，实行的是终端把关。

在目前我国实行招投标、合同管理的条件下，工程验收分为中间验收、竣工验收、最终验收和国家验收。前三类验收均是针对合同工程的验收。如竣工验收是对某一合同而言，每一合同至少有一次竣工验收。这里简要介绍合同条件下工程验收的有关问题。

6.5.2.1　工程验收的依据和目的

1．工程验收的依据

在合同条件下，工程验收的依据，笼统来说，是工程承包合同，具体来说包括组成合同的下列文件：

（1）合同条款。

（2）批准的设计文件和设计图纸。

（3）批准的工程变更和相应的文件。

（4）被引用的各种规程、规范和标准。

2．工程验收的目的

不同类型的工程验收，其目的是有差异的，但归结起来有下列几方面：

（1）检查工程施工是否达到批准的设计要求。

（2）检查工程的设计、施工及设备制造有何缺陷，如何处理。

(3) 检查工程是否具备使用条件。

(4) 检查设计提出的、为管理所必需的手段是否具备。

(5) 及时办理工程交接，发挥投资效果。

(6) 总结建设中的经验教训，为管理和技术进步服务。

6.5.2.2　中间验收

在合同环境下，中间验收是指在合同履行过程中的验收，主要是指关键部位的分部分项工程验收及隐蔽工程验收。

在施工质量控制工作中，一般对隐蔽工程特别强调中间验收工作。隐蔽工程是指那些施工完毕后将被下一道工序的继续施工所遮盖，而无法或很难再对它进行检查的那些分部分项工程。工程建设中的基础开挖或地下建筑物开挖完毕后的工程就属于隐蔽工程。因为这样性质的分部分项工程，具有被遮盖的特殊性。因此，必须在其被隐蔽前进行严格验收，以防存在质量隐患。隐蔽工程由于时间性较强，即使工程量小，也应进行工程验收。隐蔽工程验收过程中，应认真填写“隐蔽工程验收记录”，这是工程质量保证的重要文件之一，是竣工技术资料的重要组成部分，是运行管理单位维护、改建和扩建工程以及工程交付使用前后进行质量事故原因分析、责任分析和事故处理的技术依据。因此，施工承包商工程技术人员必须认真填写“隐蔽工程验收记录”，监理工程师必须进行认真审核。经检查鉴定，如无异议即在隐蔽工程验收记录上签字。如有遗留问题，必须处理合格后，方可覆盖。

中间验收是在承包商自检的基础上进行，并由承包商向监理工程师提交中间验收申请。监理工程师收到验收申请后，应立即组织测量人员进行复测，地质人员检查地质素描和编录（若是隐蔽工程）。然后组织设计、测量、地质、试验、运行管理人员，以及质量监督站有关人员参加验收。

6.5.2.3　竣工验收

竣工验收是指承包商按合同文件要求，基本完成了施工内容，质量符合要求，具备投产和运用条件，可以正式办理工程移交前的工程验收。

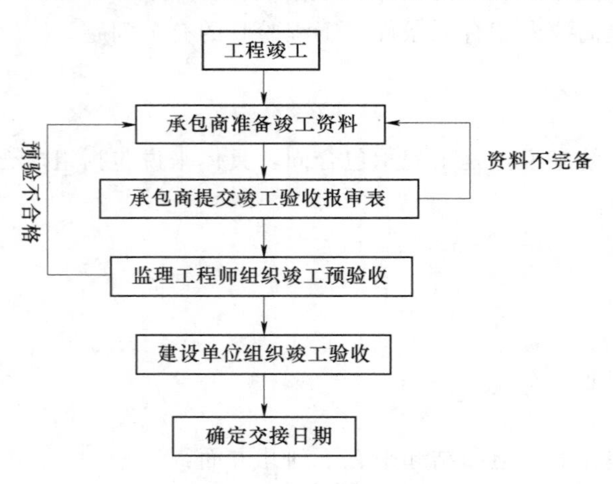

图6-13　竣工验收程序图

1. 竣工验收程序

竣工验收程序如图6-13所示。

2. 竣工验收的准备工作

在工程项目竣工验收之前，监理工程师应督促承包商做好下列竣工验收准备工作。

(1) 完成收尾工程。收尾工程的特点是零星、分散、工程量小，但分布面广，某些收尾工程若不及时完成，将会直接影响项目的投产或交付使用。要求承包商通过竣工前的预检，作彻底的清查，按设计图纸和合同要求，逐一对照，找出遗漏项目和修补工作，制定作业计划，及时完成合同内的工程内容。

（2）竣工验收资料准备。竣工验收资料和文件是工程项目竣工验收的重要依据，从施工开始就应完整地积累和保管，竣工验收时应编目建档。

（3）竣工验收前的预验收。承包商在竣工验收前的预验收，是初步鉴定工程质量，保证竣工验收工作的顺利进行不可缺少的工作。通过预验收，可及时发现遗留问题，事先予以返修、补修。

3. 竣工验收条件

工程竣工验收应具备下列条件：

（1）工程已按合同要求完成，质量符合要求，能够正常使用，并且中间验收也合格。

（2）中间验收时发现的问题已基本处理完毕。

（3）按合同和设计文件所提出的投产或交付使用，以及管理条件已经具备。

（4）有工程施工的主要建筑材料、建筑构配件和设备的进场试验报告。

（5）即使个别单项工程尚未完建，或少量非主要设备尚未解决，而短期内又难以解决，但不影响整个工程初期正常运行者，也可以组织竣工验收。在验收工作中要落实收尾工程处理措施，并由承包商提交书面保证。

4. 竣工验收资料及其审核

竣工验收资料是工程项目竣工验收的重要依据之一，承包商应按合同要求提交全套竣工验收所必需的工程资料；经监理工程师审核确认无误后，方能同意竣工验收。

（1）竣工验收的资料内容。主要有：

1）工程项目开工报告。

2）工程项目竣工报告、竣工图。

3）分部分项工程施工技术人员名单。

4）图纸会审和设计交底记录。

5）工程变更通知单和核实单。

6）工程质量事故分析处理资料。

7）变形监测点、水准点等的测量记录。

8）材料、设备、构件的质量检验资料。

9）中间验收记录及相关资料。

10）试验、检验报告及有关质量评价资料。

11）施工大事记。

12）施工过程中发现的问题和处理意见。

（2）竣工验收资料的审核。监理工程师主要进行以下几方面的审核：

1）材料、设备、构件质量检验资料的审核。要求这几方面的资料必须如实反映情况，不得擅自修改、伪造和事后补做。

2）试验、检验及有关质量评价资料的审核。各种试验、检验资料要完整，分类进行整编。其他质量评价资料，如质量评定资料，要齐全。

3）中间验收（包括隐蔽工程）记录及施工记录审核。

4）竣工图审核。竣工图是真实地记录各种地下、地上建筑物等详细情况的技术文件，是对工程交工验收、维护、扩建、改建的依据，也是工程使用单位长期保存的技术资料。

5. 正式验收

工程建设项目的正式竣工验收应由建设单位组织，验收过程中提出的整改问题，监理单位应督促施工单位及时整改。工程质量符合要求的，总监理工程师应在工程竣工验收报告中签署意见，并在承包商和建设单位约定好工程交接日期后签发工程移交证书。

6.5.2.4 最终验收

最终验收是指遗留问题和工程质量缺陷处理完成后，在缺陷责任期期满时的工程验收。这主要是对遗留问题和质量缺陷处理后的检查验收。验收合格，即符合合同规定要求的，应签发最终验收证书或缺陷责任期终止证书。

6.5.3 缺陷责任期的质量控制

6.5.3.1 缺陷责任期的概念

《建设工程质量保证金管理暂行办法》（建质〔2005〕7号）规定缺陷责任期是指承包单位对所完成的工程产品预留质保金（质量保证金）的一个期限；并指明缺陷是指建设工程质量不符合工程建设强制性标准、设计文件，以及承包合同的约定；规定缺陷责任期一般为6个月、12个月或24个月，具体可由发、承包双方在合同中约定。

所谓质量保证金，是指发包人与承包人在建设工程承包合同中约定，从应付的工程款中预留，用以保证承包人在缺陷责任期内对建设工程出现的缺陷进行维修的资金。缺陷责任期内，由承包人原因造成的缺陷，承包人应负责维修，并承担鉴定及维修费用。如承包人不维修也不承担费用，发包人可按合同约定扣除保证金，并由承包人承担违约责任。承包人维修并承担相应费用后，不免除对工程的一般损失赔偿责任。由他人原因造成的缺陷，发包人负责组织维修的，承包人不承担费用，且发包人不得从保证金中扣除费用。

缺陷责任期从工程通过竣（交）工验收之日起计。由于承包人原因导致工程无法按规定期限进行竣（交）工验收的，缺陷责任期从实际通过竣（交）工验收之日起计。由于发包人原因导致工程无法按规定期限进行竣（交）工验收的，在承包人提交竣（交）工验收报告90天后，工程自动进入缺陷责任期。

一般情况下，一个合同工程经过竣工验收后，监理工程师应签发一次交接证书，亦即将工程移交给了业主。下面三种情况，承包商可以向监理工程师申请颁发工程移交证书：

（1）在合同中明确列明，有单独竣工日期的部分工程。

（2）已经竣工，并使监理工程师满意，且已被业主占用或成了其他永久工程的主要部分，但合同另有规定者除外。

（3）在竣工前，业主已选择占用，这种占用在合同中无规定，或是属于临时性措施，而未取得承包商的同意。

上述情形中的部分工程的缺陷责任期很可能会超过合同中规定的时间。在FIDCI中规定，承包商可以多次向监理工程师申请颁发交接证书，但整个合同的缺陷责任期的终止时间只有一个，即监理工程师最后一次签发交接证书所对应的工程的缺陷责任期的终止时间。

6.5.3.2 缺陷责任期的质量责任

承包商应在缺陷责任期终止前，尽快完成监理工程师在交接证书上明列的、在规定之日要完成的工程内容。承包商应对缺陷责任期内应由其承担责任的工程缺陷进行修补、修复或重建，以使工程符合合同要求。如果承包商不进行或未能进行此种修补、修复或修建，则业主有权雇用其他施工承包商完成以上修补、修复或重建工作，并付给报酬。由此发生或伴随产生的全部费用，应在第二部分保留金或从业主应付给承包商的其他款项内扣除。

6.5.3.3　缺陷责任期的质量控制任务

监理工程师在缺陷责任期质量控制的任务包括下列三方面。

1. 对工程质量状况分析检查

工程竣工验收后，监理工程师对承包商就竣工验收过程中发现的一些质量问题所作出的在规定期限内完成处理的书面保证进行督促、落实，限期加以解决。工程试运行期间，监理工程师应密切注意工程质量对工程运行的影响，有计划、有步骤地检查工程质量问题。在缺陷责任期内任何时候，如果工程出现了任何质量问题，监理工程师应书面通知承包商并督促解决。

承包商应在监理工程师指导下，对质量问题的原因进行调查。如果调查后证明，质量问题的责任在承包商，则其调查费用应由承包商负担。若调查结果证明质量问题不属于承包商，则监理工程师和承包商协商该调查费用的处理问题，业主承担的费用则加到合同价中去。对质量问题的调查工作，监理工程师应负责监督。

2. 工程质量问题责任鉴定的原则

在缺陷责任期内，对工程出现的质量问题，监理工程师应认真查对设计图纸和竣工资料，根据下列几项原则鉴定质量问题责任。

（1）凡是承包商未按规范、规程、标准或合同和设计要求施工，造成的质量问题由承包商负责。

（2）凡是由于设计原因造成的质量问题，承包商不承担责任。

（3）凡因原材料和构件、配件质量不合格引起的质量问题，属于承包商采购的，或由业主采购，承包商不进行验收而用于工程的，由承包商承担责任；属于业主采购，承包商提出异议，而业主坚持使用的，承包商不承担责任。

（4）凡有出厂合格证且是业主负责采购的机电设备，承包商不承担责任。

（5）凡因使用单位使用不善造成的质量问题，承包商不承担责任。

（6）凡因地震、洪水、台风、地区气候环境条件等自然灾害及客观原因造成的事故，承包商不承担责任。

在缺陷责任期内，不管谁承担质量责任，承包商均有义务负责修理。

3. 对修补缺陷项目进行质量控制的方法

对修补缺陷项目进行质量控制就是组织好有缺陷项目的修补、修复或重建工作。其方法仍旧是从人、机械、材料、工艺、环境五方面入手，进行质量控制。在修补、修复或重建工作结束后，仍要按照规范、规程、标准、合同和设计文件进行检查，确保修补、修复或重建的质量。

4. 缺陷责任期终止证书的签发

承包商按照要求，对有缺陷（有质量问题）的项目修补、修复或重建完成后，监理工程师应及时组织验收。验收的要求可参考竣工验收的标准和方法，经监理工程师检查验收认可，由监理工程师签发缺陷责任终止证书（最终验收证书）。

缺陷责任期内，承包人认真履行合同约定的责任，到期后，承包人向发包人申请返还保证金。《建设工程质量保证金管理暂行办法》（建质〔2005〕7号）规定发包人在接到承包人返还保证金申请后，应于14日内会同承包人按照合同约定的内容进行核实。如无异议，发包人应当在核实后14日内将保证金返还给承包人，逾期支付的，从逾期之日起，按照同期银行贷款利率计付利息，并承担违约责任。发包人在接到承包人返还保证金申请后14日内不予答复，经催告后14日内仍不予答复，视同认可承包人的返还保证金申请。

6.6 ISO 9000系列标准简介

6.6.1 ISO简介

国际标准化组织（International Organization for Standardization，ISO）是世界上最大的非政府性标准化专门机构，是国际标准化领域中一个十分重要的组织，负责很多重要领域的标准化活动。ISO成立于1947年，中国是其正式成员，代表中国参加ISO的国家机构是中国国家质量监督检验检疫总局。

ISO的宗旨是“在世界上促进标准化及其相关活动的发展，以便于商品和服务的国际交换，在智力、科学、技术和经济领域开展合作。”，其主要功能是为人们制订国际标准达成一致意见提供一种机制，其主要机构及运作规则都在一本名为ISO/IEC技术工作导则的文件中予以规定。ISO和IEC（国际电工委员会）作为一个整体担负着制订全球协商一致的国际标准的任务，ISO和IEC都是非政府机构，它们制订的标准实质上是自愿性的，这就意味着这些标准必须是优秀的标准，它们会给工业和服务业带来收益，所以他们自觉使用这些标准。

ISO还与450个国际和区域的组织在标准方面有联络关系，在ISO/IEC系统之外的国际标准机构共有28个。每个机构都在某一领域制订一些国际标准，通常它们在联合国控制之下。ISO/IEC制订了85%的国际标准，剩下的15%由这28个其他国际标准机构制订。

6.6.2 2000版ISO 9000族标准

为了在质量管理领域推行有效的管理方法，ISO于1987年推出首版ISO 9000系列标准：1987系列标准，后来又陆续推出新版本的ISO 9000标准。

ISO 9000系列标准总结、推广了世界上技术先进、工业发达国家质量管理的实践经验，因此很快就受到了世界各国的普遍重视和采用。我国为适应国际贸易发展的需要，采取等效采用ISO 9000系列标准的形式，开展质量体系评审工作，国家标准编号为GB/T 19000系列标准。

2000版的ISO 9000系列标准的核心标准有4个：ISO 9000：2000质量管理体系——基础和术语；ISO 9001：2000质量管理体系——要求；ISO 9004：2000质量管理体系——业绩改进指南；ISO 19011：2000质量管理体系审核指南。

6.6.2.1 基础和术语

ISO 9000：2000标准规定了质量管理体系的术语和基本原理，在总结质量管理经验的基础上提出的 8 项质量管理原则是组织在实施质量管理工作中必须遵循的原则，也是 2000 版标准的指导思想和理论基础。

(1) 以顾客为关注焦点。组织依赖于顾客而存在，所以组织提供的产品应满足顾客的需求。顾客的需求是变化的，所以组织应持续改进其产品并尽可能超越顾客当前的需求。

(2) 领导作用。领导者在组织内要起到决策和指引组织发展方向的作用，并应当为员工创造一个能充分参与实现组织目标的内部环境。

(3) 全员参与。组织内部的各级成员都是组织之本，只有每一个成员充分参与，才能使个人的才干为组织带来收益。

(4) 过程方法。将相关的资源和活动作为过程进行管理，关注过程间的相互关系、相互作用。

(5) 管理的系统方法。将相互关联的过程作为系统加以识别、理解和管理，有助于提高实现目标的有效性和效率。

(6) 持续改进。在质量管理体系中，改进指的是产品质量、过程和体系的有效性和效率的提高；持续改进包括了解现状、建立目标、确定并实施解决方法、分析结果。持续改进组织的总体业绩是组织的永恒目标。

(7) 以事实为依据的决策方法。正确的决策必须建立在以事实为依据，对数据和信息进行有效的分析基础上。

(8) 互利的供方关系。通过互利的关系，增强组织创造价值的能力。供方提供的产品将对组织向顾客提供满意的产品产生重要影响，对供方不能只讲控制不讲合作互利。与供方建立互利关系，对组织和供方都有利。

6.6.2.2 要求

ISO 9001：2000 标准在原有版本基础上，采用了“过程方式模型”。

6.6.2.3 业绩改进指南

ISO 9004：2000 标准给出了质量管理应用指南，描述了质量管理体系应包括的过程，强调通过改进过程，提高组织的业绩。

6.6.2.4 质量和环境管理体系审核指南

ISO 19011：2000 为审核基本原则、审核大纲的管理、环境和质量管理体系的实施以及对环境和质量管理体系评审员资格要求提供了指南。

6.6.3 质量认证

质量认证包括产品质量认证和质量体系认证两种，是指由权威的、公正的、具有独立第三方法人资格的认证机构对产品、过程或服务符合规定要求给予的书面保证。

6.6.3.1 产品质量认证

产品质量认证标志，是指企业通过申请，经国际、国内权威认证机构认可，颁发给企业的表示产品质量已达认证标准的认证证书和使用标志。产品质量认证标志可以使用在产品上。通过产品质量认证，可使产品具有较高的信誉和可靠的质量保证，提高产品的市场竞争力，增强用户的信任度。

6.6.3.2 质量体系认证的概念

质量体系认证，又称质量体系评价与注册，是指由权威的、公正的，具有独立第三方法人资格的认证机构派出合格审核员组成的检查组，对申请方质量体系的质量保证能力依据质量保证模式标准进行检查和评价，对符合标准要求者颁发合格证书并予以注册的全部过程。

通过企业质量体系认证，可促使企业建立、健全质量体系，提高企业的质量管理水平、保证工程质量、降低成本、增强效益，提高企业的信誉度和竞争力。在国际工程的招标工作中，要求企业通过ISO质量体系认证已经是通常的做法，因此企业通过ISO质量体系认证，有利于开拓国际市场。质量认证体系采用的同一系列的国际标准，可以增强客户与供应者之间的信任感，也有利于需方选择到满意的供方。

6.6.3.3　质量体系认证的程序

质量体系认证大体分为两个阶段。一是认证前的申请和评定阶段，其主要是申请方建立质量管理体系、准备资料、提出申请；第三方的受理机构受理申请并对提出申请方的质量体系进行检查评价，决定能否批准认证和予以注册，对合格者颁发合格证书。二是受理机构对获准的质量体系进行日常监督管理阶段。

质量体系认证的对象是企业的质量管理体系，不是具体的建筑产品；认证的依据是质量保证模式标准而不是工程质量标准；认证的结论是证明该企业质量体系符合标准、具备保证工程质量的能力，但并不是保证其所承担的工程实体全部符合技术标准；认证的结论及颁发的标志只能用于宣传，不能用于具体的工程实体。

习　题

一、单选题

1. 对于施工承包单位支付任何工程款项，需由（　　）审核签认支付证书。

A 总会计师　　B 总经济师　　C 总工程师　　D 总监理工程师

2. 工程质量事故发生后，总监理工程师首先要做的是（　　）。

A 要求施工单位保护现场　　B 签发《工程暂停令》

C 要求事故单位24小时内上报　　D 发出质量事故通知单

3. 在质量控制中，需要寻找影响质量主次因素应采用（　　）。

A 直方图法　　B 鱼刺图法　　C 排列图法　　D 控制图法

4. 下列质量控制统计方法中，（　　）可以用来动态跟踪生产过程质量状态。

A 直方图法　　B 鱼刺图法　　C 排列图法　　D 控制图法

5. 建设工程质量实行三重控制不包括（　　）。

A 建设单位的质量控制　　B 施工者自身的质量控制

C 监理单位的质量控制　　D 设计者的质量控制

二、多选题（每题有2～4个正确答案）

1. 人是影响工程质量的重要因素之一，除此之外还有（　　）。

A 工程材料　　B 机械设备　　C 评价方法　　D 方法

E 环境条件

2. 质量控制点是指为保证作业过程质量而确定的（　　）。

A 重点控制对象　　B 关键部位　　C 薄弱环节　　D 施工方案

E 施工工艺

3. GB/T 19000 系列标准质量管理原则主要有（　　）。

A 以顾客为关注焦点　　B 领导作用、全员参与

C 过程方法、管理系统方法　　D 持续改进　　E PDCA 循环

4. 当生产过程只有偶然性因素影响时，则（　　）。

A 控制图上的点子全部落在控制界限内但出现七点链

B 控制图上的所有点子在控制界限内随机分布

C 直方图的分布范围在质量标准界限内但没有余地

D 直方图的分布范围与质量标准边界两边有一定余地且质量分布中心与质量标准中心重合

E 直方图的分布范围超出质量标准界限

5. 质量控制点是施工质量控制的重点，（　　）应作为质量控制点的对象。

A 隐蔽工程

B 主体工程

C 施工条件困难或技术难度大的工序或环节

D 采用新技术、新工艺、新材料的部位或环节

E 基础工程

第7章　工程建设进度控制

工程建设进度控制是项目监理的三大控制目标（质量、进度、投资）之一，工程进度失控，必然导致人力、财力的浪费，相应影响工程质量，工期拖延后赶工期，将直接导致费用的增加。而对于某些工程，如水电站建设，如果不能在枯期实现截流，将给后续工作的顺利开展造成非常大的影响，有时甚至直接拖延一年。这种损失是巨大的，直接影响工程效益。只有将工程进度与资金投入、设备及原材料供应、质量控制等工作协调一致，遵循自然规律，才能为取得良好的经济效果打下基础。因此，进度控制就是以周密、合理的进度计划为指导，对工程施工进度进行跟踪检查、分析、对比计划目标与目标实际情况、调整与控制。

工程进度计划通常借助文字说明和图表的形式表达，图表形式表达直观、形象。通常采用的图有横道图、网络计划图（单代号网络图和双代号网络图）。

7.1　进度控制概述

7.1.1　影响进度的因素

为有效实现进度控制目标，必须对影响进度的因素进行分析，以便事先采取措施，尽量缩小目标实际值与目标预期值的偏差，实现项目的主动控制与协调。在项目进行过程中，很多因素影响项目工期目标的实现，这些因素可以归纳为以下几个方面。

7.1.1.1　人的因素

工程建设中人的因素是第一位的，可以说是决定性的因素。项目管理实践证明：人的因素是比精良的设备、先进的技术更为重要的项目成功因素。与项目相关的人又可分为领导者、项目成员、项目干系人三大类。

1. 领导者

领导者是建设项目启动后项目全过程管理的核心，是项目参建各方的最高决策者，是项目有关各方协调配合的桥梁和纽带。项目参建各方的动机和目的不同，过程中最为关心的重点不同，对项目的期望和投入也不同。因此，各方的矛盾和冲突就不可避免。项目的领导者要负责与项目的各有关方面沟通、协调和解决这些矛盾和冲突，同时也必须明确自己在项目管理中的地位、作用和职责，并相应地具有必要的权限并合理运用。在项目管理的过程中，政府建设行政管理部门要明确自己的职责、权限，政府领导要避免干预建设工程，不要出现外行领导内行、搞瞎指挥，不要出现违背自然规律的“政绩工程”、“形象工程”、“献礼工程”。

2. 项目成员

项目计划再完美、考虑再周密，若没有执行能力强大的成员也可能化为泡影。项目团队成员一般都来自不同的组织，有些来自于勘察设计单位、有些来自于施工单位、有些来自于建设单位、有些来自于政府建设主管部门，由于不同的人价值观不同，为人处世的方法、思考问题的方法也不同，所以人际沟通在项目中的重要性也就突显出来，只有良好的沟通才能达到协调的目的。通过沟通可以了解、掌握对方现实的需求和潜在的需求，进而制定合理的项目计划，增强团队的凝聚力和工作效率。在项目团队中，骨干人员的素质和经验是至关重要的，同时也要警惕团队中的害群之马。团队的工作效率直接影响项目的进度，优秀的团队一天能完成的工作，配合不默契的团队一周也可能完成不了。

3. 项目干系人

不同的干系人对项目有不同的期望和需求，他们关注的目标和重点常常相去甚远。例如水电开发工程中，建设单位十分在意时间进度，设计单位往往更注重设计质量，施工单位在注重质量的同时可能更关心本单位的利润，库区周围的民众则希望尽量减少不利的环境影响等。项目干系人有意无意地会干扰项目以确保项目尽可能满足他们的利益，甚至使之偏离既定目标，因此，他们也会成为影响项目进度的因素。

7.1.1.2 材料、设备的因素

材料、设备往往成为制约项目进度的关键因素。材料和设备对进度的影响可以归纳为三方面点：停工待料、质量不合格、保管或使用不当。

(1) 停工待料。建筑原材料、设备没及时采购或没及时到位，往往导致工程停工，因此要做好原材料的采购、运输工作，特别是大型设备，比如水电站的水轮机组，往往具有个性的特征，更是要做好相应的加工、制造工作的进度控制；对于需要进口报关的设备或材料，需要提前做好相应的准备工作。

(2) 质量不合格。原材料进场后要进行相应的检验工作，合格才能使用；对于设备，同样要进行相应性能的检测。若进场的原材料不合格、设备满足不了设计的需求，则工程必然要处于停工状态。

(3) 保管或使用不当。原材料、设备的保管、使用，同样影响工程的质量。比如水泥的保管期限、库房的防潮、防水设施等，直接影响其质量。

7.1.1.3 方法与技术的因素

在工程建设项目中，使用不同的方法完成同样的工作，工作效率动辄会相差好几倍。好的工具、施工工艺的应用往往会节省很多时间。同样的，合适的技术路线也很重要。所以监理机构在进场履行监理合同之前，就要编写监理规划、监理实施细则，同时组织审查施工组织设计、(专项) 施工方案，这就是保证要有切实可行、有效的工作技术路线。

7.1.1.4 资金因素

进度、资金、质量之间是相互作用、相互影响的，资金对项目进度的影响是显而易见的，是保证原材料、设备的及时到位、保证施工单位的积极性的最重要的因素，资金不到位，项目只能暂停。在制定进度计划时就要考虑资金预算的配套，否则进度控制就是空谈。

7.1.1.5 环境因素

工程建设都是在特定的环境下进行的。项目管理者必须对项目所在地的自然、技术、政治、社会、经济、文化以及法律法规和行业标准等要有正确的认识。环境因素对工程建

设的影响，大体集中表现在如下几方面：

(1) 错误估计了实现的条件。如低估了项目的实现在技术上存在的困难，必须进行科研和实验，而这些既需要资金又需要时间；低估了项目实施过程中，各项目参与者之间协调的困难；对环境因素、物资供应条件、市场价格及汇率变化趋势等了解不够。

(2) 盲目确定工期目标。不考虑项目的特点，不采用科学的方法进行工期安排，盲目确定工期目标。

(3) 工期准备方面不足。项目人员、设备、原材料等资源条件未落实，进度计划缺乏资源的保证；进度计划编制质量粗糙，指导性差；进度计划未认真交底，操作者不能切实掌握计划的目的和要求，以致贯彻不力；计划不具有可变性、缺乏科学性，致使计划缺乏贯彻的基础而流于形式；项目实施者不按计划执行，凭经验办事，使编制的计划流于形式，不起作用。

(4) 项目参加者的工作失误。设计进度拖延；突发事件处理不当；项目参加各方关系协调不顺等。

(5) 不可预见事件的发生。例如，恶劣气候条件、复杂的地质条件、不可预见的自然灾害等。

影响工程进度的有些是主观的干扰因素，有些是客观的干扰因素。这些干扰因素的存在，充分说明了加强进度控制的必要性。在项目实施之前和项目进展过程中，加强对干扰因素的分析、研究，有助于提高进度控制的成效。

7.1.2 进度控制的措施

为了进行有效的进度控制，监理工程师必须根据建设工程的具体情况，制定进度控制措施，以确保建设工程进度控制目标的实现。进度控制的措施包括组织措施、技术措施、经济措施及合同措施4大类。

(1) 组织措施。进度控制的组织措施主要包括：

1) 建立进度控制目标体系，明确建设工程现场监理组织机构中进度控制人员及其职责分工。

2) 建立工程进度报告制度及进度信息沟通网络。

3) 建立进度计划审核制度和进度计划实施中的检查分析制度。

4) 建立进度协调会议制度，包括协调会议的地点、时间，协调会议的参加人员等。

5) 建立图纸审查、工程变更和设计变更管理制度。

(2) 技术措施。进度控制的技术措施主要包括：

1) 审查承包商提交的进度计划，使承包商能在合理的状态下施工。

2) 编制进度控制工作细则，指导监理人员实施进度控制。

3) 采用网络计划技术及其他科学、适用的计划方法，并结合电子计算机，对建设工程进度实施动态控制。

(3) 经济措施。进度控制的经济措施主要包括：

1) 及时办理工程预付款及工程进度款支付手续。

2) 对应急赶工给予优厚的赶工费用。

3) 对工期提前给予奖励。

4）对工程延误收取误期损失赔偿金。

（4）合同措施。进度控制的合同措施主要包括：

1）推行CM承发包模式。

2）加强合同管理，协调合同工期与进度计划的关系，保证合同中进度目标的实现。

3）严格控制合同变更，对各方提出的工程变更和设计变更，监理工程师严格审查后补充到合同文件中。

4）加强风险管理，在合同中充分考虑风险因素及其对进度的影响，以及相应的处理方法。

5）加强索赔管理．公正地处理索赔。

7.1.3 进度控制的主要任务

监理单位的进度控制内容根据监理合同的工期控制目标而确定，其主要内容体现在如下几方面：

（1）在准备阶段，向建设单位提供有关工期的信息和咨询，协助其进行工期目标和进度控制决策。

（2）进行环境和施工现场调查和分析，编制项目进度规划和总进度计划、单位工程进度计划、工程按年、季、月实施计划并控制其执行。

（3）签发工程开工令。

（4）审查承包单位、设计单位及供货单位的进度控制计划，并在其实施过程中，监督、检查、控制、协调各项进度计划的实施。

（5）签发施工进度付款凭证，对其进度施行动态控制。妥善处理承包单位的进度索赔。

7.2 横 道 图

横道图是以横坐标表示时间标尺，各分项或施工工序为纵坐标，按照一定的先后施工顺序和工艺流程，用带时间比例的水平横道线表示对应项目或工序持续时间的施工进度计划图表。如图7－1所示，图中纵坐标按照项目实施的先后顺序自上而下表示各工作的名

层数	施工内容	人数	施工天数	进度计划								
				10	20	30	40	50	60	70	80	90
1	抹灰	15	10	——								
	安门窗	5	10		——							
	刷涂料	10	10			——						
2	抹灰	15	10				——					
	安门窗	5	10					——				
	刷涂料	10	10						——			
3	抹灰	15	10							——		
	安门窗	5	10								——	
	刷涂料	10	10									——

图7－1 横道图示意图

称、编号，横道线段表示任务计划各工作的开展情况，工作的需要资源数、计划持续时间、开始与结束时间，一目了然。这种表达方式简便直观、易于管理使用，其实质上是图和表的结合形式，在工程中被广泛应用，很受欢迎。

横道图也有自身的局限性，主要是工作之间的逻辑关系无法表达，不能确定关键工作，难以引入计算机进行工期优化，尤其是项目包含的工作数量较多时，这些缺点表现得更加突出。所以其适用于一些简单的小项目、工程活动及其相互关系还不是很清楚的项目初期的总体计划。

7.3　网络计划技术

7.3.1　网络计划技术的基本概念

网络图是指由箭线和节点组成的，用来表示工作流程的有向、有序的网状图形。这种利用网络图的形式来表达各项工作的相互制约和相互依赖关系，并标注时间参数，用以编制计划、控制进度、优化管理的方法统称为网络计划技术，其主要步骤为：

（1）根据工作间的相互逻辑关系绘制出工程项目施工进度计划网络图。

（2）通过时间参数的计算找出计划中的关键工作及关键路线。

（3）调整、改善网络计划，选择最优的方案实施。

（4）实施过程中，通过网络监控、协调实施情况，确保工程按进度目标完成。

按照代号的不同，网络图分为双代号网络图和单代号网络图，这也是本章侧重介绍的内容。

双代号网络图为用箭线表示项目活动的网络计划图，单代号网络图为用节点表示项目活动的网络计划图。双代号网络图中，用箭线表示项目的活动，箭尾的节点表示该活动的开始，箭头的节点表示该活动的结束，并在节点上标明代号以表示不同的活动，箭线之间的连接顺序表示各活动之间的衔接关系，如图 7-2 所示。单代号网络图中，用节点表示项目的活动，箭线之间的连接顺序表示各活动之间的衔接关系，如图 7-3 所示。

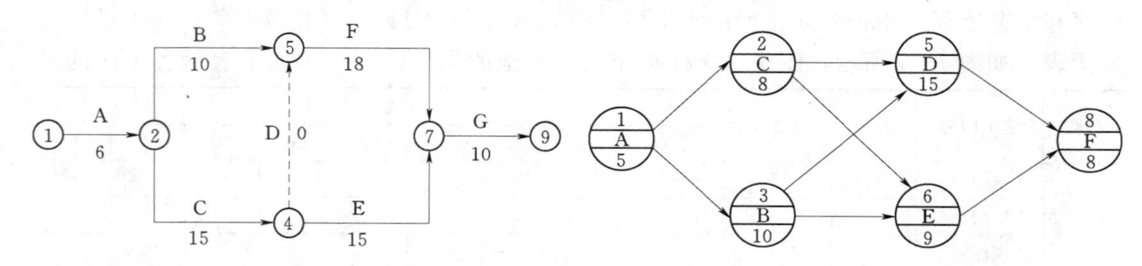

图 7-2　双代号网络图示意图　　图 7-3　单代号网络图示意图

7.3.2　网络图的基本概念

1. 箭线和节点

双代号网络图和单代号网络图的基本符号有两个：箭线和节点。箭线在双代号网络图中代表工作，在单代号网络图里面表示工作之间的先后逻辑关系；节点在双代号网络图里面代表工作之间的联系，在单代号网络图里面代表工作。在双代号网络图里面，箭线有虚箭线，虚箭线不代表实际的工作，我们称之为虚工作。虚工作不耗费资源，也不占用时间，引入虚箭线主要是为了更好地表示两项工作之间的逻辑关系。在单代号网络图里面，可以在网络图的首尾节点引入虚工作，以更好地表示网络图。

2. 线路

从网络图的起始节点开始，沿箭线的指向方向经过一系列的箭线及节点，最后达到网络图终点的通路称为线路，一个网络图中有若干条线路。线路既可以用线路上的各节点顺序表示，如图 7-2 中的一条线路①→②→⑤→⑦→⑨；也可以用线路上的各工作顺序表示，如图 7-2 中的一条线路 A→B→F→G。

3. 关键线路和关键工作。

线路上所有工作的持续时间总和称为该路线的长度或持续时间。长度最长的线路称为关键线路，关键线路的长度就是网络计划的总工期。一个网络图中关键线路可能不止一条。关键线路上的工作称为关键工作。在工程实施中，关键工作发生拖延，就会影响到总工期。

4. 先行工作

对于某一工作，从开始节点经任一线路到达该工作为止所经过的所有工作，都是该工作的先行工作。

5. 后续工作

对于某一工作，从该工作开始经任一线路到达网络图的终结点为止所经过的所有工作，都是该工作的后续工作。

6. 平行工作

对某一工作而言，可与其同时进行的工作称为平行工作，如图 7-2 中的 B、C 工作。

7. 紧前工作

对某一工作而言，那些紧排在该工作之前的工作，称为该工作的紧前工作，如图7-2中 E 的紧前工作为 C。

8. 紧后工作

对某一工作而言，那些紧排在该工作之后的工作，称为该工作的紧后工作，如图7-2中 A 的紧后工作为 B、C。

7.4 双代号网络图

7.4.1 双代号网络图工作的表示方法

用箭线及箭线两端节点的编号表示工作，并将工作的名称及持续时间表示在箭线的上下侧的网络图称为双代号网络图。双代号网络图中工作的表示如图 7-4（a）所示，箭尾表示工作的开始，箭尾节点为该工作的始节点；箭头表示该工作的结束，箭头节点表示该工作的末节点。

7.4.2 双代号网络图的绘制原则

（1）网络图中各工作应按照一定的先后逻辑关系绘制。

（2）网络图中严禁出现从一个节点出发，顺箭线方向最后又可以回到该节点的循环回路，如图7-4（b）所示。

（3）网络图中严禁出现双箭头线或无箭头的线，如图7-4（c）所示。

（4）网络图中严禁出现没有箭尾节点，或没有箭头节点的箭线，如图7-4（d）所示。

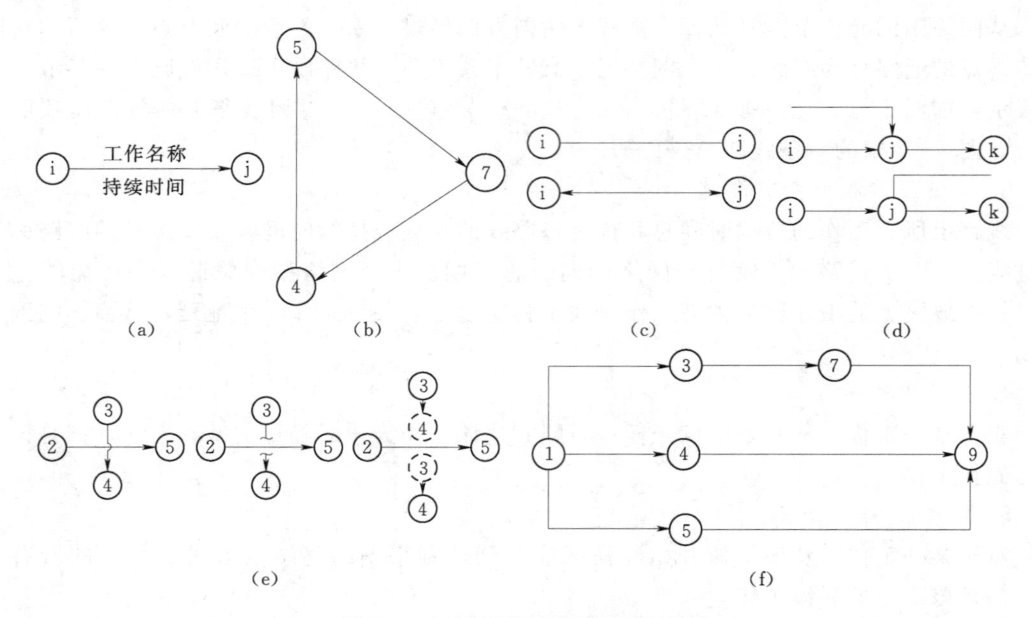

图7-4　双代号网络图的绘图规则

（5）网络图中只能有一个开始节点，一个结束节点。

（6）网络图中一个工作的两节点的编号，箭尾的编号应小，箭头的编号应大；整个网络图的起始节点编号为1，其他节点的编号严禁重复，可以不连续。

（7）网络图中不能出现编号相同的箭线。

（8）网络图中不允许同一项工作出现两次。

（9）网络图中的箭线应始终保持自左至右的方向。

（10）网络图中尽量避免交叉箭线，当无法避免时，应采用过桥法、断线法或指向法表示，如图7-4（e）所示。

（11）严禁在箭线上引入或引出箭线。当网络图的起节点有多条箭线引出或终节点有多条箭线引入，可以用母线法绘制，以尽量保证箭线横平、竖直、图形简洁，如图7-4（f）所示。即：将多条箭线经一条共用的垂直线段从起节点引出，或将多条箭线经一条共用的垂直线段引入终结点。

（12）网络图应尽量布局合理，节点排列均匀，箭线尽量横平竖直。

7.4.3　双代号网络图的绘制方法

知道整个工程各项工作的相互逻辑关系之后，可按照下列步骤绘制双代号网络图：

步骤一：绘制没有紧前工作的工作箭线，使它们具有相同的开始节点，以保证整个网络图只有一个起始节点；

步骤二：依次绘制其他箭线。能绘制的工作箭线必须是其所有紧前工作都已经绘制出来。在绘制这些工作箭线时，必须依照下列规则：

规则（一）：当所绘制的工作只有一项紧前工作，则可将该工作箭线直接从紧前工作的末节点引出；

规则（二）：当所绘制的工作有多项紧前工作，则按如下四种情况分别处理：

（1）对于所绘制的工作，如果在其紧前工作中存在一项只作为本工作紧前工作的工作，则将所绘制的工作直接绘制在该紧前工作之后，然后用虚箭线将其他紧前工作箭线的箭头节点与本工作箭线的箭尾节点分别相连，以准确表达工作间的逻辑关系。

（2）对于所绘制的工作，如果在其紧前工作中存在多项只作为本工作紧前工作的工作，则先将这些紧前工作箭线的箭头节点合并，再从合并后的节点开始，画本工作箭线，最后用虚箭线将其他紧前工作箭线的箭头节点与本工作箭线的箭尾节点分别相连，以准确表达工作间的逻辑关系。

（3）对于所绘制的工作，如果不存在（1）、（2）两种情形，则判断本工作的所有紧前工作是否都同时还是其他工作的紧前工作。如果存在这种情形，则将这些紧前工作箭线的箭头合并后，在从合并后的节点处绘制本工作箭线。

（4）对于所绘制的工作，如果不存在（1）、（2）、（3）三种情形，则将本工作箭线单独绘制在其紧前工作箭线之后的中部，然后用虚箭线将各紧前工作箭线的箭头节点与本工作箭线的箭尾节点分别相连，以准确表达工作间的逻辑关系。

步骤三：当各项工作的箭线都绘制出来后，将那些没有紧后工作的工作箭线的箭头节点合并为网络的终节点，以保证网络图只有一个终节点。

步骤四：对网络图进行检查并对节点进行编号。节点的编号应从网络图的左侧向右侧开始进行，最好采用不连续编号，以避免以后增加工作时要改动整个网络图各节点的编号。

7.4.4 双代号网络图绘制示例

【例 7-1】 已知某工程项目各工作间的逻辑关系及工作历时，见表 7-1。绘制出该工程的双代号网络图。

表 7-1　　工作关系表

工作名称	A	B	C	D	E	F	G	H	I	J
紧前工作		A	A	C	A	E	B	G、D	F、D	H、I
紧后工作	B、C、E	G	D	H、I	F	I	H	J	J	
工作历时/天	10	10	20	20	30	30	20	30	50	10

解：

（1）先绘制出没有紧前工作的工作，及相应的紧后工作，如图 7-5（a）所示。

（2）从（1）完成的图中，找出已绘出的工作，如 B、C、E，检查其紧前工作是否是 A，再从 B、C、E 引出箭线，绘制出对应的紧后工作 G、D、F，如图 7-5（b）所示。

（3）在（2）完成的图的基础上，按照（2）的方法，逐一绘制出其他工作，注意为更好地表示工作 D 与 H、I 的关系，图中增加了两虚工作 K、L，虚线表示，如图 7-5（c）所示。

(4) 对节点编号，完成双代号网络图，如图 7-5 (d) 所示。

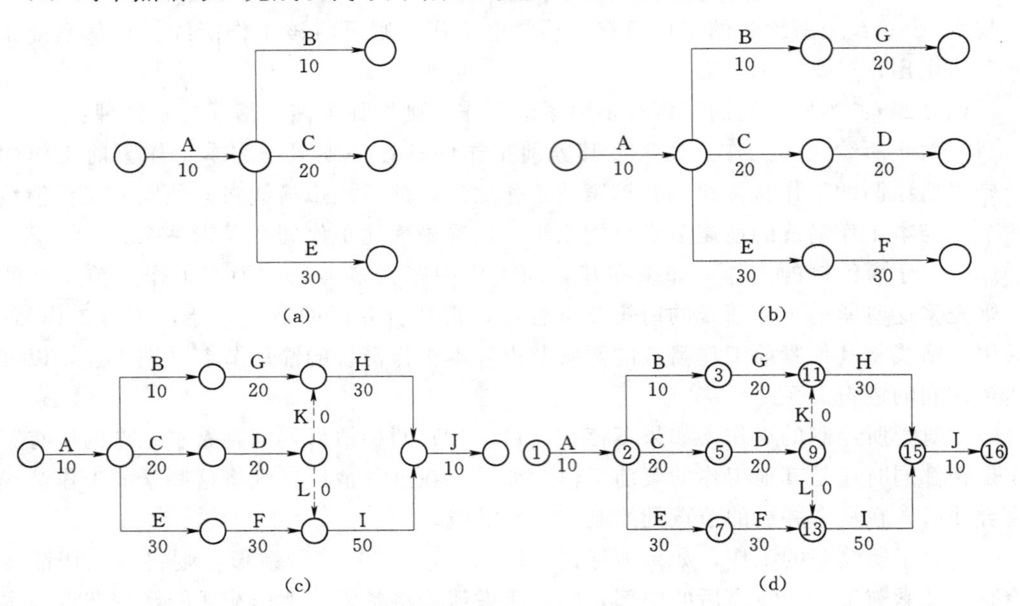

图 7-5　双代号网络图绘制步骤

7.4.5　双代号网络图时间参数的计算

所谓时间参数，是指网络计划、工作及节点所具有的各种时间值。时间参数计算的内容包括各项工作的最早开始时间、最早完成时间、最迟完成时间、最迟开始时间、总时差和自由时差。要计算时间参数，必须首先知道各工作的持续时间；通过时间参数的计算，来确定工程的工期。各工作的时间参数标注在箭线附近位置，如图 7-6 所示。

ES_{i-j}	LS_{i-j}	TF_{i-j}
EF_{i-j}	LF_{i-j}	FF_{i-j}

i —— 工作名称 / 持续时间 ——→ j

图 7-6　双代号网络图时间参数标注形式

工作持续时间是指一项工作从开始到完成所需的时间，用 D_{i-j} 表示。某一具体工作持续时间的确定可参照实践经验，或依据投入的人力、机械及工作面数量等查定额进行计算。工期是指完成一项工程所需要的时间，工期一般有以下三个概念：

(1) 计算工期。是根据网络计划的时间参数计算而得到的工期，用 T_c 表示。

(2) 要求工期。是任务委托人所提出的工期要求，用 T_r 表示。

(3) 计划工期。是根据要求工期所确定的预期时间，用 T_p 表示。

当规定了要求工期时，显然计划工期不应超过要求工期，即：$T_p \leqslant T_r$；当未规定要求工期时，可令计划工期等于计算工期，即：$T_p = T_c$。

7.4.5.1　最早开始时间和最早完成时间的计算

一项工作的最早开始时间 (Earliest Start Time，用 ES_{i-j} 表示，i、j 为该工作的节点代号) 是指该工作的最早可能开始时刻。在网络图中，一项工作只有等它的紧前工作全部完成后才能开始，这个时刻就是该工作的最早开始时间。

一项工作的最早完成时间 (Earliest Finish Time，用 EF_{i-j} 表示。) 是指该工作按其最早开始时间开工，完成该项工作所必需的工作持续时间后结束，结束时刻就是该工作的最早完成时间。

网络图中各工作的最早开始时间、最早完成时间的计算从网络图的始节点开始，顺着箭线的方向，逐一计算各工作的两时间参数，直到网络图的终节点为止。

以［例 7-1］的网络图为例，介绍最早开始时间、最早完成时间的计算过程。

（1）以网络计划图的起始节点为开始节点的工作的最早开始时间为零，最早完成时间等于其持续时间。计算式分别为：

$$ES_{1-j}=0 \tag{7-1}$$

$$EF_{1-j}=ES_{1-j}+D_{1-j}=D_{1-j} \tag{7-2}$$

示例中 A 工作的最早开始时间和最早完成时间分别为：$ES_{1-2}=0$，$EF_{1-2}=10$，将计算结果标注到时间参数标注示例中对应位置，如图 7-7（a）所示。

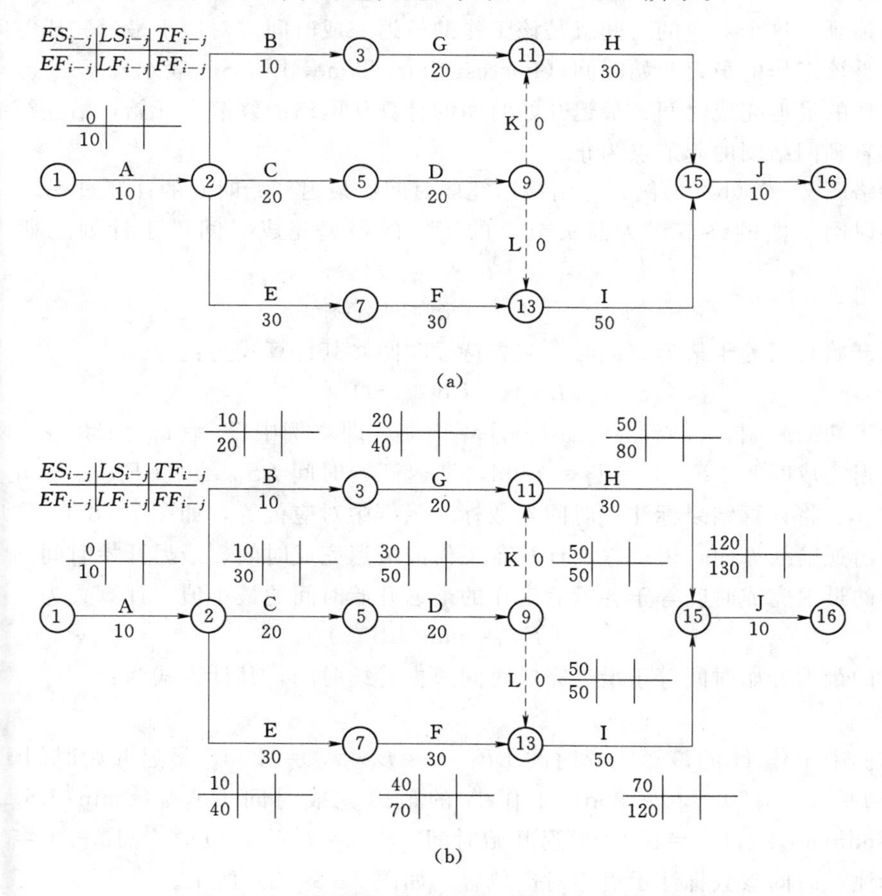

图 7-7　最早开始时间和最早完成时间的计算

（2）顺着箭线方向依次计算各工作的最早开始时间和最早完成时间。最早开始时间等于其各紧前工作的最早完成时间的最大值，计算式为：

$$ES_{i-j}=\max(EF_{h-i}) \tag{7-3}$$

最早完成时间为最早开始时间加上持续时间，计算式为：

$$EF_{i-j}=ES_{i-j}+D_{i-j} \tag{7-4}$$

示例中B工作的最早开始时间和最早完成时间分别为：$ES_{2-3}=EF_{1-2}=10$，$EF_{2-3}=ES_{2-3}+D_{2-3}=10+10=20$，将计算结果标注在时间参数标注示例中对应位置，如图7-7（b）所示。

（3）确定计算工期 T_c。计算工期等于以网络的终节点为箭头节点的各工作的最早完成时间的最大值，其计算式为：

$$T_c=\max(EF_{i-n}) \quad (n\text{为网络终节点}) \tag{7-5}$$

示例中计算工期 $T_c=130$d。

7.4.5.2　最迟完成时间和最迟开始时间的计算

一项工作的最迟完成时间（Lastest Finish Time，用 LF_{i-j} 表示。）是指在不影响工程工期的条件下，该工作必须完成的最迟时间。只要工作的完成时间不晚于最迟时间，就不会使工期拖延，这个对应的时间就是该工作的最迟完成时间。对应于最迟完成时间的开始时间，就是该工作的最迟开始时间（Lastest Start Time，用 LS_{i-j} 表示）。

各工作的最迟完成时间、最迟开始时间的计算从网络的终节点开始，沿逆箭线方向逐项计算，直到网络图的起节点为止。

以网络图7-7（b）为例，介绍最迟完成时间、最迟开始时间的计算过程。

（1）以网络图的终节点为箭头节点的工作的最迟完成时间等于计划工期，其计算式为：

$$LF_{i-n}=T_P \quad (n\text{为网络终节点}) \tag{7-6}$$

最迟开始时间等于最迟完成时间减去持续时间，其计算式为：

$$LS_{i-n}=LF_{i-n}-D_{i-n} \tag{7-7}$$

当无工期的限制，可取计划工期为计算工期，即本例中 $T_P=T_c=130$d。如示例中J工作的最迟完成时间 $LF_{15-16}=T_P=130$d，最迟开始时间 $LS_{15-16}=LF_{15-16}-D_{15-16}=130-10=120$d。将计算结果标注在时间参数标注示例中对应位置，如图7-8（a）所示。

（2）沿逆箭线方向，依次逐项计算各工作的最迟完成时间、最迟开始时间。

工作的最迟完成时间等于各紧后工作的最迟开始时间的最小值，计算式为：

$$LF_{i-j}=\min(LS_{j-k}) \tag{7-8}$$

工作的最迟开始时间等于最迟完成时间减去持续时间，其计算式为：

$$LS_{i-j}=LF_{i-j}-D_{i-j} \tag{7-9}$$

如示例中工作H的最迟完成时间 $LF_{11-15}=LS_{15-16}=120$d，最迟开始时间 $LS_{11-15}=LF_{11-15}-D_{11-15}=120-30=90$d；工作A的最迟完成时间 $LF_{1-2}=\min(LS_{2-3},LS_{2-5},LS_{2-7})=\min(60,20,10)=10$d，最迟开始时间 $LS_{1-2}=LF_{1-2}-D_{1-2}=10-10=0$d。将计算结果标注在时间参数标注示例中对应位置，如图7-8（b）所示。

7.4.5.3　总时差和自由时差的计算

一项工作的总时差（Total Float，用 TF_{i-j} 表示）是指在不影响工程总工期的前提下，该工作所具有的机动时间。根据总时差的定义可知一项工作的总时差等于其最迟开始时间减去最早开始时间，或者等于最迟完成时间减去最早完成时间，其计算式为：

$$TF_{i-j}=LS_{i-j}-ES_{i-j}=LF_{i-j}-EF_{i-j} \tag{7-10}$$

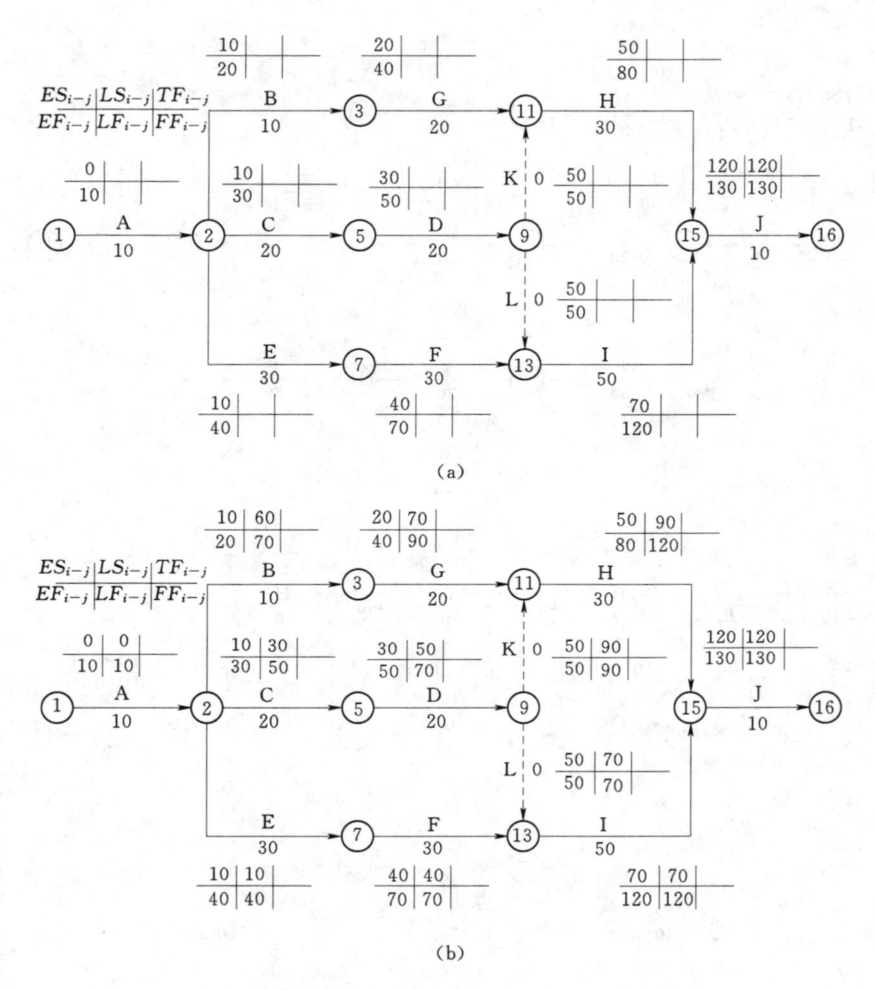

图 7-8 最迟完成时间和最迟开始时间的计算

如示例中工作 H 的总时差 $TF_{11-15}=LS_{11-15}-ES_{11-15}=90-50=40\text{d}$，或者 $TF_{11-15}=LF_{11-15}-EF_{11-15}=120-80=40\text{d}$。计算各工作的总时差，并标注在对应位置，如图 7-9 (a) 所示。

一项工作的自由时差（Free Float，用 FF_{i-j}表示）是指在不影响其紧后工作的最早开始的前提下，该工作所具有的机动时间。若该工作无紧后工作，即以网络图终节点为完成节点的工作，其自由时差等于工程的计划工期减去本工作的最早完成时间，计算式为：

$$FF_{i-n}=T_P-EF_{i-n} \quad (n\text{ 为终节点编号}) \tag{7-11}$$

若该工作有紧后工作，其自由时差等于它的紧后工作的最早开始时间的最小值减去该项工作的最早完成时间。其计算式为：

$$FF_{i-j}=\min(ES_{j-k})-EF_{i-j} \tag{7-12}$$

如示例中工作 J 的自由时差 $FF_{15-16}=T_P-EF_{15-16}=130-130=0\text{d}$；工作 A 的自由时差 $FF_{1-2}=\min(ES_{2-3},ES_{2-5},ES_{2-7})-EF_{1-2}=\min(10,10,10)-10=0\text{d}$。计算各工作的自由时差，并标注在对应位置，如图 7-9 (b) 所示。

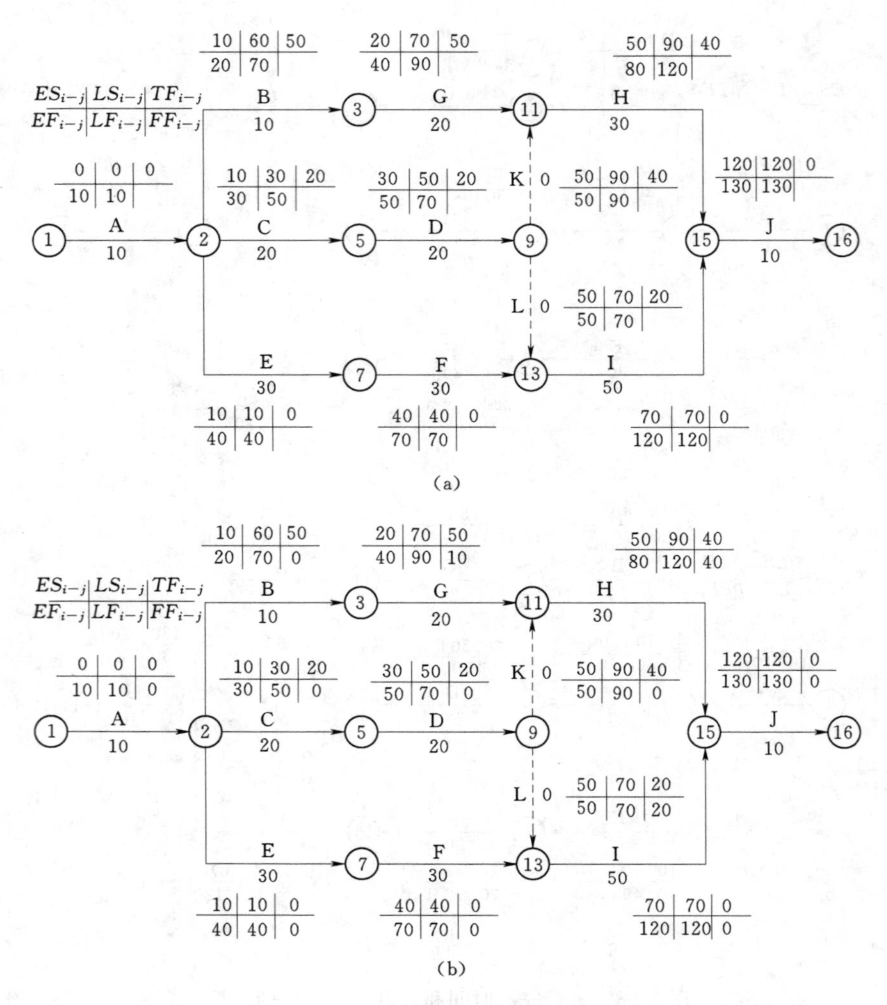

图 7-9　总时差和自由时差的计算

7.4.5.4　确定关键路线

在网络图中，总时差最小的工作为关键工作。尤其是当网络图的计划工期等于计算工期时，总时差等于零的工作就是关键工作（虚工作也可能是关键工作），全部由关键工作组成的路线就是关键路线；其实关键路线就是从网络起节点到终结点的若干路线中长度最长的线路，因此关键路线可能不止一条，可能有多条；关键路线上各工作持续时间之和就是网络图的计算工期。确定关键路线的简便方法是从网络图终节点，沿逆箭线方向，将总时差最小的工作确定为关键工作，并将相应路线用双线或者用彩色箭线表示出来，即是关键路线。

如示［例 7-1］的网络图时差计算结果图 7-9（b）中，计划工期为计算工期，则总时差为零的工作为关键工作。在图 7-9（b）中，从终节点开始，沿逆箭线方向将总时差为零的路线用双线表示出来，即为关键路线①→②→⑦→⑬→⑮→⑯，如图 7-10 所示。

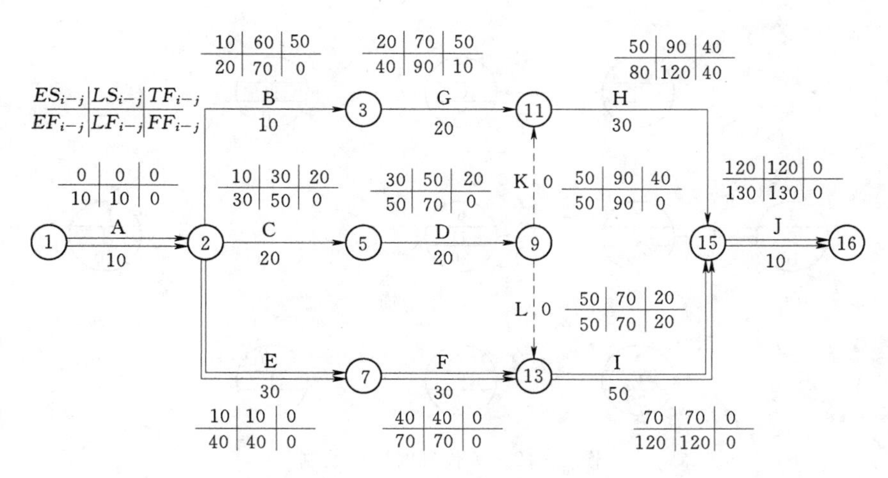

图 7-10 关键路线的确定

7.5 单代号网络图

7.5.1 单代号网络图工作的表示方法

在单代号网络图中，一个节点表示一个工作，节点用圆圈或矩形表示。在节点里标注上工作名称、持续时间和工作代号等相关信息，如图 7-11 所示。

单代号的节点编号可间断但不可重复。箭线只用于表示工作间的逻辑关系，其不占用时间，也不耗费资源，应绘制成水平线、折线或斜线，但其投影应是从左向右，以表示工作的前进方向。单代号网络图的线路用线路上各工作的节点号从小到大依次表述。

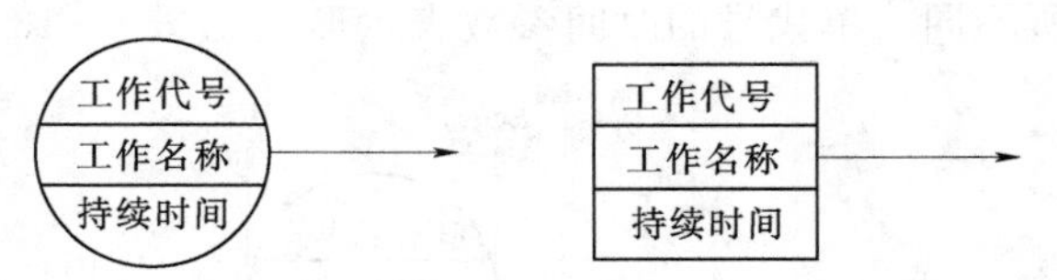

图 7-11 单代号网络图的工作表示方法

单代号网络图相比双代号网络图，其特点为：

(1) 工作间的逻辑关系容易表达，绘图简单，不存在虚箭线。

(2) 工作的持续时间体现在节点内，没有长度的概念，因此不够形象直观。

(3) 表示工作间的箭线容易出现纵横交叉情形。

7.5.2 单代号网络图的绘制原则

单代号网络图的绘制原则同双代号网络图的绘制原则大部分相同。单代号网络图同样只能有一个起点节点和一个终点节点，如果网络图中出现了有多项起点节点或多项终点节点的情形，则在网络图的起始端或结束端，对应设置一项虚工作，作为单代号网络图的起始节点和终点节点。

7.5.3 单代号网络图绘制示例

单代号网络图的绘制方法与双代号网络图的绘制方法类似。仍以表 7—1 所示工程为例，绘制单代号网络图，如图 7-12 所示。

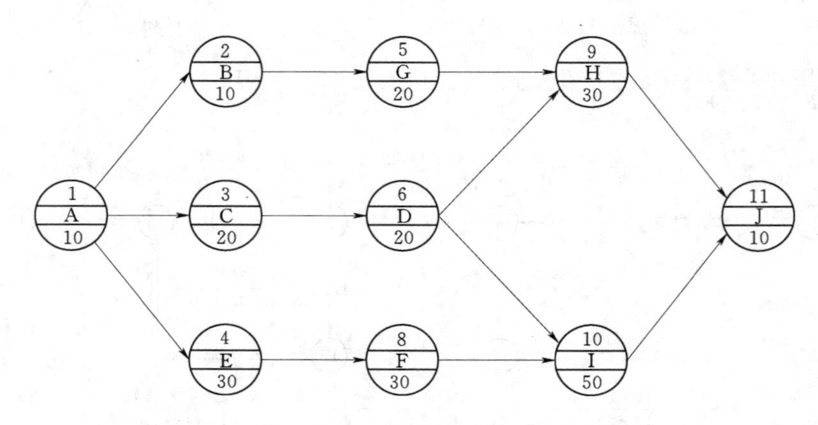

图 7 - 12　单代号网络图绘制

7.5.4　单代号网络图时间参数的计算

单代号网络中时间参数在双代号时间参数的基础上，增加了一个时间参数，即时间间隔。时间间隔（用 LAG_{i-j} 表示，i、j 为该相邻两工作的工作代号）表示的是工作 i 的最早结束时间 EF_i 与其紧后工作 j 的最早开始时间 ES_j 之间的间隔，其计算式为：

$$LAG_{i-j}=ES_j-EF_i \tag{7-13}$$

单代号网络图的各时间参数在网络图上的表示形式与在双代号网络图上的表示形式有所不同。单代号的时间参数表示形式见图 7 - 13 所示。

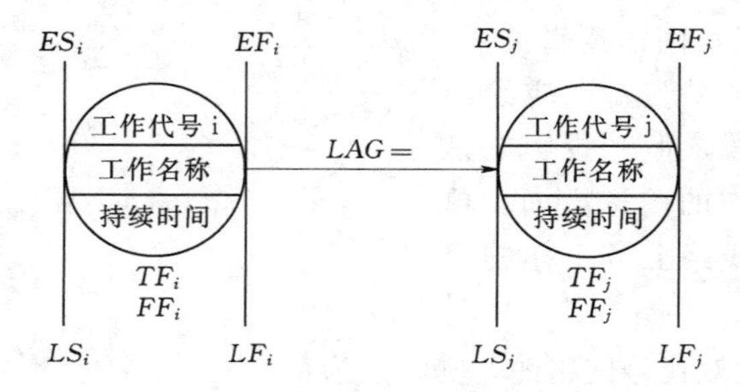

图 7 - 13　单代号网络图时间参数标注形式

单代号网络图上工作节点处的六时间参数的计算方法、过程与双代号网络图上的相一致。以图 7 - 12 为例，计算各工作的时间参数，并标注到对应位置，如图 7 - 14 所示。时间间隔的计算按式（7 - 13）进行，如工作 G、H 间的时间间隔

$$LAG_{5-9}=ES_9-EF_5=50-40=10\text{d}$$

单代号网络图的关键路线的确定可按照双代号网络图中依据各工作的总时差来进行，也可以利用时间间隔来进行。利用时间间隔来确定关键路线的方法是从末工作开始，逆箭线，沿时间间隔为零的路线依次确定关键工作，相应的路线就是关键路线，结果如图 7 - 14 所示双线表示的线路即为关键路线，即①→④→⑧→⑩→⑪为关键路线。

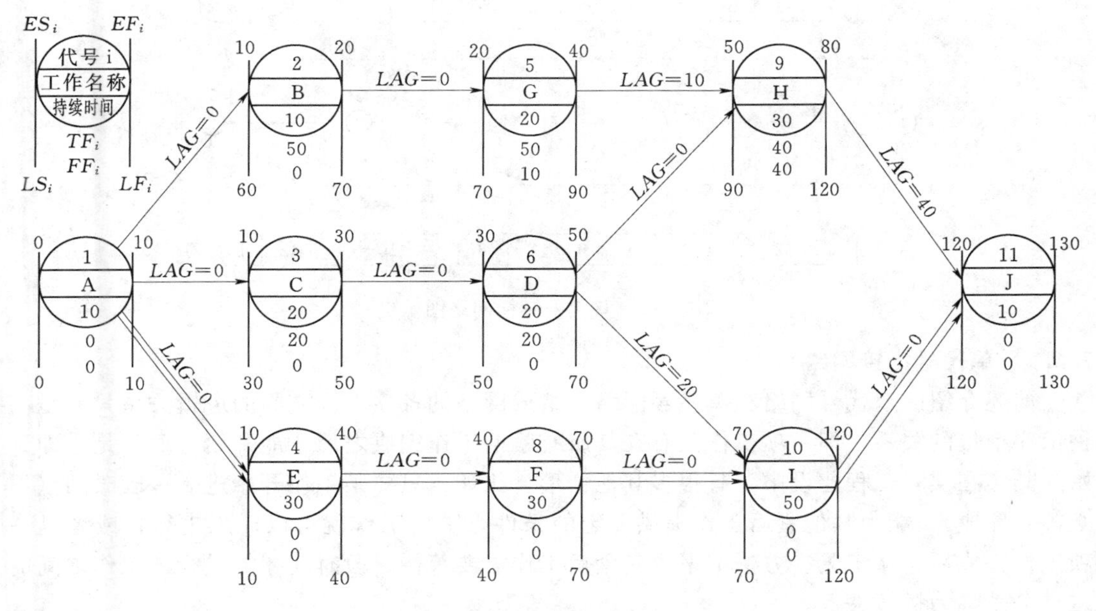

图 7-14　单代号网络图时间参数的计算

7.6　其他网络图简介

网络图种类繁多，可以从不同角度进行分类。前述的双代号和单代号网络图是按照代号和节点的不同来进行划分的；按有无时间坐标，网络图可划分为时标网络和非时标网络；按编制的对象来区分，网络图可分为局部网络、单位工程网络、综合网络；按工作间逻辑关系和持续时间的确定程度来分，可分为确定型和非确定型网络。前面介绍的双代号和单代号网络图是工作之间逻辑关系及持续时间都确定，一项工作完成之后才能进行另一项工作的确定型网络图。这里再简单介绍两种网络图：双代号时标网络图和单代号搭接网络图。

7.6.1　双代号时标网络图

双代号时标网络图简称时标网络，是以水平时间坐标为尺度表示工作时间，时标的时间单位根据使用方便为原则取定，可以是小时、天、周、月或季、年。在时标网络图中，用实箭线表示工作，其在时标轴上的水平投影长度表示工作的持续时间；虚箭线表示虚工作，由于虚工作不耗费时间，因此虚箭线只能垂直画；以波浪线表示工作与紧后工作之间的时间间隔（以终节点为完成节点的工作除外，当计划工期等于计算工期时，箭线中的波浪线的水平投影长度为该工作的自由时差）。

时标网络图中的关键路线的确定为从网络图的终节点开始，沿逆箭线方向，凡是没出现波浪线的路线就是关键路线。如图 7-15 所示，可确定出①→④→⑤→⑦→⑧为关键线路。

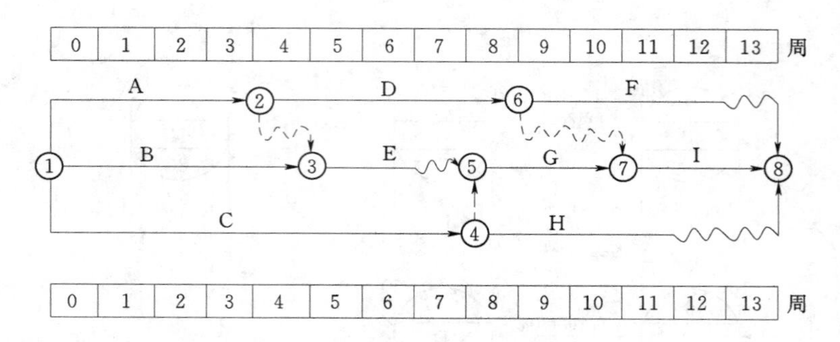

图7-15 双代号时标网络图示例

7.6.2 单代号搭接网络

前述介绍的双代号网络和单代号网络，组成网络的各项工作之间的逻辑关系只能是一种依序衔接的关系，即一项工作只有在其所有紧前工作完成之后才能开始，而且是立即开始。其实在实际工程建设中，有很多其他情形，比如：只要某工作开始进展一段时间（不必等其完成），能为其他紧后工作提供一定的条件，紧后工作就可以插入进行；或者是一项工作完成后，从工艺、方法上来说其紧后工作需要等待一段时间才能进行。工作之间的这种关系称为搭接关系。

一般工程上两工作（分别用I、J表示）之间可能存在如下几种搭接关系。

1. 结束到开始的关系（FTS）

两项工作间的相互关系是前项工作I结束到后项工作J的开始之间有一段时间L（FS），表示I工作结束L（FS）时间后才能开始J工作。

如混凝土浇筑完成后不能立即拆除模板，必须等混凝土达到一定强度后才能进行模板的拆除工作。工作“混凝土浇筑”和“模版拆除”间的关系就是结束到开始的关系。

2. 开始到开始关系（STS）

两项工作间的相互关系是前项工作I的开始和后项工作J的开始之间有一段时距L（SS），即I开始一段时间L（SS）后，即可进行后项工作J。

如道路工程中的铺设路基和浇筑路面，待路基铺设一定时间、满足路面浇筑条件后，路面工程即可开始。工作“铺路基”和“浇路面”之间就是开始到开始的关系。

3. 结束到结束的关系（FTF）

两项工作间的相互关系是前项工作I的结束到后项工作J的结束之间有一段时距L（FF），其要求在工作I结束L（FF）时间后，工作J结束。比如道路工程中的铺设路基和浇筑路面，工作“铺路基”在结束一定时间后“浇路面”才能结束，两者就是结束到结束的关系。

4. 开始到结束的关系（STF）

开始到结束的搭接关系是指工作I开始一段时间后，工作J才能结束。工作I开始时刻与工作J结束时刻之间的时距用L（SF）表示。

5. 混合搭接关系

两项工作之间要求开始时间必须保证一定的时距要求；同时两者的结束时间也应保证一定的时距要求。这种两项工作之间同时存在STS和FTF关系的情况称为混合搭接关系。比如道路工程中的路肩工作和路面工作，要求路肩工作至少开始一定的时距 L（SS）后，才能进行路面工作，即存在 STS 关系；同时要求路面工作必须延后路肩完成一定的时距 L（FF）结束，即存在 FTF 关系。这种搭接关系就是混合搭接关系。

7.7　进度控制实施中的比较与调整方法

7.7.1　进度控制的工作内容

进度控制是在建设工程实施中不断检查和监督各种进度计划执行情况，通过检查、分析、制定纠偏措施、监督执行的循环过程，将实际执行结果与原计划之间的偏差控制到最低，以保证进度目标的实现。

进度控制实行的是目标控制，主要工作内容为编制进度计划；定期收集进度资料、现场检查工程进展情况、分析及比较进度数据；对发生偏差的环节制定纠偏措施；对原计划进行调整，以满足进度目标的要求。这是一个完整的进度控制小循环，当完成一个小循环后，再进入下一个小循环，直到工程竣工。

7.7.2　进度控制的比较方法

将实际进度数据与计划进度数据进行比较，可以确定建设工程实际执行情况与计划目标的差距，这是建设工程进度控制工作中进度监测的主要工作环节。常用的进度比较方法有如下几种。

7.7.2.1　横道图法

横道图法是将项目实施过程中检查实际进度收集到的数据，经过加工整理后直接用横道线平行绘于原计划的横道线处，将实际进度与计划进度进行比较的方法。横道图法可以形象、直观地反映实际进度与计划进度的比较情况。

某项目的基础工程横道图法比较实际进度与计划进度如图 7-16 所示，双线表示计划进度，粗实线表示实际进度，在第 9 周末进行检查。从图 7-16 中可以看出，在第 9 周周末进行检查的时候，开挖、做垫层工作已经完成，做模板工作应完成 80%，但拖延了一周，只完成了 60%，任务拖欠量为 20%；绑钢筋应完成 33%，但还未开工，任务拖欠量为 33%。

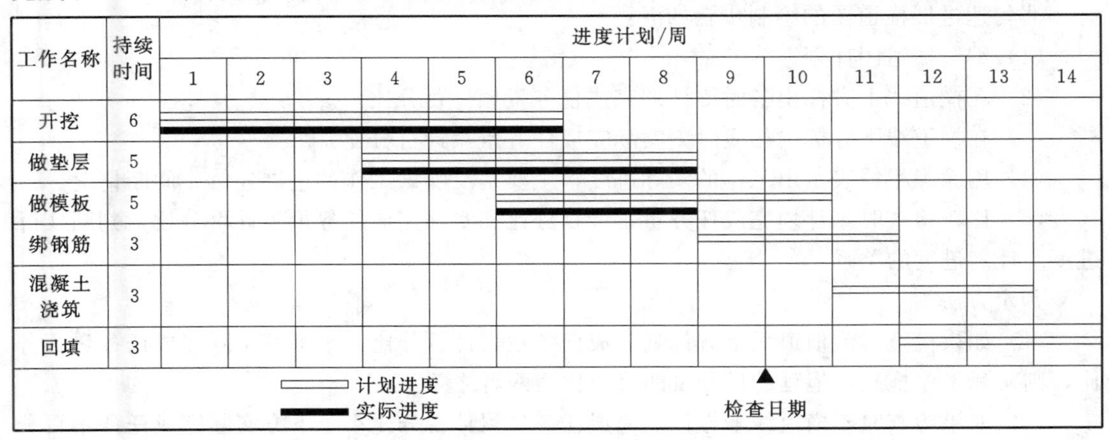

图 7-16　某工程实际进度与计划进度横道图比较示例

图 7-16 所描述的横道图法只适用于各项工作是均匀进展情况，即每项工作在单位时间内完成的工作量相等。但实际工作中却大量存在各项工作的进展为非匀速情形，因此横道图法包含以下两种方法进行实际进度与计划进度的比较。

1. 匀速进展横道图比较法

匀速进展是指工程开工后，每项工作在其实施期间内单位时间完成的工程量都是相等的，任务完成的累积量与工作实施的时间成正比关系。这种情况下的横道图的绘制步骤为：

（1）编制横道图进度计划。

（2）在进度计划图上标注检查日期。

（3）将检查日期的实际进度数据经处理后按比例用涂黑的粗线标于进度计划的下方，如图 7-17 所示。

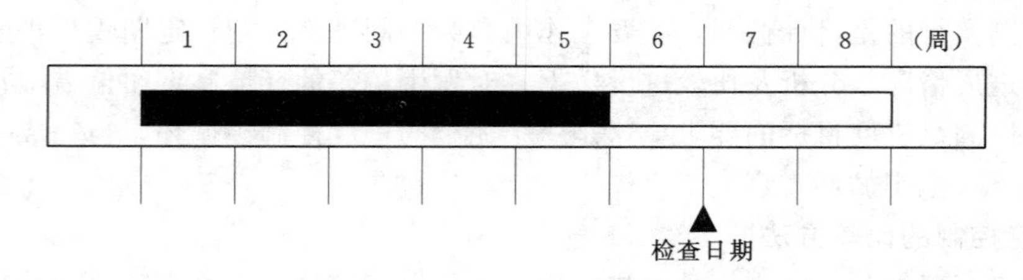

图 7-17　匀速进展横道图

匀速横道图的比较方法：

（1）如涂黑的线落在检查日期的左侧，表明实际进度拖延。

（2）如涂黑的线落在检查日期的右侧，表明实际进度超前。

（3）如涂黑的线恰好落在检查日期位置，表明实际进度与计划进度相吻合。

图 7-17 所示的示例，标明实际进度的黑线在检查日期的左侧，表明工期发生了拖延，拖延的工期为 1 周。

2. 非匀速进展横道图比较法

当一项工作在其持续时间里单位时间所完成工程量不相等，累计完成工程量与时间就不是正比关系，这种情况下就应采用非匀速进展横道图进行比较。

非匀速进展横道图的绘制步骤如下：

（1）编制横道图计划。

（2）在横道线上方标出各时刻计划完成任务量累计百分比。

（3）在横道线下方标出相应时刻实际完成任务量累计百分比。

（4）用涂黑粗线表示出工作的实际进度，主要是反映该工作的进展连续、间断情况。

（5）比较检查时刻计划完成任务量累计百分比和实际完成任务量累计百分比，判断实际进度与计划进度的关系。

判定方法为：

（1）如果检查时刻横道线上方计划完成任务量累计百分比大于下方实际完成任务量百分比，则实际工作拖延，拖延的任务量的百分比为两者之差。

（2）如果检查时刻横道线上方计划完成任务量累计百分比小于下方实际完成任务量百分比，则实际工作超前，超前的任务量的百分比为两者之差。

(3) 如果检查时刻横道线上方计划完成任务量累计百分比等于下方实际完成任务量百分比，则实际工作与计划进度相一致。

【例 7-2】 某工程按施工计划安排需要 8 周时间，每周完成计划任务量百分比如图 7-18 所示。用横道图比较实际进度与计划进度。

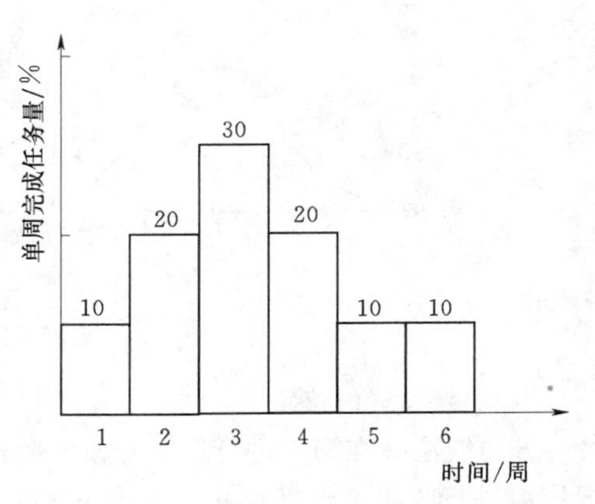

图 7-18 某工程计划进度示意图

解：

(1) 先绘制出横道计划图，并标注出计划开工到各时刻的累计完成百分比，如图 7-19 上方所示。

(2) 在横道图下方绘制出实际开工时间到检查时刻（第 4 周末），在各时刻的累计完工任务量百分比，如图 7-19 下方所示。

(3) 用粗黑线标识出工程开工、停工等情况。

(4) 比较实际进度与计划进度。可见工程没有按预计时间开工，晚开工约半周，第 3 周工地停工。从开工到检查时刻的每周完成工程量占总工程量的 5%、15%、0%、30%，在各周末拖延工程量占总工程量 5%、10%、40%、30%。

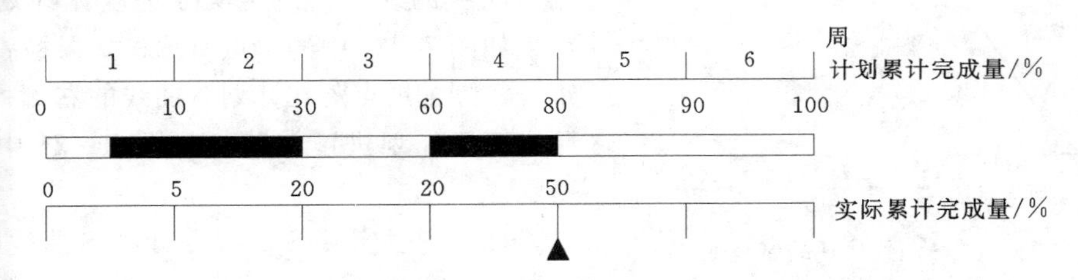

图 7-19 非匀速横道图比较

横道图法具有记录和使用简单、形象直观、使用方便等优点，被广泛用于简单的进度控制工作中。但对各工作的逻辑关系表达不明确，无法判定出关键工作或某一项工作的机动时间，因而如果一项工作发生拖延，难以断定是否影响总工期或影响后续工作。

7.7.2.2 S 曲线法

1. S 曲线法的概念

S 曲线法是以横坐标表示时间、纵坐标表示累计完成任务量，绘制一条按计划时间累计完成任务量的曲线，然后将工程项目实施过程中各检查时刻的实际累计完成任务量的曲线也绘制在坐标系中，将实际进度曲线与计划进度曲线相比较的一种方法。

从整个工程项目的全过程而言，开始和扫尾阶段投入的资源量较少，完成工程量较少；而工程建设的高峰期，投入的机械设备、人力及工作面相对多一些，单位时间完成的工程量就多，如图 7-20 (a) 所示，图形上反映出单位时间完成的任务量呈两端少、中间多的情形，其累计完成工程量相应呈 S 曲线的变化。由于其形状呈“S”，故命名为 S 曲线，如图 7-20 (b)所示。

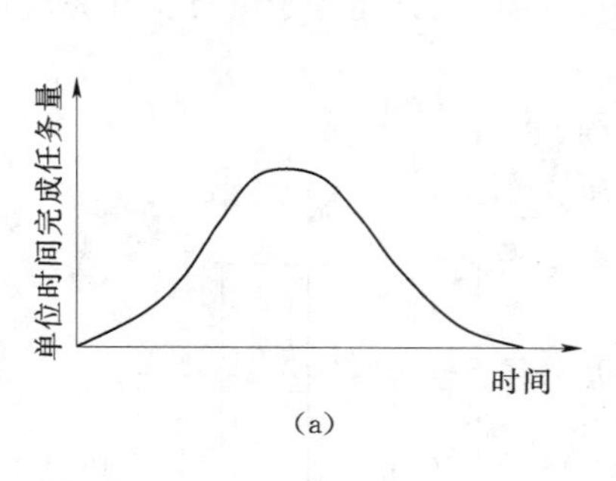

(a)

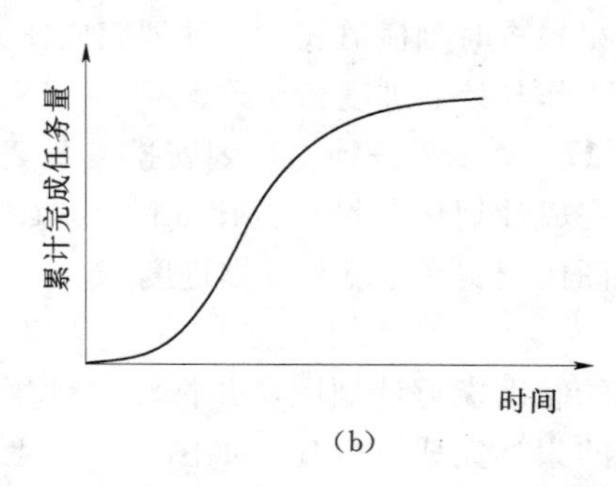

(b)

图 7-20　S 曲线示意图

2. S 曲线法的使用

S 曲线法是在图上进行工程建设实际进度与计划进度的比较。按照规定的时间对进度情况资料进行收集、整理，并将累计完成任务量绘制在原计划 S 曲线图上，即可得到实际进度 S 曲线，如图 7-21 所示。

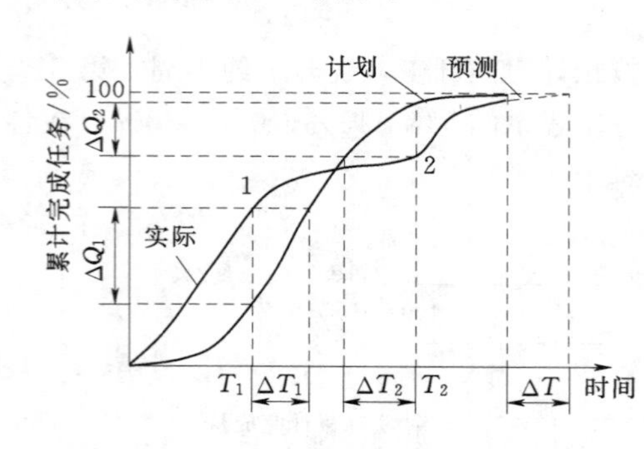

图 7-21　S 曲线法比较示意图

通过比较实际进度 S 曲线和计划 S 曲线，可得工程进展情况。

(1) 如果检查时刻的工程实际进展点落在计划 S 曲线的左侧，说明实际进度比计划进度超前，如图 7-21 中的 1 点所示；如果检查时刻的工程实际进展点落在计划 S 曲线的右侧，说明实际进度比计划进度拖延，如图 7-21 中的 2 点所示。

(2) 通过实际 S 曲线和计划 S 曲线的比较，可以得出超前（延后）的时间及相应的任务量。如检查时间点 1，超前的时间为 ΔT_1，超前的任务量为 ΔQ_1；检查时间点 2，拖延的时间为 ΔT_2，拖延的任务量为 ΔQ_2。

(3) 后期工期的预测。通过实际完成工程情况，按照后期工程原计划的速度，可以对后期的工程进展作出预测，绘出后期的进度曲线，如图 7-21 中后期的虚线所示。由图比较预期完工时间与计划完工时间，可得工程可能拖延的工期为 ΔT。

7.7.2.3　香蕉曲线法

香蕉曲线是两条 S 曲线组合的闭合曲线。这两条 S 曲线分别是 ES 曲线和 LS 曲线，ES 曲线是指工程均以各项工作的计划最早开始时间安排而绘制的 S 曲线；LS 曲线是指工程均以各项工作的计划最迟开始时间安排而绘制的 S 曲线。两条 S 曲线都从计划的开始时刻开始、完成时刻结束，因此两条曲线是闭合的。ES 曲线位于 LS 曲线的左侧，由于该两条 S 曲线封闭成香蕉形状，如图 7-22 所示，因此称为香蕉曲线。

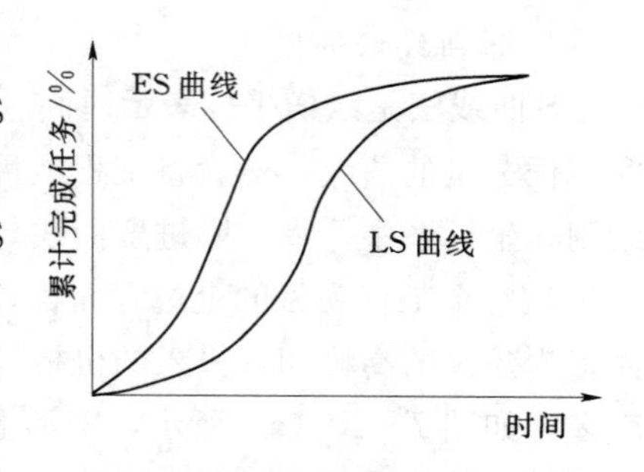

图 7-22　S 曲线示意图

香蕉曲线能够直观反映工程建设的实际进展情况，比单条S曲线能获得更多的工程进展相关信息。其主要作用体现在如下几方面。

1. 为工程进度计划提供建议

如果工程都按照每项工作的最早时间安排，将导致项目的投资增加；而如果每项工作都按照最迟开始时间安排，则一旦有意外事件发生，将使得整个网络计划安排没有任何机动的时间可利用，将直接导致工期延误，因此应将工程进度计划安排在香蕉曲线内。

2. 实际进度与计划进度的比较

合理的工程实际进度，应位于香蕉曲线内。如果实际进度位于香蕉曲线的左侧，说明此时的实际进度比工程计划的最早开始时间还超前；如果实际进度位于香蕉曲线的右侧，说明此时的实际进度比工程计划的最晚开始时间还拖后。

3. 预测工程工期

如果工程后期按原计划进度进行，根据实际进度与计划进度的比较，采用S曲线类似的方法，从而可以预测后期工程提前或拖延的时间。

7.7.2.4 前锋线法

前锋线法是通过绘制检查时刻工程实际进度前锋线，将工程实际进度与计划进度相比较的方法，使用的基础是要事先绘制出计划进度的时标网络图。所谓前锋线，是指在原计划时标网络图上，从时标网络图上方的时标上的检查时刻起，用折线将网络图上各工作的实际进展点连接起来的，如图7-23所示。利用前锋线与各项工作箭线的交点的位置来判断工作的实际进展与计划进展的情况，从而判定该工作是否影响后续工作及总工期。

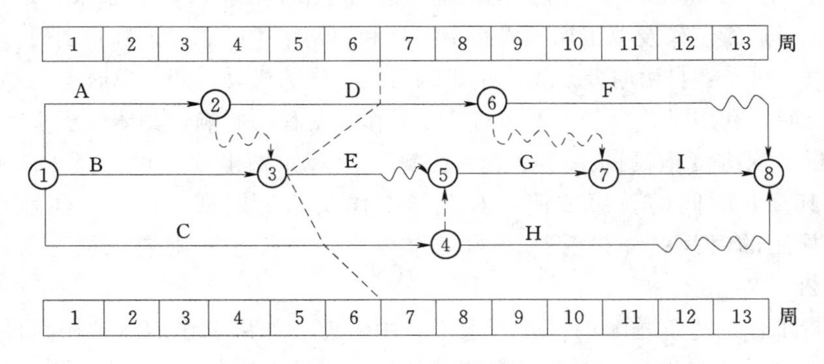

图7-23 前锋线法使用示意图

在图7-23中，利用前锋线进行比较，可以得出如下结论：

(1) 工作D按计划进行。

(2) 工作E拖延了两周，由于E有机动时间一周，因此将使其后续工作G、I的最早开始时间推后一周，从而影响总工期一周。

(3) 工作C拖延一周，影响后续工作G、H、I的最早开始时间。工作H有机动时间两周，因此工作C的拖延对H工作的顺利完工没影响；由于G、I是关键工作，因此拖延总工期一周。

综上所述，如果后续不及时采取补救措施，工程总工期将拖延一周。

7.7.2.5 列表法

采用列表法也是比较工程实际进度与计划进度的偏差的有效手段。列表法是记录检查日期应该进行的工作名称及已经作业的时间，列表计算有关的时间参数，依据工作的总时差和自由时差判定工作是否影响后续工作及总工期。如图 7-23 所示工程，若在第 9 周周末进行检查，发现工作 D 刚结束，F 还没开始，G 工作进行了 1 周，H 工作进行了 1 周，列表法检查工程进展，如表 7-2 所示。

表 7-2 列表法检查工程进度

工作代号	工作名称	检查时尚需作业周数	到计划最迟完成时尚余周数	原有总时差	尚有总时差	判断结论
6-8	F	4	4	1	0	拖延 1 周，但不影响总工期
5-7	G	2	1	0	−1	拖延 1 周，影响总工期 1 周
4-8	H	3	4	2	1	拖延 1 周，但不影响总工期

7.7.3 进度控制的调整方法

通过上述各方法的比较、分析，如果进度偏差比较小，可以针对产生的原因采取有效措施、排除障碍，按原计划进行；如果进度拖延太多，就必须对原计划进行调整，制定新的计划，作为后续工程进度控制的依据。

7.7.3.1 进度控制的分析工作

某项工作发生了拖延，并不一定会对后续工作或总工期有影响，还要依据该工作的性质（是关键工作还是非关键工作）及拖延的时间与总时差和自由时差的关系来判定。

分析偏差对后续工作及总工期的影响主要是利用网络中的总时差和自由时差的概念。由前述时差的概念可知：自由时差是工作不影响后续工作的机动时间，总时差是不影响工程总工期的机动时间。利用时差来分析工作对后续工作及工程的影响，具体分析步骤如下：

（1）分析出现进度拖延的工作是否为关键工作。如果出现进度拖延的工作为关键工作，则不论其拖延时间的长短如何，对后续工作及总工期都会拖延，工程受拖延的工期为该工作拖延的时间；如果受拖延的工作是非关键工作，则要依据拖延时间的长短来进一步分析。

（2）分析工作的进度拖延时间是否大于自由时差。如果工作的拖延在其自由时差范围内，则该拖延对后续工作及总工期没影响；如果大于了该工作的自由时差，则说明对该工作的后续工作有影响。

（3）分析工作的进度拖延时间是否大于总时差。如果工作的拖延大于其自由时差、小于其总时差，则该拖延对后续工作有影响，但对工程的总工期没影响，此种情况下可以不调整；如果大于其总时差，则对总工期有影响，影响时间为该工作的拖延时间与总时差的差值，则应在后续工作中采取相应措施对原计划进行调整。

分析工作的拖延对后续工作及总工期影响的流程图如图 7-24 所示。

7.7.3.2 进度计划的调整方法

通过调查分析，如果发现原有进度计划已不能适应实际情况，为了确保进度控制目标的实现或确定新的计划目标，就必须对原有进度计划进行调整，以形成新的进度计划，作为进度控制的新依据。施工进度计划的调整方法主要有两种：一是改变某些工作间的逻辑关系；二是缩短某些工作的持续时间。在实际工作中应根据具体情况选用上述方法进行进度计划的调整。

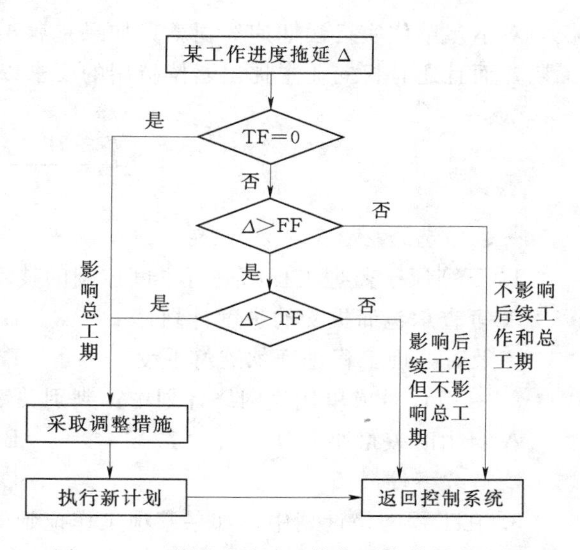

图 7-24 利用时差对工作拖延的分析流程图

1. 改变某些工作之间的逻辑关系

若实际施工进度产生的偏差影响了总工期，在工作之间的逻辑关系允许改变的条件下，改变关键线路和超过计划工期的非关键线路上的有关工作之间的逻辑关系，达到缩短工期的目的。用这种方法调整的效果是很显著的，例如可以把依次进行的有关工作改变为平行或互相搭接施工以及分成几个施工段进行流水施工等，都可以达到缩短工期的目的。

2. 压缩关键工作的持续时间

这种方法的特点是不改变工作之间的先后顺序关系，通过缩短网络计划中关键线路上工作的持续时间来缩短工期，这时通常要采取一定的措施来达到目的。具体措施包括：

(1) 组织措施。增加工作面，组织更多的施工队伍；增加每天的施工时间（如采用三班制等）；增加劳动力和施工机械的数量等。

(2) 技术措施。改进施工工艺和施工技术，缩短工艺技术间歇时间；采用更先进的施工方法；采用更先进的施工机械等。

(3) 经济措施。实行包干奖励；提高奖金数额；对所采取的技术措施给予相应的经济补偿等。

(4) 其他配套措施。改善外部配合条件；改善劳动条件；实施强有力的调度等。

一般来说，不管采取哪种措施，都会增加费用。因此，在调整施工进度计划时，应利用费用优化的原理选择费用增加量最小的关键工作作为压缩对象。

除了分别采用上述两种方法来缩短工期外，有时由于工期拖延得太多，当采用某种方法进行调整，其可调整的幅度又受到限制时，还可以同时利用上述的两种方法对同一施工进度计划进行调整，以满足工期目标的要求。无论采取何种保证工程进度目标的措施，都必须以保证工程建设质量为前提；若无论采取何种措施都不能完成进度目标，则建设单位、监理单位、承包单位协商解决，采取工期延长的办法，不得以牺牲工程质量来赶进度，搞“献礼工程”、“形象工程”。

7.7.4 工期延长

在建设工程施工过程中，工期的延长分为工程延误和工程延期两种。由于承包单位自身的原因，使工程进度拖延，称为工程延误；由于承包单位以外的原因，使工程进度拖延，称为工程延期。虽然都是工期的延长，但由于性质不同，因而相应的责任承担主体也就有所不同。如果是工程延误，则由此造成的一切损失由承包单位承担，同时，业主还有权力对承包单位实行误期违约罚款；如果是属于工程延期，则承包单位不仅有权要求延长工期，而且还有权向业主提出赔偿费用的要求以弥补由此造成的额外损失。

习 题

一、单选题

1. 下列属于监理工程师进行进度控制的技术措施的是（　　）。

A 审查承包商提交的进度计划　　B 建立进度控制目标体系

C 及时办理工程进度款支付手续　　D 建立进度信息沟通渠道

2. 在双代号或单代号网络计划中，判别关键工作的条件是该工作（　　）。

A 自由时差最小　　B 与其紧后工作之间的事件间隔为零

C 持续事件最长　　D 最迟开始时间与最早开始时间的差值最小

3. 在工程网络计划中，如果某项工作拖延的事件超过其自由时差，则（　　）。

A 必定影响其紧后工作的最早开始　　B 必定影响工程总工期

C 该项工作必定变为关键工作　　D 对其后续工作及工程总工期无影响

4. 已知某工程网络计划中M的自由时差为2天，总时差为6天。监理工程师在检查进度时发现该工作的实际进度拖延，影响到工程总工期3天。在其他工作均正常的前提下，工作M的实际进度比计划进度拖延了（　　）天。

A 5　　B 6　　C 8　　D 9

5. 当工程网络计划的计算工期大于要求工期时，为满足要求工期，进行工期优化的基本方法是（　　）。

A 减少相邻工作的时间间隔　　B 缩短关键工作的持续时间

C 减少相邻工作之间的时距　　D 缩短关键工作的总时差

6. 某工程施工过程中，监理工程师检查实际进度时发现工作M的总时差由原来的3天变为-1天，其他工作进展正常。则说明工作M的实际进度（　　）。

A 提前1天，不影响工期　　B 拖后4天，影响工期1天

C 提前4天，不影响工期　　D 拖后4天，影响工期3天

二、多选题（每题有2～4个正确答案）

1. 在工程网络图中，关键路线是指（　　）的路线。

A 双代号网络图中没有虚箭线

B 时标网络图中没有波形线

C 单代号网络图中相邻两项工作之间时间间隔均为零

D 双代号网络图中由关键节点组成

E 单代号网络图中由关键工作组成

2. 某承包商投标承包了一工程的设计与施工任务，在施工过程中若发生了如下事件，该承包商可索赔工期的有（　　）。

A 施工图纸未按时提交　　B 供电网停电

C 施工机械未按时进场　　D 分包商返工

E 施工场地未按时提供

3. 通过比较实际进度 S 曲线和计划进度 S 曲线，可以获得（　　）信息。

A 工程项目实际进展状况

B 工程项目实际进度超前或拖后的时间

C 工程项目实际超额或拖欠的任务量

D 后期工程进度预测

E 各项工作的最早开始时间和最迟开始时间

4. 进度控制的经济措施包括（　　）。

A 建立进度信息网络

B 实施工期提前奖励和延期罚款

C 及时办理工程预付款支付手续

D 加强风险管理

E 及时办理工程进度款支付手续

5. 施工过程根据工艺性质的不同可分为制备类、运输类和建造类三种施工过程，以下（　　）施工过程一般不占有施工项目空间，也不影响总工期，不列入施工进度计划。

A 砂浆的制备过程　　B 地下工程　　C 主体工程

D 混凝土制备过程　　E 层面工程

第8章 工程建设投资控制

监理工程师在施工阶段进行投资控制的基本工作是把计划投资额作为投资控制的目标值，在工程施工过程中定期将投资实际值与当时对应的目标值进行比较，发现并找出实际支出额与投资控制目标值的偏差，分析产生偏差的原因，并采取有效措施加以控制，以保证投资控制目标的实现。

8.1 投资控制概述

所谓工程建设投资控制，就是在投资决策阶段、设计阶段、建设项目发包阶段和施工阶段，把建设项目投资的发生控制在批准的投资限额以内，随时纠正发生的偏差，以保证项目投资管理目标的实现，以求在各个建设项目中能合理使用人力、物力、财力，取得较好的投资效益和社会效益。

8.1.1 投资控制的流程

在建设工程实施过程中，存在影响实际投资额度的多种因素。投资控制的工作内容，就是及时进行实际投资额度与计划额度的比较，查找影响投资的因素并采取相应措施加以控制，具体工作流程如图8-1所示。

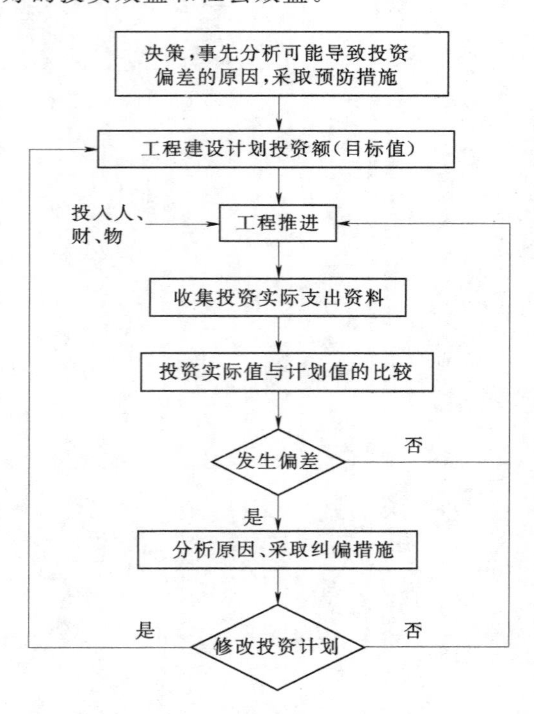

图8-1 投资控制流程图

在投资控制工作中，主要进行如下工作：

1. 制定投资目标

控制必须要有目标，所制定的目标必须要有科学依据并具有实现的可能。为保证所制定的目标既科学，又具有可操作性，投资控制必须随工程建设项目的不断推进而设置不同阶段的投资控制目标。具体来说投资估算是建设工程设计方案选择和进行初步设计的投资控制目标，投资概算是进行技术设计和施工图设计的投资控制目标，投资预算是施工阶段投资控制目标。各阶段投资控制目标是有机联系、相互制约、相互补充、前者控制后者、后者补充前者，共同组成既具有科学性，又具有可操纵性的建设工程投资控制目标系统。

2. 收集实际投资资料

在建设项目实施过程中，及时、准确、完整地收集工程项目实际投资资料，是有效判断工程实际投资状况的最有效手段。

3. 比较投资实际值与计划值

将投资实际值与目标值进行比较，分析存在偏差的原因。

4. 采取纠偏措施

针对所存在的偏差，采取有效的控制措施以确保投资控制目标的实现。采取主动控制措施，将“控制”立足于事件可能发生之前主动采取措施，尽可能减小实际值与目标值的偏离程度；将主动控制与被动控制紧密结合起来，尽可能实现投资控制目标。

8.1.2 投资控制的措施

要有效地进行建设工程的投资控制，必须从组织、技术、经济、合同等方面采取相应措施。

1. 组织措施

投资控制的组织措施主要包括建立投资控制管理机构（职能部门），明确投资控制人员的任务、职责及管理职能分工。

2. 技术措施

投资控制的技术措施主要包括重视设计中的方案优选，严格审查监督初步设计、技术设计、施工图设计、施工组织设计，从技术的角度深挖投资节约的可能性。

3. 经济措施

投资控制的经济措施主要包括编制资金使用计划，动态地比较投资的计划值与实际支出值，发现偏差，及时采取纠偏措施。严格执行投资费用支出，采取节约投资的奖励措施等。

4. 合同措施

投资控制的合同措施主要包括严格控制合同变更，对各方提出的工程变更和设计变更进行严格审查，加强索赔管理工作，公正处理索赔事项等。

8.1.3 投资控制的依据

工程建设投资控制的依据是指进行建设工程投资控制所必需的基础数据和资料，主要包括工程定额、工程量清单、要素市场价格信息、工程技术文件、环境条件与工程建设实施组织和技术方案等。

1. 工程定额

工程定额，是指按照国家有关的产品标准、设计规范和施工验收规范、质量评定标准，并参考行业、地方标准以及有代表性的工程设计、施工资料确定的工程建设过程中完成规定计量单位产品所消耗的人工、材料、机械等消耗量的标准。

在建设工程施工过程中，完成每一单位产品的施工活动，必需消耗一定数量的人力、物力和资金，这些资源的消耗数量是随着生产因素及生产条件的变化而变化的。综合考察总体生产过程中的各生产因素，归结出社会平均必需的数量标准，从而形成定额。因此定额反映的是一定时期的社会生产力水平。

2. 工程量清单

工程量清单是依据设计图纸、工程量计算规则、技术标准等计算得到的拟建工程的分部分项工程项目、措施项目、其他项目名称和相应数量的明细清单，其是招标文件的组成部分，是由招标人发出的一套注有拟建工程各实物工程名称、性质、特征、单位、数量、税费等相关表格组成的文件，反映了全部工程内容以及为完成这些内容而进行的其他工作。

3. 工程技术文件

工程技术文件是指反映建设工程项目的规模、内容、标准、功能等的文件，是施工活动的依据。依据工程技术文件及其反映的工程内容和尺寸，能计算出工程实物量，得到分部分项工程的实物数量。因此，工程技术文件是建设工程投资控制的重要依据。

4. 要素市场价格信息

完成工程建设需要消耗人工、材料、施工机械等要素，要素价格是影响建设工程投资的关键因素，市场经济体制下受市场影响很大，随着市场环境的变化，要素价格亦随之发生变化。因此，建设工程投资控制必须随时掌握市场价格信息，了解市场价格行情，熟悉市场上各类资源的供求变化及价格动态。

5. 建设工程环境和条件

建设工程所处的环境和条件的差异或变化，会导致建设工程投资变化。工程的环境和条件，包括社会环境、工程地质条件、气象条件、现场环境与周边条件等。如国际工程承包，承包商在进行投标报价时，需通过充分的现场环境和条件调查，了解和掌握对工程价格产生影响的内容和方面，包括：利率及国际外汇市场情况、工程所在国的政治情况、经济情况、法律情况；交通、运输、通信情况；生产要素市场情况；历史、文化、宗教情况；气象资料、水文资料、地质资料等自然条件；工程现场地形地貌、周围道路、临近建筑物、市政设施等施工条件、其他条件等；工程业主情况、设计单位情况、咨询单位情况、竞争对手情况等。在掌握了工程的环境和条件以后，有利于防范风险，做出准确的报价。

6. 其他的有关规定

国家对建设工程费用计算的有关规定，按国家税法规定须计取的相关税费等，都是确定建设工程投资的依据。

8.2 工程计量与支付

工程计量与支付是指根据设计文件及承包合同中有关工程量计算的规定，监理工程师对承包商完成的设计范围内的合格工程进行认可，并出具付款凭证的工作。工程计量与支付是监理工程师对工程进行管理的集中体现，也是进行投资控制的有效手段。

8.2.1 工程计量

8.2.1.1 工程计量的重要性

1. 计量是控制项目投资支出的关键环节

工程计量是指根据设计文件及承包合同中关于工程量计算的规定，项目监理机构对承包商申报的已完成工程的工程量进行的核验。合同条件中明确规定工程量表中开列的工程量是在编制招标文件时，在图纸和规范的基础上估算得到的工程量，不能作为承包商完成的实际和确切的工程量。承包商实际完成的工程量必须通过项目监理机构进行计量、认可。经过项目监理机构计量所认可的合同范围内合格的工程量是向承包商支付款项的凭证。

2. 计量是约束承包商履行合同义务的手段

计量不仅是控制项目投资支出的关键环节，同时也是约束承包商履行合同义务、强化承包商合同意识的手段。FIDIC合同条件规定监理工程师对计量支付有充分的批准权和否决权，对于不合格的工作和工程，工程师可以拒绝计量；并且业主对承包商的付款是以监理工程师批准的付款证书为凭据。

监理工程师通过按时计量，还可以及时掌握承包商工作的进展情况，当发现工程进度严重偏离计划目标时，可要求承包商及时分析原因、采取措施、加快进度。因此，在施工过程中，项目监理机构通过计量手段，可以有效控制工程按合同进行。

8.2.1.2 工程计量的依据

计量依据一般有质量合格证书、工程量清单前言、技术规范中的“计量支付”条款和设计图纸。

1. 质量合格证书

对于承包商已完的工程，并不是全部进行计量，只是质量达到合同标准的已完工程才予以计量。因此工程计量必须要质量监理工程师紧密配合，工程质量达到合同规定的标准后，由专业工程师签署质量合格证书，只有质量合格的工程才予以计量。因此质量合格是工程计量的前提，工程计量又是工程质量的保障，通过计量手段，强化承包商的质量意识。

2. 工程量清单前言和技术规范

工程量清单前言和技术规范是确定计量方法的依据。因为工程量清单前言和技术规范的“计量支付”条款规定了清单中每一项工程的计量方法，同时还规定了按规定的计量方法确定的单价所包括的工作内容和范围。

3. 设计图纸

单价合同以实际完成的工程量进行结算，但监理工程师计量的工程数量，并不一定是承包商实际施工的数量。计量的几何尺寸要以设计图纸为依据，除监理工程师书面批准外，对承包商超出设计图纸要求增加的工程量和自身原因造成返工的工程量，不予计量。

8.2.1.3 工程计量的条件

工程计量必须符合以下条件。

1. 质量合格的工程项目

工程质量达到合同规定的标准是工程计量的必备条件。监理工程师只对质量合格的工程项目予以计量，对于不合格的项目，要求承包商修复、返工。直到达到合同规定标准后，才予以计量。

2. 有监理工程师变更通知的变更项目

FIDIC合同条件规定，承包商没有得到监理工程师的变更指示，不得对工程进行任何变更。因此，未经监理工程师批准的任何工程变更，不管其必要性和合理性如何，一律不予计量。

3. 符合合同文件的规定

工程的任何一项计量，都必须符合合同文件的规定，这既是为了维护业主的利益，又是监理工程师投资控制的权限所在。

8.2.1.4　工程计量的程序

1. 施工合同（示范文本）约定的程序

《建设工程施工合同（示范文本）》（GF—2013—0201）对工程计量程序作出了明确的规定。除其中的专用合同条款另有约定外，工程的计量按月进行，并按如下约定进行计量：

（1）承包人应于每月25日向监理人报送上月20日至当月19日已完成的工程量报告，并附具进度付款申请单、已完成工程量报表和有关资料。

（2）监理人应在收到承包人提交的工程量报告后7天内完成对承包人提交的工程量报表的审核并报送发包人，以确定当月实际完成的工程量。监理人对工程量有异议的，有权要求承包人进行共同复核或抽样复测。承包人应协助监理人进行复核或抽样复测，并按监理人要求提供补充计量资料。承包人未按监理人要求参加复核或抽样复测的，监理人复核或修正的工程量视为承包人实际完成的工程量。

（3）监理人未在收到承包人提交的工程量报表后的7天内完成审核的，承包人报送的工程量报告中的工程量视为承包人实际完成的工程量，据此计算工程价款。

2. 建设工程监理规范规定的程序

《建设工程监理规范》（GB/T 50319—2013）对工程造价控制的工程计量工作做出了如下规定：

（1）专业监理工程师对施工单位在工程款支付报审表中提交的工程量和支付金额进行复核，确定实际完成的工程量，提出到期应支付给施工单位的金额，并提出相应的支持性材料。

（2）总监理工程师对专业监理工程师的审查意见进行审核，签认后报建设单位审批。

（3）总监理工程师根据建设单位的审批意见，向施工单位签发工程款支付证书。

3. FIDIC施工合同约定的工程计量程序

按照FIDIC施工合同约定，当监理工程师要求对任何部分进行计量，应向承包商代表发出合理通知，承包商代表应：

（1）及时亲自或另派合格代表，协助监理工程师进行计量工作。

（2）提供工程师要求的任何具体材料。

如果承包商未能到场，也未派代表到场，监理工程师所作计量应作为准确予以认可。在某些情况下，也可以由承包商在监理工程师的监督下，对工程的某些部位进行计量。

8.2.1.5　工程计量的方法

监理工程师一般只对以下三方面的工程项目进行计量：

（1）工程量清单中的全部项目。

（2）合同文件中规定的项目。

（3）工程变更项目。

根据FIDIC合同条件的规定，一般可按照以下方法进行计量：

1. 均摊法

所谓均摊法，就是对清单中某些项目的合同价款，按合同工期平均计量。如：为监理工程师保养测量设备、气象记录设备，承担的本属建设单位的道路养护工作等。这些工作都有一个共同的特点，即每月均有发生。所以可以采用均摊法进行计量支付。

2. 凭据法

所谓凭据法，就是按照承包商提供的凭据进行计量支付。如建筑工程险保险费、第三方责任险保险费、提供履约保证金等项目。

3. 估价法

所谓估价法，就是按合同文件的规定，根据监理工程师估算的已完成的工程价值支付。如清单中的某些项目往往要购买几种仪器设备，但所有的仪器设备不能一次购进时，则需采用估价法进行计量支付。其计量过程如下：首先按照市场的物价情况，对清单中规定购置的仪器设备分别进行估价；然后按下式计量支付金额：

$$F=A\times\frac{B}{D} \tag{8-1}$$

式中 F——计算支付的金额；

A——清单所列该项的合同金额；

B——按估算价格计算的该项实际完成金额；

D——该项全部仪器设备的总估算价格。

该项目估价的款额与最终支付的款额无关，最终支付的总款额是合同清单中的款额。

4. 断面法

断面法主要用于大体积的土石方开挖或回填工程，一般规定计量的方量为原地面线与设计断面所构成的体积。采用这种方法计量，在开工前承包商需测绘出原地形的断面，并需经工程师检查，作为计量的依据，并在完工后测定竣工断面。

5. 图纸法

在工程量清单中，许多项目采取按照设计图纸所示的尺寸进行计量。如混凝土构筑物的体积，钻孔桩的桩长等。只要日常对施工单位的施工活动做好监督管理，监理工程师即可依据施工图纸进行工程量复核。

6. 分解计量法

所谓分解计量法，就是将一个项目，根据工序或部位分解为若干子项。对完成的各子项进行计量支付。这种计量方法主要是为了解决一些包干项目或较大的工程项目的施工时间过长，影响承包商的资金流动等问题。

8.2.2 工程支付

8.2.2.1 工程支付中监理工程师的权限

1. 全面授权

通常，业主聘请监理工程师管理工程，对合同工程量报价表中的项目的付款是全面授权的。因为这是以监理工程师对承包商完成的实物量的测量和计算为依据，以合同规定的单价计价，发生争议的可能性不大。业主将支付的权限授予监理工程师，是保证监理工程师有效监督承包商全面履行合同的重要条件。

业主聘请监理工程师管理工程，一般也将预付款的支付和扣还权、保留金的退还、竣工支付等也全面授予监理工程师。

2. 有限授权

业主是工程的投资主体，享有工程生产运行的利益，又承担其投资风险。因此，业主在涉及工程质量改变、工期改变、费用改变等重大事项方面享有最终决定权。合同中一般通过规定在涉及费用变动的支付中业主采取有限授权的办法来限制监理工程师的权力，以保证业主在重大事项方面的决定权。

业主对监理工程师在费用变动方面采取有限授权的形式进行投资控制具有普遍性，其实现的主要办法是：

（1）在合同中写明授权支付的金额限制，超过此限额的额外支付（变更、索赔等），规定要报业主批准。

（2）在业主与监理工程师签订的委托服务合同中规定程序限制。当发生超过一定金额的费用变动支付时，业主规定监理工程师必须与之协商确定等。

在监理实践中，业主授权的限制程度没有统一规定。不同的合同，其授权的限制程度一般也不同，这与业主的资金状况、业主对监理工程师能力的信任以及承包商的素质等多种因素有关。

8.2.2.2　工程支付的条件

工程支付的前阶段的工作是计量，工程支付的条件除计量的条件之外，还包括如下条件。

1. 月支付款应大于合同规定的最低限额

FIDIC合同条件规定，承包商每月应得到的支付款额（扣除保留金和其他应扣款后的剩余款额）等于或大于合同规定的最低限额时才予以支付。少于最低限额的款额不予支付，按月结转，直到批准的付款金额达到或超过最低限额，才予以支付。

2. 承包商的工程活动使工程师满意

为了确保监理工程师在合同管理中的核心地位，并通过经济手段约束承包商全面履行合同中规定的各项责任和义务，FIDIC合同条件赋予了监理工程师在支付方面的充分权力，规定："工程师可通过任何临时证书对他所签发过的任何原有的证书进行任何修正或更改，如果他对任何工作执行情况不满，他有权在任何临时证书中删去或减少该工作的价值。"

8.2.2.3　预付款的支付及扣还

1. 预付款的作用

承包商与业主签订合同后，为做好原材料采购、构件的正常储备、工程设备、施工设备的采购及修建临时工程、组织施工队伍进场等工作，承包商需要投入大量的资金。由于工程项目一般投资巨大，承包商往往难以承受前述工作所需资金。为了使工程顺利进展，业主在承包商进场前，以预付款的形式借给承包商一部分资金，帮助承包商尽快开始正常施工。预付款是无息的，但要在后期一定时间内按合同约定在工程进度款中扣还给业主。

2. 预付款的额度

预付款的额度，各地区、各部门的规定不完全相同，其目的主要是保证施工所需材料和构件的正常储备，因此其额度的确定应根据施工工期、建安工作量、主要材料和构件费用占建安工作量的比例及材料的储备周期等因素来确定，其方法有如下两种：

（1）合同条件中约定。发包人根据工程的特点、工期、市场行情、供求关系等因素，事先在招标的合同条件中约定预付款的百分比。

(2) 公式计算。根据主要材料、结构件等占年度承包工程总价的比重、材料储备定额天数和年度施工天数等因素，通过计算来确定。其计算公式为：

$$工程备料款=\frac{工程总价\times材料比重(\%)}{年度施工天数}\times材料储备定额天数 \quad (8-2)$$

其中年度施工天数按365日历天计算；材料储备定额天数由当地材料供应的在途天数、加工天数、整理天数、供应间隔天数、保险天数等因素决定。

3. 预付款的支付

承包商与业主签订合同后，必须按合同规定办理预付款保函。该保函应在业主收回全部预付款之前一直有效。监理工程师在收到承包商的预付款保函后进行审查，按合同规定开具向承包商支付预付款的证明。

4. 预付款的扣还

开工以后，支付的预付款要从承包商取得的工程进度款中陆续扣还，扣还的办法应在合同中明确规定。以抵扣的方式，预付款的扣还方法有如下几种：

(1) 发包人和承包人协商后通过合同的形式确定。

(2) 从未施工工程的工程款中扣回。这种扣回方式的确定扣回时间，即确定起扣点是工程预付款扣回的关键。确定工程预付款起扣点的办法是：未施工工程所需主要材料和构件的费用等于工程预付款的额度。工程预付款起扣点的计算式为：

$$T=P-\frac{M}{N} \quad (8-3)$$

式中 T——预付款起扣点，即预付款开始扣回时的累计完成工程量款额；

P——承包合同金额；

M——工程预付款金额；

N——主要材料、构件所占比重。

如果在合同实施中发生了整个工程移交证书颁发时预付款仍未偿清，中途中止合同等情况时，未偿清的预付款余额应全部、一次性扣还给业主。

8.2.2.4 阶段付款

阶段付款是按照工程施工进度分阶段地对承包商支付的一种付款方式，如月结算、分阶段结算或业主、承包商在合同中约定的其他方式。《建设工程施工合同（示范文本）》(GF—2013—0201) 规定除其中的专用合同条款另有约定外，一般按月支付。按月结算是在上月结算的基础上，根据当月的合同履行情况进行的结算。这种支付方式公平合理、风险小、便于操作和控制。

阶段付款的投资控制是整个工程建设的投资控制的基础。总费用是一次次的阶段付款累积而成的，因此，对每次的阶段付款，监理工程师都应认真审查、核算、分析，严格把关，着重加强下列环节的工作，以便控制阶段付款：

(1) 对月报表中所开列的永久工程的价值，必须以质量检验的结果和计量结果为依据，签认的应该是经监理工程师认可的合格工程及计量数量。

(2) 必须大于合同规定的最低限额为依据。一般以扣除保留金额及其他本期应扣款额后的总额大于合同中规定的最小金额为支付依据，小于这个金额，监理工程师不开具本期支付证书。

(3) 承包商运进现场的用于永久工程的材料必须是合格的：有材料出厂（场）证明，有工地抽检试验证明，有经监理人员检验认可的证明。

(4) 未经监理工程师事先批准的计日工，不给予承包商支付。

(5) 做好价格调整和索赔工作。

8.2.2.5　保留金的扣留与退还

1. 保留金的扣留

保留金是业主持有的一种保证，目的是促使承包商尽快完成合同任务，确保在工程竣工移交后，在缺陷责任期内承包商仍能履行修补缺陷的义务，业主应从承包商有权得到的阶段付款额（除预付款以及合同价格调整外的应得款额，包括工程进度款、工程设备和材料付款等）中扣留一定比例（一般为5%～10%）的金额，直到该项保留金款额达到规定的保留金限额（如为合同价的5%）为止。

2. 保留金的退还

业主退还保留金的具体方式为：

(1) 当工程（整个或部分工程）交工验收并颁发移交证书时，监理工程师开具支付证书，将交付工程相应的保留金的一半付给承包商。

(2) 在缺陷责任期满后28天内，监理工程师颁发缺陷责任证书并送交业主，同时将一份副本送交承包商后，应为承包商开具退还剩余保留金的支付证书。监理工程师在颁发了缺陷责任证书后若仍发现有工程缺陷应由承包商维修，剩余的保留金仍可暂不退还。

8.2.2.6　竣工支付

在永久工程竣工、验收、移交后，监理工程师应开具完工支付证书，在业主与承包商之间进行竣工结算。完工支付证书是对业主以前支付过的所有款额以及承包商按合同有权得到的款额的确认，明确业主还应支付给承包商或承包商还应支付给业主的余额，具有结算的性质。

中期付款证书是以监理审核结果为准的，可以将承包商申请的不合理款项删掉，可以对前一个阶段付款进行修正，也可以将认为质量修复满意了的项目加在下一个阶段付款证书中。完工支付证书的结算性质决定了监理工程师已无后续证书可以修正，因此完工支付证书必须以所有阶段付款证书为基础，同时不得有未经解决的有争议的款项。

1. 竣工支付的工作内容

竣工支付的工作内容包括：

(1) 确认按照合同规定应支付给承包商的款额。

(2) 确认业主以前支付的所有款额。

(3) 确认业主还应支付给承包商或者承包商还应支付给业主的余额，双方以此余额相互找清。

2. 竣工支付的程序

(1) 承包商提出工程移交申请报告。当全部工程基本完工并通过合同规定的竣工检验，承包商提出工程移交申请报告，并附上缺陷责任期内及时完成未完工作的书面保证。

(2) 监理工程师颁发移交证书。监理工程师在接到承包商的书面申请后，进行必要的审核工作。监理审核后，认为该工程“基本完工”，在规定的时间内颁发移交证书，确认已基本完工的日期，同时将一份副本呈交业主；若认为该工程尚未“基本完工”，则给承包商发出书面指示，详细说明在颁发证书前承包商尚应完成的全部工作。承包商完成监理工程师指出的工作并修补好所指出的缺陷，监理工程师认为满意，则承包商有权在监理工程师满意之后的21天内收到移交证书。

(3) 承包商提交竣工报表。在监理工程师颁发移交证书之后的规定时间（FIDIC合同条件规定为84天）内，承包商应提交竣工报告（完工结算报表），申请办理竣工结算。

3. 监理工程师开具付款证明

监理工程师在接到竣工报表的规定时间（FIDIC合同条件规定28天）内，应对全部支付项目进行复核、对所有工程数量与费用计算进行复核、对所有有争议的项目与计算进一步检验与取证并与承包商协商，确定最终处理办法。在此工作基础上，监理工程师应将竣工报表提交业主，并开具付款证明。业主在接到监理工程师开具的支付证明后的一定时间（如FIDIC合同条件规定为28天）内，应向承包商支付。

8.2.2.7 最终支付

在缺陷责任期终止并且监理工程师颁发了缺陷责任证书后，可进行工程的最终结算，其程序如下。

1. 承包商提交最终报表

在监理工程师颁发了缺陷责任证书后的规定时间（如FIDIC合同条件规定为56天）内，承包商应向监理工程师提交一份最终报表草案，该报表草案包括根据合同所完成的全部工程价值及承包商根据合同认为应该支付给他的任何进一步的款项。

监理工程师就承包商提交的该草案中的不能同意或不能证实的任何部分，要求承包商补充资料，进行修改，双方协商，以使双方意见达成一致；并由承包商提交最终报表。承包商提交最终报表之后，其根据合同进行索赔的权力即告终止。

2. 承包商向业主提交书面清单

在提交最终报表的同时，承包商应给业主一份书面结算清单，并将一份副本交监理工程师，进一步证实最终报表中的总额，相当于全部的和最后确定应付给他（由合同引起的以及与合同有关）的所有金额。

3. 监理工程师签发最终支付证书

监理工程师在接到承包商提交的最终报表和承包商给业主的书面结算清单副本后的规定时间（FIDIC合同条件规定为28天）内，应向业主发出最终支付证书，并将副本交承包商。

4. 业主最终支付

监理工程师开具的最终支付证书送交业主后的规定时间（FIDIC合同条件规定为56天）内，业主应付款给承包商，业主的合同责任即终止。

8.2.2.8 暂定金额

1. 暂定金额的用途

在招投标期间，对于没有足够资料可以准确估价的项目和意外事件，一般采取暂定金额的形式在工程量表中列出，可以分列为计日工和意外事件两项，也可以合并在一起，主要是用于合同规定项目之外、随时可能发生的、不可预见的、意外事件、零星的工作，比如施工中出现了前期未探明的管线等地下障碍、泥石流阻断了道路等意外事件，需要动用机具、人力进行相应的工作的，而这些在之前是无法预计到的，当然这些事情也可能完全不发生，也可能多次发生。

2. 暂定金额的使用原则

暂定金额并非一定使用，监理工程师必须按照指定用途动用。在实际工程中，可能全部或部分地使用，可能超支使用，或根本不予动用。暂定金额的动用，应遵守以下三点：

(1) 暂定金额的使用，必须得到监理工程师的事先许可，并应按照监理工程师的指示，进行暂定金额项目的工作。承包商未经监理工程师批准而擅自进行的任何暂定金额项目的工作，均不予计量、不予支付。

(2) 承包商按监理工程师的意见完成的暂定金额项目工作的费用，一般按照实际发生的费用，加上合同中规定的费率支付。承包商在对暂定金额项目施工后，应提交有关暂定金额项目各类开支的全部人员姓名、职业级别、工作时间、报价单、发票、凭单、账目及相关数据资料。监理工程师核实上述资料后按照合同的规定，确认支付金额。

(3) 如果监理工程师认为需要增加一笔暂定金额，必须事先得到业主的同意。

8.3 合同价的调整

在施工承包中，对合同价进行调整是合同管理的重要内容，其涉及承发包双方的经济利益，如处理不当或不处理，容易引起争端，给工程建设带来困难。

8.3.1 引起合同价调整的原因

在施工过程中，工程变更、物价上涨、工期调整、法律变化等都会引起承包商的成本支出增加，从而导致合同价调整，因此合同价调整是一个比较复杂的问题。引起合同价变化的主要原因有如下几方面。

1. 工程变更

工程变更引起的合同价调整可分为如下两个方面。

(1) 工程量变化。土建工程施工中工程量的变化是非常普遍的现象。大中型土建工程，涉及的范围广、开挖深度大，实际发生工程量难免与设计工程量有所增减，当这一数额超过规定限额，必然引起合同价的调整。

工程量的变化一般是由工程变更引起的。由于招标文件中工程量清单所列的工程量是依据图纸计算的，相对于实际工程量来说是一个近似值，在施工过程中经过实测，实际工程量会发生相当大的变化，使得实际合同价与投标合同价之间差异较大。

(2) 新增项目。大中型建设工程施工条件复杂、项目繁多、加之工期长，随着施工的进展，适时作出切合实际的工程变更是经常发生的，从而导致出现招标文件规定的工作范围以外的工作项目，即新增项目。新增项目的出现必然引起合同价的调整。

2. 不利的自然条件

施工过程中出现不利的自然条件或外界障碍，如岩石情况比地质报告中描述的更破碎、雨期延长等，使现场施工条件较招标文件中所描述的更为困难和恶劣，往往引起工期调整和工程量变化，在多数情况下引起施工单价调整，都会使原合同价发生变化。

3. 工期调整

工期调整改变了原定的施工进度计划，无论是工期延长或加速施工，都会带来施工费用的变化。工期延长不仅导致施工费用的增加，而且经常需调整单价或总价。非承包人原因引起工期延长而发包人又要求按期完工时，承包人只有加速施工，加速施工势必造成施工成本增加，承包人就会提出加速施工的费用补偿申请。监理工程师则应分析增加的费用，确定价格调整的方案，在合同授权范围内，与合同双方协商解决。

4. 物价变化

物价波动是市场经济下普遍的现象。物价上涨引起建筑材料、人工工资的增长，往往使施工成本大量增加，从而引起价格调整。

5. 后续立法变更

FIDIC 合同条件规定在投标截止日以前的 28 天以后，如果工程所在国的法律、法规发生变更，导致承包人在实施合同期间所需的工程费用增加时，承包人有权得到补偿。这条规定使承包人免除了由于法律、法规频繁变更原因带来的潜在风险。

6. 业主风险及特殊风险

对发生非承包商承担的风险或特殊风险，由此给承包商造成的经济损失应予补偿，监理工程师应按合同规定的风险分配原则，对非承包商的风险造成的施工成本的增加，应与合同双方协商，对合同外的额外成本通过追加合同价格来给承包商以合理补偿。

本节只侧重介绍市场价格波动引起的合同价调整。

8.3.2 物价变化下的合同价调整

8.3.2.1 物价变化引起价格变化的主要途径

建设项目的建设周期一般都比较长，在此期间，出现物价上涨是很正常的事情。如果在施工期间不允许进行物价上涨情形下调价，投标方势必在投标时将物价上涨的风险考虑进去，从而导致各投标方高价投标。为避免这种情形出现，在项目招标时应该认真考虑物价上涨风险的承担问题，并且将物价上涨的风险及解决办法写入合同文件中。

要公正合理地处理好物价上涨的风险问题，必须分析、掌握影响价格变化的主要因素。通常引起价格变化的主要因素有以下几方面：

（1）人工劳务费用和材料设备费用的上涨，引起价格的变化。

（2）动力、燃料费用等的价格上涨，引起价格的变化。

（3）国家或省、自治区、直辖市政策、法令的改变，引起工程费用的上涨。

（4）外币汇率的变化引起价格的变化。

（5）运输费的价格变化引起施工费用变化。

一般情况下，施工期限短（一年之内）、实行总价合同的建设项目，通常不考虑价格调整的问题，劳务、设备及材料等价格的上涨风险全部由承包人来承担。施工期限超过一年的建设项目，在合同中要明确物价波动后合同价格调整的方式和方法，从而合理地规避物价波动的风险。

《建设工程施工合同（示范文本）》（GF—2013—0201）规定除专用合同条款另有约定外，市场价格波动超过合同当事人约定的范围，合同价格应当调整。合同当事人可以在专用合同条款中约定选择以下一种方法对合同价格进行调整。

8.3.2.2 物价变化下的合同价调整方法

1. 采用价格指数进行价格调整

（1）价格调整公式。因人工、材料和设备等价格波动影响合同价格时，根据专用合同条款中约定的数据，按以下公式计算差额并调整合同价格：

$$\Delta P = P_0\left[B_0 + \left(B_1\frac{F_{t1}}{F_{01}} + B_2\frac{F_{t2}}{F_{02}} + \cdots + B_n\frac{F_{tn}}{F_{0n}}\right) - 1\right] \quad (8-4)$$

式中 ΔP——需调整的价格差额；

P_0——约定的付款证书中承包人应得到的已完成工程量的金额。此项金额应不包括价格调整、不计质量保证金的扣留和支付、预付款的支付和扣回。约定的变更及其他金额已按现行价格计价的，也不计在内；

B_0——定值权重，即不调价部分的权重；

B_1、B_2、…、B_n——各可调因子的变值权重，即可调部分的权重，为各可调因子在签约合同价中所占的比例，各权重应满足 $B_0+B_1+B_2+\cdots+B_n=1$；

F_{t1}、F_{t2}、…、F_{tn}——各可调因子的现行价格指数，指约定的付款证书相关周期最后一天的前42天的各可调因子的价格指数；

F_{01}、F_{02}、…、F_{0n}——各可调因子的基本价格指数，指基准日期的各可调因子的价格指数。

以上价格调整公式中的各可调因子、定值权重和变值权重，以及价格指数及其来源在投标函附录价格指数和权重表中约定，非招标订立的合同，由合同当事人在专用合同条款中约定。价格指数应首先采用工程造价管理机构发布的价格指数，无前述价格指数时，可采用工程造价管理机构发布的价格代替。

（2）暂时确定调整差额。在计算调整差额时无现行价格指数的，合同当事人同意暂用前次价格指数计算。实际价格指数有调整的，合同当事人进行相应调整。

（3）权重的调整。因变更导致合同约定的权重不合理时，合同当事人进行商定或确定，总监理工程师应当会同合同当事人尽量通过协商达成一致，不能达成一致的，由总监理工程师按照合同约定审慎做出公正的确定。合同当事人对总监理工程师的确定没有异议的，按照总监理工程师的确定执行。任何一方合同当事人有异议，按照争议解决的约定处理。争议解决前，合同当事人暂按总监理工程师的确定执行；争议解决后，争议解决的结果与总监理工程师的确定不一致的，按照争议解决的结果执行，由此造成的损失由责任人承担。

（4）因承包人原因工期延误后的价格调整。因承包人原因未按期竣工的，对合同约定的竣工日期后继续施工的工程，在使用价格调整公式时，应采用计划竣工日期与实际竣工日期的两个价格指数中较低的一个作为现行价格指数。

2. 采用造价信息进行价格调整

合同履行期间，因人工、材料、工程设备和机械台班价格波动影响合同价格时，人工、机械使用费按照国家或省、自治区、直辖市建设行政管理部门、行业建设管理部门或其授权的工程造价管理机构发布的人工、机械使用费系数进行调整；需要进行价格调整的材料，其单价和采购数量应由发包人审批，发包人确认需调整的材料单价及数量，作为调整合同价格的依据。

(1) 人工单价发生变化且符合省级或行业建设主管部门发布的人工费调整规定，合同当事人应按省级或行业建设主管部门或其授权的工程造价管理机构发布的人工费等文件调整合同价格，但承包人对人工费或人工单价的报价高于发布价格的除外。

(2) 材料、工程设备价格变化的价款调整按照发包人提供的基准价格，按以下风险范围规定执行：

1) 承包人在已标价工程量清单或预算书中载明材料单价低于基准价格的：除专用合同条款另有约定外，合同履行期间材料单价涨幅以基准价格为基础超过5%时，或材料单价跌幅以在已标价工程量清单或预算书中载明材料单价为基础超过5%时，其超过部分据实调整。

2) 承包人在已标价工程量清单或预算书中载明材料单价高于基准价格的：除专用合同条款另有约定外，合同履行期间材料单价跌幅以基准价格为基础超过5%时，或材料单价涨幅以在已标价工程量清单或预算书中载明材料单价为基础超过5%时，其超过部分据实调整。

3) 承包人在已标价工程量清单或预算书中载明材料单价等于基准价格的：除专用合同条款另有约定外，合同履行期间材料单价涨跌幅以基准价格为基础超过±5%时，其超过部分据实调整。

4) 承包人应在采购材料前将采购数量和新的材料单价报发包人核对，发包人确认用于工程时，发包人应确认采购材料的数量和单价。发包人在收到承包人报送的确认资料后5天内不予答复的视为认可，作为调整合同价格的依据。未经发包人事先核对，承包人自行采购材料的，发包人有权不予调整合同价格。发包人同意的，可以调整合同价格。

前述基准价格是指由发包人在招标文件或专用合同条款中给定的材料、工程设备的价格，该价格原则上应当按照省级或行业建设主管部门或其授权的工程造价管理机构发布的信息编制。

(3) 施工机械台班单价或施工机械使用费发生变化超过省级或行业建设主管部门或其授权的工程造价管理机构规定的范围时，按规定调整合同价格。

3. 专用合同条款约定的其他方式

可在专用合同条款中约定市场价格波动引起的调整采用其他价格调整方式，如实际价格调整法。具体的方法应在第3种方式：其他价格调整方式中注明。

8.3.3 法律变化引起的调整

基准日期后，法律变化导致承包人在合同履行过程中所需要的费用发生除物价变化下的合同价调整约定以外的增加时，由发包人承担由此增加的费用；减少时，应从合同价格中予以扣减。基准日期后，因法律变化造成工期延误时，工期应予以顺延。

因法律变化引起的合同价格和工期调整，合同当事人无法达成一致的，由总监理工程师按《建设工程施工合同（示范文本）》（GF—2013—0201）中的商定或确定条款的约定处理。因承包人原因造成工期延误，在工期延误期间出现法律变化的，由此增加的费用和（或）延误的工期由承包人承担。

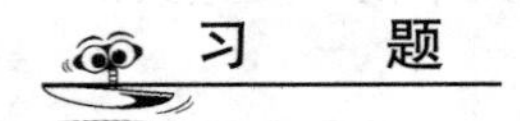

习　题

一、单选题

1. 实行建设工程投资控制最有效的手段是（　　）。

A 实行经济承包责任制　　B 进行招投标

C 经济核算　　D 技术与经济相结合

2. 限额设计就是按批准的（　　）控制初步设计。

A 施工结算　　B 投资估算　　C 设计概算　　D 施工图预算

3. 由于业主或监理工程师原因导致机械停工的窝工费，下述正确的是（　　）。

A 如系租赁设备，一般按实际租金和调进、调出费的分摊计算

B 如系租赁设备，一般按折旧费计算

C 如系租赁设备，一般按台班使用费计算

D 如系承包商自有设备，一般按台班使用费计算

4. 某建设项目的现金流量如下表所示，则其静态投资回收期为（　　）年。

年　　份	1	2	3	4	5	6
净现金流量/万元	−150	−150	50	100	150	200

A 3.5　　B 4　　C 4.5　　D 5

5. 2013 年 3 月完成的某工程，按基准日期的价格计算工程进度款为 100 万元，合同规定：支付中不能调值的部分占合同总价的 20%，人工占调值部分的 50%。调值公式中的各项费用除人工费上涨 15%外，其余均未发生变化。则按调值公式计算 2013 年 3 月实际工程结算款应为（　　）万元。

A 106.00　　B 107.50　　C 112.50　　D 115.70

二、多选题（每题有 2～4 个正确答案）

1. 在项目招标阶段，监理工程师进行投资控制的主要任务是（　　）。

A 确定工程变更的价款

B 进行风险分析，制定防范性对策

C 协助评审投标书

D 提出评标建议

E 协助业主与承包单位签订承包合同

2. 下列属于施工阶段投资控制经济措施的有（　　）。

A 编制投资控制工作流程图

B 对设计变更方案进行严格论证

C 落实投资控制人员的任务分工和职能分工
D 编制资金使用计划
E 定期地进行投资偏差分析
3. 施工阶段监理工程师投资控制的技术措施包括（　　）。
A 严格控制设计变更
B 审核承包商编制的施工组织设计
C 做好工程施工记录
D 确定工程变更价款
E 通过设计挖潜节约投资
4. 建设工程的静态投资部分包括（　　）。
A 基本预备费　　　　B 涨价预备费
C 建筑安装工程费　　　　D 铺底流动资金
E 工程建设其他费
5. 监理工程师在控制工程投资方面的主要业务内容包括（　　）。
A 审核承包商的工程核算成本
B 审查结算
C 用技术经济方法组织评选设计方案
D 调解建设单位和承建单位之间的经济纠纷
E 编制施工组织设计

第9章 工程建设合同管理

在市场经济下，建设各方都是以独立承担民事责任的市场主体身份出现的，他们之间都是经济关系。建设过程中各方获得自己权利的同时，都要向对方承担义务，而这些权利、义务的关系以及它们的实现不是靠行政命令，而是靠合同规定和保障的。参建各方依据合同联系在一起，他们的一切行为均应以合同为准则，他们的权益也主要靠合同而得到法律的保护。保证合同正常履行，就能保护市场主体各方的合法权益，保证建筑市场依法、有序运行。

受旧有体制的影响，工程参建各方合同法制观念淡薄、合同管理不严，常出现合同双方都违约、纠纷不断，而又不及时索赔，导致工期延误、费用上升，甚至出现质量问题，最终合同双方都受到损失。早些时候我国建筑企业参与国际工程建设，由于合同管理水平低下而导致的损失也不小，被国外同行称为“技术水平一流、管理水平三流”。实践证明，出现这种现象的主要原因就是合同管理不善。工程建设的全过程，从选择合同形式、招投标、工程施工、计量支付等任何环节都离不开合同管理。因此要搞好工程建设、保障参建各方的经济效益，就必须加强合同管理，通过合同管理降低成本、减少费用、保证工程质量和工期，以最少的消耗获取最大的收益。

9.1 合同的基本知识

9.1.1 合同的概念

合同是平等主体的自然人、法人、其他组织之间设立、变更、终止民事权利义务关系的协议。

对于工程建设，标的大、履约时间长、协调关系多，通过合同来确定各方的权利和义务显得尤为重要。建设市场中各方主体，包括建设单位、勘察设计单位、施工单位、监理单位、材料设备供应单位都要依靠合同来确定相互间的关系。合同中所确定的各方的权利和义务是当事人依法可以享有的权利和能够承担的义务，这是合同具有法律效力的前提。

合同的订立必须是平等、自愿、公平、诚信和合法的。签订合同的双方法律地位平等，一方不得将自己的意志强加给另一方。合同是平等的双方确定各自履行的义务、承担相应的责任的依据。当事人依法享有自愿签订合同的权利，任何单位和个人不得非法干预。当事人应当遵循公平原则确定双方的权利和义务。当事人行使权力、履行义务应当遵循诚实信用原则。当事人订立、履行合同，应该遵守法律、行政法规，不得干扰社会经济秩序、损害社会及他人的利益。

9.1.2 合同的分类

根据不同的标准，可以将合同分为不同的类型。

1. 双务合同与单务合同

所谓双务合同是指双方当事人都享有权利，都要履行义务的合同。典型的有：买卖合同、租赁合同、借贷合同、运输合同等，如买卖合同，卖方享有要求买方给付价款的权利，履行交付出让物的义务；而买方享有要求卖方交付出让物的权利，履行支付价款的义务。

单务合同是指一方当事人只享有权利而不需要尽义务，另一方当事人则只负义务而不享有权利的合同。典型的如：赠与合同，赠与人负有给付义务，而受赠人不需要向对方支付价款。

2. 要式合同与不要式合同

要式合同是指法律要求合同订立时需要采用特定形式和手续的合同，一般指书面合同，不要式合同是指不需要特定形式或手续就可成立的合同。如口头合同，双方口头协商一致就可履行，不需要书面形式。

3. 格式合同与非格式合同

格式合同是指合同内容由一方当事人预先拟定而不容对方当事人协商的合同，又称标准合同。如铁路、公路、航空运输合同。我们购买火车票、汽车票、飞机票的时候就等于与对方签订了客运合同。非格式合同，是指合同内容由双方当事人协商确定的合同，实践中绝大多数合同为非格式合同。

4. 主合同与从合同

主合同是指不依赖其他合同而独立存在的合同；从合同是以主合同的存在为存在前提的合同。主合同的无效、终止将导致从合同的无效、终止，但从合同的无效、终止不影响主合同。

5. 诺成合同与实践合同

诺成合同是当事人意识表示一致即可成立的合同，实践合同则要求当事人意思表示一致的基础上，还必须交付标的物或其他给付义务的合同。

《合同法》的分则部分将合同分为15类：买卖合同；供用电、水、气、热力合同；赠与合同；借款合同；租赁合同；融资租赁合同；承揽合同；建设工程合同；运输合同；技术合同；保管合同；仓储合同；委托合同；行纪合同；居间合同。

9.1.3 合同的一般特征

合同的一般特征有：

(1) 合同是法律行为，是设立、变更或消灭某种具体的法律关系的行为，其目的在于表达设定、消灭或变更法律关系的愿望和意图。这种愿望和意图是当事人的意思表示，通过这种意思表示，当事人双方或多方产生一定的权利义务关系，但这种意思表示必须是合法的，否则，合同没有约束力，也不受国家法律的保护。

(2) 合同以在当事人之间产生权利义务为目的。合同当事人的协商，总是为了建立某种具体的权利义务关系，一旦合同依法成立，就建立起来了对当事人有约束力的权利义务关系。任何一方当事人都必须履行自己所应履行的义务，如果不履行合同规定的义务，就是违反合同，就要承担相应的法律责任。

(3) 合同是当事人双方或多方相互的意思表示一致，是当事人之间的协议。主要表现为：合同的成立，必须有两方或两方以上的当事人；当事人双方或多方的意思表示必须一致。

9.1.4 合同的形式

合同形式，是指当事人意思的外在表现形式，是合同内容的载体。《合同法》规定：当事人订立合同，有书面形式、口头形式和其他形式。法律、行政法规规定采用书面形式的，应该采用书面形式。当事人约定采用书面形式的，应当采用书面形式。

1. 口头形式

口头形式是指当事人双方用对话方式表达相互之间达成的协议。当事人在使用口头形式时，应注意只能是及时履行的合同，才适用口头形式，否则不宜采用这种形式。

2. 书面形式

书面形式是指当事人双方用书面形式表达相互之间通过协商一致而达成的协议。书面形式是指合同书、信件和数据电文（包括电报、电传、传真、电子数据交换和电子邮件）等可以有形地表现所载内容的形式。凡是不能及时清结的合同，均应采用书面形式。在签订书面合同时，当事人应注意，除主合同之外，与主合同有关的电报、书信、图表等，也是合同的组成部分，应同主合同一起妥善保管。书面形式便于当事人履行，便于管理和监督，便于举证，是经济合同当事人使用的主要形式。

3. 其他形式

其他形式包括公证、审批、登记等形式。

9.1.5 合同的主要条款

《合同法》规定了合同一般应当包含的条款：

1. 当事人的名称或者姓名和住所

2. 标的

标的是合同当事人双方权利和义务共同指向的对象。标的的表现形式有物、劳务、行为、智力成果、工程项目等。

3. 数量

数量是以数字和计量单位表示合同标的多少的尺度。数量必须严格按照国家规定的法定计量单位填写，避免当事人产生不同理解。施工合同中的数量主要是体现工程量的大小。

4. 质量

合同对质量的约定应当是准确而具体的，对于较为复杂和容易引起歧义的词语、标准，应当加以说明和解释。对于强制性条文、标准，当事人应严格执行，合同约定的质量不得低于强制性标准。对于推荐性标准，国家鼓励采用。当事人没有约定质量标准，如果有国家标准，则依国家标准执行；如果没有国家标准，则依行业标准执行；如果没有行业标准，则依地方标准执行；没有地方标准，则依企业标准执行。

5. 价款

价款是当事人一方向交付标的的另一方支付的货币。合同条款中应写明有关结算和支付方法的条款。

6. 履行的期限、地点和方式

履行的期限是当事人各方依照合同规定全面完成各自义务的时间；履行的地点是当事人交付标的和支付价款的地点。包括标的的支付、提取地点；服务、劳务或工程项目建设的地点；价款的结算地点。施工合同的履行地点是工程所在地，履行的方式是指当事人完成合同规定义务的具体方法，包括标的的支付方式和价款的结算方式。履行的期限、地点和方式是确定合同当事人是否适当履行合同的依据。

7. 违约责任

违约责任是任何一方当事人不履行或者不适当履行合同规定的义务而应当承担的法律责任。当事人可以在合同中约定，一方当事人违反合同时，向另一方当事人支付一定数额的违约金；或者约定违约损失赔偿的计算方法。

8. 争议解决的办法

合同履行过程中不可避免会产生争议，为使争议发生后有一个双方都能接受的解决办法，应当在合同条款中对此作出规定。如果当事人希望通过仲裁作为解决争议的最终方式，则必须在合同中约定仲裁条款，因为仲裁是以自愿为原则的。

9.1.6 要约与承诺

当事人订立合同，采用要约、承诺方式。合同的成立需要经过要约和承诺两个阶段。

9.1.6.1 要约

1. 要约的概念

要约是希望和他人订立合同的意思表达。提出要约的一方为要约人，接受要约的一方为受要约人。要约应具备如下的条件：

(1) 内容具体确定。

(2) 经受要约人承诺，要约人即受该意思表示约束。要约必须是特定人的意思表示，必须是以缔结合同为目的。要约是对相对人发出的行为，必须由相对人承诺，虽然相对人的人数可能为不特定的多数人。要约必须具备合同的一般条款。

2. 要约邀请

要约邀请就是希望他人向自己发出要约的意思的表示。要约邀请并不是合同缔结过程中的必经阶段，这只是当事人订立合同的预备行为，在法律上不须承担责任。而这种意思表示往往不确定，并不含有合同得以成立的主要内容，也不含相对人同意后受要约邀请的约束的表示。比如常见的广告、招股说明书、招标公告就是要约邀请。

3. 要约的撤回和撤销

要约撤回是指要约在发生法律效力之前，使其不发生法律效力而取消要约的意思的表示。要约人可以撤回要约，撤回要约的通知应当在要约到达受要约人之前或同时到达受要约人。

要约撤销是指要约在发生法律效力之后，要约人使其丧失法律效力而取消该项要约的意思表示。要约可以撤销，撤销要约的通知应当在受要约人发出承诺通知之前到达受要约人。有下列两种情形之一的，要约不得撤销：

(1) 要约人确定承诺期限或者以其他形式明示要约不可撤销。

（2）受要约人有理由认为要约是不可撤销的，并已经为履行合同做了准备工作。

9.1.6.2　承诺

1．承诺的概念和条件

承诺是受要约人作出的同意要约的意思的表示。承诺应具备如下4个条件：

（1）受要约人是承诺作出的主体。非受要约人向要约人做出的接受要约的意思表示是要约，不是承诺。

（2）承诺只能向要约人作出。

（3）承诺的内容应与要约的内容实质上应相一致。受要约人对要约的内容，比如合同的标的、数量、质量、价款、报酬、履约地点及期限和方式、违约责任及解决争议的方法等的变更是对要约内容的实质变更，是新要约。承诺对要约的内容做出的非实质性变更的，除要约人及时反对或要约表明不得对要约内容做任何变更的以外，该承诺有效，合同以承诺的内容为准。

（4）承诺必须在规定的期限内发出。超过期限发出的承诺，除要约人及时通知受要约人该承诺有效外，为新要约。

2．承诺的期限

承诺必须以明示的方式，在要约规定的期限内作出。

3．超期的承诺

超过承诺期限到达要约人的承诺，依据导致超期的原因不同，可有不同的处理方法：

（1）受要约人超过承诺期限发出的承诺，除要约人及时通知受要约人该承诺有效外，该超期的承诺为新要约，对原要约人不具备法律效力。

（2）非受要约人的责任而延误达到的承诺，若受要约人在承诺期限内发出承诺，但由于其他原因承诺到达要约人时超过了承诺期限。对于这种情况，除要约人及时通知受要约人超过期限不接受该承诺外，该承诺有效。

4．承诺的撤回

承诺的撤回是承诺人阻止或者消灭承诺发生法律效力的意思表示。承诺可以撤回，但撤回的通知应当在承诺通知到达要约人之前或者与承诺通知同时到达要约人。

9.1.6.3　要约和承诺的生效

我国《合同法》规定，要约到达受要约人时生效。采用数据电文形式订立合同，收件人指定特定系统接收数据电文的，该数据电文进入该特定系统的时间，视为到达时间；未指定特定系统的，该数据电文进入收件人任何系统的首次时间，视为到达时间，承诺应当以通知的方式作出，但根据交易习惯或者要约表明可以通过行为作出承诺的除外。承诺的通知送达给要约人时生效。

9.1.7　合同的成立

对于不要式合同，合同当事人对合同的标的、数量等内容协商一致，如果法律法规、当事人对合同的形式、程序没有特殊要求，则承诺生效的时候合同成立；对于要式合同，当事人采用合同书形式订立合同的，双方当事人签字或盖章时合同成立。双方签字或盖章的地点为合同成立的地点。当事人采用信件、数据电文等形式订立合同的，可以在合同成立之前要求签订确认书。签订确认书时合同成立。

9.2　施工合同的订立过程

施工招标投标制是目前国内外广泛采用的工程项目承发包的方式，也是我国建设领域工程建设管理体制改革的一项重要制度。建设工程合同主要是通过招标、投标过程来订立。

9.2.1　施工招投标概述

9.2.1.1　招标方式

《中华人民共和国招标投标法》规定招标方式为公开招标和邀请招标两种。公开招标是指招标人以招标公告的方式邀请不特定的法人或其他组织投标，邀请招标是指招标人以投标邀请书的方式邀请特定的法人或其他组织投标。

公开招标与邀请招标相比，投标人的数量更多，有利于投标竞争，但招标花费较大、时间较长。采用何种形式进行招标应在招标准备阶段进行认真研究，《中华人民共和国招标投标法》明确规定：在中华人民共和国境内进行下列工程建设项目，包括项目的勘察、设计、施工、监理以及与工程建设有关的重要设备、材料等的采购，必须进行招标：

（1）大型基础设施、公用事业等关系社会公共利益、公众安全的项目。

（2）全部或者部分使用国有资金投资或者国家融资的项目。

（3）使用国际组织或者外国政府贷款、援助资金的项目。

国务院发展计划部门确定的国家重点项目和省、自治区、直辖市人民政府确定的地方重点项目不适宜公开招标的，经国务院发展计划部门或者省、自治区、直辖市人民政府批准，可以进行邀请招标。招标人采用邀请招标方式的，应当向三个以上具备承担招标项目的能力、资信良好的特定的法人或者其他组织发出投标邀请书。

对公开招标与邀请招标形式的使用，《中华人民共和国招标投标法实施条例》也进行了相应的规定：

（1）国有资金占控股或者主导地位的依法必须进行招标的项目，应当公开招标。

（2）有下列情形之一的，可以邀请招标：

1）技术复杂、有特殊要求或者受自然环境限制，只有少量潜在投标人可供选择。

2）采用公开招标方式的费用占项目合同金额的比例过大。

（3）除《中华人民共和国招标投标法》规定的可以不进行招标的特殊情况外，有下列情形之一的，可以不进行招标：

1）需要采用不可替代的专利或者专有技术。

2）采购人依法能够自行建设、生产或者提供。

3）已通过招标方式选定的特许经营项目投资人依法能够自行建设、生产或者提供。

4）需要向原中标人采购工程、货物或者服务，否则将影响施工或者功能配套要求。

5）国家规定的其他特殊情形。

9.2.1.2　招标组织形式

招标组织形式可分为自行招标和委托招标。

1. 自行招标

招标人自己办理招标事宜的招标形式，就是自行招标。《工程建设项目自行招标试行办法》（2013年4月修订）规定招标人自行办理招标事宜，应当具有编制招标文件和组织评标的能力，具体包括：

（1）具有项目法人资格（或者法人资格）。

（2）具有与招标项目规模和复杂程度相适应的工程技术、概预算、财务和工程管理等方面专业技术力量。

（3）有从事同类工程建设项目招标的经验。

（4）拥有3名以上取得招标职业资格的专职招标业务人员。

（5）熟悉和掌握招标投标法及有关法规规章。

2. 委托招标

对于不具有编制招标文件和组织评标能力的招标人，须委托具有相应资质的招标代理公司代理招标。

（1）招标人有权自行选择招标代理机构，委托办理招标事宜。任何单位和个人不得以任何方式为招标人指定招标代理机构。

（2）如果建设单位具备自行招标的条件又愿意委托招标代理的，也可以委托招标代理机构代理招标，任何单位和个人不得强制其委托招标代理机构办理招标事宜。

9.2.1.3 招标投标的基本原则

招标投标制度是市场经济的产物，并随着市场经济的发展而逐步推广，其必然要遵循市场经济活动的基本原则。《中华人民共和国招标投标法》明确规定："招标投标活动应当遵循公开、公平、公正和诚实信用的原则。"

1. 公开原则

即"信息透明"，要求招标投标活动必须具有高度的透明度，招标程序、投标人的资格条件、评标标准、评标方法、中标结果等信息都要公开，使每个投标人能够及时获得有关信息，从而平等地参与投标竞争，依法维护自身的合法权益。同时将招标投标活动置于公开透明的环境中，也为当事人和社会各界的监督提供了重要条件。从这个意义上讲，公开是公平、公正的基础和前提。

2. 公平原则

即"机会均等"，要求招标人一视同仁地给予所有投标人平等的机会，使其享有同等的权利并履行相应的义务，不歧视或者排斥任何一个投标人。按照这个原则，招标人不得在招标文件中要求或者标明特定的生产供应者以及含有倾向或者排斥潜在投标人的内容，不得以不合理的条件限制或者排斥潜在投标人，不得对潜在投标人实行歧视待遇。否则，将承担相应的法律责任。

3. 公正原则

即"程序规范，标准统一"，要求所有招标投标活动必须按照规定的时间和程序进行，以尽可能保障招投标各方的合法权益，做到程序公正；招标评标标准应当具有唯一性，对所有投标人实行同一标准，确保标准公正。按照这个原则，招标投标法及其配套规定对招标、投标、开标、评标、中标、签订合同等都规定了具体程序和法定时限，明确了废标和否决投标的情形，评标委员会必须按照招标文件事先确定并公布的评标标准和方法进行评审、打分、推荐中标候选人，招标文件中没有规定的标准和方法不得作为评标和中标的依据。

4. 诚实信用原则

即“诚信原则”，是民事活动的基本原则之一，这是市场经济中诚实信用的商业道德准则法制化的产物，是以善意真诚、守信不欺、公平合理为内容的强制性法律原则。招标投标活动本质上是市场主体的民事活动，必须遵循诚信原则，也就是要求招标投标当事人应当以善意的主观心理和诚实、守信的态度来行使权利，履行义务，不能故意隐瞒真相或者弄虚作假，不能言而无信甚至背信弃义，在追求自己利益的同时尽量不损害他人利益和社会利益，维持双方的利益平衡，以及自身利益与社会利益的平衡，遵循平等互利原则，从而保证交易安全，促使交易实现。

9.2.1.4 招标的条件

工程施工招标应当具备如下条件。

1. 手续获得批准

按照国家有关规定需要履行审批手续的，已经履行审批手续并得到批准。

2. 资金落实

工程相应的建设资金来源已经落实，除筹措的建设资金到位计划已落实外，办理施工许可证前还应有银行出具的到位资金证明。

3. 备案完成办理

已经按规定办理完报建备案登记。

4. 技术资料足够

有满足施工招标需要的设计文件及其他技术资料。

5. 法律、法规规定的其他条件

我国目前规定初步设计完成后即可开始施工招标，为了使投标人能够合理预见合同履行过程中的风险并制定施工方案、编制投标报价、签订合同后能及时开工，招标人还应完成建设用地征用、拆迁、相应的“三通一平”工作。

9.2.2 施工招标阶段工作

9.2.2.1 发布招标公告或投标邀请书

若采用公开招标方式，应根据工程性质和规模在规定的媒介上发布招标公告，邀请投标人投标。招标公告的内容一般包括：

(1) 招标单位和招标工程的名称、地点。

(2) 招标工程简介。

(3) 工程承包方式。

(4) 投标单位资格。

(5) 购买招标文件或资格预审文件的地点、时间、价格。

(6) 计划的开工、竣工时间。

(7) 建设资金来源。

(8) 投标保证金数额。

若采用邀请招标方式，应由招标单位向预先选定的意向性承包单位发出投标邀请书。投标邀请书的内容与招标公告的内容基本一致。

9.2.2.2 资格预审

资格预审是在投标阶段对申请投标人的预选，目的是审查投标人的总体能力是否满足招标工程的要求，淘汰明显不具备承包本工程项目资格的投标人，减少评标的工作量，优选出6～10家投标人，再进行投标竞争。只有公开招标时才设置资格预审程序，邀请招标只对特定具备相应资质的单位发出投标邀请，故不设置此程序。但邀请招标时，对资格预审的主要审查内容往往放在评标时进行审查和比较，作为评标比较的要素。

资格预审主要从以下几方面进行：

1. 投标人的资质

审查投标人的资质等级，批准的营业范围，机构及组织等是否与招标工程相适应。若为联合体投标，对合作者也要审查。

2. 财务状况

财务状况审查重点应放在近3年经过审计的报表中所反映出的总资产、流动资产、总负债和流动负债，以及投标人尚未完成工程的总投资、年均完成投资额等。同时还要评价其可能获得银行贷款的能力，或要求其提供银行出具的信贷证明文件。

3. 技术能力

主要是评价投标人实施拟建工程项目潜在的技术水平，包括拟派往本工程的人员能力和拟用于本工程的主要施工设备。

4. 施工经验

通过对投标人近年来已完成工程类型、规模、数量的审查，看其是否具备与招标工程项目相类似的工程施工经验。

5. 商业信誉

主要审查投标人已完工和在建项目的资信如何，是否发生过严重的违约行为，是否有相关的诉讼案件，施工质量是否达到建设单位的要求，获得多少施工荣誉证书等。

资格预审过程应注意事项：

(1) 审查过程中，不仅要审阅其文字材料，还应进行考察和调查工作。因为投标人在填报资格预审文件时，往往偏向于只填那些有利于投标的工程质量好、造价低、工期短的工程，常出现言过其实的现象。

(2) 投标人的商业信誉在投标人所提交的资料中难以得到真实反应，应通过各种渠道了解投标申请人有无严重违约或毁约的历史记录，在合同履行过程中是否有过多的无理索赔和扯皮现象。

(3) 对拟承担本项目的主要负责人和设备情况应特别注意。有的投标人填报的施工设备可能包含了应报废的设备或施工机具；还要分析投标人正在履行的合同与招标项目，在管理人员、技术人员和施工设备方面是否发生冲突，以及是否还有足够的财务能力再承担本工程。

(4) 联合体申请投标时，必须审查他们的合作声明和各合作者的资格。

(5) 各投标人过去的施工经历是否与招标工程的规模、专业要求相适应，施工机具、工程技术、管理人员的数量、水平能否满足本工程的要求，以及具有专长的专项施工经验是否能用于本工程并比其他投标人占有优势。

9.2.2.3 发售招标文件

在资格预审后，发函通知审查合格的投标人，在规定的时间、地点购买招标文件。投标人收到招标文件、图纸和有关资料后，应认真核对，若有疑问或不清的问题需要解答、解释，应在收到招标文件后在规定的时间内以书面形式向招标人提出，招标人应在标前会上予以解答并将解答内容以书面形式送达每一位投标人。

9.2.2.4 组织踏勘现场

招标人在投标须知规定的时间组织投标人自费进行现场考察。组织踏勘现场的目的是：一方面让投标人了解工程项目的现场情况、自然条件、施工条件以及周围环境条件，以便于编制投标书；另一方面也是要求投标人通过自己的实地考察确定投标的原则和策略，避免合同履行过程中以不了解现场情况为理由推卸应承担的合同责任。投标人在踏勘现场中如有疑问，应在标前会前以书面形式向招标人提出。投标人踏勘现场的疑问，招标人应以书面形式答复，并将书面答复送交每一位投标人。

标前会议是按招标文件中规定的时间和地点，由招标人主持召开的答疑会，目的在于招标人解答会议前由投标人书面提出的、踏勘现场中的、答疑会上口头提出的质疑；答疑会后以书面形式将所有问题及解答内容向获得招标文件的投标人发放；问题及解答纪要须同时向主管部门备案。

9.2.2.5 接受投标文件

投标人应在投标截止时间前按规定时间、地点将投标文件递交至招标人。招标人收到投标文件后，应当向投标人出具标明签收人和签收时间的凭证，并妥善保存投标文件。投标人应当按照招标文件要求的方式和金额，将投标保证金或者投标保函随投标文件提交招标人。在开标前，任何单位和个人均不得开启投标文件。提交投标文件的投标人少于3个的，招标人应当依法重新招标。

在投标截止时间前，招标人应做好投标文件的接收、记录工作；招标人应将所接收的投标文件在开标前妥善保存；对在规定的投标截止时间以后递交的投标文件，将不予接收或原封退回。

9.2.3 施工决标工作

9.2.3.1 开标

1. 开标的时间和地点

开标应在招标文件确定的投标截止时间的同一时间公开进行；开标地点应是在招标文件中规定的地点；投标人的法定代表人或授权代理人应参加开标会议。

2. 开标会议

开标以会议的形式举行，即在规定的时间、地点当众宣布所有投标人的投标文件中的投标人名称、投标报价和其他需要宣布的事项，体现招标的公平、公正和公开原则。开标会议由招标人组织并主持，邀请所有投标人参加。招标人应对开标会议做好签到记录，以证明投标人出席开标会议。

3. 开标会议程序

（1）主持人宣布开标会议开始。

（2）宣读招标单位法定代表人资格证明书及授权委托书。

（3）介绍参加开标会议的单位和人员。

（4）宣布公证、唱标、记录人员名单。

（5）宣布评标原则、评标办法。

（6）由招标单位检查投标单位提交的投标文件和资料，并宣读核查结果。

（7）宣读投标单位的投标报价、工期、质量、主要材料用量、投标保证金、优惠条件等。

（8）宣读评标期间的有关事项。

（9）进入评标阶段。

开标后，任何投标者都不容许更改他的投标内容，也不容许再增加优惠条件。开标后即进入评标阶段。

4. 无效投标

在开标时，投标文件出现下列情形之一的，应当作为无效投标文件，不得进入评标：

（1）投标文件未按照招标文件的要求予以密封的。

（2）投标文件中的投标函未加盖投标企业及企业法定代表人印章的，或者企业法定代表人的委托代理人没有合法、有效的委托书（原件）及委托代理人印章的。

（3）投标文件的关键内容字迹模糊、无法辨认的。

（4）投标人未按照招标文件的要求提供投标保证金或者投标保函的。

（5）组成联合体投标的，投标文件未附联合体各方共同投标协议的。

9.2.3.2　评标

评标由招标人组建的评标委员会按照招标文件中明确的评标定标方法进行。

1. 组建评标委员会

评标委员会成员由招标人和招标人邀请的有关经济、技术专家组成。有关经济、技术专家应从主管部门及其他有关部门确定的专家名册或者工程招标代理机构的专家库内相关专业的专家名单中随机抽取，成员人数为5人以上的单数，其中技术、经济等方面的专家不得少于成员总数的2/3。随机抽取的评委人员如与招标人或投标人有利害关系的应重新抽取。评标委员会成员的名单在中标结果确定前应当保密。

2. 评标原则

评标委员会成员要本着实事求是的精神，高效率、高质量地做好评标工作，并遵守严肃认真、公平公正、科学合理、客观全面、竞争优选、严格保密的原则进行，保证所有投标人的合法权益。同时招标人应采取必要的措施，保证评标秘密进行，在宣布中标人之前，凡属于投标书的相关内容、评标委员会成员等有关信息都不得向与该过程无关人员泄露。任何单位和个人不得非法干预、影响评标过程及结果。

3. 评标的内容

（1）投标文件的符合性鉴定。评标委员会应核查投标文件是否按照招标文件的规定和要求编制、签署；投标文件是否实质上响应招标文件的要求。所谓实质上响应招标文件的要求，就是其投标文件应该与招标文件的所有条款、条件和规定相符，无显著差异或保留；如果投标文件未实质上响应招标文件的要求或不符合招标文件的要求，将被确认为无效标。

(2) 技术标评审。对投标人的技术评审应从以下几方面进行：投标人的施工方案、施工进度计划安排是否合理及投标人的施工能力和主要人员的施工经验、设备状况等情况。其主要内容包括：施工方案或施工组织设计、施工进度计划的合理性，施工技术管理人员和施工机械设备的配备，劳动力、材料计划、材料来源、临时用地、临时设施布置是否合理可行，投标人的综合施工技术能力、以往履约、业绩情况等。

(3) 商务标评审。评标委员会对实质上响应招标文件要求的投标进行商务标评审（即投标报价评审），审查其投标报价是否按招标文件要求的计价依据进行报价；报价是否合理、是否低于工程成本、工程量清单表中的单价和合价是否有计算或累计上的算术错误。

如有计算或累计上的算术错误，按修正错误的方法调整投标报价；经投标人代表确认同意后，调整后的投标报价对投标人起约束作用。如果投标人不接受修正后的投标报价则其投标将被拒绝。

(4) 投标文件的澄清答辩。必要时，为有助于投标文件的审查、评价和比较，评标委员会可要求投标人澄清其投标文件或答辩。投标文件的答辩一般召开答辩会，分别对投标人进行答辩，先以口头形式询问并解答，并在规定的时间内投标人以书面形式予以确认、澄清，答辩问题的答复作为投标文件的组成部分。澄清的问题不应寻求、提出或允许更改投标的实质性内容。

(5) 评标方法。评标方法可以采用“综合评估法”、“经评审的最低投标价法”或法律、法规允许的其他评标方法。

(6) 评标报告。评标完成后，评标委员会应当向招标人提出书面评标报告，阐明评标委员会对各投标文件的评审和比较意见，并按照招标文件中规定的评标方法，推荐1～3名有排序的合格的中标候选人。

评标报告由评标委员会全体成员签字。对评标结论持有异议的评标委员会成员应以书面方式阐述其不同意见和理由，若评标委员会成员拒绝在评标报告上签字且不陈述其不同意见和理由的，视为同意评标结论。评标委员会应当对此作出书面说明并记录在案。

9.2.3.3 定标

确定中标人前，招标人不得就投标价格、投标方案等实质性内容与投标人进行谈判。招标单位应当依据评标委员会的评标报告，从其推荐的中标候选人名单中确定中标单位，也可以授权评标委员会直接确定中标人。《中华人民共和国招标投标法》明确规定中标人的投标应当符合下列条件之一：

(1) 能够最大限度地满足招标文件中规定的各项综合评价标准。

(2) 能够满足招标文件的实质性要求，并且经评审的投标价格最低；但是投标价格低于成本的除外。

确定中标单位后，招标单位应于7天内发出中标通知书，中标通知书对招标人和中标人均具有法律效力，中标通知书发出后，招标人改变中标结果的，或者中标人放弃中标项目的，应依法承担相应的法律责任。

9.2.3.4　签订合同

招标人和中标人应当自中标通知书发出之日起30日内，按照招标文件和中标人的投标文件订立书面合同。招标人和中标人不得再行订立背离合同实质性内容的其他协议。招标文件要求中标人提交履约保证金的，中标人应当提交。

中标人拒绝在规定的时间内提交履约担保和签订合同，招标人报请招标管理机构批准后取消其中标资格，并按规定没收其投标保证金，并考虑与另一中标候选的投标人签订合同。招标人如拒绝与中标人签订合同的，除双倍返还投标保证金外还需赔偿有关损失。

招标工作结束后，招标人应将开标、评标过程中的有关纪要、资料、评标报告、中标人的投标文件一份副本报招标管理机构备案。

9.3　合同的效力

9.3.1　合同生效

9.3.1.1　合同生效的条件

合同生效是指合同对签订合同的当事人具有法律约束力的开始。合同的生效应具备如下条件。

（1）当事人具有相应的民事权利能力和民事行为能力。订立合同的当事人必须具备一定的独立表达自己意思和理解自己行为的性质和后果的能力，即民事权利能力和民事行为能力。投标人的权利能力就是他们的经营、活动范围，其民事行为能力与他们的民事权利能力相一致。

签订建设合同的当事人一般具有法人资格，并具备相应的资质等级，否则当事人就不具有签订建设合同所必须的民事权利能力和民事行为能力，签订了的相应合同无效。

（2）意思表示真实。

（3）不违反法律、公共及他人的利益。

9.3.1.2　合同生效的时间

1. 合同生效时间的一般性规定

依法订立的合同，自成立时生效。口头合同在受要约人承诺时生效；书面合同在当事人签字或者盖章时生效；虽然法律规定应该采用书面形式的合同，当事人未采用书面形式但已经履行全部或主要义务的，可视为合同有效。法律、行政法规规定需要办理批准、登记手续生效的，依照其规定。

2. 附条件和期限合同的生效时间

附条件的合同，包括附生效条件和附解除条件的合同。附生效条件的合同自条件成就时生效；附解除条件的合同自条件成就时失效。当事人为了自己的利益不正当阻止条件成就的，视为条件已经成就；不正当促成条件成就的，视为条件不成就。

附条件的合同的成立与生效不是同一时间。合同成立后，相关条件还未成就的话，合同还未生效，但任何一方不得擅自撤销合同，否则应承担违约责任，赔偿对方损失。合同生效后，当事人必须履行合同义务，如果不履行合同义务，按违约条款追究责任。

3. 合同效力与合同里的仲裁条款

合同成立后，合同里的仲裁条款是独立存在的，合同的无效、变更、解除、终止等情形不影响仲裁条款的效力。如果当事人约定了通过仲裁解决争议，不能认为合同无效导致仲裁条款无效。

4. 效力待定合同

有些合同成立后，还不能直接判定是否生效，其与一些后续行为有关。这种合同称为效力待定合同。

(1) 限制民事行为能力签订的合同。无民事行为能力的人不能签订合同，限制民事行为能力的人一般也不能签订合同。但限制民事行为能力人签订的合同，经法定代理人追认后，合同有效。

(2) 无代理权人签订的合同。行为人在没有代理权、超越代理权、代理权终止后等情形下以被代理人名义订立的合同，未获得被代理人追认，合同对被代理人无效力，由行为人承担责任；但相对人有理由相信行为人有代理权的，该代理行为有效。

(3) 表见代理人签订的合同。“表见代理”是善意相对人通过被代理人的行为足以相信无权代理人具有代理权的代理，基于信赖，该代理行为有效，所签订的合同由被代理人承担。但表见代理须具备如下条件：

1) 表见代理人并未获得被代理人的书面授权，是无权代理。

2) 客观上存在让相对人相信行为人具备代理人的理由。

3) 相对人善意且无过失。

(4) 法定代表人、负责人越权签订的合同。法定代表人、负责人超越权限签订的合同，除相对人知道或应当知道其超越权限外，该代表行为有效。

(5) 无处分权处分他人财产签订的合同。无处分权处分他人财产签订的合同，一般情况下是无效的。但下列两种情况下合同有效：

1) 无处分权处分他人财产，经权利人追认，所签订合同有效；

2) 无处分权人通过订立合同取得处分权的合同有效。

9.3.2 无效合同

9.3.2.1 无效合同的概念

无效合同是指当事人违反法律而订立的、国家不承认其效力、不给予法律保护的合同。无效合同从签订时就不具有法律效力，凡是被确认为无效的合同，无论当事人合同履行到何种程度、何阶段，合同都无效，不能因为既成事实而有效。

9.3.2.2 无效合同的情形

凡是属于下列情形的合同，均属于无效合同。

(1) 一方以欺诈、胁迫的手段签订，损害国家利益的合同。

(2) 恶意串通、损害国家、集体或第三者利益的合同。

(3) 以合法形式掩盖非法目的的合同。

(4) 损害社会公共利益的合同。

(5) 违反法律、法规的合同。

无效合同是整个合同无效，免责条款同其不同。免责条款是指当事人约定免除或限制其未来责任的合同条款。合同中的下列免责条款无效：

(1) 造成对方人身伤害的。

(2) 因故意或者重大过失造成对方财产损失的。

9.3.2.3 无效合同的确认权

无效合同的确认权归人民法院或仲裁机构，其他任何机构及当事人均无权认定合同无效。

9.3.2.4 无效合同的处理

无效合同确认无效后，相应的权利、义务亦即无效，在履行中的合同终止履行。对部分履行或履行完成的无效合同带来的财产、权益等依法处理。

(1) 返还财产。无效合同不受法律保护，返还财产是处理无效合同的主要方式。无效合同履行过程中或履行完后，依据该无效合同取得财产的一方返还给对方；不能返还的应该折价补偿。

(2) 赔偿损失。合同经确认无效后，有过错的一方应赔偿对方因此受到的损失。若双方均有过错，根据过错的大小各自承担相应责任。

(3) 追缴财产。合同双方恶意沟通，损害国家或第三者利益的，国家采取强制手段收缴双方获得的财产，返还给第三者或收归国库。

9.3.3 可变更或撤销的合同

9.3.3.1 可变更或撤销合同的概念

可变更或可撤销的合同是指欠缺生效条件，而一方当事人可依照自己的意思使合同的内容变更或者使合同的效力消灭的合同。如果合同当事人对合同的可变更或可撤销发生争议，只有人民法院或仲裁机构有权对合同作出变更或者撤销。这里的可变更或可撤销合同不是无效合同。合同当事人提出请求是合同变更、撤销的前提，人民法院或仲裁机构不得主动变更或撤销合同；如果当事人只请求变更合同，人民法院或仲裁机构不得撤销合同。

9.3.3.2 可变更或撤销合同的情形

可变更或可撤销的合同有如下几种情形。

(1) 因重大误解而签订的合同。重大误解是指由于合同当事人一方本身的原因，对合同主要内容发生误解，进而错误理解了合同内容。这里的重大误解的时间是当事人在签订合同时已经发生误解，如果是合同订立后发生的事实，且一方当事人订立时由于自己的原因而没有预见到，则不属于重大误解。

(2) 签订合同时显失公平的合同。一方当事人利用优势或者利用对方没有经验，致使双方的权利与义务不对等，明显违反公平原则，则认为该合同显失公平。

(3) 以欺诈、胁迫手段或乘人之危，使对方在违背真实意思情况下签订的合同。

9.3.3.3 撤销权的消灭

可撤销合同的撤销权在某种情况下消灭，有如下两种情形：

(1) 具有撤销权的当事人自知道或者应当知道撤销事由之日起1年内没有行使撤销权的，该撤销权消灭。

(2) 具有撤销权的当事人知道撤销事由后明确表示放弃撤销权或者以自己的行为放弃撤销权的，该撤销权消灭。

对合同撤销的处理手段，同对无效合同的处理一样，也是返还财产、赔偿损失、追缴财产三种。

9.3.4 有关变化对合同效力的影响

合同签订后，当事人有可能发生名称、法人代表变更、当事人合并或分立等有关变化情况。

当事人名称或者法定代表人变更不会对合同的效力产生影响。合同生效后，当事人不得以姓名、名称的变更或者法定代表人、负责人、承办人的变动而不履行合同。

在市场经济中，经常发生资产重组等而产生法人的合并、分立，但这并不影响合同的效力。《合同法》规定：订立合同后当事人与其他法人或组织合并，合同的权利与义务由合并后的新法人或组织继承，合同仍然有效。订立合同后当事人分立的，分立的当事人应及时通知对方，并告知合同权利和义务的继承人，双方可以重新协商合同的履行方式。如果分立方没有告知或分立方的该合同责任继承事宜通过协商，对方当事人仍不同意，则合同的权利义务由分立后的法人或组织连带负责，享有连带债权，承担连带债务。

9.4 合同的履行、变更和转让

9.4.1 合同的履行

9.4.1.1 合同履行的概念

合同履行就是指合同当事人按照合同的约定，全面履行各自的义务，实现自己的权利，使各方的目的得以实现的过程。

9.4.1.2 合同履行的原则

合同履行的原则主要包括全面适当履行原则和诚实信用原则。

1. 全面适当履行原则

全面履行是指合同订立后，当事人应当按照合同约定，全面履行自己的义务，包括履行义务的主体、标的、数量、质量、价款或报酬以及履行的期限、地点、方式等。适当履行是指当事人应按照合同规定的标的及其数量、质量，由适当的主体在适当的时间、适当的地点，以适当的履行方式履行合同义务，以保证当事人的合法权益。按照约定履行自己的义务，既包括全面履行义务，也包括正确适当履行合同义务。

合同生效后，当事人就质量、价款或报酬、履行地点等内容没有约定或者约定不明确的，可以协议补充；不能达成补充协议的，按照合同有关条款或者交易习惯确定。不能依据合同条款或交易习惯确定合同履行报酬、地点的，依据下列规定确定合同履行的质量、价款、地点等问题：

（1）质量要求不明确的，按照国家标准、行业标准履行；没有国家标准、行业标准的，按照通常标准或者符合合同目的的规定标准履行。

（2）价格或者报酬不明确的，按照订立合同时履行地的市场价格履行。依法应当执行政府定价或者政府指导价的，在合同约定的交付期限内政府价格调整时，按照交付时的价格计价。逾期交付标的物的，遇价格上涨时，按照原价格执行；价格下降时，按照新价格执行。逾期提取标的物或者逾期付款的，遇价格上涨时，按照新价格执行；价格下降时，按照原价格执行。

(3) 履行地点不明确，给付货币的，在接受货币一方所在地履行；交付不动产的，在不动产所在地履行；其他标的，在履行义务一方所在地履行。

(4) 履行期限不明确的，债务人可以随时履行，债权人也可以随时要求债务人履行，但应当给对方必要的准备时间。

(5) 履行方式不明确的，按照有利于实现合同目的的方式履行。

(6) 履行费用的负担不明确的，由履行义务一方负担。

2. 诚实信用原则

诚实信用是指当事人讲诚实、守信用，遵守商业道德，以善意的心理履行合同。当事人不仅要保证自己全面履行合同约定的义务，并应顾及对方的经济利益，为对方履行合同创造条件，发现问题及时协商解决。以较小的履约成本，取得最佳的合同效益。还应根据合同的性质、目的和交易习惯履行通知、协助、保密等义务。

9.4.1.3 合同履行中的抗辩权

抗辩权是指双务合同的履行中，双方都应当履行自己的债务，一方不履行或者有可能不履行时，另一方可以据此拒绝对方的履行要求。这些抗辩权利的设置，使当事人在法定情况下可以对抗对方的请求权，使当事人的拒绝履行不构成违约，更好地维护当事人的利益。

1. 同时履行抗辩权

同时履行抗辩权是指当事人双方在双务合同中履行合同义务没有先后顺序，应同时履行，当对方未履行合同义务时，另一方当事人可以拒绝履行合同义务的权利。

同时履行抗辩权的适用条件是：

(1) 由同一双务合同产生互负的对价给付债务。

(2) 合同中未约定履行的顺序。

(3) 对方当事人没有履行债务或者没有正确履行债务。

(4) 对方的对价给付是可能履行的义务。所谓对价给付是指一方履行的义务和对方履行的义务之间具有互为条件、互为牵连的关系并在价格上基本相等。

2. 异时履行抗辩权

异时履行抗辩权是指当事人双方在双务合同中履行合同义务有先后顺序，当先履行的一方未履行合同义务或履行合同义务不符合规定的，后履行一方具有可以拒绝履行合同义务的权利。

异时履行抗辩权的适用条件是：

(1) 由同一双务合同产生互负的对价给付债务。

(2) 合同中约定了履行的顺序。

(3) 应当先履行的合同当事人没有履行义务或履行的义务不符合规定。

(4) 应当先履行的对价给付是可能履行的义务。

3. 不安抗辩权

不安抗辩权是当事人双方在双务合同中，当先履行义务的一方当事人掌握了后履行义务一方当事人财务状况恶化等情况，已经丧失或可能丧失履行合同义务能力的确切证据时，其在对方提供担保前暂时停止履行合同义务的权利。

应当先履行合同的一方有确切证据证明后履行一方有下列情形之一的，可适用不安抗辩权：

（1）经营状况严重恶化。

（2）转移财产、抽逃资金以逃避债务的。

（3）丧失商业信誉的。

（4）已经丧失或者将丧失履行债务能力的其他情形。

当事人行使了抗辩权，应及时通知对方。对方提供了担保的，应继续履行合同；对方未在合理期限内恢复履行合同的能力，也没提供担保的，行使抗辩权的一方可解除合同；当事人没有确切证据就擅自使用抗辩权、终止履行合同，应承当相应的违约责任。

9.4.1.4 合同履行不当的处理

1. 因债权人致使债务人履行困难的处理

合同生效后，当事人不得因姓名、名称的变更或法定代表人、负责人、承办人的变动而不履行合同义务。债权人分立、合并或者变更住所应当通知债务人。如果没有通知债务人，会使债务人不知向谁履行债务或者不知在何地履行债务，致使履行债务发生困难。出现这些情况，债务人可以中止履行或者将标的物提存。

中止履行是指债务人暂时停止合同的履行或者延期履行合同。提存是指由于债权人的原因致使债务人无法向其交付标的物，债务人可以将标的物交给有关机关保存以此终止合同义务的制度。

2. 提前或者部分履行的处理

提前履行是指债务人在合同规定的履行期限到来之前就开始履行自己的义务；部分履行是指债务人没有按照合同约定履行全部义务而只履行了自己的一部分义务。提前或者部分履行会给债权人行使权利带来困难或者增加费用。

债权人可以拒绝债务人提前或部分履行债务，但不损害债权人利益且债权人同意的情况除外，由此增加的费用由债务人承担。

3. 合同不当履行中的保全措施

保全措施是指为防止因债务人的财产不当减少而给债权人的债权带来危害时，允许债权人为确保其债权的实现而采取的法律措施。这些措施包括代位权和撤销权两种。

（1）代位权。代位权是指因债务人怠于行使其到期债权，对债权人造成损害，债权人可以向人民法院请求以自己的名义代位行使债务人的债权。但该债权专属于债务人时不能行使代位权。代位权的行使范围以债权人的债权为限，其发生的费用由债务人承担。

（2）撤销权。撤销权是指因债务人放弃其到期债权或者无偿转让财产，对债权人造成损害的，债权人可以请求人民法院撤销债务人的行为。债务人以明显不合理低价转让财产，对债权人造成损害，并且受让人知道该情形的，债权人可以请求人民法院撤销债务人的行为。撤销权的行使范围以债权人的债权为限，其发生的费用由债务人承担。撤销权应自债权人知道或者应当知道撤销事由之日起 1 年内行使。自债务人的行为发生之日起 5 年内没有行使撤销权的，该撤销权消灭。

9.4.2　合同的变更

合同变更是指合同当事人对已经发生法律效力，但尚未履行或者还在履行过程中的合同，进行修改或补充所达成的协议。合同的变更一般不涉及已经履行部分。合同的变更必须要有明确的变更的内容。如果当事人对合同的变更约定不明确的，视作没有变更。

9.4.3　合同中的债权和债务转移

合同可以约定在合同的履行过程中由债务人向第三人履行债务或由第三人向债权人履行债务，但合同当事人之间的债权和债务关系并不因此发生改变。

9.4.3.1　债务人向第三人履行债务

合同可以约定由债务人向第三人履行部分义务，这种法律关系具有如下特征：

(1) 债权的转让在合同内有约定，但不改变当事人之间的权利义务关系。

(2) 在合同履行期间内，第三人可以向债务人请求履行，债务人不得拒绝。

(3) 对第三人履行债务原则上不得增加履行的难度和费用，否则增加费用部分应由合同当事人的债权人给予履行债务人补偿。

(4) 债务人未向第三人履行债务或履行债务不符合约定，应向合同当事人的债权人承担违约责任，由合同当事人依据合同追究对方的违约责任，第三人没有此项权利，其只能将违约的实施和证据提交给合同的债权人。

9.4.3.2　第三人向债权人履行债务

合同可以约定由第三人向债权人履行部分义务，这在工程中体现最集中的就是施工合同的分包。这种法律关系具有如下特点：

(1) 部分义务由第三人履行属于合同内的约定，但当事人之间的权利义务关系并不因此而发生改变。

(2) 在合同履行期限内，债权人可以要求第三人履行债务，但不能强迫第三人履行债务。

(3) 第三人不履行债务或履行债务不符合约定，仍由合同当事人的债务方承担违约责任，债权人不能直接追究第三人的违约责任。

9.4.4　合同的转让

合同的转让是指合同一方将合同的权利、义务全部或部分转让给第三人的法律行为。转让后，第三人取代原当事人在合同中的法律地位。合同的转让包括债权转让和债务承担两种，当事人也可以将权利、义务一起转让。

1. 债权转让

债权转让就是债权人将合同的权利全部或者部分转让给第三人。法律、法规规定转让须办理相应手续的，应当办理相应手续。下列情形的债权不得转让：

(1) 根据合同性质不得转让的。

(2) 根据当事人约定不得转让的。

(3) 依照法律规定不得转让的。

债权人转让债权，应该通知债务人。未通知的，该债权转让无效。受让人取得权利后，同时拥有与此权利相对应的从权利。若从权利与原债权人不可分割，则从权利不随之转让。

2. 债务承担

债务承担就是指债务人将合同的义务全部或部分转移给第三人的情况。债务承担必须经债权人同意，否则该转移不具有法律效力。债务人转移义务的，新债务人可以主张原债务人对债权人的抗辩权，并应当承担与主债务有关的从债务，但该从债务专属原债务人的除外。

3. 权利和义务同时转让

合同一方当事人经对方同意，可以将自己在合同中的权利和义务一并转让给第三人。这方面表现集中的就是合同订立后发生单位合并或分立的情形。当事人订立合同后合并的，由合并后的法人或组织行使合同权利、履行合同义务；当事人订立合同后分立的，除债权人和债务人另有约定外，由分立的法人或其他组织对合同的权利和义务享有连带债权，承担连带债务。

9.5 合同的终止

9.5.1 合同终止的概念

合同终止是指合同权利义务的终止，是当事人之间根据合同确定的权利义务在客观上已经不存在，合同不再对双方具有约束力。

《合同法》规定，有下列情形之一的，合同终止：

(1) 债务已按约定履行。

(2) 合同解除。

(3) 债务相互抵消。

(4) 债务人依法将标的物提存。

(5) 债权人免除债务。

(6) 债券和债务归于同一人或法人、组织。

(7) 法律规定或者当事人约定终止的其他情形。

9.5.2 合同解除

9.5.2.1 合同解除的概念

合同解除是指合同依法成立后尚未履行或尚未全部履行，当事人基于法律的规定或合同的约定行使解除权而使合同关系消灭的一种法律行为。

9.5.2.2 合同解除的条件

《合同法》规定："当事人协商一致，可以解除合同。当事人可以约定一方解除合同的条件。解除合同的条件成就时，解除权人可以解除合同。"

《合同法》规定：有下列情形之一的，当事人可以解除合同：

(1) 因不可抗力致使不能实现合同目的。

(2) 在履行期限届满之前，当事人一方明确表示或者以自己的行为表明不履行主要债务。

(3) 当事人一方迟延履行主要债务，经催告后在合理的期限内仍未履行。

(4) 当事人一方迟延履行债务或者有其他违约行为致使不能实现合同目的。

（5）法律规定的其他情形。

9.5.2.3　合同解除权的行使

1. 合同解除权行使的期限

法律规定或者当事人约定解除权行使期限，期限届满当事人不行使的，合同解除权消灭。法律没有规定或者当事人没有约定解除权行使期限，经对方催告后在合理期限内不行使的，合同解除权消灭。

2. 合同解除权行使的方式

当事人一方主张解除合同的，应当通知对方。合同自通知到达对方时解除。对方有异议的，可以请求人民法院或者仲裁机构确认解除合同的效力。法律、行政法规规定解除合同应当办理批准、登记等手续的，依照其规定。

3. 合同解除后的法律后果

合同解除后，尚未履行的，终止履行；已经履行的，根据履行情况和合同性质，当事人可以要求恢复原状、采取其他补救措施，并有权要求赔偿损失。合同的解除不影响合同中结算和清理条款的效力。

9.5.3　债务相互抵消

债务抵消是指两个当事人彼此互负债务，各以其债权充当债务的清偿，使双方的债务在等额范围内归于消灭。债务抵消有法定债务抵消和约定债务抵消。

1. 法定债务抵消

当事人互负到期债务，该债务标的物的种类、品质相同的，任何一方可以将自己的债务与对方的债务抵消，但依照法律规定或者按照合同性质不得抵消的除外。法定债务抵消的条件比较严格，要求必须是互负到期债务，且债务标的物的种类、品质相同，符合这些条件的，除法律规定的不得抵消的以外，当事人都可以相互抵消。

2. 约定债务抵消

当事人互负债务，标的物种类、品质不相同的，经双方协商一致，也可以抵消。

9.6　违约责任

9.6.1　违约责任的概念

违约是指合同一方当事人不履行合同义务或履行义务不符合合同约定，而使对方受到了损失或损害。违约的表现形式包括不履行和不适当履行。违约责任即是依据法律规定或合同约定，违约方对违约造成的后果所应承担的责任。

违约责任有如下特征：

（1）违约责任是一种财产责任，法律只强制违约方补偿因违约给对方造成的财产损失。

（2）违约责任仅存在于合同当事人之间，没有合同关系就不存在违约责任。

（3）违约责任基于法律的规定或当事人的约定而产生。

对于违约的后果，并不一定要待合同义务全部履行完后才追究违约方的责任。对于预期违约的，当事人也应当承担违约责任。

9.6.2 违约的形式

当事人有违约行为是承担违约责任的唯一要素。违约行为的表现形式有：

(1) 预期违约。即当事人一方明确表示或者以自己的行为表明不履行合同义务。这样，对方可以在履行期届满之前要求其承担违约责任。

(2) 实际违约。即合同当事人违反合同约定的或法律规定应履行的义务。《合同法》将违约行为分为“不履行合同义务”和“履行合同义务不符合约定”两种情形。

9.6.3 承担违约责任的方式

《合同法》第一百零七条规定：当事人一方不履行合同义务或者履行合同义务不符合约定的，应当承担继续履行、采取补救措施或者赔偿损失等违约责任。

1. 继续履行

继续履行是指不论违约方是否已经承担赔偿损失或者支付违约金的责任，都应按照守约方的要求，在自己能够履行的情况下，对原合同未履行部分继续按照合同的要求实际履行。如供货合同在履行过程中供货方延误供货，如购货方仍需要该货物，可以要求供货方继续供货并支付延期供货的违约金。

当事人一方不履行非金钱债务或者履行非金钱债务不符合约定的，对方也可以要求继续履行。但下列情形之一的除外：

(1) 法律上或者事实上不能履行。

(2) 债务的标的不适合强制履行或者履行费用过高。

(3) 债权人在合理期限内未要求履行的。

2. 采取补救措施

补救措施是指当事人违反合同的事实发生后，为了使合同的履行符合约定条件，避免或减少违约所造成的损失，由违约责任方依照法律的规定或约定采取修理、更换、重作、退货、减少价款等措施，以给权利人弥补或挽回损失的责任承担方式。

3. 赔偿损失

《合同法》规定：“损失赔偿额应当相当于因违约所造成的损失，包括合同履行后可以获得的利益，但不得超过违反合同一方订立合同时预见到或者应当预见到的因违反合同可能造成的损失。”

当事人一方违约，对方应积极采取措施防止损失进一步扩大，没有采取措施致使损失扩大的，不得就损失扩大部分请求赔偿；当事人因防止损失扩大而支出部分费用的，由违约方承担。

赔偿损失可以与继续履行、单方解除合同或其他补救措施并用，但不能与违约金、定金并用，守约方只能选择其一。

4. 支付违约金

《合同法》规定：“当事人可以约定一方违约时应当根据违约情况向对方支付一定数额的违约金，也可以约定因违约产生的损失赔偿额的计算方法”。若违约金低于实际造成的损失，当事人通过协商不能达成一致，守约方可以请求法院或仲裁机构予以增加。若按合同约定方法计算的违约金过分高于实际造成的损失，违约方也可以请求法院或仲裁机构予以适当减少，以维护公平合理原则。

5. 定金法则

当事人可以约定一方向对方给付定金作为债权的担保。债务人履行债务后，定金应当抵作价款或者收回。给付定金的一方不履行约定的债务的，无权要求返还定金；收受定金的一方不履行约定的债务的，应当双倍返还定金。

当事人既约定违约金，又约定定金的，一方违约时，对方可以选择适用违约金或者定金条款，但是违约金和定金不得同时使用。

9.6.4　不可抗力下无法履约的责任承担

因不可抗力导致不能履行的合同，根据不可抗力的影响，可部分或全部免除责任。当事人延迟履行后发生的不可抗力，不能免除责任。

9.7　工程变更

9.7.1　工程变更的概念

工程变更是指对施工合同所做的修改、改变，实质就是施工合同状态的改变，包括合同内容、合同结构、合同表现形式等，合同状态的任何一项改变均属于变更，其表现形式就是设计、工程量、计划进度、使用材料等方面的变化，这些变化统称工程变更，包括设计变更、进度计划变更、施工条件变更以及原招标文件和工程量清单中未包括的“新增工程”。工程建设项目受外界自然条件的影响大、施工区域广、地质条件难以全部探明，因此施工期间发生变更是不可避免的。

9.7.2　工程变更的形式

在施工合同履行过程中，经建设单位同意，监理工程师按建设单位的授权指示承包单位进行变更内容的施工。变更的形式有如下几种。

1. 合同中包括的任何工作内容的数量的改变

在合同履行过程中，如果合同中的任何一项工作内容发生变化，包括增加、减少或者是追加合同中以前根本没有的内容，都属于工程变更。

2. 取消合同中任何工作，但转由他人实施的工作除外

如果建设单位要取消合同中任何一项工作，应由监理机构发布变更指示，按变更处理，但被取消的工作不能转由其他任何单位，包括建设单位组织实施。此规定主要为了防止建设单位在签订合同后擅自取消合同价格偏高的项目，转由建设单位自己或其他施工单位实施而使本合同施工单位蒙受损失。

3. 改变合同中任何工作的质量标准或其他特性

对于合同中任何一项工作的标准或性质，合同技术条款都有明确的规定，在施工合同实施中，如果根据工程的实际情况，需要提高标准或改变工作性质，同样需监理机构按变更处理。

4. 改变工程的基线、标高、位置和尺寸

如果施工图纸与招标图纸不一致，包括建筑物的结构形式、基线、高程、位置以及规格尺寸等发生任何变化，或者实际地质状况与设计文件有较大出入等导致相应建筑物尺寸的改变，均属于变更，应按变更处理。

5. 改变工程的时间安排或实施顺序

改变合同中任何一项工程的完工日期或改变已批准的施工顺序。合同中任何一项工程都规定了其开工日期和完工日期，而且施工总进度计划、施工组织设计、施工顺序已经监理机构批准，要改变就应由监理机构批准，按变更处理。

6. 进行为工程竣工所必要的任何种类的追加工作

包括为永久工程所需的任何附加工作、生产设备、材料或服务，包括任何有关的竣工试验、钻孔和其他试验和勘探工作。

9.7.3 工程变更的原因

引起工程变更的原因很多，但总的而言可归结为如下几方面。

1. 施工现场条件的变化

工程建设规模大，工期长，受气象、地质等多方面的影响，往往要进行地下施工，开挖深度和范围可能甚大，极可能遇到特殊的不利条件和异常自然灾害等；施工前对施工地区的勘测工作深度不够，对地质钻探、土壤及砂石等建材的调查工作没有做够，招标文件中没有准确反映实际情况，导致实际施工中出现与设计文件较大的差异。

2. 设计变更

工程开工后，建设单位根据施工现场条件的改变，工程使用意图的变化，对工程有了新的要求而修改项目计划或削减预算等，或主管部门对工程建设要求的改变；由于设计错误，必须对设计图纸作修改；工程环境变化；国家的政策法规对建设项目有了新的要求等，有可能提出设计变更；总监理工程师、设计单位也可根据现场情况、原设计不合理之处提出设计变更；施工单位也可根据施工现场条件提出设计变更请求，或者为了鼓励施工单位积极提出合理化建议，鼓励施工单位提出设计变更。

3. 工程范围发生变化

因工程范围发生变化，出现了合同范围以外的工作项目，称为新增项目，新增项目的出现使得合同管理增加了新的内容。工程施工中经常出现新增工程或工程变更是属于合同工程范围内，还是属于超出合同范围的工作经常引起合同双方的争议。因为是否属于合同范围内的工程，在费用和工期方面的处理差别很大。

4. 进度协调

监理工程师依据施工单位之间的进度或建设单位资金供应等，对某施工单位的施工进度做出的进度协调，也属于工程变更。

9.7.4 工程变更的提出主体

工程的建设单位、设计单位、承包单位、监理单位等都可以提出变更，并按照相应程序办理。

1. 建设单位提出

建设单位提出变更，一般是为了优化项目功能，节省项目投资、降低资金成本、提高项目效益。对于建设单位提出的变更，要综合考虑其对项目本身的合理性和可行性、对合同的履行等的影响。建设单位应和监理单位、设计单位、咨询单位充分协商、论证，权衡其对项目的工期、投资和质量的影响，避免一意孤行，同时也要避免一味挖掘设计潜力。

2. 设计方提出

设计单位自己提出的变更是指设计单位发现设计错误、现场地质等实际情况与预期相差较大、结构布局不合理、采用施工工艺、新材料、新设备不成熟等因素主动提出的设计变更。设计单位提出的变更，既要考虑变更对工期、质量和投资的有利影响，也要考虑变更可能引起的索赔。

3. 施工单位提出

施工单位若有基于工程总体目标考虑提出的合理化建议、遇到无法采购到材料、设备或发现设计错误等情形，可以提出变更请求。这是对整个工程的目标有利的，但也不排除施工单位利用或制造变更的机会为自己增加利润的情形，工程监理中要严加把控，减少这类变更的发生。

4. 监理单位提出

在项目建设过程中，监理单位通过现场管理等可能会发现不利于项目管理的情况，监理工程师凭借其工作经验，经过充分分析论证后，向发包人提出设计变更建议。

5. 其他相关单位提出

如审图单位、相关主管部门及利益相关单位等均有可能提出工程变更。

9.7.5 工程变更的程序

1. 变更的提出与变更文件的编制

设计单位对原设计存在的缺陷提出的工程变更，应编制设计变更文件；建设单位或承包单位提出的变更，应提交总监理工程师，由总监理工程师组织专业监理工程师审查。审查同意后，应由建设单位转交原设计单位编制设计变更文件。当工程变更涉及安全、环保等内容时，应按规定经有关部门审定。

2. 工程变更评估

项目监理机构应了解实际情况和收集与工程变更有关的资料，依据收集到的资料，结合施工合同的有关条款，对工程变更的费用和工期做出评估。

3. 工程变更协调

总监理工程师就工程变更费用及工期的评估情况与承包单位和建设单位进行协调。若建设单位和承包单位未能就工程变更的费用等方面达成协议，项目监理机构提出一个暂定的价格，作为变更工程部分工程款支付的临时依据，该部分工程款最终结算时，以建设单位与承包单位达成的协议为准。

4. 签发工程变更单

总监理工程师签发包括工程变更要求、工程变更说明、工程变更费用和工期、必要的附件等内容的工程变更单。

5. 监督承包单位实施变更

项目监理机构根据项目变更单监督承包单位实施工程变更。在总监理工程师签发工程变更单之前，承包单位不得实施工程变更。未经总监理工程师审查同意而实施的工程变更，项目监理机构不得予以计量。

9.7.6 工程变更价款的确定

《建设工程施工合同（示范文本）》（GF—2013—0201）对工程变更价款作出了如下

规定：

（1）已标价工程量清单或预算书有相同项目的，按照相同项目单价认定。

（2）已标价工程量清单或预算书中无相同项目，但有类似项目的，参照类似项目的单价认定。

（3）变更导致实际完成的变更工程量与已标价工程量清单或预算书中列明的该项目工程量的变化幅度超过15%的，或已标价工程量清单或预算书中无相同项目及类似项目单价的，按照合理的成本与利润构成的原则，由承包人和建设单位按照合同中的商定或确定条款来确定变更工作的单价。

工程变更价款确定的程序：

（1）承包人应在收到变更指示后14天内，向监理人提交变更估价申请。

（2）监理人应在收到承包人提交的变更估价申请后7天内审查完毕并报送发包人，监理人对变更估价申请有异议，通知承包人修改后重新提交。

（3）发包人应在承包人提交变更估价申请后14天内审批完毕。发包人逾期未完成审批或未提出异议的，视为认可承包人提交的变更估价申请。

（4）因变更引起的价格调整应计入最近一期的进度款中支付。

9.8 工 程 索 赔

9.8.1 工程索赔的概念

工程索赔是指在建设工程合同履行过程中，合同当事人一方因对方违约、过错或无法防止的事件造成本方合同义务以外的费用支出，或致使本方造成损失，通过一定的合法途径，要求对方按合同条款给予经济和（或）时间补偿的要求。

索赔是工程承包中经常发生的正常现象。由于施工现场条件、气候条件的变化，施工进度、物价的变化，以及合同条款、规范、标准文件和施工图纸的变更、差异、延误等因素的影响，使得工程承包中不可避免地出现索赔。对于施工合同的双方来说，索赔是维护自身合法利益的有效手段，是建设工程合同及有关法律赋予当事人的权利。索赔对违约、过错者起警示作用，同时承担其后果，保证合同的顺利实施。合同的双方都具有索赔的权力，承包商可以向业主提出索赔，业主也可以向承包商提出索赔。由于建设单位具有经济方面的优势，索赔容易实现，而且工程建设发生较多的是承包商向建设单位索赔，因此这里侧重介绍承包商向建设单位的索赔。索赔具有经济和（或）时间补偿的性质，不是惩罚，在实际操作中只有先提出了“索”才有可能“赔”，如果不提出“索”就不可能有“赔”；而且合同的一方违约或过错，给对方造成了损失，合同另一方具有索赔的权力还有时间的限制。

9.8.2 工程索赔的原因

承包商向业主提出的索赔，主要有如下几方面的因素造成。

1. 不利的自然条件与人为障碍引起的索赔

不利的自然条件是指施工中遭遇到的实际自然条件比招标文件中所描述的更为困难和恶劣，是一个有经验的承包商无法预测的不利的自然条件与人为障碍，导致了承包商必须花费更多的时间和费用。有如下两方面情形：

(1) 地质、异常气候条件变化引起的索赔。

(2) 工程中人为障碍引起的索赔。在施工中，如果承包商遇到了地下构筑物或文物，如地下电缆、管道、其他装置等，只要是图纸上没有说明的，承包商应通知监理工程师，商讨处理方案。导致工程延误、费用增加的，承包商可以提出索赔。

2. 工程变更引起的索赔

在工程施工中，由于地质上不可预见的情况、环境的改变，为节约成本，或业主可能会在建筑造型、功能、质量、标准、实施方式等方面提出合同以外的要求，在监理工程师认为必要时，可以对工程或其任何部分的外形、质量或数量作出变更。对于工程变更，承包商应履行合同义务。如果监理工程师确定的工程变更单价或价格不合理，缺乏说服承包商的依据，承包商有权就此向业主提出索赔。

3. 工期延期的索赔

工期延期的索赔包括承包商要求延长工期及承包商要求偿付由于非承包商原因导致工程延期而造成的损失两类，即工期索赔和费用索赔。

(1) 工期索赔。发生下述事件，承包商可以提出工期索赔：

1) 合同文件内容出错或相互矛盾。

2) 监理工程师在合理的时间内未曾发出承包商要求的图纸和指示。

3) 有关放线的资料不准。

4) 不利的自然条件。

5) 在现场发现化石、钱币、有价值的物品或文物。

6) 额外的样本与试验。

7) 业主和监理工程师命令暂停施工。

8) 业主未能按时提供现场。

9) 业主违约。

10) 业主风险。

11) 不可抗力。

这些事件发生，只要承包商能提供合理、有力的证据，提出延长工期的索赔一般能得到监理工程师及业主的同意，有些还可以索赔损失。

(2) 费用索赔。在可提出工期索赔的事件中，凡是属于客观原因造成的，也属于业主无法预见的，承包商可以得到延长工期，但得不到费用补偿；凡是属于业主方面原因造成的拖延，不仅应给予承包商延长工期，还应给予费用补偿。

4. 加速施工费用的索赔

工程施工过程中可能遇到意外情况而必须延长工期，但业主可能坚持不给与延期，要求承包商加班赶工来完成，从而导致工程成本增加。加班赶工情况下，合同双方对投入的资源量、加班津贴、施工新单价等所发生的附加费用是双方争论的焦点，从而导致索赔事件发生。对加速施工的问题，很多采取奖金的办法，即约定某部分工程每提前一天，给予承包商奖金若干，鼓励承包商克服困难、加速施工。这种解决办法简单，避免了延长工期、单价调整的提出、协商等繁琐的计算、协调工作。

5. 业主不正当终止工程引起的索赔

业主不正当终止工程，承包商有权要求补偿损失，其数额是承包商为所终止工程支出的人工、材料、机械设备以及各项管理费用、保险费、贷款利息、保函费用等。

6. 物价上涨引起的索赔

物价上涨是市场经济下的普遍现象。由于物价上涨，使得材料费、人工费相应上涨，导致施工成本增加。对物价上涨引起的合同价调整，通常有如下三种解决办法：

(1) 对固定总价合同不予调整，而固定总价合同一般只适用于工期短、投资额小的工程。

(2) 按价差调整合同价。在工程结算时，对人工费、材料费的价差，由业主向承包商补偿；对管理费及利润不进行调整。

(3) 利用调价公式调整合同价。

7. 法律、货币汇率变化引起的索赔

(1) 法律变化引起的索赔。如果在基准日期（投标截止日期前的28天）以后，由于工程所在国家或地方的任何法规、法令、规章发生了变更，导致承包商成本增加，业主应予以补偿。

(2) 货币汇率变化引起的索赔。如果在基准日期（投标截止日期前的28天）以后，工程所在国政府或其授权机构对支付合同款额的货币实行货币限制或货币汇兑限制，则业主应补偿承包商因此受到的损失。

8. 拖延工程款支付的索赔

如果业主在规定的应付款时间内未能按监理工程师的付款凭证向承包商支付应支付的款额，承包商可在提前通知业主的情况下，暂停工作或减缓工作进度，并有权获得误期的补偿和其他额外费用的补偿（如利息）。

9. 业主风险

应由业主承担的风险有：

(1) 战争、敌对行动（不论宣战与否）、入侵、外敌行动。

(2) 工程所在国发生叛乱、恐怖主义、革命、暴动、政变、篡夺政权或内战。

(3) 承包商人员及承包商和分包商的其他雇员以外的人员在工程所在国内的暴乱、骚动或混乱。

(4) 工程所在国内的战争军火、爆炸物质、电离辐射或放射性引起的污染，但可能由承包商使用此类军火、炸药、辐射或放射性物质引起的除外。

(5) 由音速或超音速飞行的飞机或飞行装置所产生的压力波。

(6) 除合同规定以外业主使用或占有的永久工程的任何部分。

(7) 由业主人员或业主对其负责的其他人员所做的工程任何部分的设计。

(8) 一个有经验的承包商通常无法预测和防范的任何自然力的作用等。

如果应由业主承担的风险达到对工程、货物、承包商文件等造成损失或损害的程度，承包商应立即通知监理工程师，并按照监理工程师的要求，积极采取措施，减少此类损失；如果承包商因减少此类损失而遭受工期延误和（或）增加费用，承包商应进一步通知监理工程师，并根据合同中索赔条款的规定，有权要求给予工期延长和（或）费用补偿。

10. 不可抗力

FIDCI合同条件对不可抗力的定义是指某种异常事件或情况：

(1) 一方无法控制。

(2) 该方在签订合同前，不能对之进行合理准备的。

(3) 发生后，该方不能合理避免或克服的。

(4) 不能主要归因他方的。

不可抗力可以包括但不限于下列各种异常事件或情况：

(1) 战争、敌对行动（不论宣战与否）、入侵、外敌行动。

(2) 叛乱、恐怖主义、革命、暴动、政变、篡夺政权或内战。

(3) 承包商人员和承包商及其他雇员以外的人员的骚乱、混乱、罢工或停工。

(4) 战争军火、爆炸物质、电离辐射或放射性引起的污染，但可能由承包商使用此类军火、炸药、辐射或放射性物质引起的除外。

(5) 自然灾害，如地震、飓风、台风、泥石流或火山爆发等。

如果承包商因不可抗力，使其遭受工期延误和（或）增加费用，承包商有权根据合同中的索赔条款的规定对任何此类延误给予工期延长；如果不可抗力事件或情况发生在工程所在国，则业主对任何此类费用应给与支付。

9.8.3 工程索赔的条件

索赔是受损失者保护自身利益，挽回损失的正当权利。要索赔成功，必须符合以下基本条件：

1. 客观性

是指对方客观存在不符合合同或违反合同的干扰事件，并对己方的工期和费用造成影响，干扰事件与己方的损失之间有明确的因果关系并且己方能提供出确凿的证据。

2. 合法性

索赔要求必须符合本工程合同的规定。按照合同法律文件，判定干扰事件的责任由谁承担、承担什么样责任、是否赔偿经济和（或）时间及赔偿多少等。合同条件不同，索赔要求会有不同的结果。

3. 合理性

指索赔要求应合情合理，符合实际情况，真实反映由于干扰事件引起的实际损失、索赔的金额多少、时间长短的计算应合理。不能为了追求利润，滥用索赔，或者采用不正当手段进行恶意索赔，否则会产生以下不良影响：

(1) 双方关系紧张，互不信任，不利于合同的继续实施和双方的进一步合作。

(2) 承包商信誉受损，不利于将来的经营活动。任何业主在招标中都会对滥用、频繁使用索赔权的承包商存有戒心。

(3) 在工程施工中滥用索赔，对方会提出反索赔的要求。如果索赔违反法律，还会受到相应的法律处罚。

4. 期限性

合同双方中的任何一方违约给对方造成了损失，对方都具有索赔的权力，但索赔的权力是有期限的。只有在违约事件发生后及时提出索赔申请，并按规定程序办理，索赔请求才可能得到认可。

9.8.4 索赔的类型

索赔的类型可按不同的依据进行划分。

9.8.4.1 按索赔的目的分类

施工索赔的目的主要是工期和经济，因此可划分为工期索赔和经济索赔。

1. 工期索赔

工期索赔就是承包商向业主要求延长施工的时间，使原定的工程竣工日期顺延一段合理的时间。如果施工中发生计划进度拖后的原因在承包商方面，如实际开工日期较工程师指令的开工日期拖后，施工机械缺乏，施工组织不善等，在这种情况下，承包商无权要求工期延长，唯一的出路是自费采取赶工措施把延误的工期赶回来；否则，必须承担误期损害赔偿费。

2. 经济索赔

经济索赔就是承包商向业主要求补偿不应该由承包商自己承担的经济损失或额外开支，也就是取得合理的经济补偿。承包商要获得经济补偿，必须满足这个前提：在实际施工过程中发生的施工费用超过了投标报价书中该项工作所预算的费用，而这些费用超支的责任不在承包商方面，也不属于承包商的风险范围。施工费用超支有两种情形：一是施工受到了他方干扰，导致工作效率降低；二是业主指令工程变更或额外工程，导致工程成本增加。经济索赔有时也被称为额外费用索赔，简称为费用索赔。

9.8.4.2 按索赔的当事人分类

1. 承包商同业主之间的索赔

在工程施工索赔中，最常见的是承包商向业主提出的工期索赔和经济索赔；有时，业主也向承包商提出经济补偿的要求，即“反索赔”。

2. 总承包商同分包商之间的索赔

总承包商是向业主承担全部合同责任的签约人，其中包括分包商向总承包商所承担的那部分合同责任。总承包商和分包商，按照他们之间所签订的分包合同，都有向对方提出索赔的权利，以维护自己的利益，获得额外开支的经济补偿。

分包商向总承包商提出的索赔要求，经过总承包商审核后，凡是属于业主方面责任范围内的事项均由总承包商汇总加工后向业主提出；凡属总承包商责任的事项，则由总承包商同分包商协商解决。

3. 承包商同供货商之间的索赔

承包商在中标以后，根据合同规定的质量和工期要求，向设备制造厂家或材料供应商询价订货，签订供货合同。如果供货商违反供货合同的规定，使承包商受到经济损失时，承包商有权向供货商提出索赔，反之亦然。承包商同供货商之间的索赔，一般称为“商务索赔”，无论施工索赔或商务索赔，都属于工程承包施工的索赔范围。

9.8.4.3 按索赔的合同依据分类

根据索赔时所依据的合同条款来判定承包商是否有索赔的权利，索赔可以分为如下几类。

1. 合同规定的索赔

合同规定的索赔是指承包商所提出的索赔要求，在该工程项目的合同文件中有文字依据，承包商可以据此提出索赔要求，并取得经济补偿。这些在合同文件中有文字规定的合同条款，在合同解释上被称为明示条款，或称为明文条款。

2. 非合同规定的索赔

非合同规定的索赔是指虽然在工程项目的合同条件中没有专门的文字叙述，但可以根据该合同的某些条款的含义，推论出承包商有索赔权。这一种索赔要求同样有法律效力，有权得到相应的经济补偿。这种有经济补偿含义的合同条款，在合同管理工作中被称为"默示条款"，或称为"隐含条款"。

3. 道义索赔

是指业主知晓承包商为完成某项困难的施工，承受了额外费用损失，而出于善良意愿，同意给予承包商合同款以外的适当经济补偿。这种经济补偿，称为道义上的支付。这是施工合同双方友好信任的表现。

9.8.5　索赔的程序与期限

《建设工程施工合同（示范文本）》（GF—2013—0201）（修订版）对索赔的程序及处理阶段内有关的时间期限作出了规定。

9.8.5.1　承包人的索赔程序

《建设工程施工合同（示范文本）》（GF—2013—0201）（修订版）规定承包人认为有权得到追加付款和（或）延长工期的，应按以下程序向发包人提出索赔：

（1）承包人应在知道或应当知道索赔事件发生后 28 天内，向监理人递交索赔意向通知书，并说明发生索赔事件的事由；承包人未在前述 28 天内发出索赔意向通知书的，丧失要求追加付款和（或）延长工期的权利。

（2）承包人应在发出索赔意向通知书后 28 天内，向监理人正式递交索赔报告；索赔报告应详细说明索赔理由以及要求追加的付款金额和（或）延长的工期，并附必要的记录和证明材料。

（3）索赔事件具有持续影响的，承包人应按合理时间间隔继续递交延续索赔通知，说明持续影响的实际情况和记录，列出累计的追加付款金额和（或）工期延长天数。

（4）在索赔事件影响结束后 28 天内，承包人应向监理人递交最终索赔报告，说明最终要求索赔的追加付款金额和（或）延长的工期，并附必要的记录和证明材料。

9.8.5.2　对承包人索赔的处理程序

对承包人索赔的处理程序如下：

（1）监理人应在收到索赔报告后 14 天内完成审查并报送发包人。监理人对索赔报告存在异议的，有权要求承包人提交全部原始记录副本。

（2）发包人应在监理人收到索赔报告或有关索赔的进一步证明材料后的 28 天内签认索赔处理结果，并由监理人向承包人出具。发包人逾期答复的，则视为认可承包人的索赔要求。

（3）承包人接受索赔处理结果的，索赔款项在当期进度款中进行支付；承包人不接受索赔处理结果的，按照合同的争议解决条款约定处理。

9.8.5.3 发包人的索赔程序

根据合同约定，发包人认为有权得到赔付金额和（或）延长缺陷责任期的，监理人应向承包人发出通知并附详细的证明。

发包人应在知道或应当知道索赔事件发生后28天内通过监理人向承包人提出索赔意向通知书，发包人未在前述28天内发出索赔意向通知书的，丧失要求赔付金额和（或）延长缺陷责任期的权利。发包人应在发出索赔意向通知书后28天内，通过监理人向承包人正式递交索赔报告。

9.8.5.4 对发包人索赔的处理程序

对发包人索赔的处理如下：

(1) 承包人收到发包人提交的索赔报告后，应及时审查索赔报告的内容、查验发包人的证明材料。

(2) 承包人应在收到索赔报告或有关索赔的进一步证明材料后28天内，将索赔处理结果答复发包人。如果承包人未在上述期限内作出答复的，则视为对发包人索赔要求的认可。

(3) 承包人接受索赔处理结果的，发包人可从应支付给承包人的合同价款中扣除赔付的金额或延长缺陷责任期；发包人不接受索赔处理结果的，按争议解决条款的约定处理。

9.8.5.5 承包人的索赔期限

(1) 承包人按竣工结算审核条款的约定接收竣工付款证书后，应被视为已无权再提出在工程接收证书颁发前所发生的任何索赔。

(2) 承包人按最终结清条款提交的最终结清申请单中，只限于提出工程接收证书颁发后发生的索赔。提出索赔的期限自接受最终结清证书时终止。

9.8.6 费用索赔管理

9.8.6.1 可以索赔的费用

从理论上讲，确定施工单位可以索赔什么费用及索赔额度，遵循两条原则：

(1) 所发生的费用应该是承包人履行合同所必需的，即如果没有该费用支出，就无法合理履行合同，无法使工程达到合同要求。

(2) 给予补偿后，应该使施工单位处于与假定未发生索赔事项情况下的同等有利或不利地位，即施工单位不因索赔事项的发生而额外受益或额外受损。

从索赔发生的原因来看，施工单位索赔可以简单分为损失索赔和额外工作索赔，前者主要是由建设单位违约或监理机构工作失误引起的；后者主要是由合同变更或第三方违约、非施工单位承担的风险事件引起的。

计算损失索赔和额外工程索赔的主要区别是：前者的计算基础是成本，而后者的计算基础是价格（包括直接成本、管理费和利润）。计算损失索赔要求比较假定无违约成本和实际有违约成本（合理成本），对两者之差给予补偿，原则上不得包括额外成本的相应利润。计算额外工程索赔则允许包括额外工作的相应利润，即使该工程的增加可以顺利完成、不会引起总工期延长，事实上施工单位并未遭受到损失时也是如此。

索赔仅仅是施工单位要求对实际损失或额外费用给予补偿。施工单位究竟可以就哪些损失提出索赔，取决于合同规定和有关适用法律。根据合同和有关法律规定，事先列出将来可能索赔的损失项目的清单，是索赔管理中的一种良好做法，下面是常见的可索赔费用的项目（并非全部）。

1. 人工费

人工费在工程费用中所占的比重较大，人工费的索赔是施工索赔中数额最多者之一，一般包括：

(1) 额外劳动力雇佣。

(2) 劳动效率降低。

(3) 人员闲置。

(4) 加班工作。

(5) 人员人身保险和各种社会保险支出。

2. 材料费

材料费的索赔关键在于确定由于建设单位方面修改工程内容，而使工程材料增加的数量，这个增加的数量，一般可通过原来材料的数量与实际使用的材料数量的比较来确定。材料费一般包括：

(1) 额外材料使用。

(2) 材料破损估价。

(3) 材料涨价。

(4) 材料保管、运输费用。

3. 设备费

设备费是除人工费外的又一大项索赔内容，通常包括：

(1) 额外设备使用。

(2) 设备使用时间延长。

(3) 设备闲置。

(4) 设备折旧和修理费分摊。

(5) 设备租赁实际费用增加。

(6) 设备保险增加。

4. 低值易耗品

一般包括：

(1) 额外低值易耗品使用。

(2) 小型工具。

(3) 仓库保管成本。

5. 现场管理费

一般包括：

(1) 工期延长期的现场管理费。

(2) 办公设施。

(3) 办公用品。

(4) 临时供热、供水及照明。

(5) 人员保险。

(6) 额外管理人员雇佣。

(7) 管理人员工作时间延长。

(8) 工资和有关福利待遇的提高。

6. 总部管理费

一般包括:

(1) 合同期间的总部管理费超支。

(2) 延长期中的总部管理费。

7. 融资成本

一般包括:

(1) 贷款利息。

(2) 自有资金利息。

8. 额外担保费用及利润损失

9.8.6.2 不可以索赔的费用

一般情况下,下列费用是不允许索赔的。

1. 施工单位的索赔准备费用

毫无疑问,对每一项索赔,从保持原始记录、提交索赔意向通知、提交索赔账单,到提交正式索赔报告、进行索赔谈判,直至达成索赔处理协议,施工单位都需要花费大量的人力、财力、物力。有时,索赔的准备和处理过程还会比较长,施工单位可能需要聘请专门的索赔专家来进行索赔的咨询工作。所以,为索赔所支出的准备费用可能是施工单位的一项不小的开支。但是,除非合同另有规定,通常都不允许施工单位对这种费用进行索赔。从理论上说,索赔准备费用是作为现场管理费的一个组成部分得到补偿的。

2. 工程保险费用

工程保险费用是按照工程(合同)的最终价值计算和收取的,如果合同变更和索赔的金额较大,就会造成施工单位保险费用的增加。与索赔准备费用一样,这种保险费用也是作为现场管理费的一个组成部分得到补偿的,不允许单独索赔。有的合同会把工程保险费用作为一个单独的工作项目在工程量表中列出。在这种情况下,它就不包括在现场管理费中,可以单独进行索赔。

3. 因合同变更或索赔事项引起的工程计划调整、分包合同修改等费用

这类费用也是包括在现场管理费中得到补偿的,不允许单独索赔。

4. 因施工单位的不适当行为而扩大的损失

索赔事件发生后施工单位应及时采取适当措施防止损失的扩大,如果没有及时采取措施而导致损失扩大的,施工单位无权就扩大的损失要求赔偿。施工单位负有采取措施减少损失的义务,这是法律和合同的基本要求。这种措施可能包括保护未完工程、合理及时地重新采购器材、暂停某些施工活动、及时取消订货单、重新分配施工力量(人员和材料、设备)等。例如,某工程暂时停工时,施工单位也许可以将该工程的施工力量调往其他临近的工作项目。如果施工单位能够做到而没有做,则他就不能对因此而闲置的人员和设备的费用进行索赔。如果施工单位采取了积极的措施来减少索赔事件的损失,则可以要求建

设单位对其“采取这种减少损失措施”的活动产生的费用给予补偿。

5. 索赔金额在索赔处理期间的利息

索赔的处理有时是一个比较长的过程，但监理机构作为一个公正的合同实施监督者，应该在合理的时间内作出处理，不得有意拖延。在一般情况下，不允许对索赔额计算处理期间的利息，除非有证据证明建设单位或监理机构恶意地拖延了对索赔的处理。

9.8.6.3　索赔费用的计算

索赔款额的计算通常都采用如下几种方法。

1. 总费用法

总费用法即总成本法。它是在发生多次索赔事件以后，重新计算该工程的实际总费用，实际总费用减去投标报价时的总费用，即为索赔金额，即：

索赔金额＝实际总费用—投标报价估算费用

由于实际发生的总费用中，可能包括了由于承包人的原因（如组织不善、工效太低，或材料浪费等）而增加的费用；也可能是承包商采取低价竞标、通过索赔来保障利润的策略。因此，利用总费用法来计算索赔款具有一定的缺陷。

但是总费用法仍然在一定的条件下被采用，而且在国际工程施工索赔中保留着它的地位。这是由于某些特定的索赔事项、有些索赔事项相互影响，要精确地计算出索赔款额是很困难的，甚至是不可能的。在这种情况下，总费用法就具有优越性。采用总费用法时，一般要满足以下的条件：

（1）索赔事项在施工时具有特殊性质，难于或不可能精确地计算出损失款额。

（2）施工单位的该项报价估算费用是比较合理的。

（3）已开支的实际总费用经过逐项审核，认为是比较合理的。

（4）施工单位对已发生的费用增加没有责任。

2. 修正总费用法

修正总费用法是对总费用法进行相应的修改和调整，使其更合理。其修正事项主要是：

（1）计算索赔款的时段仅局限于受到外界影响的时期，而不是整个施工工期。

（2）只计算受影响时段内某项工作所受影响的损失，而不是计算该时段内所有施工工作所受的损失。

（3）在所影响时段内受影响的某项施工中，使用的人工、设备、材料等资源均有可靠的记录资料，如监理机构的监理日志、施工单位的施工日记等现场施工记录。

（4）与该项工作无关的费用，不列入总费用中。

（5）对投标报价时估算费用重新进行核算，按受影响时段期间该项工作的实际单价进行计算，乘以实际完成的该项工作的工程量，得出调整后的报价费用。

根据上述调整、修正后的总费用基本上能准确地反映出实际增加的费用，作为给施工单位补偿的款额。修正总费用法计算索赔金额的公式为：

索赔金额＝某项工作调整后的实际总费用—该项工作调整后报价费用

3. 实际费用法

实际费用法亦称实际成本法。它是以施工单位为某项索赔工作所支付的实际开支为根据，分析计算索赔值的方法。

实际费用法是施工单位以索赔事项的施工引起的附加开支为基础，加上应付的间接费和利润，向建设单位提出索赔款的数额。其特点是：

(1) 比总费用法复杂，处理起来困难。

(2) 能反映实际情况，比较合理、科学。

(3) 为索赔报告的进一步分析评价、审核，双方责任的划分，双方谈判和最终解决提供方便。

(4) 应用面广，人们在逻辑上容易接受。

实际费用法能客观地反映施工单位的费用损失，为取得经济补偿提供可靠的依据，被国际工程界广泛采用。实际费用法计算索赔的依据是实际的成本记录或单据，包括工资单、工时记录、设备运转记录、材料消耗记录、工程进展表、工程量表、开支发票等一系列实际支出证据，系统地反映某项工作在施工过程中受非施工单位责任的外界原因（如工程变更、不利的自然条件、建设单位拖延或违约等）所引起的附加开支。

9.8.7 工期索赔管理

9.8.7.1 工期延误的概念

工期延误就是施工实际进度落后于施工进度计划。施工延误影响主要有两种情况：一种是由于施工过程中的某个或某些干扰事件的影响对个别施工活动造成影响，使得实际进度较计划进度落后，但不影响合同工期及各阶段的进度里程碑目标；另一种是由于这些事件的影响，导致合同完工时间和进度里程碑延期。不管哪种施工延误，对工程施工实施在时间上、费用上都可能造成影响。根据施工延误影响事件的不同对施工延误进行分类，区分哪些施工延误的责任应由发包人承担，哪些施工延误应由承包人承担，在工期索赔中具有重要作用，也是解决工期索赔的出发点。

9.8.7.2 工期延误的分类

造成施工延误的原因是各式各样的，如工程量改变、设计改变、新增工程项目、监理人指示干扰或延误、发包人的干扰、承包人管理不善、不利的自然因素或其他意外事件等。在处理工期索赔方面，一般将工期拖延分为可原谅的和不可原谅的两大类。因承包人责任原因的工期延误，属于不可原谅的延误；非承包人责任原因的进度延误，属于可原谅的延误。只有可原谅的延误，在进行工期索赔时才能获得认可。

1. 可原谅的延误

凡不是由于承包人一方的原因而引起的工程拖期，都属于可原谅的拖期。因此，发包人及监理人应该给承包人延长施工时间，满足其工期索赔的要求。

造成可原谅的拖期的原因很多。《建设工程施工合同（示范文本）》（GF—2013—0201）（修订版）在《通用合同条款》中约定：在合同履行过程中，因下列情况导致工期延误和（或）费用增加的，由发包人承担由此延误的工期和（或）增加的费用，且发包人应支付承包人合理的利润：

(1) 发包人未能按合同约定提供图纸或所提供图纸不符合合同约定的。

(2) 发包人未能按合同约定提供施工现场、施工条件、基础资料、许可、批准等开工条件的。

(3) 发包人提供的测量基准点、基准线和水准点及其书面资料存在错误或疏漏的。

(4) 发包人未能在计划开工日期之日起7天内同意下达开工通知的。

(5) 发包人未能按合同约定日期支付工程预付款、进度款或竣工结算款的。

(6) 监理人未按合同约定发出指示、批准等文件的。

(7) 专用合同条款中约定的其他情形。

因发包人原因未按计划开工日期开工的，发包人应按实际开工日期顺延竣工日期，确保实际工期不低于合同约定的工期总日历天数；因发包人原因导致工期延误需要修订施工进度计划的，按照施工进度计划的修订条款执行。

可原谅的延误才满足工期索赔要求，但要注意索赔事件所造成的工期延误是否发生在关键工作上。

(1) 工期延误发生在关键工作上。由于关键工作的持续时间决定了整个工程的工期，发生在其上的工期延误就造成整个工期的延误，延误的时间，就是应给与承包商工期索赔的时间。

(2) 工期延误发生在非关键工作上。若该非关键工作的延误时间不超过其总时差，则网络进度计划的关键路线并未发生变化，工程的总工期没变，承包商在工期上没损失，工期索赔的要求不成立（但可能存在费用索赔的问题）。若该非关键工作延误的时间超出了总时差的范围，则关键路线发生了变化，非关键路线变成了关键路线，从而使得工程总工期延长，承包商应得到工期的补偿。根据网络进度计划的原理，其补偿的工期应等于延误时间与该工作总时差的差额。

因此，对承包工程的施工，尤其是施工项目繁多的工程，都应制定施工进度计划，以便工程实施过程中跟踪关键路线。在施工管理中，对处于关键路线上的施工项目给予特殊的关注，及时解决出现的困难，以保证整个工程的竣工日期能按合同规定的竣工日期顺利实现。

2. 不可原谅的延误

这是指由于承包人的原因而引起的工期延误，如：施工组织协调不好，人力不足，设备晚进场（指规定由承包人提供的设备），劳动生产率低，工程质量不符合施工规程的要求而造成返工等等。

造成不可原谅的延误的原因很多，由于承包人原因，未能按合同进度计划完成工作，或监理人认为承包人施工进度不能满足合同工期要求的，承包人应采取措施加快进度，并承担加快进度所增加的费用。

《建设工程施工合同（示范文本）》（GF—2013—0201）（修订版）在《通用合同条款》中约定：因承包人原因造成工期延误的，可以在专用合同条款中约定逾期竣工违约金的计算方法和逾期竣工违约金的上限。承包人支付逾期竣工违约金后，不免除承包人继续完成工程及修补缺陷的义务。

9.8.7.3 索赔工期计算方法

1. 干扰事件影响一项关键工作

关键路线上的任何一项工作受到了干扰，都会影响总工期，可索赔工期就是受影响的时间。

2. 干扰事件影响几项工作

通常干扰事件发生，同时有若干项工作受影响，受影响的工作有些是关键工作，有些是非关键工作，整个工程受影响的时间难以一下计算出来，则按如下步骤计算索赔工期：先确定出受影响的各工作延误时间，然后将变化后的各工作时间放入网络图中，计算受影响后的总工期，然后减去原工期，即为可索赔工期。

【例 9-1】 某工程施工中，承包商提供经监理工程师同意的施工进度计划如图 9-1 所示，经分析，可知该工程的关键路线为 A→B→G→L→J→K、A→B→F→D→J→K，计划工期为 22 周。

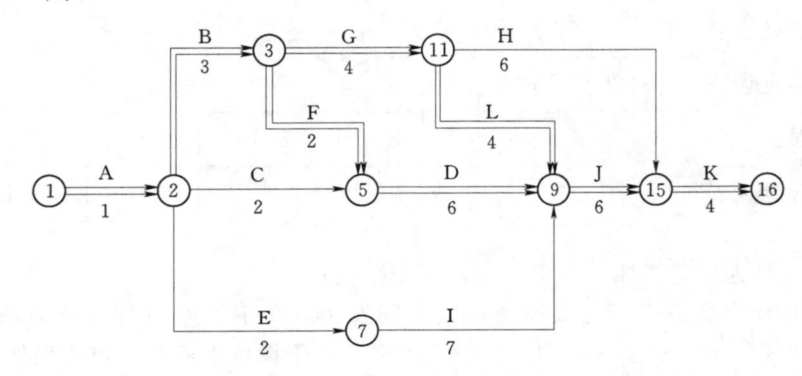

图 9-1 某工程原施工计划网络图

在工程实施过程中，业主违约，使得工程施工产生了如下影响：

工作 G 的进度拖延 4 周，实际花费 8 周时间完成；

工作 F 的进度拖延 3 周，实际花费 5 周时间完成；

工作 I 的进度拖延 1 周，实际花费 8 周完成。

将上述受影响的工作变化纳入实际的施工进度计划网络图中，如图 9-2 所示。经分析可知，工程受影响后的关键路线为 A→B→G→L→J→K，总工期为 26 周，总工期延误 4 周。承包商可索赔的工期为 4 周，监理工程师应予以认可。

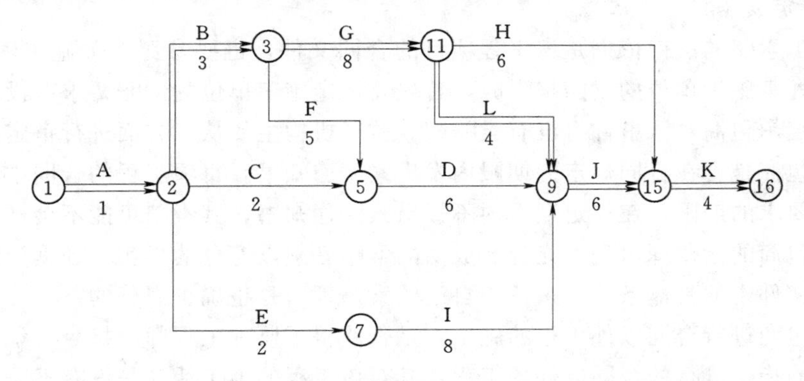

图 9-2 某工程受干扰后施工计划网络图

3. 干扰事件重叠影响

当同时发生几件干扰事件，并都引起了工期延误，在具体时间上出现了重叠情况，这时的处理原则是："当不可原谅与可原谅的延误相重叠时，以不可原谅处理；当可原谅延误相互重叠时，工期延长只计一次"。

【例9-2】 某工程施工中，发生了设备损坏、大雨、设计图纸供应延误等3项事件，都造成了工期延误，分别是6天（3月1—6日）、8天（3月4—11日）、7天（3月9—15日），则承包商索赔工期，监理工程师应给予认可多长时间？

分析：设备损坏是承包人的责任，相应的工期延误属于不可原谅，大雨为不可预见风险、设计图纸供应延误为业主承担的责任，相应的延误属于可原谅的延误，应给与工期补偿。

工期补偿计算：

设备损坏延误：	1	2	3	4	5	6									
大雨延误：				4	5	6	7	8	9	10	11				
图纸供应延误：									9	10	11	12	13	14	15

（1）1—3日为设备损坏，不可原谅，不予赔偿；

（2）4—6日为设备损坏、大雨延误同时间发生，是不可原谅与可原谅的重叠时间，按不可原谅处理，不予赔偿。亦即即使没下大雨，由于设备损坏，承包商仍然无法施工；

（3）7—8日为可原谅延误，补偿2天；

（4）9—11日为大雨延误、图纸供应延误两个可原谅延误事件同时发生，予以赔偿，但只计一次，赔偿3天；

（5）12—15日为可原谅延误，予以认可，赔偿工期4天；

（6）总计赔偿工期9天。

9.8.8　监理工程师对索赔处理的流程

监理机构对索赔要求的审查和合理处理，是施工阶段合同管理的一个重要方面，包括以下主要工作。

9.8.8.1　审定索赔权

工程施工索赔的法律依据是该工程项目的合同文件，也要参照有关施工索赔的法规。监理机构在评审施工单位的索赔报告时，首先要审定施工单位的索赔要求有没有合同法律依据，即审定承包商对该事件有没有索赔权。监理机构主要从三方面进行审定：

（1）承包商是否在合同规定的期限内发出索赔通知书。每项工程的合同中一般都规定了提出索赔要求的期限，在规定期限内不提出索赔通知书，其索赔可能不会被受理。

（2）承包商的索赔理由是否充分。成功的索赔必须以充分的事实、证据为基础，并参照工程合同文件中的具体条款，来证明自己的索赔理由是正确、充分的。

（3）承包商进行合同以外工程的施工，是否获得了监理工程师的指令。承包商没获得监理工程师的指令进行的合同以外的工程，其对该工程的施工活动是没有索赔权的。

9.8.8.2　索赔事件分析

对承包商索赔事项进行分析是从施工的实际情况出发，对发生的一系列变化对施工的影响，进行客观的分析，判断承包商的索赔要求是否合理。即在因受到干扰而发生索赔事项的条件下，对承包商造成的可能损失及工期延误，进行客观公正的评价。

对索赔事件进行分析时，应注意以下问题，以排除不应列入索赔范围的因素：

(1) 在引起索赔的原因中，排除属于承包商责任的因素。凡是属于承包商方面的原因而发生的成本超支或工期延误。均不应进入索赔范围，除非这些索赔事件是由业主方面的干扰、失误或违约引起。

(2) 在计算合同风险损失时，排除承包商应承担的风险。

9.8.8.3 索赔报告分析

监理工程师应对索赔报告仔细审核，包括合同根据、事实根据、证明材料、索赔计算、照片和图表等，在此基础上提出明确的意见或决定，正式通知承包商。一般主要包括以下方面。

1. 拒绝承包商的不合理要求

监理工程师在审核承包商的索赔报告时，在审定承包商是否具备索赔权后，对承包商具有该项索赔权的索赔，从以下几方面对其不合理的索赔要求部分，进行反驳否决。

(1) 此项索赔是否有合同和法律根据。凡是工程项目合同文件中和法律法规中有明文规定的索赔事项，承包商均有索赔权，即有权得到经济补偿。否则，监理工程师拒绝此项索赔要求。

(2) 索赔事项的发生是否为承包商的责任。凡是属于承包商方面的原因而要求索赔时，监理工程师必须反驳，并可追究承包商的责任。

(3) 索赔计算是否正确。在审核索赔款额计算时，应排除重复计算的因素。经济索赔的计算过程中，往往出现计价组成部分的重复，扩大索赔款额。与此类似，当审核工期延长计算时，应排除工期索赔计算中的重复现象，采用施工条件变化状态下的施工进度关键路线法，综合考虑各种干扰因素，核定工期延长天数。

(4) 索赔证据是否属实。证据不足，或片面的证据，索赔理由是不能成立的。证据不充分，不足以证明干扰事件的真相或不能充分反映事件的影响，需要重新补充证明材料。

2. 肯定合理的索赔要求

对于承包商具有该项索赔权的，事实属实、证据充分，索赔要求计算合理，监理工程师应予以肯定，给予相应索赔要求的工期及费用。

9.8.8.4 协商讨论解决

监理机构在上述工作基础上应通过不断与建设单位和施工单位的联系、协商、讨论，及早澄清一些误解和不全面的结论，避免和减少出现更多的误解或引起争议，及早解决索赔，避免索赔进入既耗时又耗费资金的仲裁和诉讼程序。

9.8.9 反索赔

反索赔是相对索赔而言的，是对要求索赔者的反措施，是变被动为主动的一个策略性行动。无论是索赔或反索赔，都应以该工程项目的施工承包合同文件为依据，绝不能无理取闹。

9.8.9.1 反索赔的目的

反索赔的主要目的是：

(1) 预防对方提出索赔。在合同实施中，积极防御，使自己处于不被索赔的地位，是合同管理的重要任务：

1）严格履行合同规定的义务，防止自身违约发生，使对方找不到索赔的理由和根据。

2）在不可预见和防范的风险发生时，一方面应积极采取措施，减少风险损失；另一方面，应做好记录、收集证据，着手分析研究，为反索赔做准备。

(2) 对索赔者的索赔要求进行评议和反驳，指出其不符合合同条款的地方，或计算错误的地方，使其索赔要求被全部或部分否定，或去除索赔要求中不合理的部分，从而大量地压低索赔款额。

(3) 利用合同赋予自己的权利，对索赔者的违约之处提出索赔要求，以维护自身的利益。

最终可能在索赔处理中双方都做一定的让步，达到互不支付或减少支付索赔款额的目的。

9.8.9.2　反索赔的种类

在合同管理中，反索赔一般包括以下几种情况。

1. 工程延误反索赔

工程施工的实际进度及完工日期拖后，可能影响到业主对该工程的投产计划，给业主带来了经济损失时，按照国际工程标准合同条款的规定，业主有权对承包商进行索赔，即FIDIC合同条件中所述的“延误损失赔偿费”。

关于延误的原因，应进行具体分析，以确定责任属谁。这是进行工程延误索赔或反索赔的前提。如果工程拖期的责任在承包商一方，则业主有权向承包商提出反索赔；如果工程拖期的责任在业主一方，例如未按规定时间提供施工场地，指令完成大量的附加工程或额外工程，对施工进展人为干扰，业主违约等，则承包商有权向业主提出工程拖期索赔。施工合同中的工期延误损失赔偿费，通常是由业主在招标文件中确定的。业主在确定延误损失赔偿费时，一般要考虑以下因素：

(1) 业主盈利损失。

(2) 工程延误导致的贷款利息增加。

(3) 工程延误导致的附加监理费支出。

(4) 工程延误导致业主继续租用其他建筑物的租赁费支出。

延误损失赔偿的计价方法，在各个工程项目的合同文件中均有具体规定。一般规定，每拖期完工一天，应赔偿一定款额的损失赔偿费；拖期损失赔偿费的累计总额，一般不能超过该工程项目合同总额的5%～10%。

2. 质量不符合要求反索赔

承包施工合同条件一般都规定，如果承包商施工质量不符合施工技术规程的规定，或使用的设备和材料不符合合同规定，或者在缺陷责任期满以前未完成应进行修补的工程等情况，业主有权向承包商追究责任，要求补偿业主所受的经济损失。如果承包商在规定的期限内仍未完成修补缺陷工作，业主有权向承包商提出反索赔。

3. 承包商不履行的保险费用索赔

如果承包商未能按照合同条款指定的项目投保，并保证保险有效，业主可以投保并保证保险有效，业主所支付的必要的保险费可在应付给承包商的款项中扣回。

4. 对指定分包商的付款索赔

在工程承包商未能提供已向指定分包商付款的合理证明时，业主可以直接按照监理工程师的证明书，将承包商未付给指定分包商的所有款项（扣除保留金）付给这个分包商，并从应付给承包商的任何款项中如数扣回。

5. 业主合理终止合同或承包商不正当地放弃工程的索赔

如果业主合理地终止承包商的承包，或者承包商不合理地放弃工程，则业主有权从承包商手中收回由新的承包商完成工程所需的工程款与原合同未付部分的差额。

6. 对超额利润的索赔

如果工程量增加很多，使承包商预期收入大幅度增加，而工程量的增加，相应承包商并不增加任何固定成本，合同价应由双方讨论调整，收回部分超额利润。同样，由于法规变化导致承包商在工程实施中降低了成本，带来了相应的超额利润，也应重新调整合同价，收回部分超额利润。

7. 其他损失反索赔

在施工索赔实践中，业主向承包商的反索赔要求，大部分体现在工程延误建成的反索赔和施工质量不符合要求的反索赔两方面；由于承包商的原因使业主在其他方面受到经济损失时，业主仍可提出反索赔要求。属于这方面的反索赔事项，因工程具体条件而变化，一般常见的有：

（1）承包商运送自己的施工设备和材料时，损坏了沿途的公路或桥梁。

（2）承包商的建筑材料或设备不符合合同要求而要重复检验时，所带来的费用开支。

（3）承包商拒绝接收材料或设备。

9.9 合同争议的解决

《建设工程施工合同（示范文本）》（GF—2013—0201）（修订版）通用合同条款中规定了合同双方的承包商、业主之间出现合同争议的解决办法。在争议的解决阶段，监理工程师应尽力促成合同双方解决争议。合同双方争议解决的办法，主要有如下几种。

9.9.1 和解

合同当事人可以就争议自行和解，自行和解达成协议的经双方签字并盖章后作为合同补充文件，双方均应遵照执行。

9.9.2 调解

合同当事人可以就争议请求建设行政主管部门、行业协会或其他第三方进行调解，调解达成协议的，经双方签字并盖章后作为合同补充文件，双方均应遵照执行。

9.9.3 争议评审

合同当事人在专用合同条款中约定采取争议评审方式解决争议按下列约定执行。

9.9.3.1 争议评审小组的确定

合同当事人可以共同选择一名或三名争议评审员，组成争议评审小组。除专用合同条款另有约定外，合同当事人应当自合同签订后28天内，或者争议发生后14天内，选定争议评审员。

选择一名争议评审员的，由合同当事人共同确定；选择三名争议评审员的，各自选定一名，第三名成员为首席争议评审员，由合同当事人共同确定或由合同当事人委托已选定的争议评审员共同确定，或由专用合同条款约定的评审机构指定第三名首席争议评审员。

除专用合同条款另有约定外，评审员报酬由发包人和承包人各承担一半。

9.9.3.2 争议评审小组的决定

合同当事人可在任何时间将与合同有关的任何争议共同提请争议评审小组进行评审。争议评审小组应秉持客观、公正原则，充分听取合同当事人的意见，依据相关法律、规范、标准、案例经验及商业惯例等，自收到争议评审申请报告后14天内作出书面决定，并说明理由。合同当事人可以在专用合同条款中对本项事项另行约定。

9.9.3.3 争议评审小组决定的效力

争议评审小组作出的书面决定经合同当事人签字确认后，对双方具有约束力，双方应遵照执行。

任何一方当事人不接受争议评审小组决定或不履行争议评审小组决定的，双方可选择采用其他争议解决方式。

9.9.4 仲裁或诉讼

因合同及合同有关事项产生的争议，合同当事人可以在专用合同条款中约定以下一种方式解决争议：

（1）向约定的仲裁委员会申请仲裁。

（2）向有管辖权的人民法院起诉。

9.9.4.1 仲裁

仲裁是当事人双方在争议发生前或发生后达成协议，自愿将争议交给第三者作出裁决，并负有自动履行义务的一种争议解决方式。这种争议解决方式前提是自愿的，必须要有仲裁协议。如果当事人之间有仲裁协议的，争议发生后无法通过和解或调解途径解决，应及时将争议提交仲裁机构仲裁。

1. 仲裁的原则

（1）自愿原则。当事人采用仲裁方式解决纠纷，应基于双方自愿达成仲裁协议。如有一方不同意采取仲裁手段解决争议的，仲裁机构无权受理合同纠纷。

（2）公平合理原则。仲裁机构受理合同纠纷后应充分收集证据，听取双方意见，根据事实、依据法律，作出裁决。

（3）依法独立进行原则。仲裁机构是独立的组织，仲裁活动应依法、独立进行，不受任何行政机关、社会团体和个人的干涉。

（4）一裁终局原则。仲裁是当事人基于对仲裁机构的信任作出的选择，其作出的裁决立即生效。裁决作出后，当事人就该争议再申请仲裁或向人民法院起诉的，仲裁机构及人民法院不予受理。

2. 仲裁的程序

（1）开庭。仲裁应开庭进行。如果当事人协议不开庭的，可以依据仲裁申请书、答辩书、仲裁机构收集到的证据，直接作出裁决。申请人经书面通知、无正当理由不到庭或未经仲裁庭许可中途退庭的，可以视为撤回仲裁申请；被申请人经书面通知、无正当理由不到庭或未经仲裁庭许可中途退庭的，可以缺席裁决。

（2）举证。当事人应当对自己的主张提供证据。对需要进行鉴定的证据，可以交由当事人约定的鉴定部门鉴定，也可以由仲裁庭指定的鉴定部门鉴定。

（3）辩论。由争议双方对自己主张的权利、对方的违约进行辩论。

（4）裁决。仲裁机构作出裁决，裁决即日发生法律效力。

9.9.4.2　诉讼

如果当事人在合同中没有约定通过仲裁解决争议，则只能通过诉讼作为解决争议的最终途径。通过诉讼来解决争议，首先就涉及上哪儿诉讼的问题，也就是合同纠纷的管辖权问题。

合同纠纷的管辖权涉及级别管辖和地域管辖两方面。

（1）级别管辖。级别管辖是指不同级别的人民法院受理第一审工程合同纠纷的权限分工。

（2）地域管辖。地域管辖是指同级人民法院在受理第一审工程建设合同纠纷的权限分工。一般的合同争议，由被告住所地或合同履行地人民法院管辖；合同当事人也可以在书面协议中选择被告住所地、合同履行地、合同签订地、原告住所地、标的物所在地人民法院管辖。

9.9.5　争议解决条款效力

合同有关争议解决的条款独立存在，合同的变更、解除、终止、无效或者被撤销均不影响其效力。

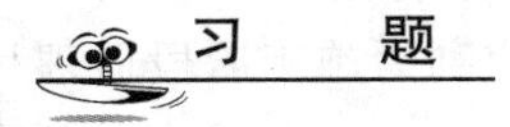

习　题

一、单选题

1.《合同法》规定，由于一方不履行合同义务的行为，对方可以行使的“抗辩权”是指（　　）的行为。

A 单方宣布合同无效

B 双方协商接触合同

C 请仲裁机构裁定合同可撤销

D 合同仍然有效，但守约方拒绝继续履行本方义务

2. 工程师对已经同意承包人隐蔽的工程部位施工质量产生怀疑，要求承包人进行剥露后重新检验。检验结果表明施工质量存在缺陷，承包人按工程师的指示修复后再次进行覆盖。此事件按照施工合同的规定，对增加的施工成本和延误的工期处理方法是（　　）。

A 工期顺延，施工成本的增加由承包人承担

B 工期不予顺延，施工成本的增加由承包人承担

C 顺延工期，补偿剥露和覆盖的成本，修复缺陷成本由承包人承担

D 工期不予顺延，补偿剥露和覆盖的成本，修复缺陷成本由承包人承担

3. 合同中当事人约定了违约金，也约定了定金。合同履行过程中发生违约后，（　　）。

A 未违约一方可以选择定金或违约金要求对方赔偿

B 违约一方可以选择定金或违约金承担赔偿责任

C 未违约方可以同时采用定金和违约金要求对方赔偿

D 违约金和定金的约定同时无效，需采用其他方式追究违约责任

4. 按照招标投标法的规定，开标后允许（　　）。

A 投标人更改投标书的内容和报价

B 投标人再增加优惠条件

C 评标委员会对投标书中的错误加以修正

D 招标人更改招标文件中说明的评标、定标办法

5. 当承包人提出索赔要求后，监理工程师无权就（　　）作出决定。

A 费用索赔　　B 要求承包人缩短合同工期

C 合同内索赔　　D 工期延误索赔

6. FIDIC 施工合同条件中的合同争端裁决委员会，是由（　　）的人员组成。

A 仲裁委员会制定　　B 政府管理机构制定

C 业主与承包商协商选定　　D 行业协会制定

7. 因总监理工程师在项目监理中决策不当，给发包人造成损失，发包人应当要求（　　）赔偿。

A 监理单位　　B 总监理工程师

C 监理单位的法定代表人　　D 具体的监理人员

二、多选题（每题有 2～4 个正确答案）

1. 与设计阶段相比，（　　）应列为施工阶段监理目标控制重点工作。

A 制定工程建设的目标规划　　B 新增工程费用控制

C 提高建设工程的适用性　　D 严格控制工程变更

E 工程实体质量控制

2. 下列情况中，（　　）属于《合同法》规定的可变更合同范畴，当事人可向法院或仲裁机构请求变更合同的部分条款。

A 因重大误解订立的合同　　B 对方在订立合同时有欺诈行为

C 合同的履行损害了社会公共利益　　D 合同以合法的形式掩盖非法的目的

E 对方以胁迫手段订立的损害国家利益的合同

3. 按照施工合同范本，工程师有权就（　　）情况向承包人发布设计变更指令。

A 指示承包人提前竣工　　B 增加必要的附加工作

C 更改某单位工程的位置　　D 增加合同中约定的工程量

E 改变有关工程的施工时间

4. 接到承包人提交的索赔通知后，监理工程师应（　　）。

A 及时检查承包人的施工现场同期记录

B 审查承包人的施工是否受到延误

C 核对承包人是否增加了施工成本

D 分析索赔事件的合同责任

E 认为索赔要求不合理的，不予理睬

5. 遇到（　　）情况时，承包商可以向业主要求既延长工期，又索赔费用。

A 难以预料的地质条件变化

B 由于监理工程师原因造成临时停工

C 业主供应的设备和材料推迟交货

D 特殊恶劣气候造成施工停顿

E 设计变更

6. 邀请招标与公开招标相比，具有（　　）等优点。

A 竞争更激烈　　B 不需设置资格预审程序

C 节省招标费用　　D 节省招标事件

E 减少承包方违约的风险

第10章　工程建设信息管理

建设工程信息管理是指监理工程师在监理信息流程的基础上，通过一定的组织机构，对工程建设过程中的信息进行收集、加工、存储、传递、分析和应用的全过程。本章简要介绍工程建设信息的基本知识、工程监理文件档案资料管理方面的内容。

10.1　工程建设信息概述

10.1.1　信息的基本概念

10.1.1.1　数据

在日常工作中，我们大量接触到的是各种数据，数据和信息既有联系又有区别。数据有不同的定义，从信息处理的角度出发，可以给数据如下的定义：数据是客观实体属性的反映，是一组表示数量、行为和目标，可以记录下来加以鉴别的符号。

数据是客观实体属性的反映，客观实体通过各个角度的属性，反映其与其他实体的区别。比如，在反应某工程的建筑质量时，通过对设计、施工单位的资质、施工所用机械、方法、施工环境、施工者、抽样情况等各有关数据汇总，就能很好反应该工程的质量。数据有多种形态，我们这里所提到的数据是广义的数据概念，包括文字、数值、语言、图表、图形、颜色等多种形态。今天我们的计算机对此类数据都可加以处理，例如施工图纸、管理人员发出的指令、施工进度的网络图、管理的直方图、月报表等都是数据。

10.1.1.2　信息

信息和数据是不可分割的：信息来源于数据，又高于数据，信息是数据的灵魂，数据是信息的载体。信息是对数据的解释，反映事物的客观规律，为使用者提供决策和管理所需要的依据。

数据通过某种处理，并经过人的进一步解释才能得到信息。不同的人所在立场不同、对专业知识的把握程度不同、对客观事务的认识不同，因此数据经过不同人的解释后有不同的结论，从而会得到不同的信息。

我们使用信息的目的是为决策和管理服务。信息是决策和管理的基础，决策和管理依赖信息，正确的信息才能保证决策的正确，不正确的信息则会造成决策的失误，管理则更离不开信息。由于建设工程信息管理涉及多部门、多环节、多专业、多渠道，工程信息量大，来源广泛，形式多样，只有及时分析数据、得出正确信息，据此指导工作，才有利于工程建设的管理。

信息在不同的时间，具有不同的作用，亦即信息具有三个时态：信息的过去时是知识，现在时是数据，将来时是情报。

1. 信息的过去时是知识

知识是前人经验的总结，是系统化的信息。在人类发展进程中，一方面总结知识，一方面发展知识。产生新知识、丰富原有知识是人类无休止的过程。过去的信息就是知识，不能局限于原有知识，要对知识进行创新。

2. 信息的现在时是数据

数据是人类活动中不断产生的，信息隐含其内。只有把当前的数据进行提炼、加工，才能获得信息。数据是信息的当前形态，比知识更难掌握，只有把握好数据的动态变化，才能及时得到信息。

3. 信息的将来时是情报

信息对未来的反映或预测，就是情报。实际工作中，科技情报是监理工程师应该重视的，可以通过网络或其他媒介，及时获取当前世界最新科技情报。

10.1.2 信息的基本特征

信息具有以下5方面的特征。

1. 真实性

真实是信息的基本特征，也是信息的价值所在。只有真实的信息，才能为决策和管理服务。不符合事实、混淆视听的信息不仅无用，还可能导致作出错误的决策。真实、准确地得到正确的信息是处理数据的目的。

2. 系统性

在工程实践中，不能片面地处理、使用信息。信息本来就需要全面分析各方面的数据才能得到。只有从系统的观点来对待各种信息，才能避免工作的片面性，只有全面掌握投资、进度、质量等方面的信息，才能做好工程管理工作。

3. 时效性

信息具有不同的时态，其是在不断地变化、产生的。这就要求我们及时处理、分析收集到的数据，尽快得到信息，才能做好决策与管理工作。否则，再有用的信息，对于工作也于事无补。因此信息具有强烈的时效性。

4. 层次性

管理系统是分层次的。处于不同层次的管理者、管理的对象不同（如是整个工程项目，还是单位工程、单项工程），所需要的信息是不同的，这也就需要对信息进行分层管理。

5. 价值性

信息是对数据加工、提炼得到的，对生产活动产生影响，因而具有价值。同时，信息只有正确、及时的使用，经过转换才能体现出其价值。

10.1.3 信息的分类

工程建设项目监理过程中，涉及大量的信息，这些信息可以依据不同的标准进行分类。下面简要介绍依据建设工程的主要工作内容进行的信息分类。

10.1.3.1 投资控制信息

投资控制信息是指与投资控制有关的信息。包含这几方面：

（1）投资标准方面，如各类估算指标、工程造价、物价指数、概算定额、预算定额、费用定额。

（2）项目计划投资方面，如计划工程量、投资估算、设计概算、施工图预算、合同价组成、投资目标体系。

（3）实际投资方面，如已完工程量、工程量变化表、施工阶段的支付账单、投资调整、原材料价格、机械台班价格、人工费、费用索赔、投资偏差、已完工程结算、竣工决算等。

（4）对以上信息进行分析对比后得出的信息，如投资分配信息、合同价格与投资分配的对比分析信息、实际投资与计划投资的动态比较信息、实际投资统计信息、项目投资变化预测信息等。

10.1.3.2　质量控制信息

质量控制信息是指与质量控制有关的信息。包含这几方面：

（1）与工程质量有关方面，如国家的有关质量政策、质量法规、质量标准、工程项目建设标准等。

（2）与计划工程质量有关方面，如工程的质量目标体系和质量目标分解、工程项目的合同标准信息、材料设备的合同质量信息、质量控制工作流程、质量控制工作制度等。

（3）工程实际质量方面，如工程质量检验信息、材料的质量抽样检查信息、设备的质量检验信息、质量和安全事故信息。

（4）以上信息加工后得到的信息，如质量目标分解结果信息、质量控制的风险分析信息、工程质量统计信息、工程实际质量与质量要求及标准的对比分析信息、安全事故统计信息、质量事故记录和处理报告等。

10.1.3.3　进度控制信息

进度信息是指与进度控制直接有关的信息。包含这几方面：

（1）与工程进度有关的方面，如工程施工进度定额等。

（2）与工程进度计划有关的方面，如工程项目总进度计划、进度目标分解、工程总网络计划和子网络计划、进度控制的工作流程、进度控制的工作制度等。

（3）项目进展中产生的实际进度信息方面。

（4）以上信息加工后产生的信息，如工程实际进度控制的风险分析、进度目标分解信息、实际进度与计划进度对比分析、实际进度与合同进度对比分析、实际进度统计分析、进度变化预测信息等。

10.1.3.4　合同管理信息

合同管理信息是指建设工程相关的合同信息，如工程招标文件，工程建设施工承包合同，物资设备供应合同，咨询、监理合同；合同的指标分解体系；合同签订、变更、执行情况；合同的管理与索赔等。

10.1.4　信息管理的作用

监理提供的是知识密集型的高智力服务，依靠专业人士的知识、经验为客户提供决策、咨询服务，而这些服务是离不开信息的。监理工程师的工作中收集、使用、处理的都是信息，监理的劳动成果也是信息。信息对监理工程师展开监理工作、作出正确、及时的决策都具有重要的作用。

1. 信息是监理工作不可缺少的资源

工程建设项目是人、财、物、技术、设备的投入过程，建设活动要高效、优质、低耗完成建设项目，必须通过信息的收集、加工、应用，以实现对投入资源的最优配置。

工程建设活动中存在物流和信息流。物流是客观存在的实体，信息流是伴随物流而产生的。物流要畅通，需要信息流来保证，如果不能发挥信息流的主导作用，就会导致物流的混乱。监理工程师的主要作用就是通过信息流的作用来规划、调节物流的数量、方向、速度和目标，使其按照一定的规划运行，从而最终实现工程的三大目标。因此信息是监理工作不可缺少的资源。

2. 信息是监理工程师进行目标控制的基础

监理工程师的主要任务是目标控制，将计划的执行情况与计划目标进行对比分析，找出差异、分析其产生的原因，然后采取纠偏措施，保证项目总体目标的实现。监理为了有效开展工作，首先必须掌握项目有关的目标计划值；其次要掌握各目标的实际执行情况。只有掌握了这两方面的信息，监理工程师才能开展控制工作。因此，从监理的目标控制角度来讲，没有及时、准确的信息，也就谈不上实施有效监理。

3. 信息是监理决策的依据

监理工程师开展监理过程中，随时都要作出决策。而影响监理决策正确与否的主要因素就是信息。如果没有正确、充分的信息作为基础，要作出正确的决策是不可能的。

4. 信息是监理进行有效的合同管理的基础

合同管理工作贯穿监理工作的始终。要正确履行监理职责，就必须充分掌握合同信息，熟悉合同内容，明确各方在合同里的权利、义务、责任。为监督合同的履行情况，必须收集各种信息。对出现的合同争议、索赔等事项，监理只有在充分收集证据、掌握足够信息的基础上，才能分清责任，作出合理的决定。因此信息是合同管理的基础。

5. 信息是监理开展协调工作的纽带

一项工程建设，涉及众多的政府部门、业主、设计、施工、原材料及设备供应商等单位，这些单位都会给工程建设目标带来影响。要协调好各方的关系，必须掌握足够信息，协调好他们之间的活动。

6. 信息是增强监理竞争力的有力工具

如果监理工程师能够掌握完善、准确的信息，就能为业主提供可靠的决策建议，就能有力保障项目目标的实现，使得监理工作更为有效，从而为监理单位赢得竞争优势。

10.2 工程建设信息管理流程

信息管理贯穿建设全过程，涉及工程各阶段、各参与单位和各个方面。其基本的环节有：信息的收集、整理、分发、存储等。

10.2.1 信息的收集

监理单位对信息的收集因介入阶段的不同，决定了侧重收集的内容不同。但即使在施工阶段才介入，监理单位也要尽力收集前面阶段的相关信息，以助于开展监理工作。

10.2.1.1 项目决策阶段的信息收集

在项目的决策阶段，信息收集应从以下几方面进行：

（1）项目相关的市场方面的信息。

（2）项目资源相关方面的信息。

（3）自然环境相关方面的信息。

（4）新技术、新设备、新材料、新工艺、专业配套方面的信息。

（5）政治环境、社会治安状况，当地法律、政策、教育、人文风俗方面的信息。

10.2.1.2 项目设计阶段的信息收集

在设计阶段，信息收集应从以下几方面进行：

（1）可行性研究报告。

（2）同类工程相关信息。

（3）拟建工程当地相关信息。

（4）勘察设计单位信息。

（5）工程所在地政府相关信息。

（6）设计信息。

10.2.1.3 项目招投标阶段的信息收集

在施工招标阶段，信息收集应从以下几方面进行：

（1）勘察设计资料。

（2）前期报审文件。

（3）工程造价信息。

（4）当地施工企业信息。

（5）本工程适用的规范信息。

（6）本工程所在地招标监管信息。

（7）招标代理机构信息。

（8）该工程采用新材料、新设备等“四新”及投标单位对“四新”的处理信息。

10.2.1.4 项目施工阶段的信息收集

在施工阶段，信息收集应从以下几方面进行：

（1）施工准备期包括：监理准备信息；施工项目经理部组建及运行信息；现场地质、水文、测量放线信息；施工图的会审和交底信息；施工单位开工准备的人、机械、技术方案、材料、检测实验室、资质等信息；法规、规范信息。

（2）施工实施期包括：施工单位投入资源信息；气象信息；材料信息；项目管理信息；规范执行信息；施工记录信息；材料必试项目信息；设备安装的试运行和测试项目的信息；施工索赔相关信息。

（3）竣工保修期包括：工程准备阶段文件；监理文件；施工资料；竣工图；竣工验收资料。

10.2.2 信息的加工整理

监理工程师除应注意收集各种原始资料外，还要对资料进行加工整理，才能得到信息。监理工程师对收集到的资料进行加工整理，是对大量原始信息的分类、排队、筛选、计算和比较等工作。

（1）分类：按照投资、质量、进度、合同管理等进行分类。

（2）排队：排队、分级，决定将信息传递到哪一级，是立即传递还是等召集例会时再通报情况。

（3）筛选：进行深度检查，将失真信息剔除。

（4）计算：利用数理统计等方法进行必要的分析。

（5）比较：与“标准”“计划值”进行比较。

（6）判断：根据比较结果，作出判断结论。

监理工程师对信息进行加工处理即形成各种监理资料。如各种往来文件、指令、会议纪要、工作报告等。工作报告是经过加工、汇总等得到的最主要成果，主要有如下几种形式：

（1）现场监理日报表。

（2）现场监理工程师周报。

（3）监理工程师月报，包括：工程进度形象、质量、计量支付、工程变更、合同争议、索赔及其处理、监理工作动态等。

10.2.3 信息的存储与传递

10.2.3.1 信息的存储

信息的存储是指将加工整理后的信息作为档案保存起来，以供需要的时候取用。将加工处理后的信息，依照规定，记录在相应载体（如纸质、光盘、磁带）上，按照一定的特征和内容，组织成为系统、有机的整体以供需要者检索、使用，这个过程就称为信息的存储。资料的归档，就是将记录有相应信息的载体，按照内容特征等分类归档保存。

10.2.3.2 信息的传递

信息的传递就是载有信息的相关载体，在监理的各部门、各监理人员之间传递、使用。通过载体的传递，达到信息的交流，把信息传递到需要者，在传递过程中，形成自上而下、自下而上、内部互联、内外部沟通的多种信息流通道。

10.3 建设工程文件档案管理

10.3.1 建设工程文件档案的基本知识

10.3.1.1 建设工程文件的概念

建设工程文件是指在工程建设过程中形成的各种形式的信息记录，包括工程准备阶段文件、监理文件、施工文件、竣工图和竣工验收文件，也简称为工程文件。

（1）工程准备阶段文件是指工程开工以前，在立项、审批、征地、勘察、设计、招投标等工程准备阶段形成的文件。

（2）监理文件是指监理企业在工程设计、施工等阶段监理过程中形成的文件。

（3）施工文件是指承包单位在工程施工过程中形成的文件。

（4）竣工图是指工程竣工验收后，真实反映建设工程项目竣工结果的图纸文件。

（5）竣工验收文件是指建设工程项目竣工验收活动中形成的文件。

10.3.1.2 建设工程档案的概念

建设工程档案是指在工程建设活动中直接形成的具有归档保存价值的文字、图表、声像等各种形式的历史记录，也简称工程档案。

建设工程文件和档案组成了建设工程文件档案资料，该资料以纸质、缩微品、光盘、磁性等多种载体保存。

10.3.1.3 建设工程文件档案的特征

1. 分散性和复杂性

建设工程具有生产周期长、工艺复杂、建筑材料种类多、技术发展迅速、影响建设工程因素繁多、建设工程过程阶段性强且相互穿插等特点，由此导致了建设工程文件和档案资料的分散性和复杂性。这个特征决定了建设工程文件和档案资料由多层次、多环节、相互关联的资料组成。

2. 全面性和真实性

建设工程文件档案资料只有全面反映项目的各类信息，才更有实用价值，故必须形成一个完整的系统。只言片语地引用往往会起到误导作用。另外，建设工程文件档案资料必须真实反映工程情况，包括发生的事故和存在的隐患。

3. 继承性和时效性

随着建筑技术、施工工艺、新材料以及建筑企业管理水平的不断提高和发展，文件和档案资料可以被继承和积累。新的工程在施工过程中可以吸取以前的经验，避免重犯以往的错误。同时，建设工程文件和档案资料又具有很强的时效性，文件和档案资料的价值会随着时间的推移而衰减，有时文件和档案资料一经生成，就必须传达到有关部门，否则，会造成严重后果。

4. 随机性

建设工程文件档案资料产生于建设工程的整个过程中，工程开工、施工、竣工等各个阶段、各个环节都会产生各种文件档案资料。部分建设工程文件档案资料的产生有规律性(如各类报批文件)，但还有相当一部分文件档案资料产生是由具体工程事件引发的，因此，建设工程文件档案资料是有随机性的。

5. 多专业性和综合性

建设工程文件档案资料依附于不同的专业对象而存在，又依赖不同的载体而流动。涉及多种专业：建筑、市政、公用、消防等多种专业，也涉及电子、力学、声学、美学等多种学科，并同时综合了质量、进度、造价、合同、组织协调等多方面内容。

10.3.1.4 工程文件归档范围

《建设工程文件归档整理规范》（GB/T 50328—2001）规定了工程文件应该归档的范围：

（1）对与建设工程有关的重要活动、记载建设工程主要过程和现状、具有保存价值的各种载体的文件，均应收集齐全，整理立卷后归档。

（2）具体归档范围按照现行《建设工程文件归档整理规范》（GB/T 50328—2001）中“建设工程文件归档范围和保管期限表”中的项目准备阶段文件、施工监理文件、施工文件、竣工图、竣工验收及备案文件共五大类执行。

10.3.2　建设工程文件档案编制质量要求

《建设工程文件归档整理规范》(GB/T 50328—2001)、《技术制图复制图的折叠方法》(GB/T 10609.3—2009) 等相应规范对建设工程档案编制质量提出了要求。

对于归档文件的质量要求如下：

(1) 归档的工程文件一般应为原件。

(2) 工程文件的内容及其深度必须符合国家有关工程勘察、设计、施工、监理等方面技术规范、标准和规程。

(3) 工程文件的内容必须真实、准确，与工程实际相吻合。

(4) 工程文件应采用耐久性强的书写材料（如碳素墨水、蓝黑墨水），不得使用易褪色的书写材料（如红色墨水、纯蓝墨水、圆珠笔、复写纸、铅笔等)。

(5) 工程文件应字迹清楚，图样清晰，图表整洁，签字盖章手续完备。

(6) 工程文件中文字材料幅面尺寸规格宜为A4幅面，图纸宜采用国家标准图幅。

(7) 工程文件的纸张应采用能够长期保存的韧力大、耐久性强的纸张，图纸一般采用蓝晒图，竣工图应是新蓝图，计算机出图必须清晰，不得使用计算机所出图纸的复印件。

(8) 所有竣工图均应加盖竣工图章。

(9) 利用施工图改绘竣工图时，必须标明变更修改依据，凡施工图结构、工艺、平面布置等有重大改变，或变更部分超过图面1/3的，应当重新绘制竣工图。

(10) 不同幅面的工程图纸应按《技术制图复制图的折叠方法》(GB/T 10609.3—2009) 统一折叠成A4幅面，图标栏表露在外面。

(11) 工程档案资料的缩微制品，必须按国家缩微标准进行制作，主要技术指标（解像力、密度、海波残留量等）要符合国家标准，保证质量，以适应长期安全保管。

(12) 工程档案资料的照片（含底片）及声像档案，要求图像清晰，声音清楚，文字说明或内容准确。

(13) 工程文件应采用打印的形式并使用档案规定用毛笔，手工签字，在不能够使用原件时，应在复印件或抄件上加盖公章并注明原件保存处。

10.3.3　各方的建设工程档案资料管理职责

建设工程文件档案资料的管理涉及建设单位、监理单位、施工单位等以及地方城建档案管理部门。对于一个建设工程而言，归档的含义有如下三个方面：

(1) 建设、勘察、设计、施工、监理等单位将本单位在工程建设过程中形成的文件向本单位档案管理机构移交。

(2) 勘察、设计、施工、监理等单位将本单位在工程建设过程中形成的文件向建设单位档案管理机构移交。

(3) 建设单位按照现行《建设工程文件归档整理规范》(GB/T 50328－2001) 要求，将汇总的该建设工程文件档案向地方城建档案管理部门移交。

10.3.3.1　各方通用职责

(1) 工程各参建单位填写的建设工程档案应以施工及验收规范、工程合同、设计文件、工程施工质量验收统一标准等为依据。

(2) 工程档案资料应随工程进度及时收集、整理，并应按专业归类，认真书写、字迹清楚，项目齐全、准确、真实，无未了事项，并且应采用统一表格，特殊要求需增加的表格应统一归类。

（3）工程档案资料进行分级管理，建设工程项目各单位技术负责人负责本单位工程档案资料的全过程组织工作并负责审核，各相关单位档案管理员负责工程档案资料的收集、整理工作。

（4）对工程档案资料进行涂改、伪造、随意抽撤或损毁、丢失等行为，应按有关规定予以处罚，情节严重的，应依法追究法律责任。

10.3.3.2 建设单位职责

（1）在工程招标及与勘察、设计、施工、监理等单位签订协议或合同时，应对工程文件的套数、费用、质量、移交时间等提出明确要求。

（2）收集和整理工程准备阶段、竣工验收阶段形成的文件，并应进行立卷归档。

（3）负责组织、监督和检查勘察、设计、施工、监理等单位的工程文件的形成、积累和立卷归档工作，也可委托监理单位监督、检查工程文件的形成、积累和立卷归档工作。

（4）收集和汇总勘察、设计、施工、监理等单位立卷归档的工程档案。

（5）在组织工程竣工验收前，应提请当地城建档案管理部门对工程档案进行预验收，未取得工程档案验收认可文件，不得组织工程竣工验收。

（6）对列入当地城建档案管理部门接受范围的工程，工程竣工验收3个月内，向当地城建档案管理部门移交一套符合规定的工程文件。

（7）必须向参与工程建设的勘察、设计、施工、监理等单位提供与建设工程有关的原始资料，而且原始资料必须真实、准确、齐全。

（8）可委托承包单位、监理单位组织工程档案的编制工作，负责组织竣工图的绘制工作，也可委托承包单位、监理单位、设计单位完成，收费标准按照所在地相关文件执行。

10.3.3.3 监理单位职责

（1）应设专人负责监理资料的收集、整理和归档工作，在项目监理机构，监理资料的管理应由总监理工程师负责，并指定专人具体实施，监理资料应在各阶段监理工作结束后及时整理归档。

（2）必须及时整理，真实完整，分类有序。其中，在设计阶段对勘察、设计单位的工程文件的形成、积累和立卷归档进行监督、检查；在施工阶段对施工单位的工程文件的形成、积累和立卷归档进行监督、检查。

（3）可以按照委托监理合同的约定，接受建设单位的委托，监督、检查工程文件的形成、积累和立卷归档工作。

（4）所编制的监理文件的套数、提交内容、提交时间，应按照现行《建设工程文件归档整理规范》（GB/T 50328—2001）和各地城建档案管理部门的要求，编制移交清单，双方签字、盖章后，及时移交建设单位，由建设单位收集和汇总。

10.3.3.4 施工单位职责

（1）实施技术负责人负责制，逐级建立、健全施工文件管理岗位责任制，配备专职档案管理员，负责施工资料的管理工作。

（2）建设工程实行总承包的，总承包单位负责收集、汇总各分包单位形成的工程档案，各分包单位应将本单位形成的工程文件整理、归卷后及时移交总承包单位。

(3) 可以按照施工合同的约定，接受建设单位的委托进行工程档案的组织、编制工作。

(4) 按要求在竣工前将施工文件整理汇总完毕，再移交建设单位进行工程竣工验收。

(5) 负责编制文件的套数不得少于地方城建档案管理部门要求，并有完整施工文件移交建设单位及自行保存，保存期可根据工程性质以及地方城建档案管理部门有关要求确定。

10.3.3.5 地方城建档案管理部门职责

(1) 负责接收和保管所辖范围应当永久保存和长期保存的工程档案和有关资料。

(2) 负责对城建档案工作进行业务指导，监督和检查有关城建档案法规的实施。

10.4 监理表格体系和主要文件档案

10.4.1 监理工作的基本表式

为了工程建设各方信息行为的规范性、协调性，《建设工程监理规范》(GB/T 50319—2013) 建立了一套适合建设、监理、施工、供货各方，适用于各行业、各专业的统一表式，大大提高了建设工程信息的标准化和规范化。

《建设工程监理规范》(GB/T 50319—2013) 中提供的表可分为工程监理单位用表 (A 类表)、施工单位报审、报验用表 (B 类表)、通用表 (C 类表) 三大类，具体各表的表式见附录Ⅱ。

10.4.1.1 监理单位用表

监理单位用表共 8 个 (表 A.0.1～表 A.0.8)，是监理单位与承包单位之间的联系表，由监理单位填写，向承包单位发出的指令或批复。

(1)《总监理工程师任命书》应按表 A.0.1 的要求填写。

(2)《工程开工令》应按表 A.0.2 的要求填写。

本表为监理单位收到施工单位的工程开工报审表 B.0.2 后，经审查，满足开工条件情况下，给予施工单位的回复。

(3)《监理通知单》应按表 A.0.3 的要求填写。

本表为重要的监理用表，是项目监理机构按照委托监理合同所授予的权限，针对承包单位出现的各种问题而发出的要求承包单位进行整改的指令性文件。监理工程师现场发出的口头指令及要求也应采用此表事后予以确认。本表一般可由专业监理工程师签发，但发出前必须经总监理工程师同意，重大问题应由总监理工程师签发。

(4)《监理报告》应按表 A.0.4 的要求填写。

本表为当监理发出《监理通知单》/《工程暂停令》后，发现施工单位未进行相应整改/停工情况下，向主管部门发出的监理报告。

(5)《工程暂停令》应按表 A.0.5 的要求填写。

在建设单位要求且工程需要暂停施工；出现工程质量问题，必须停工处理；出现质量或安全隐患，为避免造成工程质量损失或危及人身安全而需要暂停施工；承包单位未经许可擅自施工或拒绝项目监理部管理；发生了必须暂停施工的紧急事件时；发生上述五种情况中任何一种，总监理工程师应根据停工原因、影响范围，确定工程停工范围，签发工程暂停令，向承包单位下达工程暂停的指令。表内必须注明工程暂停的原因、范围、停工期间要求进行的工作及责任人、复工条件等。工程暂停令的签发要考虑工程暂停后可能产生的各种后果，应事前与建设单位协商，宜取得一致意见。

(6)《旁站记录》应按表A.0.6的要求填写。

本表规定了旁站记录所应填写内容，包括旁站的部位、工序、时间、施工单位、施工情况等，并要求如实记录发现的情况及处理方法。

(7)《工程复工令》应按表A.0.7的要求填写。

本表为监理发出《工程暂停令》后，施工单位进行了相应整改，报送了《工程复工报审表》，经监理检查，施工现场满足复工条件情况下，通知施工单位复工。

(8)《工程款或竣工结算款支付证书》应按表A.0.8的要求填写。

本表为项目监理机构收到承包单位报送的“工程款支付报审表（表B.0.11）”后用于批复用表，各专业监理工程师按照施工合同进行审核，及时抵扣工程预付款后，确认应该支付工程款的项目及款额，提出意见，经过总监理工程师审核签认后，报送建设单位。

10.4.1.2 施工单位报审、报验用表

施工单位报审、报验用表共14个（表B.0.1～表B.0.14），是承包单位与监理单位之间的联系表，由承包单位填写，向监理机构提交申请或回复。

(1)《施工组织设计、(专项）施工方案报审表》应按表B.0.1的要求填写。

施工单位在开工前向项目监理部报送施工组织设计（施工方案）的同时，填写施工组织设计（方案）报审表。施工过程中，如经批准的施工组织设计（方案）发生改变，项目监理部要求将变更的方案报送时，也采用此表。总监理工程师应组织审查并在约定的时间内核准，同时报送建设单位。需要修改时，应由总监理工程师签发书面意见退回承包单位修改后再报，重新审核。

(2)《工程开工报审表》应按表B.0.2的要求填写。

申请开工时，承包单位认为已具备开工条件时，向项目监理部申报工程开工报审表，监理工程师认为具备开工条件时，由总监理工程师签署意见，报建设单位。

(3)《工程复工报审表》应按表B.0.3的要求填写。

由于建设单位或其他非承包单位的原因导致工程暂停，在施工暂停原因消失，具备复工条件时，项目监理机构应及时督促施工单位尽快报请复工；由于施工单位原因导致工程暂停，在具备施工条件时，承包单位报请复工报审表并提交有关材料，总监理工程师应及时签署复工报审表，施工单位恢复正常施工。

(4)《分包单位资格报审表》应按表B.0.4的要求填写。

由承包单位报送监理单位，专业监理工程师和总监理工程师分别签署意见，审查批准后，分包单位完成相应的施工任务。

(5)《施工控制测量成果报验表》应按表B.0.5的要求填写。

施工单位进场后应对提交的施工控制测量成果进行检查，将检查结果报请监理查验，并附上施工控制测量依据及成果表。监理机构直接在该表上签署审查意见。

(6)《工程材料、构配件、设备报审表》应按表 B. 0. 6 的要求填写。

本表用于承包单位对进入施工现场的工程材料、构配件经自检合格后，由承包单位项目经理签章，向工程项目监理部申请验收；对运到施工现场的设备，经检查包装无破损后，向项目监理部申请验收，并移交给设备安装单位。工程材料、构配件还应注明使用部位。随本表应同时报送材料/构配件、设备数量清单、质量证明文件（产品出厂合格证、材质化验单、厂家质量检验报告、厂家质量保证书、进口商品海关报检证书、商检证等）、自检结果文件（如复检、复试合格报告等）。项目监理机构应对进入施工现场的工程材料/构配件进行检验（包括抽验、平行检验、见证取样送检等）；对进厂的大中型设备要会同设备安装单位共同开箱验收。检验合格，监理工程师在本表上签认，注明质量控制资料和材料试验合格的相关说明；检验不合格时，在本表上签批不同意验收，工程材料、构配件、设备应清退出场，也可根据情况批示同意进场但不得使用于原拟定部位。

(7)《隐蔽工程、检验批、分项工程报验表及施工实验室报审表》应按表 B. 0. 7 的要求填写。

本表主要用于承包单位向监理单位的工程质量检查验收申报。用于隐蔽工程验收时，承包单位必须完成自检并附有相应工序、部位的工程质量检查记录；用于分项工程、施工实验室验收时应附有相关符合质量验收标准的资料及规范规定的表格。

(8)《分部工程报验表》应按表 B. 0. 8 的要求填写。

本表主要用于承包单位向监理单位申报分部工程质量验收，应附有分部工程质量资料。

(9)《监理通知回复单》应按表 B. 0. 9 的要求填写。

本表用于承包单位接到项目监理机构的“监理通知单（表 A. 0. 3）”，并已完成了监理通知单上的工作后，报请项目监理机构进行核查。监理工程师应对本表所述完成的工作进行核查，签署意见，批复给承包单位。本表一般可由专业监理工程师签认，重大问题由总监理工程师签认。

(10)《单位工程竣工验收报审表》应按表 B. 0. 10 的要求填写。

单位工程竣工、承包单位自检合格、各项竣工资料齐备后，承包单位填报本表向项目监理机构申请竣工验收。总监理工程师收到本表及附件后，应组织各专业监理工程师对竣工资料及各专业工程的质量进行全面检查，合格后，总监理工程师签署本表，完成竣工预验收，并向建设单位提出是否可以组织正式验收的建议。

(11)《工程款和竣工结算款支付报审表》应按表 B. 0. 11 的要求填写。

在分项、分部工程或按照施工合同付款的条款完成相应工程的质量已通过监理工程师认可后，承包单位要求建设单位支付合同内项目及合同外项目的工程款时，填写本表向项目监理机构申报。专业监理工程师对该表及其附件进行审批，提出批复建议；同意付款时，应注明应付的款额及其计算方法，报总监理工程师审批，并将审批结果以“工程款支付证书（表 A. 0. 8）”批复给施工单位并通知建设单位；不同意付款时应说明理由。

(12)《施工进度计划报审表》应按表 B. 0. 12 的要求填写。

施工单位编制完成施工进度计划后，提交监理机构审查。专业监理工程师依据总进度安排进行审查并直接在该表上签署意见，然后提交总监理工程师签署意见。

(13)《费用索赔报审表》应按表B.0.13的要求填写。

本表用于费用索赔事件结束后，承包单位向项目监理机构提出费用索赔时填报。总监理工程师应组织（专业）监理工程师对本表所述情况及所提要求进行审查与评估，并与建设单位协商后，在施工合同规定的期限内在该表上签署审核意见，或要求承包单位进一步提交详细资料后再行处理。

(14)《工程临时延期报审表和工程最终延期报审表》应按表B.0.14的要求填写。

当发生工程延期事件并有持续性影响时，承包单位填报本表，向项目监理部申请工程临时延期。工程延期事件结束，承包单位向项目监理部最终申请确定工程延期的日历天数及延迟后的竣工期。项目监理部对本表所述情况进行审核评估，直接在该表上签署审核意见。

10.4.1.3　通用表

通用表共3个（表C.0.1～表C.0.3），是工程项目监理单位、承包单位、建设单位等各有关单位之间的联系表。

(1)《工作联系单》应按表C.0.1的要求填写。

本表适用于参建单位相互之间就有关事项的联系，有权签发的负责人包括建设单位的现场代表、承包单位的项目经理、监理机构的总监理工程师、设计单位的本工程设计负责人、政府质量监督部门的负责监督该工程的负责人等。

(2)《工程变更单》应按表C.0.2的要求填写。

本表适用于参与建设工程的建设、施工、勘察设计、监理各方使用，在任一方提出工程变更时都要先填该表。建设单位提出工程变更时，填写后由工程项目监理部签发，必要时建设单位应委托设计单位编制设计变更文件并签转项目监理部；承包单位提出工程变更时，填写本表后报送项目监理部，项目监理部同意后转呈建设单位，需要时由建设单位委托设计单位编制设计变更文件，并签转项目监理部，施工单位在收到项目监理部签署的“工程变更单”后，方可实施工程变更，工程分包单位的工程变更应通过承包单位办理。该表的附件应包括工程变更的详细内容、变更设计图、相关会议纪要及其他应附资料。

(3)《索赔意向通知书》应按表C.0.3的要求填写。

当发生了索赔事件后，应在规定的期限内向对方提出索赔意向书，并附上与索赔事件有关的资料。

10.4.2　监理规划

监理规划应在签订委托监理合同，收到施工合同、施工组织设计（技术方案），设计图纸文件后一个月内，由总监理工程师组织完成该工程项目的监理规划编制工作，经监理公司技术负责人审核批准后，在监理交底会前报送建设单位。

监理规划的内容应有针对性，做到控制目标明确、措施有效、工作程序合理、工作制度健全、职责分工清楚，对监理工作有指导作用。监理规划应有时效性，应分阶段编写，根据变化后的情况做出必要的调整、修改，有关监理规划的具体内容见第4.2节。

10.4.3　监理实施细则

监理实施细则是对于技术复杂、专业性强的工程项目进行编制的。监理实施细则应在监理规划的指导下，结合专业特点，做到详细、具体、具有可操作性，其主要内容包含专业工作特点、监理工作流程、监理控制要点及目标值、监理工作方法及措施，有关监理实施细则的内容见第4.3节。

10.4.4　监理日志

监理日志和施工日记一样，都是反映工程施工过程的记录。但同样的一个施工行为，往往两本日记可能记载有不同的结论，事后在工程发生问题时，日志就可以起到很重要的作用。因此认真、及时、真实、详细、全面写好监理日志，对发现问题、解决问题，甚至对仲裁、起诉都能起到举证作用。

监理日志由专业监理工程师和监理员书写，总监理工程师可以指定一名监理工程师对项目每天总的情况进行汇总记录；专业监理工程师可以从专业的角度进行记录；监理员可以从负责的单位工程、分部工程、分项工程的具体部位施工情况进行记录，侧重点不同，记录的内容、范围也不同。

监理日志应包含如下主要内容：

（1）当日材料、构配件、设备、人员变化的情况。

（2）当日施工的相关部位，工序的质量、进度情况，材料使用情况，抽检、复检情况。

（3）施工程序执行情况，人员、设备安排情况。

（4）当日监理工程师发现的问题及处理情况。

（5）当日进度执行情况，索赔（工期、费用）情况，安全文明施工情况。

（6）有争议的问题，各方面的相同或不同意见，协调情况。

（7）天气、温度情况，天气、温度对某些工序质量的影响和采取措施与否。

（8）承包单位提出的问题，监理人员的答复等。

10.4.5　会议纪要

监理例会是监理机构组织参建各方参加会议，交流情况、协调处理、研究解决合同履行过程中出现的争议，或者是对上一阶段的工作进行总结、对下一阶段的工作等进行组织协调的常用方法。会议纪要由项目监理部根据会议记录整理，例会上意见不一致的重大问题，应将各方的主要观点，特别是相互对立的意见记入“其他事项”中。会议纪要的内容应准确如实、简明扼要，经总监理工程师审阅，与会各方代表会签，发至合同有关各方，并应有签收手续。

10.4.6　监理月报

监理月报由总监理工程师组织编写、总监理工程师签认，并报送建设单位和监理单位。具体的报送时间由监理单位和建设单位协商确定，一般应在收到承包单位项目经理部报送来的工程进度，汇总本月已完工程量和本月计划完成工程量的工程量表、工程款支付申请表等相关资料后，在最短的时间（大约为5～7天）内提交。

监理月报的具体内容包括：

（1）工程概况。

（2）本月工程形象情况。

（3）工程进度。

（4）工程质量。

(5) 工程计量与支付。

(6) 合同其他事项的处理情况。

(7) 本月监理工作总结。

10.4.7 监理工作总结

监理工作总结有工程竣工总结、专题总结、月报总结、质量评价意见报告四类。按照《建设工程文件归档整理规范》的要求，四类总结在建设单位都属于长期保存的归档文件。专题总结和月报总结在监理单位是短期保存的归档文件，而质量评价意见报告和工程竣工总结属于要报送城建档案管理部门的监理归档文件。工程竣工总结的内容包括工程概况，监理组织机构、监理人员和投入的监理设施，监理合同履行情况，监理工作成效，施工过程中出现的问题及其处理情况和建议，以及工程照片（有必要时）等。

10.5 监理资料归档

《建设工程监理规范》（GB/T 50319—2013）规定项目监理机构应及时整理、分类汇总监理文件资料，并按规定组卷，形成监理档案；工程监理单位应根据工程特点和有关规定，保存监理档案，并应向有关单位、部门移交需要存档的监理文件资料。

按照现行《建设工程文件归档整理规范》（GB/T 50328—2001），监理文件有10大类27个，要求在不同的单位归档保存，在各单位保存期限也不相同。各文件在各单位保存时间具体见表10-1。

表10-1 建设文件归档范围和保管期限（监理文件部分）

序号	归档文件	保存单位和保管期限				
		建设单位	施工单位	设计单位	监理单位	城建档案馆
1	监理规划					
(1)	监理规划	长期			短期	√
(2)	监理实施细则	长期			短期	√
(3)	监理部总控制计划等	长期			短期	
2	监理月报中的有关质量问题	长期			长期	√
3	监理会议纪要中的有关质量问题	长期			长期	√
4	进度控制					
(1)	工程开工/复工审批表	长期			长期	√
(2)	工程开工/复工暂停令	长期			长期	√
5	质量控制					
(1)	不合格项目通知	长期			长期	√
(2)	质量事故报告及处理意见	长期			长期	√
6	造价控制					
(1)	预付款报审与支付	短期				
(2)	月付款报审与支付	短期				

续表

序号	归 档 文 件	保存单位和保管期限				
		建设单位	施工单位	设计单位	监理单位	城建档案馆
(3)	设计变更、洽商费用报审与签认	长期				
(4)	工程竣工决算审核意见书	长期				√
7	分包资质					
(1)	分包单位资质材料	长期				
(2)	供货单位资质材料	长期				
(3)	试验单位资质材料	长期				
8	监理通知					
(1)	有关进度控制的监理通知	长期			长期	
(2)	有关质量控制的监理通知	长期			长期	
(3)	有关造价控制的监理通知	长期			长期	
9	合同与其他事项管理					
(1)	合同延期报告及审批	永久			长期	√
(2)	费用索赔报告及审批	长期			长期	
(3)	合同争议、违约报告及处理意见	永久			长期	√
(4)	合同变更材料	长期			长期	√
10	监理工作总结					
(1)	专题总结	长期			短期	
(2)	月报总结	长期			短期	
(3)	工程竣工总结	长期			长期	√
(4)	质量评价意见报告	长期			长期	√

注 永久是指工程档案需永久保存，长期是指工程档案的保存期等于该工程的使用寿命，短期是指工程档案保存20年以下。

10.6 建设工程档案的验收与移交

10.6.1 建设工程档案的验收

(1) 列入城建档案管理部门档案接收范围的工程，建设单位在组织工程竣工验收前，应提请城建档案管理部门对工程档案进行预验收。建设单位未取得城建档案管理部门出具的认可文件，不得组织工程竣工验收。

(2) 城建档案管理部门在进行工程档案预验收时，应重点验收以下内容。

1) 工程档案分类齐全、系统完整。

2) 工程档案的内容真实、准确地反映工程建设活动和工程实际状况。

3) 工程档案已整理立卷，立卷符合现行《建设工程文件归档整理规范》的规定。

4) 竣工图绘制方法、图式及规格等符合专业技术要求，图面整洁，盖有竣工图章。

5) 文件的形成、来源符合实际，要求单位或个人签章的文件，其签章手续完备。

6）文件材质、幅面、书写、绘图、用墨、托裱等符合要求。

工程档案由建设单位进行验收，属于向地方城建档案管理部门报送工程档案的工程项目，还应会同地方城建档案管理部门共同验收。

（3）国家、省市重点工程项目或一些特大型、大型的工程项目的预验收和验收，必须有地方城建档案管理部门参加。

（4）为确保工程档案的质量，各编制单位、地方城建档案管理部、建设行政管理部门等要对工程档案进行严格检查、验收。编制单位、制图人、审核人、技术负责人必须进行签字或盖章。对不符合技术要求的，一律退回编制单位进行改正、补齐，问题严重者可令其重做。不符合要求者，不能交工验收。

（5）报送的工程档案，如验收不合格，则将其退回建设单位，由建设单位责成责任者重新进行编制，待达到要求后重新报送。检查验收人员应对接收的档案负责。

（6）地方城建档案管理部门负责工程档案的最后验收，并对编制报送工程档案进行业务指导、督促和检查。

10.6.2　建设工程档案的移交

（1）列入城建档案管理部门接收范围的工程，建设单位在工程竣工验收后 3 个月内向城建档案管理部门移交一套符合规定的工程档案。

（2）停建、缓建工程的工程档案，暂由建设单位保管。

（3）对改建、扩建和维修工程，建设单位应当组织设计单位、监理单位、施工单位据实修改、补充和完善工程档案。对改变的部位，应当重新编写工程档案，并在工程竣工验收后 3 个月内向城建档案管理部门移交。

（4）建设单位向城建档案管理部门移交工程档案时，应办理移交手续，填写移交目录，双方签字、盖章后交接。

（5）施工单位、监理单位等有关单位应在工程竣工验收前将工程档案按合同或协议规定的时间、套数移交给建设单位，办理移交手续。

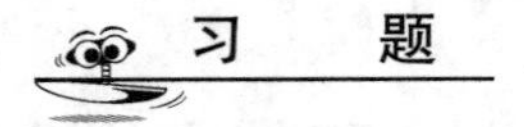

习　　题

一、单选题

1. 信息是（　　）。

A 数据　　　　B 知识　　　　C 情报　　　　D 对数据的解释

2. 某监理公司承担了某工程项目施工阶段的监理任务，在施工实施期，监理单位应收集的信息是（　　）。

A 建筑材料必试项目有关信息

B 建设单位前期准备和项目审批完成情况

C 当地施工单位管理水平、质量保证体系等

D 产品预计进入市场后的市场占有率、社会需求量等

3. 工程档案由（　　）进行验收，属于向地方城建档案管理部门报送工程档案的工程项目应会同地方城建档案管理部门验收。

A 监理单位　　B 建设单位
C 建设单位主管部门　　D 建设行政主管部门

4. 按照现行《建设工程文件归档整理规范》，属于建设单位短期保存的文件是（　　）。

A 监理实施细则　　B 不合格项目通知
C 供货单位资质材料　　D 月付款报审与支付凭证

5.《建设工程监理规范》（GB/T 50319—2013）提供的表中，各方都可以使用的是（　　）。

A A类表　　B B类表　　C C类表　　D D类表

二、多选题（每题有2～4个正确答案）

1. 施工准备阶段信息要收集（　　）。

A 监理大纲　　B 监理规划
C 施工单位项目经理部组成及管理方法
D 建设单位的前期报审文件
E 施工图设计、施工图预算及施工合同

2. 出现（　　）情况时，总监理工程师应签发《工程暂停令》。

A 建设单位要求且工程需要暂停
B 施工单位要求暂停施工
C 工程出现质量问题，必须停工处理
D 承包单位未经许可擅自施工
E 发生必须暂停施工的紧急事件

3. 信息的特点包括（　　）。

A 时效性　　B 目的性　　C 系统性
D 真实性　　E 连续性

4. 在监理文件档案中，下列文件需要建设单位永久保存的有（　　）。

A 工程延期报告及审批　　B 费用索赔报告及审批
C 合同争议、违约报告及处理意见　　D 合同变更材料
E 工程竣工总结

5. 在设计信息反馈系统时，需要预先确定反馈信息的（　　），以使控制人员获得所需要的信息。

A 内容　　B 来源　　C 传递路径
D 真实性　　E 数量

第11章 工程建设风险管理

工程建设活动过程中，内部和外部都存在着很多不确定性的因素。这些因素有的能对工程项目造成负面的影响，使工程项目受到干扰，导致原定的目标不能实现，这些影响因素就称为风险。工程项目风险的存在直接影响参建各方的利益，风险的多样性、可变性和损失的危险性使得各方都高度重视风险管理工作，风险管理的应用也越来越广泛。本章简要介绍工程建设风险管理工作中的风险识别、风险评价和风险对策等方面的知识。

11.1 工程建设风险概述

11.1.1 风险管理概述

11.1.1.1 风险的定义与有关术语

1. 风险的定义

工程建设实施过程中，由于自然、社会条件复杂多变，影响因素多，因此人们将在招投、工程施工、工程保修等阶段遇到很多难以确定的问题，这种不确定性就是风险。因此风险可以从如下两方面进行定义：

（1）风险就是与出现损失有关的不确定性。

（2）风险就是在给定情况下和给定时间内，可能发生的结果与预期结果之间的差异。

由此可见，风险必须具备两个必备的属性：一是发生的不确定性；二是产生损失。必定发生的不称为风险；可能发生但不产生损失的也不称为风险。风险一旦发生，就会导致成本增加或工期延误，造成承担风险一方的经济损失。但有些风险又是与盈利并存的，如果某一风险没有出现，或得到了恰当的控制、减少或避免了损失，则承担风险的一方可能由此获得利益，这就是“风险—效益原理”。

2. 有关术语

与风险有关的术语有风险因素、风险事件、损失、损失机会。

（1）风险因素。风险因素就是指能产生或增加损失概率和损失程度的条件或因素，是风险事件发生的潜在原因，是造成损失的内在或间接原因，包括自然风险因素、道德风险因素和心理风险因素三种。

（2）风险事件。风险事件是指造成损失的偶然事件，是造成损失的外在原因或直接原因。

（3）损失。损失是指非故意、非计划的和非预期的经济价值的减少。损失一般可分为直接损失和间接损失两种。

（4）损失机会。损失机会是指损失出现的概率，包括客观概率和主观概率两种。客观概率是某事件在长时期内发生的概率，这个需要足够多的统计资料才可得出；主观概率是某个人对某事发生可能性大小的估计，其估计的准确程度与该人的知识水平、经验积累等有关。对于工程风险的概率，常以专家作出的主观概率代替客观概率，必要情况下可综合多个专家的结果。

3. 风险与各有关术语的关系

前述各有关术语中，风险因素引发风险事件，风险事件导致损失，而损失所形成的结果就是风险。其影响关系图如图 11－1 所示。

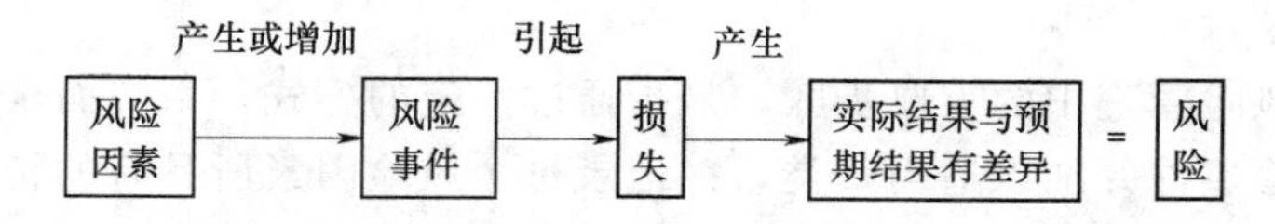

图 11－1　风险因素、风险事件、损失与风险的关系

11.1.1.2　风险的分类

可依据风险的后果、风险产生的原因、风险的影响范围对风险进行分类。

1. 按风险的后果分

按风险的后果可将风险分为纯风险和投机风险。纯风险就是只会造成损失而不会带来收益的风险；投机风险就是既可能造成损失，也可能带来额外收益的风险。两者最大的区别就是在相同的条件下，纯风险重复出现的概率大，而投机风险重复出现的概率较小。

2. 按风险产生的原因分

按风险产生的原因可将风险分为政治风险、社会风险、经济风险、自然风险、技术风险等。政治风险、社会风险和经济风险之间存在一定的联系，有时表现为相互影响，有时表现为因果关系，难以截然分开。

3. 按风险的影响范围分

按风险的影响范围可将风险分为基本风险和特殊风险。基本风险是指作用于整个经济或大多数人群的风险，具有普遍性，影响范围大，后果严重。特殊风险是指仅作用于某一特定单体（如个人或企业）的风险，不具有普遍性，影响范围小，虽然就个体而言，损失有时亦相当大，但对整个经济而言，后果不严重。

风险还可以按风险分析依据分为客观风险和主观风险，按风险分布情况分为国别（地区）风险、行业风险，按风险潜在损失形态分为财产风险、人身风险和责任风险等。

11.1.2　工程建设风险及风险管理

11.1.2.1　工程建设风险的特征

对工程建设风险的认识，要明确其两个基本特征：

（1）工程建设风险大。建设工程风险因素和风险事件发生的概率均较大，往往造成比较严重的损失后果。

（2）参与工程建设的各方均有风险，但即使是同一风险事件，对建设工程不同参与方的后果有时迥然不同。

在对工程建设风险作具体分析时，分析的出发点不同，分析的结果自然也就不同。对于业主来说，建设工程决策阶段的风险主要表现为投机风险，而在实施阶段的风险主要表现为纯风险。

11.1.2.2 风险管理程序

风险管理就是风险管理主体通过对风险识别、风险评价来认识风险，合理使用风险回避、风险控制、风险自留、风险转移等对策对风险进行有效的控制，全过程包括风险识别、风险评价、风险应对决策、实施决策、监控五个阶段。风险对策所做出的决策还需要进一步落实到具体的计划和措施，并在实施过程中，对各项决策的执行情况不断进行检查，并评价各项风险对策的执行效果。

1. 风险识别

风险识别是风险管理中的首要步骤，是指通过一定的方式，系统而全面地识别影响项目目标实现的风险事件并加以适当归类，并记录每个风险因素所具有的特点的过程。必要时，还需对风险事件的后果进行定性估计。

2. 风险评价

风险评价是将项目风险事件发生的可能性和损失后果进行定量化的过程，主要在于确定各种风险事件发生的概率及其对项目目标影响的严重程度，如项目投资增加的数额、工期延误的时间，具体包括：确定单一风险因素发生的概率；分析单一风险因素的影响范围大小；分析各个风险因素的发生时间；分析各个风险因素的风险结果，探讨风险因素对项目目标的影响程度；在单一风险因素量化分析的基础上，考虑多种风险因素对项目目标的综合影响、评估风险的程度并提出可能的措施作为管理决策的依据。

3. 风险应对决策

风险应对决策就是确定项目风险事件最佳对策组合的过程。一般来说，风险管理中所运用的对策有以下四种：风险回避、风险自留、风险控制和风险转移。这些风险对策的适用对象各不相同，需要根据风险评价的结果，对不同的风险事件选择最适宜的风险对策，从而形成最佳的风险对策组合。

4. 风险决策的实施

对风险应对策略所作出的决策还需要进一步落实到具体的计划和措施。例如：在决定进行风险控制时，要制定预防计划、灾难计划、应急计划等；在决定购买工程保险时，要选择保险公司，确定恰当的保险险种、保险范围、免赔额、保险费等。这些都是实施风险对策决策的重要内容。

5. 风险决策实施的监控

在项目实施过程中，要不断地跟踪检查各项风险应对策略的执行情况，并评价各项风险对策的执行效果。当项目实施条件发生变化时，要确定是否需要提出不同的风险应对策略。因为随着项目的不断进展和相关措施的实施，影响项目目标实现的各种因素都在发生变化，只有适时地对风险对策的实施进行监控，才能发现新的风险因素，并及时对风险管理计划和措施进行调整。

11.1.2.3 工程建设风险管理的目标

风险管理目标的确定一般要满足如下几个基本要求：

(1) 风险管理目标与风险管理主体总体目标须一致。

(2) 目标的现实性，即所确定的目标要充分考虑其实现的客观可能性。

(3) 目标的明确性，明确的目标有利于正确选择和实施各种方案，并对其效果进行客观的评价。

(4) 目标的层次性，从总目标出发，根据目标的重要程度，区分风险管理目标的主次，以提高风险管理的综合效果。

风险管理的目标对风险发生前、发生后有所不同。在风险事件发生前，风险管理的目标就是使潜在的损失最小，减少忧虑及相应的忧虑价值，并满足外部的附加义务，比如政府明令禁止的行为、法律规定的强制保险等。在风险事件发生后，风险管理的目标就是使实际损失减少到最低程度，并保证工程建设正常进行，按原计划完成工程建设任务，并承担起社会责任。

从风险管理目标与风险管理主体总目标一致性的角度，工程建设风险管理的目标通常更具体地表述为：

(1) 实际投资不超过计划投资。

(2) 实际工期不超过计划工期。

(3) 实际质量满足预期的质量要求。

(4) 建设过程安全。

11.1.2.4 工程建设项目管理与风险管理的关系

风险管理是项目管理的一个部分，风险管理是为目标控制服务的。通过风险管理的一系列过程，可以定量分析和评价各种风险因素和风险事件对工程建设预期目标和计划的影响，从而使目标规划更合理，使计划更可行。风险对策是目标控制措施的重要内容。风险对策的具体内容体现了主动控制与被动控制相结合的要求，风险对策更强调主动控制。

11.2 工程建设风险识别

11.2.1 风险识别的特点和原则

11.2.1.1 风险识别的特点

风险识别有以下几个特点。

1. 个别性

任何风险都有与其他风险不同之处，没有两个风险是完全一致的。

2. 主观性

风险识别都是由人来完成的，受制于个人的专业知识水平、实践经验等，同一风险由不同的人识别的结果往往会有较大的差异。

3. 复杂性

工程建设一般规模较大，参与工程建设的人较多，涉及的风险因素和风险事件均很多，其间关系相互交织、相互影响。

4. 不确定性

风险的一个属性就是不确定性，因此对风险的识别也具有不确定性，所以风险识别本身也是风险。避免和减少风险识别的风险也是风险管理的内容。

11.2.1.2 风险识别的原则

风险识别工作应遵循以下原则：

(1) 由粗及细，由细及粗。由粗及细是指对工程建设风险进行分解，对风险因素进行全面分析、逐渐细化，从而得到工程初始风险清单。而由细及粗是指从工程初始风险清单的众多风险中，确定主要风险，作为风险评价以及风险对策决策的主要对象。

(2) 严格界定风险内涵并考虑风险因素之间的相关性。

(3) 先怀疑，后排除，不要轻易否定或排除某些风险。

(4) 排除与确认并重。对于肯定不能排除但又不能肯定予以确认的风险按确认考虑。

(5) 必要时可做实验论证。

11.2.2 风险识别的过程

工程建设自身及其外部环境的复杂性，给风险管理者全面、系统地识别工程风险带来了许多具体的困难，因此要求要有明确的工程建设风险识别过程。

工程建设的风险识别往往是通过对经验数据的分析、风险调查、专家咨询以及实验论证等方式，在对建设工程风险进行多维分解的过程中，认识工程风险，建立工程风险清单。工程建设的风险识别过程如图 11－2 所示。

由图可见风险识别的结果是建立建设工程风险清单，在工程建设风险识别过程中，核心工作是“工程建设风险分解”和“识别工程建设风险因素、风险事件及后果”。

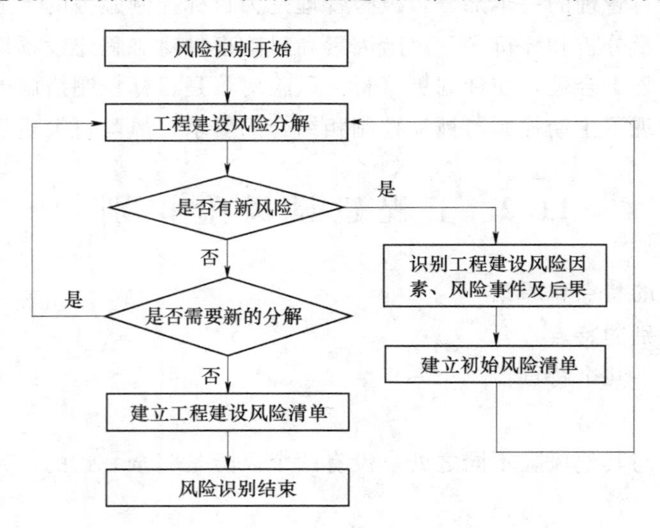

图 11－2 工程建设风险识别过程

11.2.3 工程建设风险的分解

建设工程风险的分解可以按以下途径进行：

(1) 目标维。即按建设工程目标进行分解，也就是考虑影响建设工程投资、进度、质量和安全目标实现的各种风险。

(2) 时间维。即按建设工程实施的各个阶段进行分解，也就是考虑建设工程实施不同阶段的不同风险。

(3) 结构维。即按建设工程组成内容进行分解，也就是考虑不同单项工程、单位工程的不同风险。

(4) 因素维。即按建设工程风险因素的分类分解，如政治、社会、经济、自然、技术等方面的风险。

常用的风险分解方式是由时间维、目标维和因素维三方面从总体上进行建设工程风险的分解，如图 11-3 所示。

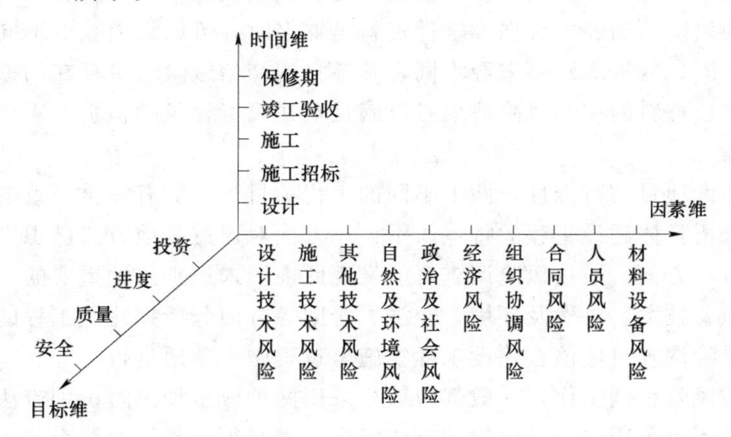

图 11-3 工程建设风险三维分解图

11.2.4 风险识别的方法

建设工程风险识别的方法有：专家调查法、财务报表法、流程图法、初始清单法、经验数据法和风险调查法。其中前三种方法为风险识别的一般方法，后三种方法为建设工程风险识别的具体方法。

1. 专家调查法

这种方法有两种形式：一种是召集有关专家开会，起到集思广益的作用；对专家发表的意见由风险管理人员加以归纳分类、整理分析。采用这种方法要求所提出问题应具有代表性、达到一定深度；所邀请专家应广泛并具有代表性。另一种是采用问卷式调查。

2. 财务报表法

财务报表法有助于确定工程建设可能遭受哪些损失以及何种情况下遭受这些损失，从而发现工程建设未来的风险。采用财务报表法进行风险识别，要对财务报表中所列的各项会计科目作深入的分析研究，并结合工程财务报表的特点来识别建设工程风险。

3. 流程图法

将一项特定的生产或经营活动按步骤或阶段顺序以若干个模块形式组成一个流程图系列，在每个模块中都标出各种潜在的风险因素或风险事件，从而给决策者一个清晰的总体印象。这种方法实际上是将时间维与因素维相结合，找出各阶段不同的风险因素或风险事件。

4. 初始清单法

建立建设工程的初始风险清单有两种途径，一是采用保险公司或风险管理学会（或协会）公布的潜在损失一览表，二是通过适当的风险分解方式来识别风险，从而建立建设工程初始风险清单。

在初始风险清单建立后，还需要结合特定建设工程的具体情况进一步识别风险，从而对初始风险清单作一些必要的补充和修正。为此，需要参照同类建设工程风险的经验数据或针对具体建设工程的特点进行风险调查。

5. 经验数据法

经验数据法也称为统计资料法，即根据已建各类建设工程与风险有关的统计资料来识别拟建设工程的风险。当经验数据或统计资料足够多时，可以大大减少不同的风险管理主体由于其角度不同、数据或资料来源不同，其各自的初始风险清单存在的差异性。这种基于经验数据或统计资料的初始风险清单可以满足对建设工程风险识别的需要。

6. 风险调查法

由于工程建设项目的特殊性，两个不同的工程项目不可能有完全一致的风险。因此风险调查应当从分析具体建设工程的特点入手：一方面对通过其他方法已识别出的风险进行鉴别和确认；另一方面，通过风险调查可能发现此前尚未识别出的重要的工程风险。风险调查可以从组织、技术、自然及环境、经济、合同等方面分析拟建设工程的特点以及相应的潜在风险。风险调查也应该在建设工程实施全过程中不断地进行。

建设工程的风险识别工作，一般都应综合采用两种或多种风险识别方法，才能取得较为满意的结果。不论采用何种风险识别方法组合，都必须包含风险调查法。

11.3　工程建设风险评价

11.3.1　风险评价的作用

定量进行风险评价的作用主要表现在如下几方面：

（1）更准确地认识风险。通过定量方法进行风险评价，可以确定建设工程各种风险因素和风险事件发生的概率大小或概率分布，及其发生后对建设工程目标影响的严重程度或损失严重程度，包括不同风险的相对严重程度和各种风险的绝对严重程度。

（2）保证目标规划的合理性和计划的可行性。建设工程数据库只能反映各种风险综合作用的结果，而不能反映各种风险各自作用的结果；只有对特定建设工程的风险进行定量评价，才能准确反映各种风险对建设工程目标的不同影响，才能使目标规划的结果更合理、更可靠，使在此基础上制定的计划具有现实的可行性。

（3）合理选择风险对策，形成最佳风险对策组合。不同风险对策的适用对象各不相同。风险对策的适用性需从效果和代价两个方面考虑。风险对策的效果表现在降低风险的发生概率和（或）降低损失严重程度的幅度。风险对策一般都要付出一定的代价。在选择风险对策时，应将不同风险对策的适用性与不同风险的后果结合起来考虑，对不同的风险选择最适宜的风险对策，从而形成最佳的风险对策组合。

11.3.2　风险量函数

风险量，是指各种风险的量化结果，其数值大小取决于各种风险的发生概率及其潜在损失。风险的大小通常用图11-4所示的等风险量图来表示。

图11-4中R表示风险量，p表示风险出现的概率，q表示风险的潜在损失。风险量R可表示为p和q的函数：

$$R=f(p,q) \quad (11-1)$$

风险量 R 具有如下性质：

(1) R 的大小主要取决于潜在损失的大小。小概率、潜在损失大的风险比大概率、潜在损失小的风险更严重。

(2) 若两种风险的潜在损失类似，则发生概率大的风险的风险量较大。

(3) 等风险量曲线是由风险量 R 相同的风险事件所形成的曲线。不同等风险量曲线所表示的风险量大小与其与风险坐标原点的距离成正比，即距原点越近，风险量越小；反之，则风险量越大。

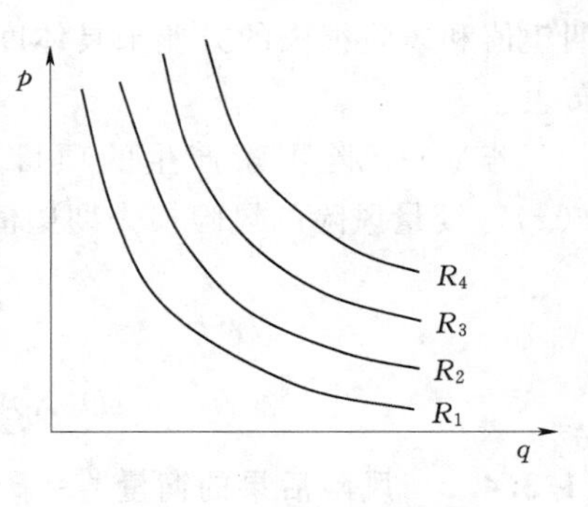

图 11-4　等风险量图

(4) 风险频率与损失的乘积就是损失期望值，即风险量大小是关于损失期望值的增函数。由此可知风险量 R 可按下式计算：

$$R=f(p,q)=pq \quad (11-2)$$

11.3.3　风险损失的衡量

风险损失的衡量就是定量确定风险损失值的大小。建设工程风险损失包括投资风险损失、进度风险损失、质量风险损失和安全风险损失。

投资增加可以直接用货币来衡量；进度的拖延则属于时间范畴，同时也会导致经济损失；质量事故和安全事故既会产生经济影响又可能导致工期延误和第三者责任。第三者责任除了法律责任之外，一般都是以经济赔偿的形式来实现的。因此，这四方面的风险最终都可以归纳为经济损失。

11.3.4　风险评价的过程

11.3.4.1　风险概率的衡量

衡量建设工程风险概率有两种方法：相对比较法和概率分布法。

1. 相对比较法

相对比较法将风险事件发生的概率划分为5级：①不可能；②极小；③偶然；④很可能；⑤经常，即认为风险事件发生的概率较大。根据风险事件发生频率的高低，用4～0对风险事件进行赋值，见表11-1。

表 11-1　风险事件的概率指数

可能性等级	简 单 描 述	概率指数
经常	很可能频繁出现，在关注期间出现过多次	4
很可能	在关注期间出现几次	3
偶然	在关注期间偶尔出现	2
极小	不大可能，但有可能在关注期间出现	1
不可能	不会出现或不可能出现	0

2. 概率分布法

概率分布法就是根据风险事件产生的结果与其相应的发生概率，求解项目风险损失的期望值和风险损失的方差来具体度量风险。这种方法的关键点就是建立风险事件的概率分布表。

若某一风险因素产生的项目风险损失值为连续型随机变量 x，其概率密度函数为 $p(x)$，度量风险的风险损失期望值 $E(X)$ 和风险损失方差 $D(X)$ 分别为：

$$E(X) = \int_{-\infty}^{+\infty} xp(x)\mathrm{d}x \tag{11-3}$$

$$D(X) = \int_{-\infty}^{+\infty} [x - E(X)]^2 p(x)\mathrm{d}x \tag{11-4}$$

11.3.4.2　风险后果的衡量

为了在风险事件发生后，能分清轻重缓急，采取有效针对措施，需要对风险事件划定等级。通常按风险事件发生后的后果严重程度分为 5 级：灾难性的、关键的、严重的、次重要的、可忽略的；根据风险事件严重程度，用 4～0 对风险事件进行赋值（风险越严重，赋值越高），作为其后果的等级指数，见表 11 - 2。

表 11 - 2　　风险后果的等级指数

后果等级	简　单　描　述	等级指数
灾难性的	人员伤亡、工程失效、犯罪行为、企业破产	4
关键的	人员严重伤亡、项目目标无法完全达到、超过风险准备费用	3
严重的	时间损失、耗费意外费用、需要保险索赔	2
次重要的	能处理的损失、能接受的工期拖延、需要部分意外费用	1
可忽略的	损失很小，可以认为没有损失后果	0

11.3.4.3　风险重要性评定

将风险事件发生的概率指数与风险后果的等级指数相乘，根据相乘所得数值对风险的重要性进行评定。风险重要性评定结果见表 11 - 3。

表 11 - 3　　风险重要性评定结果

可能性等级 \ 后果等级		灾难性的	关键的	严重的	次重要的	可忽略的
		4	3	2	1	0
经常	4	16	12	8	4	0
很可能	3	12	9	6	3	0
偶然	2	8	6	4	2	0
极小	1	4	3	2	1	0
不可能	0	0	0	0	0	0

11.3.4.4　风险可接受性评定

根据表 11 - 3 的结果，可以进行项目风险可接受性评定。将风险重要性评定结果在 8 以上的，定为不可接受，意为风险重要性高，是不可接受的风险，需要重点关注。项目风险可接受性评定结果见表 11 - 4。

表 11-4　风险重要性评定结果

可能性等级 \ 后果等级	灾难性的	关键的	严重的	次重要的	可忽略的
经常	不可接受的	不可接受的	不可接受的	不希望有的	不希望有的
很可能	不可接受的	不可接受的	不希望有的	不希望有的	可接受的
偶然	不可接受的	不希望有的	不希望有的	可接受的	可接受的
极小	不希望有的	不希望有的	可接受的	可接受的	可忽略的
不可能	不希望有的	可接受的	可接受的	可忽略的	可忽略的
描述	处理措施				
不可接受的	无法忍受的后果，必须立即予以消除或转移				
不希望有的	会造成人员伤亡和系统损坏，必须采取合理的行动				
可接受的	暂时还不会造成人员伤亡和系统损坏，应考虑采取控制措施				
可忽略的	后果小，可不采取措施				

11.4　工程建设风险对策

工程建设风险对策包括风险回避、损失控制、风险自留、风险转移。

11.4.1　风险回避

风险回避就是以一定的方式中断风险源，使其不发生或不再发展，从而避免可能产生的潜在损失。当项目风险潜在发生可能性大，后果严重，又无其他策略可用时，主动放弃项目，可以避免承担潜在的损失。采用风险回避这一对策时，有时需要作出一些牺牲。如某承包商中标后发现其投标远远低于其他投标者，经检查发现自己的投标报价存在漏算，为避免以后带来更大的损失，可以采取拒绝签订合同的办法，这样虽然要被没收保证金，但相比承揽工程后面对的严重损失而言要小得多。

在采用风险回避对策时需要注意以下问题：

(1) 回避一种风险可能产生另一种新的风险。

(2) 回避风险的同时也失去了从风险中获益的可能性。

(3) 回避风险可能不实际或不可能。

风险回避有时是最佳的风险决策，但这是一种消极的对策。

11.4.2　损失控制

1. 损失控制的概念

损失控制是积极、主动的风险对策，可分为预防损失和减少损失两方面。预防损失措施的主要作用在于降低或消除损失发生的概率，而减少损失措施的作用在于降低损失的严重性或阻止损失的进一步发展，使损失最小化。预防损失属于事前措施，减少损失属于事后措施。损失控制方案都应当是预防损失措施和减少损失措施的有机结合。

2. 制定损失控制措施的依据和代价

制定损失控制措施必须以定量风险评价的结果为依据。风险评价时特别要注意间接损失和隐蔽损失。制定损失控制措施还必须考虑其付出的代价，包括费用和时间两方面。

3. 损失控制计划系统

损失控制计划系统由预防计划、灾难计划和应急计划三部分组成。

(1) 预防计划。它的目的在于有针对性地预防损失的发生，其主要作用是降低损失发生的概率，也能在一定程度上降低损失的严重性。

(2) 灾难计划。它是一组事先编制好的、目的明确的工作程序和具体措施，为现场人员提供明确的行动指南，使其在各种严重、恶性的紧急事件发生后，可以做到临阵不乱、及时、妥善地处理，从而减少人员伤亡以及财产和经济损失。

(3) 应急计划。它是在风险损失基本确定后的处理计划，其宗旨是使因严重风险事件而中断的工程实施过程尽快全面恢复，并减少进一步的损失，使其影响程度减至最小。

11.4.3　风险自留

风险自留就是将风险留给自己来承担，是从企业内部财务的角度应对风险。它不改变建设工程风险的客观性质，即既不改变工程风险的发生概率，也不改变工程风险潜在损失的严重性。

11.4.3.1　风险自留的类型

1. 非计划性风险自留

由于风险管理人员没有意识到某些风险的存在，或没采取有效措施，以至于风险发生后只能由自己承担。非计划性风险自留属于非计划性的和被动的。

导致非计划性风险自留的主要原因有：缺乏风险意识、风险识别失误、风险评价失误、风险决策延误和风险决策实施延误。对于大型、复杂工程，风险管理人员难以识别出所有的风险，因此非计划性风险自留有时是难以避免的。

2. 计划性风险自留

计划性风险自留是主动的、有意识的、有计划的选择。风险自留绝不可能单独运用，而应与其他风险对策结合使用。在实行风险自留时，应保证重大和较大的建设工程风险已经进行了工程保险或实施了损失控制计划。

计划性风险自留的计划性主要体现在风险自留水平和损失支付方式两方面。所谓风险自留水平，是指选择哪些风险事件作为风险自留的对象，一般应选择风险量小或较小的风险事件作为风险自留的对象。

11.4.3.2　损失支付方式

计划性风险自留应预先制定损失支付计划，常见的损失支付方式有以下几种：

(1) 从现金净收入中支出。

(2) 建立非基金储备。

(3) 自我保险。

(4) 母公司保险。

11.4.3.3　风险自留的适用条件

计划性风险自留至少要符合以下条件之一才应予以考虑：

(1) 别无选择。

(2) 期望损失不严重。

（3）损失可准确预测。

（4）企业有短期内承受最大潜在损失的能力。

（5）投资机会很好（或机会成本很大）。

（6）内部服务优良。

11.4.4　风险转移

风险转移分为非保险转移和保险转移两种形式。风险分担的原则是：任何一种风险都应由最适宜承担该风险或最有能力进行损失控制的一方承担。符合这一原则的风险转移是合理的，可以取得双赢或多赢的结果。

11.4.4.1　非保险转移

非保险转移又称为合同转移，是通过签订合同的方式将工程风险转移给非保险人的对方当事人。建设工程风险最常见的非保险转移有以下三种情况：

（1）业主将合同责任和风险转移给对方当事人。

（2）承包商进行合同转让或工程分包。

（3）第三方担保。合同的当事人一方要求另一方为其履约行为提供第三方担保。担保方所承担的风险仅限于合同责任，即由于委托方不履行或不适当履行合同以及违约所产生的责任。

非保险转移的优点主要体现在：一是可以转移某些不可保的潜在损失；二是被转移者往往能较好地进行损失控制。但是，非保险转移可能因为双方当事人对合同条款的理解发生分歧而导致转移失效，或因被转移者无力承担实际发生的重大损失而导致仍然由转移者来承担损失。

11.4.4.2　保险转移

保险转移就是通常所说的投保，就是建设工程业主或承包商作为投保人将本应由自己承担的工程风险（包括第三方责任）转移给保险公司。在进行工程保险的情况下，建设工程在发生重大损失后可以从保险公司及时得到赔偿，使建设工程实施能不中断地、稳定地进行，还可以使决策者和风险管理人员对建设工程风险的担忧减少，而且，保险公司可向业主和承包商提供较为全面的风险管理服务。

保险这一风险对策的缺点表现在：

（1）机会成本增加。

（2）保险谈判常常耗费较多的时间和精力。

（3）投保人可能产生心理麻痹而疏于损失控制计划。

还需考虑与保险有关的几个具体问题：

（1）保险的安排方式。

（2）选择保险类别和保险人。

（3）可能要进行保险合同谈判。

11.4.5　风险决策过程

风险管理人员在决策过程中，要根据建设工程的自身特点，从整体上考虑风险管理，针对不同的风险，在决策过程中灵活运用风险回避、损失控制、风险自留、风险转移等各种对策。

风险决策过程如图11－5所示。

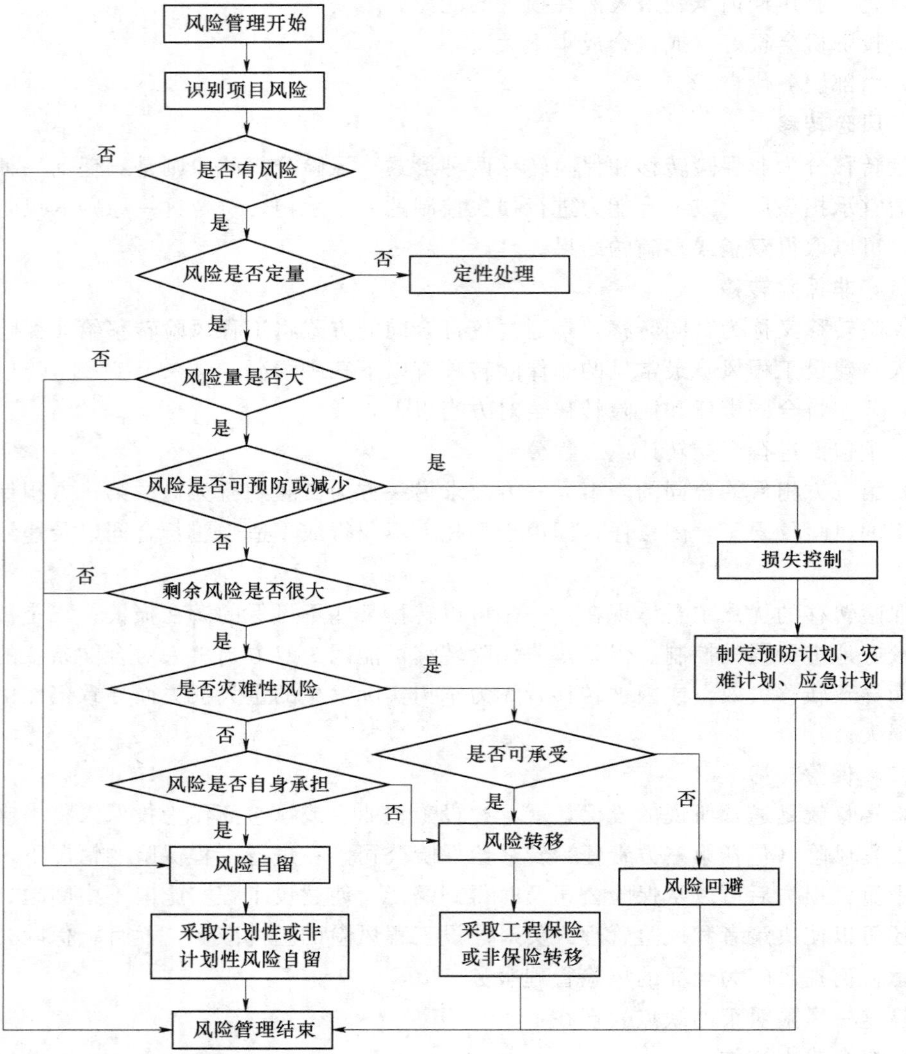

图11－5　风险决策过程

11.5　监理的风险防范

监理工程师、监理企业作为风险管理的主体，面对的事都有许多的不确定性，与业主、承包商打交道，自身水平、内部监理人员的素质及对待监理工作的态度等问题，决定了监理工程师、监理企业在履行监理合同过程中，也面临风险。

11.5.1　监理的风险

从监理企业角度看，虽然风险因素种类繁多，成因复杂，但风险因素主要来自于以下三个方面。

11.5.1.1 来自业主的风险

1. 业主对监理的地位和作用认识不清

我国监理制实行的时间还不长，某些业主认为请监理是“花钱找麻烦”；而且认为监理费是业主支付的，在处理合同争议时监理就应替业主说话；有时甚至越权安排监理机构的人；有些业主认为监理仅仅是监督工程质量而已。这些错误认识致使建设单位从主观上不想委托监理，仅由于建设监理的强制性政策，或建设资金、向银行贷款等方面需要监理，而被动地委托监理，因此对监理工作配合不情愿。在工程实施过程中，一些业主成立“指挥部”等机构与监理单位一起对项目实施双重管理，导致项目管理工作上出现摩擦和空白；有些业主把监理人员看作他的临时雇员，要求监理人员受他的领导，而且不授予监理人员履行监理职责所需要的相应权力，如签证付款权，使得监理人员失去了对承包商进行管理控制的最强有力的经济手段，造成监理工作乏力、监理指令得不到落实；有些业主对监理人员工作横加干涉，在现场乱表态，而一旦工程出了问题，业主则往往归咎于监理人员失职。

2. 业主的行为不规范

有些业主在选择监理企业时，公然向监理企业索贿；有些业主在监理招标时按最低价中标，将监理能力放在第二位；在监理单位实施监理工作中，恶意拖欠监理费用，刻意刁难监理企业，滥用权力，随意罚款；有些业主对监理人员的工作要求苛刻，随意增加监理工作任务而不谈及监理费用。如此一来，使本来就收费很低的监理企业面临很大的经济风险。

3. 业主不懂工程，不遵循建设规律

有些业主本身不懂工程，不遵循工程建设的客观规律。例如，有时业主干预招标事宜，使得中标的施工单位根本不能胜任所承揽的工程，客观上将风险转嫁给监理企业，增加监理的工作负担。有的业主为早日投产、追求竣工后的利润或搞“献礼工程”，原计划一年的工期，强行要求施工单位赶进度，不分昼夜施工，将工期压至几个月，牺牲的是质量。比如水利工程上的导流洞必须满足一定条件才能过水、投入使用，但业主要求提前开工，导流洞在混凝土强度未到达要求的情况下过水，为以后导流洞的封堵埋下了安全隐患。

4. 业主的资金不到位

有些业主资金不到位，但强行要求开工，失去了工程建设的基本前提。特别是一些要求承包商垫资的工程，承包商施工上蛮干，监理人员没有发言权。而一旦工程出了问题，业主会责怪监理人员控制不力，工作失职等，监理企业就有被处罚的风险。

11.5.1.2 来自承包商的风险

（1）承包商对监理认识错位，不配合监理工作。许多承包商对监理的作用认识不清，认为监理就是业主派来监督他们的，难以自发配合监理人员的工作。有些承包商不履行自身的质量管理职责，把质量管理工作推向监理。如果出了质量问题，承包商就把责任推给监理人员。

（2）承包商缺乏职业道德。在工作内容、工艺上，不按规范要求的程序和步骤施工，能少干就少干，存在侥幸心理，相应加大了监理企业的风险。在有些情况下，施工企业为追求利润、降低成本，在工程材料上偷工减料并千方百计地请求监理人员手下留情；对坚持原则的监理人员，有些承包商认为妨碍了他们的利益，不断给监理人员出难题，客观上给监理人员造成额外的工作和心理负担。

(3) 承包商不履约。有些承包商为了承揽到工程任务，投标时采取低价中标，而在施工中层层加码，滥用索赔权。如果监理工程师予以拒绝，有的承包商甚至以停工相要挟。影响了工程进度，业主往往归咎于监理人员。

(4) 承包商与业主的不正当关系。有些承包商与业主关系密切，致使监理的指令无法贯彻实施，一旦出现质量问题，业主会袒护承包商而向监理企业追责。

(5) 工程资金不到位，承包商垫资施工。工程资金不到位，导致承包单位人员工作情绪不稳定，严重降低监理的管理权威。另一方面，如果是承包商垫资，则监理工程师失去了重要的支付权，监理权基本丧失，对于业主、监理企业都隐藏着极大的风险。

(6) 承包商转包，挂靠承包。工程建设市场存在着不少挂靠的施工企业，这些企业打着大型施工企业的招牌，根本不具备相应施工实力、水平，甚至连基本的设备及技术人员都是临时拼凑的，这样不可避免要出大的质量问题，监理企业面对这样的行为也无可奈何。

11.5.1.3　监理企业内部的风险

(1) 管理体制存在问题。一些大型监理企业还停留在国有企业管理模式上，等、靠、要思想突出，风险意识不强，普遍缺乏市场竞争机制、独立管理能力和有效的风险控制手段。

(2) 监理人员素质良莠不齐。监理人员组成个体差异较大，整体素质偏低，同时具备专业、经济、法律、管理等综合素质的人才较少，高素质、能力强的人员不多，大多监理企业只能适应常规监理业务，对于难度较大工程欠缺技术性审查施工方案的能力，对工程前沿的新材料、新设备和新技术了解很少，开展业务受限制。

(3) 监理企业鱼目混珠。受经济利益驱使，一些不懂监理业务的个人通过各种渠道，挂靠大型监理企业，违规承揽监理业务，对现场的监理人员及监理企业都具有潜在的风险。

(4) 不良影响因素增多。由于不正之风及业主干预过多，监理工程师工作很难按正常秩序开展，监理企业自身管理也有不够完善的地方。在这种环境下监理工程师无力专心负责监理工作，导致工作不到位，甚至失职。

11.5.2　监理的风险分类及防范措施

监理风险大致可分为合同风险、执行风险、技术风险和管理风险。

11.5.2.1　监理合同风险及防范措施

1. 监理合同风险的主要原因

(1) 监理报标之前，对招标文件研究不充分，未能准确估计监理工作量、监理费用和监理风险。

(2) 为了承揽到监理业务，对委托单位的苛刻要求无底限让步。

这两种情况都会使监理企业日益陷入困境，而监理企业往往相应减少监理人员或使用低素质、低职称的监理人员或让一个监理人员同时监理几个项目，导致监理工作流于形式，最终导致监理效果不佳。

2. 防范监理合同风险的主要措施

(1) 投标之前仔细研究监理招标文件及全部附件，全面调查建设单位的资信、经营状况和财务状况，确认工程项目进展和资金来源；明确项目目标、项目内容和具体要求，明确建设单位的委托监理目标、监理范围、监理内容和监理依据，准确估计监理工作量、监理费用和监理风险。

(2) 签订监理合同之前，对委托单位提出的合同文本要仔细研究，对重要问题要慎重考虑，尽可能争取对风险较大和过于苛刻的条款作出适当调整，不接受明显不能完成、无利可图和不公平的委托合同。

11.5.2.2　监理执行风险及防范措施

履行监理职责时，监理工程师的以下几种行为存在极大风险：

(1) 失职行为：监理工程师未能全面、正确地履行《监理委托合同》中规定的监理职责或超出《监理委托合同》中规定的监理范围而从事自身职责之外的工作。

(2) 过失行为：监理工程师由于主观上的无意行为未能严格履行监理职责。

为防范这种风险，总监理工程师应严格按照监理合同编制《监理规划》，认真审核各监理工程师所编制的《监理实施细则》。监理工程师应严格按照经过批准的《监理规划》和《监理实施细则》执行监理，不要轻信承建单位的承诺，依据合同办事；不要过分相信个人的经验和直观判断，要到施工现场获取第一手资料；不要随意缩小监理范围或减少监理内容，也不要超越委托范围去做职责之外的工作。

11.5.2.3　监理技术风险及防范措施

受技术水平和业务素质所限，监理工程师难以完全发现本应该发现的问题。另外，工程质量隐患的暴露经常需要一定的时间和条件，现有的技术手段和方法并不能保证及时发现所有问题。

为防范这种风险，监理工程师除应加强现场监督管理、抽检等工作外，还应努力学习监理知识，不断提高自身素质，积累经验，努力防范由于自身技能不足带来的风险。监理企业应加强对监理工程师的技术培训和业务培训，同时也要为监理工程师配备必要的硬件设备和软件工具。

11.5.2.4　监理管理风险及防范措施

如果监理企业的管理机制不健全，可能造成互相扯皮、人才流失等后果，使监理工作无法有效地进行。

为防范这种风险。监理企业应根据自身实际情况，明确管理目标，建立合理的组织结构和有效的约束机制，并根据责、权、利统一的原则，制定严格的监理人员岗位责任制、明确的业绩考核办法和合理的薪酬分配原则、奖励办法，充分调动监理人员的积极性。

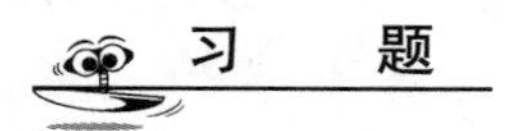

习　题

一、单选题

1. 建设工程的风险识别往往要采用两种以上的方法，但不论采用何种风险识别方法的组合，都必须采用（　　）。

A 初始清单法　　B 财务报表法　　C 经验数据法　　D 风险调查法

2. 不同等风险量曲线所表示的风险量大小与其到风险坐标原点的距离（　　）。

A 成正比　　B 成反比　　C 无关　　D 有多种不同的关系

3. 在风险对策中，非保险转移的优点之一是（　　）。

A 被转移者处于主导地位　　B 可转移所有的风险

C 被转移者能较好地进行损失控制　　D 转移代价小

4. 在建设工程风险对策决策过程中，最后才考虑的风险对策是（　　）。

A 风险回避　　B 损失控制　　C 风险自留　　D 风险转移

5. 下列可能造成第三者责任损失的是（　　）。

A 投资风险和进度风险　　B 进度风险和质量风险

C 质量风险和安全风险　　D 安全风险和投资风险

6. 工程建设风险识别的结果是（　　）。

A 建设工程风险分解

B 建立建设工程风险清单

C 建立建设工程初始风险清单

D 识别建设工程风险因素、风险事件及后果

二、多选题（每题有2～4个正确答案）

1. 下列方法中，属于建设工程风险识别具体方法的是（　　）。

A 初始清单法　　B 专家调查法　　C 经验数据法

D 风险调查法　　E 流程图法

2. 投机风险具有如下特征（　　）。

A 只会造成损失而不带来收益　　B 既可能造成损失也可能创造额外收益

C 重复出现概率较小　　D 重复出现概率较大

E 只能采用风险回避对策

3. 从风险管理方法和实施的角度，导致非计划性风险自留的主要原因是（　　）。

A 缺乏风险意识　　B 风险识别失误　　C 风险评价失误

D 损失支付方式选择失误　　E 风险决策及实施延误

4. 以下风险转移的情况属于非保险转移的有（　　）。

A 建立非基金储备　　B 第三方担保

C 将合同责任和风险转移给对方当事人

D 承包商进行合同转让或工程分包

E 制定损失控制措施

5. 基本风险是指作用于整个经济或大多数人群的风险，以下事件中（　　）属于基本风险。

A 火灾　　B 战争　　C 自然灾害

D 偷盗　　E 高通货膨胀率

第12章　工程建设安全管理

工程建设监理的安全管理工作又称安全监理，是指在监理工作中对安全生产进行的一系列管理活动，以达到安全生产的目标。安全监理是我国建设监理理论在实践中不断完善、提高和创新的体现和产物。对安全生产进行监理是工程建设监理工作的内容之一，也是促进工程施工安全管理水平提高，控制和减少安全事故发生的有效方法，也是保障工程建设目标得以实现的重要手段。

12.1　安全生产和安全监理概述

安全生产是关系到人员生命安全和国家财产的大事，甚至涉及社会的稳定。建筑工程安全生产管理必须坚持“安全第一、预防为主”的方针，建立健全安全生产的责任制度和群防群治制度，切实保障生产安全。

12.1.1　安全生产概述

12.1.1.1　安全生产的概念

安全生产就是指生产经营活动中，为保证人身健康与生命安全，保证财产不受损失，确保生产经营活动得以顺利进行，促进社会经济发展、社会稳定和进步而采取的一系列措施和行动的总称。其有两方面的含义：一是在生产过程中保护职工的安全和健康，防止安全事故和职业病危害；二是在生产过程中防止各类事故的发生，确保生产连续、稳定、安全进行，保护国家财产不受损失。

安全生产管理是指建设行政主管部门、建设工程安全监督机构、建筑施工企业及有关单位对建设工程生产过程中的安全，进行计划、组织、指挥、控制、监督等一系列的管理活动。

12.1.1.2　安全生产指导方针

建设工程施工安全生产管理，必须坚持“安全第一、预防为主”的基本方针。这个方针是根据建设工程的特点，总结实践经验和教训得出的。在生产过程中，参与各方必须坚持“以人为本”的原则，在生产与安全的关系中，一切以安全为重，安全必须排在第一位。

“安全第一”是原则和目标，是从保护和发展生产的角度，肯定了安全在建设工程生产活动中的重要地位。“安全第一”的方针，就是要求所有参与工程建设的人员，包括管理者和从业人员都必须树立安全的观念，不能为了生产而牺牲安全。当安全与生产发生矛盾时，生产必须服从安全，在保证安全的前提下从事生产活动，也只有这样，才能反作用于生产，使生产正常进行，从而调动职工的积极性，提高劳动生产率。

“预防为主”是手段和途径，是指在工程建设活动中，根据工程建设的特点，对不同的生产要素采取相应的管理措施，有效地控制不安全因素的发展和扩大，把可能发生的事故消灭在萌芽状态，以保证生产活动中人的安全与健康。对于施工活动而言，必须预先分析危险点、危险源、危险场地等，预测和评估危害程度，发现和掌握危险出现的规律，制定事故应急预案，采取相应措施，将事故消灭在萌芽状态。“预防为主”是安全生产方针的核心，是实施安全生产的根本。

安全与生产的关系是相辅相成的辩证统一关系，是一个整体。生产必须安全，安全促进生产。首先，施工前必须尽一切可能为作业人员创造安全的生产环境和条件，消除生产中的不安全因素，防止伤亡事故的发生，保证作业人员在安全的条件下进行生产；其次，安全工作必须紧紧围绕着生产活动进行，不仅要保障作业人员的生命安全，还要促进生产的发展，离开生产，安全工作就毫无价值。

12.1.1.3 安全生产的基本原则

安全生产是“以人为本”重要思想的具体体现。为做好建设工程安全生产，必须坚持如下原则：

1.“管生产必须管安全”的原则

“管生产必须管安全”是企业在生产过程中必须坚持的原则。《建筑法》明确规定：建筑施工企业的法定代表人对本企业的安全生产负责。企业主要负责人是企业经营管理的领导，同时担负安全生产的责任，经营管理和安全生产齐抓共管。企业内部要全面建立安全工作领导责任制，形成纵向到底、横向到边的严密的责任网络。《建筑法》明确规定：施工现场安全由建筑施工企业负责。实行施工总承包的，由总承包单位负责。分包单位向总承包单位负责，服从总承包单位对施工现场的安全生产管理。监理机构的总监理工程师是项目安全监理的第一责任人，对施工现场的安全监理负有重要领导责任。

2.“三同时”的原则

“三同时”原则是指生产性基本建设项目中的劳动安全卫生设施必须符合国家规定的标准，必须与主体工程“同时设计、同时施工、同时投入生产和使用”，安全措施优先到位，以确保建设项目竣工投产后，符合国家规定的劳动安全卫生标准，保障劳动者在生产过程中的安全与健康。

3.“三级教育培训”的原则

《建筑法》明确规定：建筑施工企业应当建立健全劳动安全生产教育培训制度，加强对职工安全生产的教育培训；未经安全生产教育培训的人员，不得上岗作业。建筑施工企业的劳动安全生产教育培训制度实行“三级教育培训”，即新作业人员上岗实行企业、项目部和班组三级安全生产教育。企业对员工进行安全生产法律、法规和安全专业知识，以及安全生产技能等方面的教育和培训，这是提高企业职工安全生产素质的重要手段，是企业安全生产工作的一项重要内容；项目部的安全生产培训主要内容有本项目的安全生产状况和规章制度，本项目作业场地存在的危险因素、防范措施及应急措施；班组的安全生产培训主要内容有本岗位的安全操作规程，生产设备、安全装置、劳动防护用品的用法等，特种作业人员要求持证上岗。企业应当将安全教育培训工作计划纳入本单位年度工作计划和长期工作计划，并保证所需人员、资金和物资。

4. “四不放过”的原则

“四不放过”原则是指发生安全事故后事故原因分析不清不放过、事故责任者和群众没有受到教育不放过、没有整改和防范措施不放过、有关领导和责任人没有追究责任不放过。这是安全生产部门处理事故必须遵循的重要原则，“四不放过”缺一不可。

12.1.2 安全生产管理

12.1.2.1 安全生产管理的概念

工程建设安全管理是指通过有效的安全管理工作和具体的安全管理措施，在满足工程建设投资、进度和质量要求的前提下，实现工程预定的安全目标。在实施安全管理的同时需要满足预定的投资目标、进度目标、质量目标和安全目标，因此工程建设安全管理是整个工程建设目标系统的一个重要组成部分。在安全管理的工作中，要协调好与投资控制、进度控制和质量控制的关系，做到和三大目标控制的有机配合和相互平衡。

工程建设安全管理是对该工程所有建设内容的生产都要进行安全管理控制。时间上涵盖工程实施阶段的全部生产过程，内容上包括工程中涉及的一切生产要素。工程建设各阶段的安全问题的侧重点是不相同的：勘察、设计阶段是保证工程施工安全的前提条件和重要作用；施工招标阶段，选择施工单位来实现工程安全目标；施工阶段，由施工单位通过施工组织设计、专项施工方案、现场施工安全管理来最终实现工程建设安全目标。

工程建设活动涉及的众多生产因素是处于动态变化之中，因此工程安全隐患一经发现就必须进行整改处理；否则，容易导致安全事故的发生。一旦发生安全事故，会造成人员伤亡和财产的损失，而且事后无法进行弥补。因此，加强工程建设全过程的安全控制，通过安全检查、监控、验收，及时消除施工生产中的安全隐患，保证安全施工。

12.1.2.2 安全生产管理的措施

安全生产管理的措施包括组织措施、技术措施、经济措施和合同措施 4 大类。

(1) 组织措施。从目标控制的组织管理方面入手，如落实目标控制的组织机构和人员，明确各级目标控制人员的任务、职能分工、权利和责任、制定目标控制的工作流程等。

(2) 技术措施。就是提出多个不同的技术方案，并对不同的技术方案进行技术经济比较和分析，从而选择出对安全生产最优的技术方案。

(3) 经济措施。就是指通过制定安全生产协议、安全生产奖惩制度等与经济挂钩，对实现者及时进行兑现，有利于实现施工安全控制目标。

(4) 合同措施。合同措施对安全目标控制具有全局性的影响，因此监理工程师应确定对工程施工安全控制有利的组织管理模式和合同结构，分析不同合同之间的相互联系和影响，对每一个合同作总体和具体的分析。

12.1.2.3 安全生产管理的目标

安全生产管理的目标是建设工程项目管理机构制定的施工现场安全生产保证体系所要达到的各项基本安全指标。安全生产管理目标的主要内容有：

(1) 杜绝重大伤亡、火灾或环境污染等事故，确保设备安全、管线安全。

(2) 一般事故频率控制。

(3) 安全生产标准化工地创建目标。

（4）文明施工创建目标。
（5）其他目标。

12.2 工程建设安全生产责任体系

参与工程建设的工程建设单位、工程监理单位、勘察、设计单位、其他参与单位各自负责自己的安全责任，共同构成工程建设安全责任体系。

12.2.1 建设单位的安全责任

工程建设单位在工程建设中居主导地位，因此对工程建设的安全生产负有重要责任。工程建设单位在工程概算中确定并提供安全作业环境和安全施工措施费用，从经济上给予安全生产的保证；不得要求勘察、设计、施工、工程监理等单位违反国家法律法规和工程建设强制性标准的规定，不得任意压缩合同约定的工期；有义务向施工单位提供工程所需的有关资料；有责任将安全施工措施报送有关主管部门备案；应当将工程发包给有资质的施工单位等。

12.2.2 施工单位的安全责任

施工单位在工程建设安全生产中处于核心地位，也是最容易出安全事故的单位。施工单位必须建立本企业安全生产管理机构并配备专职安全管理人员，保障安全生产作业环境及安全施工所需费用，落实“三级教育培训”制度，应当在施工前向作业班组和人员进行安全施工技术要求的详细说明，对因施工可能造成损害的毗邻建筑物、构筑物和地下管线采取专项防护措施，应当向作业人员提供安全防护用具和安全防护服装并书面告知危险岗位操作规程，对施工现场安全警示标志使用、作业和生活环境等进行管理。应在重要机具及配件，如施工起重机械、整体提升脚手架等进入施工现场前进行查验，合格后方能投入使用。严禁使用国家明令淘汰、禁止使用的危及施工安全的工艺、材料、设备。

12.2.3 监理单位的安全责任

工程建设监理单位对工程建设安全生产进行监督管理。监理单位应当审查施工组织设计中的安全技术措施或专项施工方案是否符合工程建设强制性标准。发现存在安全事故隐患时，应当要求施工单位整改或暂停施工并报告建设单位。施工单位不整改或者拒不停止施工的，应当及时向有关主管部门报告。

工程建设监理单位应当按照法律、法规和工程建设强制性标准实施监理，并对工程建设安全生产承担监理责任。

12.2.4 勘察、设计单位的安全责任

勘察单位应当按照法律、法规和工程建设强制性标准进行勘察，提供的勘察文件应当真实、准确，满足工程建设安全生产的需要。在勘察作业时，应当严格执行操作规程，采取措施保证各类管线、设施和周边建筑物、构筑物的安全。

设计单位应当按照法律、法规和工程建设强制性标准进行设计，同时应当考虑施工安全操作和防护的需要，对涉及施工安全的重点部位和关键环节在设计文件中注明，并对防范生产安全事故提出指导意见。对采用新结构、新材料、新工艺的工程建设项目和特殊结构的建设工程，设计单位应当在设计中提出保障施工作业人员安全和预防生产安全事故的

措施和建议；同时，设计单位和注册建筑师等注册执业人员应当对其设计负责。

12.2.5 其他参与单位的安全责任

（1）提供机械设备和配件的单位的安全责任。提供机械设备和配件的单位应当按照安全施工的要求配备齐全、有效的保险、限位等安全设施和装置。

（2）租赁单位的安全责任。租赁单位出租机械设备和施工机具及配件的单位应当具有生产（制造）许可证、产品合格证；应当对出租的机械设备和施工机具及配件的安全性能进行检测；在签订租赁协议时，应当出具检测合格证明；禁止出租经检测不合格以及未经检测的机械设备和施工机具及配件。

（3）拆装单位的安全责任。拆装单位在施工现场安装、拆卸施工起重机械和整体提升脚手架、模板等自升式架设设施必须具有相应等级的资质。安装、拆卸施工起重机械和整体提升脚手架、模板等自升式架设设施，应当编制拆装方案，制定安全施工措施，并由专业技术人员现场监督。施工起重机械和整体提升脚手架、模板等自升式架设设施安装完毕后，安装单位应当自检，出具自检合格证明，并向施工单位进行安全使用说明，办理签字验收手续。

（4）检验检测单位的安全责任。检验检测机构对检测合格的施工起重机械和整体提升脚手架、模板等自升式架设设施，应当出具安全合格证明文件，并对检测结果负责。

12.3 施 工 安 全 控 制

施工阶段是工程建筑实体的形成阶段，也是生产安全事故易发阶段。在这个阶段，环境复杂、不安全因素多，容易发生施工人员、管理（监理）人员的伤亡及财产、设备损坏的安全事故。做好施工阶段的安全控制工作，可有效避免工程建设安全事故的发生。

12.3.1 施工不安全因素分析

施工中的不安全因素很多，但总的说来，主要来自于人、物和环境三方面，施工安全控制就是对人、物、环境因素的控制。

12.3.1.1 人的不安全因素

人既是管理的对象，也是管理者，是生产活动中最活跃的因素。一个人在不同的地点、事件、面对不同的对象，其工作态度、情绪、注意力等都会发生变化，因此对人的管理是一项难度很大的工作。人的不安全因素主要体现在如下几方面：

（1）人的心理和生理特点，主要表现在身体缺陷、错误行为和违章违纪方面。

1）身体缺陷。是指疾病、烦躁、抑郁、易冲动、易兴奋、应变能力差等。

2）错误行为。如酗酒、追逐、误判、好奇、乱触乱摸、误入危险区域等。

3）违章违纪。如粗心大意、不履行安全措施、不按规定使用防护用具等。

（2）人的不安全行为。据统计资料表明，绝大多数的安全事故是由人的不安全行为造成，而人的心理、生理特点直接影响着人的行为，主要表现在如下几方面。

1）生理疲劳对安全的影响。人的生理疲劳，如长时间的加班、超负荷工作，使得人出现动作不稳、手脚发软等。

2）心理疲劳。如人长时间从事单调、重复的工作，容易产生厌倦情绪，或遭受挫折、不如意等都会导致操作失误。

3）视觉、听觉对安全的影响。

4）人的气质、人际关系对安全的影响。

12.3.1.2　物的不安全因素

原材料、机械设备、配件等是工程建设活动不可或缺的生产要素，物的不安全状态，主要体现在如下几方面：

（1）设备、装置的缺陷或失灵。主要包括设备、装置的性能差、强度不够、老化、失灵、腐蚀等。

（2）施工场地的缺陷。如作业场地狭窄、交通道路不畅、机械设备拥挤、原材料乱堆乱放、多工种交叉作业等。

（3）危险源。如化学物质的腐蚀、毒性等；机械方面的振动、断裂等；电气方面的漏电、电弧、短路、线路错接等。

12.3.1.3　环境的不安全因素

施工环境也容易导致安全事故发生，其包括两方面：

（1）内部环境，指施工企业的管理体系。

（2）外部环境，主要指自然环境，如水文、地质、辐射、强光、雷电、风暴、雾霾、高温、严寒、洪水等，这可以直接导致工程毁坏，也可能直接导致人的误操作，从而引发安全事故。

12.3.2　施工安全控制措施

12.3.2.1　安全三类人员及职责

施工单位的安全三类人员是指企业的主要负责人、项目负责人、专职安全生产管理人员。

1. 企业的主要负责人

企业的主要负责人是指对本企业日常生产经营活动和安全生产工作全面负责、有生产经营决策权的人员，包括企业的法定代表人、经理、企业分管安全生产工作的副经理等。按照企业安全生产的“管生产必须管安全”原则，企业的主要负责人是安全生产的法定负责人。

2. 项目负责人

项目负责人是指由企业法定代表人授权，负责建设工程项目管理的负责人等。项目负责人也是安全生产的法定负责人。

3. 专职安全生产管理人员

企业的专职安全生产管理人员是指企业内专职从事安全生产管理工作的人员，包括企业安全生产管理机构的负责人及其工作人员和施工现场专职安全生产管理人员。专职安全生产管理人员是企业、项目安全工作的具体负责人、管理人。

专职安全生产管理人员必须十分熟悉国家有关安全生产方针及劳动保护政策法规、标准和条例，熟悉工程施工方法和施工技术，熟悉作业安排和安全操作规程，熟悉安全控制业务。其职责主要有：

（1）贯彻和执行国家的安全生产及劳动保护政策法规。

（2）做好安全生产的宣传教育和管理工作。

（3）审查施工承包人的施工安全措施。

（4）现场检查安全措施的落实情况并分析不安全因素，督促采取应对措施。

（5）督促施工承包人建立、完善各级安全控制组织和岗位责任制。

（6）进行工伤事故统计、分析和报告，并参与安全事故的分析处理。

（7）对违章操作或其他不安全行为及时进行纠正，当说服教育无效时，可责成施工承包商辞退违章乱纪者。

12.3.2.2 施工单位的安全生产体系

施工单位的安全生产体系包括组织体系、制度体系两大类。

1. 组织体系

（1）建立以施工单位领导或主管领导为组长的安全生产领导小组，负责施工安全的领导工作。

（2）设置安全科或专职安全员，负责具体安全管理业务。

（3）在作业班组、施工队，设置兼职安全员。

（4）明确施工有关业务管理部门、施工队的安全责任。

（5）从技术、物资、财务、后勤服务等方面落实安全保障措施，明确各施工岗位安全责任制，以形成完整的安全生产组织体系。

2. 制度体系

施工单位安全施工的规章制度主要包括：

（1）安全生产责任制。以制度的形式明确各级各类人员在施工活动中应承担的安全责任，使责任制落到实处。

（2）安全生产奖罚制度。把安全生产与经济责任制挂起钩，做到奖罚分明。

（3）安全技术措施管理制度。其包括防止工伤事故的安全措施以及组织措施的编制、审批、实施及确认等管理制度。

（4）安全教育、培训和安全检查制度。

（5）交通安全管理制度。

（6）各工种的安全技术操作规程等。

12.4 生产安全事故处理

为了规范生产安全事故的报告和调查处理，落实生产安全事故责任追究制度，防止和减少生产安全事故，根据《中华人民共和国安全生产法》和有关法律，自2007年6月1日起施行《生产安全事故报告和调查处理条例》（国务院令第493号），这是生产安全事故处理的法律依据。

12.4.1 安全事故的概念及等级划分

12.4.1.1 安全事故的概念

事故就是指人们由不安全的行为、动作或不安全的状态所引起的、突然发生的、与人的意志相反，事先未能预料到的意外事件，它能造成财产损失、生产中断、人员伤亡。从劳动保护角度讲，事故主要是指伤亡事故，又称伤害。

重大安全事故是指在施工过程中由于责任过失造成工程倒塌或废弃，机械设备破坏和安全设施失当造成人身伤亡或重大经济损失的事故。特别重大事故，是指造成特别重大人身伤亡或巨大经济损失以及性质特别严重，产生重大影响的事件。

12.4.1.2 安全事故的等级划分

《生产安全事故报告和调查处理条例》根据生产安全事故造成的人员伤亡或者直接经济损失，将事故一般分为4个等级，见表12-1。

表12-1 生产安全事故等级划分表

等级	具备条件之一
特别重大事故	造成30人以上死亡，或者100人以上重伤（包括急性工业中毒，下同），或者1亿元以上直接经济损失
重大事故	造成10人以上、30人以下死亡，或者50人以上、100人以下重伤，或者5000万元以上、1亿元以下直接经济损失
较大事故	造成3人以上、10人以下死亡，或者10人以上、50人以下重伤，或者1000万元以上、5000万元以下直接经济损失
一般事故	造成3人以下死亡，或者10人以下重伤，或者1000万元以下直接经济损失

注 所称的“以上”包括本数、“以下”不包括本数。国务院安全生产监督管理部门可以会同国务院有关部门，制定事故等级划分的补充性规定。

12.4.2 安全事故的处理程序

12.4.2.1 安全事故的报告

监理单位在生产安全事故发生后，应督促施工承包单位及时、如实地向有关部门报告，并下达停工令，报告建设单位，采取积极措施，最大限度地减少损失，挽救事故受伤人员的生命。

（1）事故发生后，事故现场有关人员应当立即向本单位负责人报告；单位负责人接到报告后，应当于1h内向事故发生地县级以上人民政府安全生产监督管理部门和负有安全生产监督管理职责的有关部门报告。情况紧急时，事故现场有关人员可以直接向事故发生地县级以上人民政府安全生产监督管理部门和负有安全生产监督管理职责的有关部门报告。

（2）安全生产监督管理部门和负有安全生产监督管理职责的有关部门接到事故报告后，应当依照下列规定上报事故情况，并通知公安机关、劳动保障行政部门、工会和人民检察院：

1）特别重大事故、重大事故逐级上报至国务院安全生产监督管理部门和负有安全生产监督管理职责的有关部门。

2）较大事故逐级上报至省、自治区、直辖市人民政府安全生产监督管理部门和负有安全生产监督管理职责的有关部门。

3）一般事故上报至设区的市级人民政府安全生产监督管理部门和负有安全生产监督管理职责的有关部门。

安全生产监督管理部门和负有安全生产监督管理职责的有关部门依照前款规定上报事

故情况，应当同时报告本级人民政府。国务院安全生产监督管理部门和负有安全生产监督管理职责的有关部门以及省级人民政府接到发生特别重大事故、重大事故的报告后，应当立即报告国务院。必要时，安全生产监督管理部门和负有安全生产监督管理职责的有关部门可以越级上报事故情况。

(3) 安全生产监督管理部门和负有安全生产监督管理职责的有关部门逐级上报事故情况，每级上报的时间不得超过2h。

(4) 报告事故应当包括下列内容：

1) 事故发生单位概况。

2) 事故发生的时间、地点以及事故现场情况。

3) 事故的简要经过。

4) 事故已经造成或者可能造成的伤亡人数（包括下落不明的人数）和初步估计的直接经济损失。

5) 已经采取的措施。

6) 其他应当报告的情况。

(5) 事故报告后出现新情况的，应当及时补报。

自事故发生之日起30日内，事故造成的伤亡人数发生变化的，应当及时补报。道路交通事故、火灾事故自发生之日起7日内，事故造成的伤亡人数发生变化的，应当及时补报。

(6) 事故发生单位负责人接到事故报告后，应当立即启动事故相应应急预案，或者采取有效措施，组织抢救，防止事故扩大，减少人员伤亡和财产损失。

(7) 事故发生地有关地方人民政府、安全生产监督管理部门和负有安全生产监督管理职责的有关部门接到事故报告后，其负责人应当立即赶赴事故现场，组织事故救援。

(8) 事故发生后，有关单位和人员应当妥善保护事故现场以及相关证据，任何单位和个人不得破坏事故现场、毁灭相关证据。

因抢救人员、防止事故扩大以及疏通交通等原因，需要移动事故现场物件的，应当做出标志，绘制现场简图并做出书面记录，妥善保存现场重要痕迹、物证。

12.4.2.2 安全事故的调查

(1) 特别重大事故由国务院或者国务院授权有关部门组织事故调查组进行调查。重大事故、较大事故、一般事故分别由事故发生地省级人民政府、设区的市级人民政府、县级人民政府负责调查。省级人民政府、设区的市级人民政府、县级人民政府可以直接组织事故调查组进行调查，也可以授权或者委托有关部门组织事故调查组进行调查。未造成人员伤亡的一般事故，县级人民政府也可以委托事故发生单位组织事故调查组进行调查。上级人民政府认为必要时，可以调查由下级人民政府负责调查的事故。

(2) 特别重大事故以下等级事故，事故发生地与事故发生单位不在同一个县级以上行政区域的，由事故发生地人民政府负责调查，事故发生单位所在地人民政府应当派人参加。

(3) 事故调查组的组成应当遵循精简、效能的原则。根据事故的具体情况，事故调查组由有关人民政府、安全生产监督管理部门、负有安全生产监督管理职责的有关部门、监察机关、公安机关以及工会派人组成，并应当邀请人民检察院派人参加。事故调查组可以聘请有关专家参与调查。事故调查组成员应当具有事故调查所需要的知识和专长，并与所调查的事故没有直接利害关系。事故调查组组长由负责事故调查的人民政府指定，并主持事故调查组的工作。

(4) 事故调查组履行下列职责：

1) 查明事故发生的经过、原因、人员伤亡情况及直接经济损失。

2) 认定事故的性质和事故责任。

3) 提出对事故责任者的处理建议。

4) 总结事故教训，提出防范和整改措施。

5) 提交事故调查报告。

(5) 事故调查组有权向有关单位和个人了解与事故有关的情况，并要求其提供相关文件、资料，有关单位和个人不得拒绝。事故发生单位的负责人和有关人员在事故调查期间不得擅离职守，并应当随时接受事故调查组的询问，如实提供有关情况。事故调查中发现涉嫌犯罪的，事故调查组应当及时将有关材料或者其复印件移交司法机关处理。事故调查中需要进行技术鉴定的，事故调查组应当委托具有国家规定资质的单位进行技术鉴定。必要时，事故调查组可以直接组织专家进行技术鉴定。技术鉴定所需时间不计入事故调查期限。事故调查组成员在事故调查工作中应当诚信公正、恪尽职守，遵守事故调查组的纪律，保守事故调查的秘密。未经事故调查组组长允许，事故调查组成员不得擅自发布有关事故的信息。

(6) 事故调查组应当自事故发生之日起 60 日内提交事故调查报告；特殊情况下，经负责事故调查的人民政府批准，提交事故调查报告的期限可以适当延长，但延长的期限最长不超过 60 日。

(7) 事故调查报告应当包括下列内容：

1) 事故发生单位概况。

2) 事故发生经过和事故救援情况。

3) 事故造成的人员伤亡和直接经济损失。

4) 事故发生的原因和事故性质。

5) 事故责任的认定以及对事故责任者的处理建议。

6) 事故防范和整改措施。

事故调查报告应当附具有关证据材料。事故调查组成员应当在事故调查报告上签名。

(8) 事故调查报告报送负责事故调查的人民政府后，事故调查工作即告结束。事故调查的有关资料应当归档保存。

12.4.2.3 安全事故的处理

(1) 重大事故、较大事故、一般事故，负责事故调查的人民政府应当自收到事故调查报告之日起 15 日内做出批复；特别重大事故，30 日内做出批复，特殊情况下，批复时间可以适当延长，但延长的时间最长不超过 30 日。

有关机关应当按照人民政府的批复，依照法律、行政法规规定的权限和程序，对事故发生单位和有关人员进行行政处罚，对负有事故责任的国家工作人员进行处分。事故发生单位应当按照负责事故调查的人民政府的批复，对本单位负有事故责任的人员进行处理。负有事故责任的人员涉嫌犯罪的，依法追究刑事责任。

（2）事故发生单位应当认真吸取事故教训，落实防范和整改措施，防止事故再次发生。防范和整改措施的落实情况应当接受工会和职工的监督。

安全生产监督管理部门和负有安全生产监督管理职责的有关部门应当对事故发生单位落实防范和整改措施的情况进行监督检查。

（3）事故处理的情况由负责事故调查的人民政府或者其授权的有关部门、机构向社会公布，依法应当保密的除外。

12.4.2.4 法律责任

（1）事故发生单位主要负责人有下列行为之一的，处上一年年收入40%至80%的罚款；属于国家工作人员的，并依法给予处分；构成犯罪的，依法追究刑事责任：

1）不立即组织事故抢救的。

2）迟报或者漏报事故的。

3）在事故调查处理期间擅离职守的。

（2）事故发生单位及其有关人员有下列行为之一的，对事故发生单位处100万元以上500万元以下的罚款；对主要负责人、直接负责的主管人员和其他直接责任人员处上一年年收入60%至100%的罚款；属于国家工作人员的，并依法给予处分；构成违反治安管理行为的，由公安机关依法给予治安管理处罚；构成犯罪的，依法追究刑事责任：

1）谎报或者瞒报事故的。

2）伪造或者故意破坏事故现场的。

3）转移、隐匿资金、财产，或者销毁有关证据、资料的。

4）拒绝接受调查或者拒绝提供有关情况和资料的。

5）在事故调查中作伪证或者指使他人作伪证的。

6）事故发生后逃匿的。

（3）事故发生单位对事故发生负有责任的，依照下列规定处以罚款：

1）发生一般事故的，处10万元以上20万元以下的罚款。

2）发生较大事故的，处20万元以上50万元以下的罚款。

3）发生重大事故的，处50万元以上200万元以下的罚款。

4）发生特别重大事故的，处200万元以上500万元以下的罚款。

（4）事故发生单位主要负责人未依法履行安全生产管理职责，导致事故发生的，依照下列规定处以罚款；属于国家工作人员的，并依法给予处分；构成犯罪的，依法追究刑事责任：

1）发生一般事故的，处上一年年收入30%的罚款。

2）发生较大事故的，处上一年年收入40%的罚款。

3）发生重大事故的，处上一年年收入60%的罚款。

4）发生特别重大事故的，处上一年年收入80%的罚款。

（5）有关地方人民政府、安全生产监督管理部门和负有安全生产监督管理职责的有关部门有下列行为之一的，对直接负责的主管人员和其他直接责任人员依法给予处分；构成犯罪的，依法追究刑事责任：

1）不立即组织事故抢救的。

2）迟报、漏报、谎报或者瞒报事故的。

3）阻碍、干涉事故调查工作的。

4）在事故调查中作伪证或者指使他人作伪证的。

（6）事故发生单位对事故发生负有责任的，由有关部门依法暂扣或者吊销其有关证照；对事故发生单位负有事故责任的有关人员，依法暂停或者撤销其与安全生产有关的执业资格、岗位证书；事故发生单位主要负责人受到刑事处罚或者撤职处分的，自刑罚执行完毕或者受处分之日起，5年内不得担任任何生产经营单位的主要负责人。为发生事故的单位提供虚假证明的中介机构，由有关部门依法暂扣或者吊销其有关证照及其相关人员的执业资格；构成犯罪的，依法追究刑事责任。

（7）参与事故调查的人员在事故调查中有下列行为之一的，依法给予处分；构成犯罪的，依法追究刑事责任：

1）对事故调查工作不负责任，致使事故调查工作有重大疏漏的。

2）包庇、袒护负有事故责任的人员或者借机打击报复的。

（8）违反本条例规定，有关地方人民政府或者有关部门故意拖延或者拒绝落实经批复的对事故责任人的处理意见的，由监察机关对有关责任人员依法给予处分。

习　题

一、单选题

1.《建筑法》规定，建筑施工企业的（　　）对本企业的安全生产负责。

A 法定代表人　　B 项目技术负责人　C 项目经理　　D 安全监督员

2. 依据《建设工程安全生产管理条例》的规定，下列关于分包工程的安全生产责任的表述中，正确的是（　　）。

A 分包单位承担全部责任　　B 总包单位承担全部责任

C 分包单位承担主要责任　　D 总承包单位和分包单位承担连带责任

3.《建筑法》规定，施工现场对毗邻的建筑和特殊作业环境可能造成损害的，建筑施工企业应当（　　）。

A 采取安全防护措施　　B 实施封闭管理

C 实行加班申请批准手续　　D 加强安全生产的制度

4. 安全生产必须“管生产必须管安全”的原则，属于（　　）。

A 组织措施　　B 技术措施　　C 合同措施　　D 经济措施

5. 下列在安全生产中居主导地位的是（　　）。

A 建设单位　　B 监理单位

C 勘察、设计单位　　D 施工单位

二、多选题（每题有2～4个正确答案）

1.《生产安全事故报告和调查处理条例》根据生产安全事故造成的（　　）对事故进

行分级。

A 人员伤亡　　B 直接经济损失

C 间接经济损失　　D 社会影响

E 工期拖延

2. 安全事故的“四不放过”原则包括（　　）。

A 事故原因分析不清不放过　　B 事故责任者和群众没有受到教育不放过

C 没有整改和防范措施不放过　　D 有关领导和责任人没有追究责任不放过

E 没有事故处理报告不放过

3. 安全生产要求的“三同时”原则是指生产性基本建设项目中的劳动安全卫生设施必须符合国家规定的标准，必须与主体工程（　　）。

A 同时可研　　B 同时设计　　C 同时施工

D 同时报批　　E 同时投入生产和使用

4. 施工单位的安全三类人员是指（　　）。

A 企业的主要负责人　　B 项目负责人

C 专职安全生产管理人员　　D 作业组长

E 项目质检人员

5. 报告事故内容应当包括（　　）。

A 事故发生单位概况　　B 事故的简要经过

C 事故发生的时间　　D 已经采取的措施

E 事故造成的直接经济损失

第13章 工程建设组织协调

工程建设监理目标的实现，需要监理工程师扎实的专业知识和对工程建设监理程序的有效执行，此外，还须监理工程师发挥组织协调的作用。通过组织协调，使影响监理目标实现的各方主体处于和谐的统一体中，使项目系统结构均衡，确保监理工作和工程建设活动顺利实施。

13.1 组织协调概述

13.1.1 组织协调的概念

组织协调就是联结、联合、调和所有的活动及力量，使各方配合得当，促使各方协同一致，实现预定目标。监理的组织协调工作应贯穿于工程建设整个实施过程及其管理工作中。

工程建设项目系统是一个由人员、物质、信息等构成的人为组织系统。用系统方法分析，工程建设的协调一般有三大类：一是“人员/人员界面”；二是“系统/系统界面”；三是“系统/环境界面”。

项目组织是由各类、众多人员组成的工作班子，每个人都有自己的性格、习惯、能力、岗位、任务、作用，因此人与人之间也就存在有潜在的矛盾或危机。这种人和人之间的间隔，就是所谓的“人员/人员界面”。

项目系统是由若干个子系统组成的完整体系，各子系统的功能、目标不同，容易出现命令或处理事务上各自为政的趋势和出现事故时相互推诿、扯皮的现象。这种子系统和子系统之间的间隔，就是所谓的“系统/系统界面”。

项目系统是典型的开放系统，是一个处于环境中的系统，它具有环境适应性，能主动从外部世界取得必要的能量、物质和信息。在获取能量、物质和信息的过程中，不可能没有障碍和阻力。这种系统与环境之间的间隔，就是所谓的“系统/环境界面”。

项目监理机构的组织协调就是在“人员/人员界面”“系统/系统界面”“系统/环境界面”之间，对所有的活动及力量进行联结、联合、调和的工作。系统方法强调，要把系统作为一个整体来研究和处理，因为总体的作用规模要比各子系统的作用规模之和大，这也是组织的增值性的体现。

13.1.2 组织协调的范围和层次

从系统方法的角度看，项目监理机构协调的范围分为系统内部的协调和系统外部的协调，系统外部协调又分为近外层协调和远外层协调。近外层和远外层的主要区别是，工程建设与近外层关联单位一般有合同关系，如协调建设单位与施工单位、设计单位、原材料及设备供应商等的工作，就属于近外层协调；与远外层关联单位一般没有合同关系，如建设单位与政府、社团、宣传媒介等的工作就属于远外层协调。按照有关规定，组织协调工作，监理单位“主内”、建设单位“主外”，亦即应当由建设单位负责与建设工程有关的外部关系的组织协调工作。

13.2 组织协调的内容

13.2.1 监理机构内部的协调

监理机构内部的协调包括监理机构内部人际关系的协调、监理机构内部组织关系的协调、监理机构内部需求关系三方面。

1. 项目监理机构内部人际关系的协调

项目监理机构的工作效率很大程度上取决于其内部人际关系的和谐程度，总监理工程师应抓好人际关系的协调，激励项目监理机构成员。总监理工程师应从如下几方面做好监理机构的内部协调工作：

(1) 在人员安排上要量才录用。

(2) 在工作委任上要职责分明。

(3) 在成绩评价上要实事求是。

(4) 在矛盾调解上要恰到好处。

2. 项目监理机构内部组织关系的协调

项目监理机构是由若干职能部门组成的工作体系。每个职能部门都有自己的目标和任务。如果每个子系统都从工程建设的整体利益出发，认真履行自己的职责，则整个系统就会处于有序的良性状态，推进工程项目管理工作顺利进行；否则，整个系统便处于无序的紊乱状态，导致功能失调，效率下降。

项目监理机构内部组织关系的协调应从以下几方面进行：

(1) 在职能划分的基础上设置组织机构。

(2) 明确规定每个部门的目标、职责和权限。

(3) 事先约定各个部门在工作中的相互关系。

(4) 建立信息沟通制度。

(5) 及时消除工作中的矛盾或冲突。

3. 项目监理机构内部需求关系的协调

监理工作的实施必须要有人员、试验设备、材料的投入，而监理企业及项目监理机构的上述资源是有限的，因此，做好内部资源需求的协调是监理工作顺利开展的保障。

需求关系的协调可从以下环节进行：

(1) 对监理设备、材料的平衡。监理工作开展前要做好监理规划和监理实施细则的编写工作，提出合理的监理资源配置。

(2) 对监理人员的平衡。监理力量的安排必需考虑到工程进展情况，对所需要什么职称、专业等方面的监理人员做出合理的安排，以保证工程监理目标的实现。

13.2.2　与业主的协调

监理实践证明，监理目标的能否顺利实现和与业主协调的好坏有很大的关系。

受传统的计划经济体制下业主、国家对工程项目管理的影响，业主对监理的认识存在很大的错位，主要体现在：一是搞“大业主、小监理”，业主的管理人员要比监理人员多，而且对监理工作干涉多，越权插手本应属于监理人员做的具体工作；二是对监理不授权或滥授权，致使监理工程师有职无权，或成为业主的临时雇员，去做本不属于监理应做的事；三是科学管理意识差，在工程建设目标确定方面一味追求短工期、低造价而不顾及质量，给监理工作的质量、进度、投资控制目标带来困难。因此，与业主的协调是监理工作的重点和难点。监理工程师应从以下几个方面加强与业主的协调：

(1) 监理工程师首先要知晓工程建设总目标、掌握业主的意图。对于未能参加项目决策过程的监理工程师，必须了解项目构思的基础、起因、出发点，从业主的角度来理解其对监理的要求。

(2) 向业主做好监理宣传工作，增进业主对监理在工程建设管理中的职责、权利及监理程序的理解；主动帮助业主处理工程建设中的事务性工作，以自己规范化、标准化、制度化的工作去影响和促进双方工作的协调一致。

(3) 尊重业主，让业主一起投入工程建设管理全过程。很多工作业主的表态，比监理的协调更管用；对业主提出的某些不适当的要求，只要不属于原则问题，都可先执行，然后利用适当时机、采取适当方式加以说明或解释；对于原则性问题，可采取书面报告等方式说明原委，尽量避免发生误解，争得业主的谅解，以使工程建设顺利实施。

13.2.3　与承包商的协调

工程建设是由承包商来完成的，监理对工程的质量、进度和投资的控制目标也都是由承包商来完成，因此做好与承包商的协调工作是顺利实现监理目标的重要保证。监理与承包商的协调工作，应注意如下几方面。

1. 坚持原则，实事求是，严格按规范、规程办事，讲究科学态度

监理工程师应鼓励承包商将工程建设实施状况、实施结果和遇到的困难和意见向他汇报，在强调各方利益的一致性和工程建设总目标的基础上，寻找对目标控制可能的干扰。对工程的干扰事件，讲究科学的处理方法，依照规章、规范，实事求是地处理问题。

2. 采用适当的方法

协调不仅是方法、技术问题，更多的是语言艺术、感情交流和处事技巧的问题，有时即使协调意见是正确的，如果方式或方法不妥，反而会激化矛盾；而高超的协调能力则往往能起到事半功倍的效果，令各方都满意。

3. 施工阶段协调工作内容

施工阶段的协调工作的主要内容有以下几方面：

(1) 与承包商项目经理关系的协调。承包商项目经理是承包商在现场的最高领导者，他们希望监理给予他的指示是明确的，并能对他们所询问的问题给予及时的答复；并希望负责监理的工程师是公正、通情达理并容易理解别人的。因此既懂得坚持原则，又善于理解承包商项目经理的意见，工作方法灵活，随时可以提出或愿意接受变通办法的监理工程

师肯定是受欢迎的。监理做好与项目经理的协调、沟通工作后，就很容易做好与承包商现场人员的协调工作及有关事项的处理。

(2) 进度问题的协调。影响进度的因素错综复杂，因而进度问题的协调工作也十分繁重。实践证明，技术措施和经济措施的综合使用，可以有效解决进度协调的问题。

(3) 质量问题的协调。对没有出厂证明、不符合使用要求的原材料、设备和构件，不准使用；对不合格的工程部位不予计量、不予支付工程款。在工程建设实施过程中，设计变更或工程内容的增减是经常出现的，有些是合同签订时无法预料和明确规定的。对于变更，监理工程师要认真研究，合理确定价格，与有关方面充分协商，达成一致意见。

(4) 对承包商违约行为的处理。在施工过程中，监理工程师对承包商的违约行为进行处理是难免的事情。当发现承包商采用不适当的方法进行施工，或是用了不符合合同规定的材料时，监理工程师除了立即制止外，还应考虑自己后续应该怎么处理。在发现质量缺陷并需要采取措施时，监理工程师应立即通知承包商并限期处理。

监理工程师若发现承包商的某个工地工程师不称职，若有足够的证据，总监理工程师可以正式向承包商发出警告，甚至有权要求撤换承包商的项目经理或工地现场工程师。

(5) 合同争议的协调。对于工程中的合同争议，监理工程师应首先出面协商解决，协商不成时才由当事人按合同约定申请仲裁或诉讼。建议合同双方只有当对方严重违约而使自己的利益受到重大损失且不能得到补偿时才用仲裁或诉讼手段，监理在合同双方争议过程中应发挥积极的作用，争取友好协商解决。

(6) 对分包单位的管理。监理首先要明确合同管理范围，分层次管理，明确总包合同是管理的对象，不直接和分包合同发生关系，但对分包合同中的工程质量、进度进行直接跟踪监控，并通过总包商进行调控、纠偏。分包商在施工中发生的问题，由总包商负责协调处理。分包合同不能解除或减少总包商对总包合同所承担的任何责任和义务。分包合同中涉及总包合同中业主义务和责任时，由总包商通过监理工程师向业主提出索赔，由监理工程师进行协调；分包单位与总包单位之间的索赔，监理不负责协调。

(7) 处理好人际关系。由于监理工程师负责工程管理、处理合同纠纷、计量支付，因此其处于一个十分特殊的位置。业主希望得到专业的高质量的服务，而承包商则希望监理单位能对合同条件有一个公正的解释并支持自己的合理诉求。因此，监理工程师必需善于处理各种人际关系，既要严格遵守职业道德，保证行为的公正性，也要利用各种机会增进与各方面人员的友谊与合作，以利于工程的进展。否则，便有可能引起业主或承包商对其可信赖程度的怀疑。

13.2.4 与设计单位的协调

监理单位需协调与设计单位的工作，以加快工程进度，确保质量。

(1) 尊重设计单位的意见。在设计单位向承包商介绍工程概况、设计意图、技术要求、施工难点等时，对发现的标准过高、设计遗漏、图纸差错等问题，及时与设计单位进行沟通、解决；施工阶段，严格按图施工，验收等工作邀请设计代表参加；若发生质量事故，认真听取设计单位的处理意见等。

(2) 施工中发现设计问题，及时向设计单位提出，以免造成大的直接损失；监理单位可主动向设计单位推荐新技术、新工艺、新材料、新设备，并对设计问题提供自己的意见。

（3）注意信息传递的及时性和程序性。监理工作联系单、工程变更单的传递，要按规定的程序进行。

13.2.5 与其他部门的协调

政府部门、金融组织、社会团体、新闻媒介等，对工程建设起着一定的控制、监督、支持、帮助作用，这些关系若协调不好，工程建设的实施也可能严重受阻。

1. 与政府部门的协调

（1）工程质量监督站是政府授权的工程质量监督的实施机构，主要是核查勘察设计单位、施工单位和监理单位的资质，监督这些单位的建设行为和工程质量。监理单位在进行工程质量控制和质量问题处理时，要做好与工程质量监督站的交流和协调。

（2）工程发生重大质量事故，应督促承包商立即向政府有关部门报告情况，采取急救、补救措施，并接受有关单位的检查和处理。

（3）工程建设相关手续应报政府相关部门批准、备案；用地、移民等要争取政府有关部门支持和协作；要督促承包商在施工中注意防止环境污染，坚持做到文明施工。

2. 协调与社会团体的关系

一些大中型建设工程建成后，不仅会给业主带来效益，而且还会带来深远的社会影响，因此必然会引起社会各界关注。业主和监理单位应把握机会，争取社会各界对工程建设的关心和支持。这是一种营造良好社会环境的协调工作。

这部分协调工作，从组织协调的范围看是属于远外层的管理。根据目前的工程监理实践，对远外层关系的协调，应由业主主持，监理单位主要是协调近外层关系。

13.3 组织协调工作的开展

13.3.1 组织协调的依据

工程建设的组织协调工作，应依据以下有关文件等进行：

（1）国家和政府有关部门颁发的法令、法规、规范、标准等。

（2）国家主管部门、地方政府对工程建设项目的各种批文、批示。

（3）国家批准的工程设计文件、建设总投资。

（4）董事会、各投资方的各次会议纪要。

（5）建设各方签订的具有法律效力的合同及协议等。

13.3.2 组织协调的原则

监理的组织协调工作应遵循以下原则进行：

（1）以国家利益和工程建设大局为重，以全面实现项目建设目标为协调工作的落脚点。

（2）实事求是，平等协商。

（3）处事公平合理，兼顾合同各方的利益。

（4）充分调动各方的积极性，创造融洽的各方关系。

13.3.3　组织协调的方法

13.3.3.1　会议协调法

会议协调法是工程建设监理中最常用的一种协调方法，实践中常用的会议协调法包括第一次工地会议、监理例会、专业性监理会议等。

1. 第一次工地会议

第一次工地会议是工程建设尚未全面展开前，由建设单位主持召开，监理单位、总承包单位的授权代表参加，邀请分包单位、有关设计单位人员参加，主要是参建各方相互认识、确定联络方式的会议，也是检查开工前各项准备工作是否准备就绪并明确监理程序的会议。第一次工地会议应在项目总监理工程师下达开工令之前举行。

2. 监理例会

（1）监理例会是由总监理工程师主持，按一定程序召开的，研究施工中出现的计划、进度、质量及工程款支付等问题的工地会议。

（2）监理例会应当定期召开，宜每周召开一次。

（3）监理例会的参加人包括：项目总监理工程师（也可为总监理工程师代表）、其他有关监理人员、承包商项目经理、承包单位其他有关人员。需要时，还可邀请其他有关单位代表参加。

（4）监理例会的主要研究内容如下：

1）对上次会议存在问题的解决和纪要的执行情况进行检查。

2）工程进展情况。

3）对下月（或下周）的进度预测及其落实措施。

4）施工质量、加工订货、材料的质量与供应情况。

5）质量改进措施。

6）有关技术问题。

7）索赔及工程款支付情况。

8）需要协调的有关事宜。

（5）会议纪要。会议纪要由项目监理机构起草，经与会各方代表会签，然后分发给有关单位。会议纪要应包括的内容如下：

1）会议地点及时间。

2）出席者姓名、职务及他们代表的单位。

3）会议中发言者的姓名及所阐述的主要内容。

4）决定事项。

5）诸事项分别由何人何时执行。

3. 专业性监理会议

除定期召开工地监理例会以外，还应根据需要组织召开一些专业性协调会议，例如加工订货会、业主直接分包的工程内容承包单位与总包单位之间的协调会、专业性较强的分包单位进场协调会等，这些会议均由监理工程师主持。

13.3.3.2　交谈协调法

工程实践中有时可以采用“交谈”这一方法来解决问题。交谈包括面对面的交谈和电话交谈两种形式。交谈协调的优势在于：

（1）保持信息畅通。由于交谈本身没有合同效力，其具有方便性和及时性，所以工程建设参与各方之间及监理机构内部都愿意采用这一方法进行。

（2）寻求协作和帮助。在寻求别人帮助和协作时，往往要及时了解对方的反应和意见，以便采取相应的对策。相对于书面寻求协作，人们更难以拒绝面对面的请求，而且交谈可更好表达书面不便于表达的内容。因此，采用交谈方式请求协作和帮助比采用书面方法实现的可能性要大。

（3）及时发布工程指令。在实践中，监理工程师可以采用交谈方式先发布口头指令，这样，一方面可以使对方及时地执行指令，另一方面可以和对方进行交流，了解对方是否正确理解了指令；随后，再以书面的形式加以确认。这样既保证了指令及时得到执行，也增加了监理与承包商的沟通。

13.3.3.3　书面协调法

当会议或者交谈不方便时，可以采用书面协调的方法。书面协调方法的特点是具有合同效力，一般常用于以下几个方面：

（1）不需双方直接交流的书面报告、报表、指令和通知等。

（2）需要以书面形式向各方提供详细信息和情况通报的报告、信函和备忘录等。

（3）事后对会议记录、交谈内容或口头指令的书面确认。

13.3.3.4　访问协调法

访问法主要走访和邀访两种形式。走访是“走出去”，指监理工程师在工程建设施工前或施工过程中，对与工程施工有关的各政府部门、公共事业机构、新闻媒介或工程毗邻单位等主动上门进行访问，向他们解释工程的情况，了解他们的意见；邀访是“请进来”，指监理工程师邀请上述各单位代表到施工现场对工程进行指导性巡视，了解现场工作，以增加各单位对工程项目的了解。在多数情况下，这些有关单位并不了解该工程，不清楚现场的实际情况，如果他们到现场巡视、参观，能增加对项目的了解，会对工程建设产生积极影响，工程建设就可以获得他们的理解、支持，从而有利于工程建设。

13.3.3.5　情况介绍法

情况介绍法是与其他协调方法结合使用的方法，其形式可能是在一次会议前，或是一次交谈前，或是一次走访或邀访前向对方进行的情况介绍。主要是口头的，往往是作为其他协调的引导，目的是使别人首先了解情况。

组织协调是一种管理艺术和技巧，监理工程师尤其是总监理工程师需要掌握领导科学、心理学、行为科学方面的知识和技能，如激励、交际、表扬和批评的艺术、开会的艺术、谈话的艺术、谈判的技巧等。

13.3.4　组织协调工作应注意的问题

工程参建各方与建设单位均有合同关系，监理机构进行组织协调主要依据合同、监理规范等进行，在协调各方的关系的同时，还应注意以下问题：

（1）业主与施工单位的协调。业主与施工单位各属不同的经济实体，发生争议是很正常的，但双方要共同履行好合同外，还应加强协作，施工单位要及时向监理机构、业主提供工程进展相关情况、工程事故报告等资料；建设单位也要做好图纸供应工作，尽量减少索赔事件发生；在工程的各个阶段，监理机构要本着充分协商原则，协调处理好各种矛盾。

（2）勘察设计单位的协调。在地基处理、设计交底、图纸会审、隐蔽工程验收等方面要邀请勘察设计单位参加；有质量事故，要认真听取设计单位的意见，施工中发现设计问题，要及时报告业主，要求设计修改；要尊重设计，不得一味挖掘设计潜力。

（3）协调好外部与工程建设的关系。政府部门、金融机构等对工程建设起着决定性的控制、监督、支持作用，监理机构及业主与他们打交道，要严格守法，用法律的武器来保护自己、保证工程建设的顺利进行；同时还要遵守公共道德，争取社会各界对工程的支持，创造良好的工程建设投资效益、社会效益和环境效益。

习　　题

一、单选题

1. 按照有关规定的精神，在监理过程中，（　　）应当负责与建设工程有关的外部关系的组织协调工作。

A 监理单位　　B 施工单位

C 建设单位　　D 建设单位与监理单位共同

2. 工程监理机构与建设单位、设计单位、施工单位，以及政府有关部门、社会团体、工程毗邻单位之间的协调属于（　　）协调。

A 系统内部机构之间　　B 系统与近外层

C 系统与远外层　　D 系统与外部环境之间

3. 工程建设监理组织协调中，主要用于外部协调的方法是（　　）。

A 会议协调法　　B 交谈协调法　　C 书面协调法　　D 访问协调法

4. 对监理例会上意见不一致的重大问题，应（　　）。

A 不记入会议纪要

B 不形成会议纪要

C 将各方主要观点记入会议纪要中的“会议主要内容”

D 将各方主要观点记入会议纪要中的“其他事项”

5. 第一次工地会议上，建设单位应根据（　　）宣布对总监理工程师的授权。

A 监理规划　　B 监理单位的书面通知

C 监理机构职责分工　　D 监理合同

二、多选题（每题有2～4个正确答案）

1. 总监理工程师在进行项目监理机构内部人际关系的协调时，可从（　　）等方面进行。

A 部门职能划分　　B 监理设备调配　　C 工作职责委任

D 人员使用安排　　E 信息沟通制度

2. 项目监理机构的协调管理就是（　　）之间，对所有的活动及力量进行联结、调解的工作。

A 人与人　　　　B 人与系统　　　　C 系统与系统
D 人与环境　　　E 系统与环境

3. 下列单位与建设单位的关系属于远外层的是（　）。
A 设备供应商　　B 勘察单位　　　　C 质量监督机构
D 工程毗邻单位　E 安监局

4. 总监理工程师协调项目监理机构内部人际关系的工作内容包括（　　）。
A 部门设置　　　B 人员安排　　　　C 工作委任
D 信息沟通　　　E 成绩评价

附录Ⅰ 专 业 术 语

1. 工程监理单位 construction project management enterprise

依法成立并取得建设主管部门颁发的工程监理企业资质证书，从事建设工程监理与相关服务活动的服务机构。

2. 建设工程监理 construction project management

工程监理单位受建设单位委托，根据法律法规、工程建设标准、勘察设计文件及合同，在施工阶段对建设工程质量、进度、造价进行控制，对合同、信息进行管理，对工程建设相关方的关系进行协调，并履行建设工程安全生产管理法定职责的服务活动。

3. 相关服务 related services

工程监理单位受建设单位委托，按照建设工程监理合同约定，在建设工程勘察、设计、保修等阶段提供的服务活动。

4. 项目监理机构 project management department

工程监理单位派驻工程负责履行建设工程监理合同的组织机构。

5. 注册监理工程师 registered project management engineer

取得国务院建设主管部门颁发的《中华人民共和国注册监理工程师注册执业证书》和执业印章，从事建设工程监理与相关服务等活动的人员。

6. 总监理工程师 chief project management engineer

由工程监理单位法定代表人书面任命，负责履行建设工程监理合同、主持项目监理机构工作的注册监理工程师。

7. 总监理工程师代表 representative of chief project management engineer

经工程监理单位法定代表人同意，由总监理工程师书面授权，代表总监理工程师行使其部分职责和权力，具有工程类注册执业资格或具有中级及以上专业技术职称、3年及以上工程实践经验并经监理业务培训的人员。

8. 专业监理工程师 specialty project management engineer

由总监理工程师授权，负责实施某一专业或某一岗位的监理工作，有相应监理文件签发权，具有工程类注册执业资格或具有中级及以上专业技术职称、2年及以上工程实践经验并经监理业务培训的人员。

9. 监理员 site supervisor

从事具体监理工作，具有中专及以上学历并经过监理业务培训的人员。

10. 监理规划 project management planning

项目监理机构全面开展建设工程监理工作的指导性文件。

11. 监理实施细则 detailed rules for project management

针对某一专业或某一方面建设工程监理工作的操作性文件。

12. 工程计量 engineering measuring

根据工程设计文件及施工合同约定，项目监理机构对施工单位申报的合格工程的工程量进行核验。

13. 旁站 key works supervising

项目监理机构对工程的关键部位或关键工序的施工质量进行的监督活动。

14. 巡视 patrol inspecting

项目监理机构对施工现场进行的定期或不定期的检查活动。

15. 平行检验 parallel testing

项目监理机构在施工单位自检的同时，按有关规定、建设工程监理合同约定对同一检验项目进行的检测试验活动。

16. 见证取样 sampling witness

项目监理机构对施工单位进行的涉及结构安全的试块、试件及工程材料现场取样、封样、送检工作的监督活动。

17. 工程延期 construction duration extension

由于非施工单位原因造成合同工期延长的时间。

18. 工期延误 delay of construction period

由于施工单位自身原因造成施工期延长的时间。

19. 工程临时延期批准 approval of construction duration temporary extension

发生非施工单位原因造成的持续性影响工期事件时所作出的临时延长合同工期的批准。

20. 工程最终延期批准 approval of construction duration final extension

发生非施工单位原因造成的持续性影响工期事件时所作出的最终延长合同工期的批准。

21. 监理日志 daily record of project management

项目监理机构每日对建设工程监理工作及施工进展情况所做的记录。

22. 监理月报 monthly report of project management

项目监理机构每月向建设单位提交的建设工程监理工作及建设工程实施情况等分析总结报告。

23. 设备监造 supervision of equipment manufacturing

项目监理机构按照建设工程监理合同和设备采购合同约定，对设备制造过程进行的监督检查活动。

24. 监理文件资料 project documentation & data

工程监理单位在履行建设工程监理合同过程中形成或获取的，以一定形式记录、保存的文件资料。

附录Ⅱ 监理工作基本表式

表 A.0.1 **总监理工程师任命书**

工程名称： 编号：

致：________________（建设单位）

兹任命________________（注册监理工程师注册号：________）为我单位____项目总监理工程师。负责履行建设工程监理合同、主持项目监理机构工作。

工程监理单位（盖章）

法定代表人（签字）

年 月 日

注 本表一式三份，项目监理机构、建设单位、施工单位各一份。

表 A. 0. 2　　工 程 开 工 令

工程名称：　　编号：

致：____________（施工单位）

经审查，本工程已具备施工合同约定的开工条件，现同意你方开始施工，开工日期为________年________月________日。

附件：工程开工报审表

项目监理机构（盖章）

总监理工程师（签字、加盖执业印章）

年　月　日

注　本表一式三份，项目监理机构、建设单位、施工单位各一份。

表 A.0.3　　**监理通知单**

工程名称：　　　　　　　　　　　　　　　　　　　　编号：

致：________（施工项目经理部）

事由：________________________________

____

____

____

内容：________________________________

____

____

____

项目监理机构（盖章）

总/专业监理工程师（签字）

年　月　日

注　本表一式三份，项目监理机构、建设单位、施工单位各一份。

表 A.0.4 监理报告

工程名称： 编号：

致：____________（主管部门）

由____________________（施工单位）施工的____________________（工程部位），存在安全事故隐患。我方已于_______年_______月_______日发出编号为_______的《监理通知单》/《工程暂停令》，但施工单位未整改/停工。

特此报告。

附件：☐监理通知单

☐工程暂停令

☐其他

项目监理机构（盖章）

总监理工程师（签字）

年 月 日

注 本表一式四份，主管部门、建设单位、工程监理单位、项目监理机构各一份。

表 A.0.5 **工程暂停令**

工程名称：　　　　　　　　　　　　　　　　　　　　　　　　　　　编号：

致：____________________（施工项目经理部） 　　由于____ 原因，现通知你方于________年________月________日________时起，暂停________部位（工序）施工，并按下述要求做好后续工作。 　　要求：   项目监理机构（盖章） 总监理工程师（签字、加盖执业印章） 年　月　日

注　本表一式三份，项目监理机构、建设单位、施工单位各一份。

表 A.0.6 旁站记录

工程名称： 编号：

<table>
<tr><td>旁站的关键部位、
关键工序</td><td></td><td>施工单位</td><td></td></tr>
<tr><td>旁站开始时间</td><td>年 月 日 时 分</td><td>旁站结束时间</td><td>年 月 日 时 分</td></tr>
<tr><td colspan="4">旁站的关键部位、关键工序施工情况：</td></tr>
<tr><td colspan="4">发现的问题及处理情况：

旁站监理人员（签字）
年 月 日</td></tr>
</table>

注 本表一式一份，项目监理机构留存。

表 A. 0. 7

工程复工令

工程名称： 编号：

致：____________________（施工项目经理部）

我方发出的编号为________《工程暂停令》，要求暂停施工的________部位（工序），经查已具备复工条件。经建设单位同意，现通知你方于________年________月________日________时起恢复施工。

附件：工程复工报审表

项目监理机构（盖章）

总监理工程师（签字、加盖执业印章）

年 月 日

注 本表一式三份，项目监理机构、建设单位、施工单位各一份。

表 A.0.8 **工程款支付证书**

工程名称： 编号：

致：__________________（施工单位）

根据施工合同约定，经审核编号为________工程款支付报审表，扣除有关款项后，同意支付工程款共计（大写）____（小写：__________________）

其中

1. 施工单位申报款为：
2. 经审核施工单位应得款为：
3. 本期应扣款为：
4. 本期应付款为：

附件：工程款支付报审表及附件

项目监理机构（盖章）

总监理工程师（签字、加盖执业印章）

年 月 日

注 本表一式三份，项目监理机构、建设单位、施工单位各一份。

表 B.0.1　　施工组织设计/（专项）施工方案报审表

工程名称：　　　　　　　　　　　　　　　　　　　　　　　　编号：

<table>
<tr><td>致：____________（项目监理机构）
我方已完成________工程施工组织设计/（专项）施工方案的编制和审批，请予以审查。
附件：□施工组织设计
□专项施工方案
□施工方案

施工项目经理部（盖章）
项目经理（签字）
年　月　日</td></tr>
<tr><td>审查意见：

专业监理工程师（签字）
年　月　日</td></tr>
<tr><td>审核意见：

项目监理机构（盖章）
总监理工程师（签字、加盖执业印章）
年　月　日</td></tr>
<tr><td>审批意见（仅对超过一定规模的危险性较大的分部分项工程专项施工方案）：

建设单位（盖章）
建设单位代表（签字）
年　月　日</td></tr>
</table>

注　本表一式三份，项目监理机构、建设单位、施工单位各一份。

表 B.0.2　　**工程开工报审表**

工程名称：　　　　　　　　　　　　　　　　　　　　　　　　　　　　　　编号：

<table>
<tr><td>致：______________（建设单位）
______________（项目监理机构）
我方承担的______________工程，已完成相关准备工作，具备开工条件，申请于______年______月______日开工，请予以审批。
附件：证明文件资料

施工单位（盖章）
项目经理（签字）
年　月　日</td></tr>
<tr><td>审核意见：

项目监理机构（盖章）
总监理工程师（签字、加盖执业印章）
年　月　日</td></tr>
<tr><td>审批意见：

建设单位（盖章）
建设单位代表（签字）
年　月　日</td></tr>
</table>

注　本表一式三份，项目监理机构、建设单位、施工单位各一份。

表 B.0.3

工程复工报审表

工程名称： 编号：

<table>
<tr><td>致：____________________（项目监理机构）
编号为____________________《工程暂停令》所停工的____________________部位（工序）已满足复工条件，我方申请于________年________月________日复工，请予以审批。
附件：证明文件资料

施工项目经理部（盖章）
项目经理（签字）
年 月 日</td></tr>
<tr><td>审核意见：

项目监理机构（盖章）
总监理工程师（签字）
年 月 日</td></tr>
<tr><td>审批意见：

建设单位（盖章）
建设单位代表（签字）
年 月 日</td></tr>
</table>

注 本表一式三份，项目监理机构、建设单位、施工单位各一份。

表 B.0.4 **分包单位资格报审表**

工程名称： 编号：

致：____________________（项目监理机构）

经考察，我方认为拟选择的____________________（分包单位）具有承担下列工程的施工或安装资质和能力，可以保证本工程按施工合同第________条款的约定进行施工或安装。请予以审查。

分包工程名称（部位）	分包工程量	分包工程合同额
合计		

附件：1. 分包单位资质材料
2. 分包单位业绩材料
3. 分包单位专职管理人员和特种作业人员的资格证书
4. 施工单位对分包单位的管理制度

施工项目经理部（盖章）
项目经理（签字）
年 月 日

审查意见：

专业监理工程师（签字）
年 月 日

审批意见：

项目监理机构（盖章）
总监理工程师（签字）
年 月 日

注 本表一式三份，项目监理机构、建设单位、施工单位各一份。

表 B.0.5 **施工控制测量成果报验表**

工程名称： 编号：

<table>
<tr><td>致：____________（项目监理机构）
我方已完成____________的施工控制测量，经自检合格，请予以查验。
附件：1. 施工控制测量依据资料
2. 施工控制测量成果表

施工项目经理部（盖章）
项目技术负责人（签字）
年 月 日</td></tr>
<tr><td>审查意见：

项目监理机构（盖章）
专业监理工程师（签字）
年 月 日</td></tr>
</table>

注 本表一式三份，项目监理机构、建设单位、施工单位各一份。

表 B. 0. 6 **工程材料、构配件、设备报审表**

工程名称： 编号：

<table>
<tr><td>致：____________________（项目监理机构）
于________年________月________日进场的拟用于工程____________________部位的________，经我方检验合格，现将相关资料报上，请予以审查。
附件：1. 工程材料、构配件或设备清单
2. 质量证明文件
3. 自检结果

施工项目经理部（盖章）
项目经理（签字）
年 月 日</td></tr>
<tr><td>审查意见：

项目监理机构（盖章）
专业监理工程师（签字）
年 月 日</td></tr>
</table>

注 本表一式二份，项目监理机构、施工单位各一份。

表 B.0.7 ________报审、报验表

工程名称： 编号：

<table>
<tr><td>致：____________（项目监理机构）
我方已完成______________工作，经自检合格，请予以审查或验收。
附件：□隐蔽工程质量检验资料
□检验批质量检验资料
□分项工程质量检验资料
□施工实验室证明资料
□其他

施工项目经理部（盖章）
项目经理或项目技术负责人（签字）
年 月 日</td></tr>
<tr><td>审查或验收意见：

项目监理机构（盖章）
专业监理工程师（签字）
年 月 日</td></tr>
</table>

注 本表一式二份，项目监理机构、施工单位各一份。

表 B.0.8 分部工程报验表

工程名称： 编号：

<table>
<tr><td>致：____________（项目监理机构）
我方已完成____________（分部工程），经自检合格，请予以验收。
附件：分部工程质量资料

施工项目经理部（盖章）
项目技术负责人（签字）
年 月 日</td></tr>
<tr><td>验收意见：

专业监理工程师（签字）
年 月 日</td></tr>
<tr><td>验收意见：

项目监理机构（盖章）
总监理工程师（签字）
年 月 日</td></tr>
</table>

注 本表一式三份，项目监理机构、建设单位、施工单位各一份。

表 B.0.9 **监理通知回复单**

工程名称： 编号：

<table>
<tr><td>致：__________（项目监理机构）
我方接到编号为__________的监理通知单后，已按要求完成相关工作，请予以复查。
附件：需要说明的情况

施工项目经理部（盖章）
项目经理（签字）
年 月 日</td></tr>
<tr><td>复查意见：

项目监理机构（盖章）
总监理工程师/专业监理工程师（签字）
年 月 日</td></tr>
</table>

注 本表一式三份，项目监理机构、建设单位、施工单位各一份。

表 B. 0. 10　　单位工程竣工验收报审表

工程名称：　　　　编号：

<table>
<tr><td>致：____________________（项目监理机构）
我方已按施工合同要求完成________________________工程，经自检合格，现将有关资料报上，请予以验收。
附件：1. 工程质量验收报告
2. 工程功能检验资料

施工单位（盖章）
项目经理（签字）
年 月 日</td></tr>
<tr><td>预验收意见：
经预验收，该工程合格/不合格，可以/不可以组织正式验收。

项目监理机构（盖章）
总监理工程师（签字、加盖执业印章）
年 月 日</td></tr>
</table>

注　本表一式三份，项目监理机构、建设单位、施工单位各一份。

表 B.0.11 **工程款支付报审表**

工程名称： 编号：

<table>
<tr><td>致：____________________（项目监理机构）
根据施工合同约定，我方已完成____________________工作，建设单位应在________年________月________日前支付工程款共计（大写）____________________________（小写：________），请予以审核。
附件：□已完成工程量报表
□工程竣工结算证明材料
□相应支持性证明文件

施工项目经理部（盖章）
项目经理（签字）
年 月 日</td></tr>
<tr><td>审查意见：
1. 施工单位应得款为：
2. 本期应扣款为：
3. 本期应付款为：
附件：相应支持性材料

专业监理工程师（签字）
年 月 日</td></tr>
<tr><td>审核意见：

项目监理机构（盖章）
总监理工程师（签字、加盖执业印章）
年 月 日</td></tr>
<tr><td>审批意见：

建设单位（盖章）
建设单位代表（签字）
年 月 日</td></tr>
</table>

注 本表一式三份，项目监理机构、建设单位、施工单位各一份；工程竣工结算报审时本表一式四份，项目监理机构、建设单位各一份、施工单位二份。

表 B.0.12 **施工进度计划报审表**

工程名称： 编号：

<table>
<tr><td>致：__________________（项目监理机构）
根据施工合同约定，我方已完成__________________工程施工进度计划的编制和批准，请予以审查。
附件：□施工总进度计划
□阶段性进度计划

施工项目经理部（盖章）
项目经理（签字）
年 月 日</td></tr>
<tr><td>审查意见：

专业监理工程师（签字）
年 月 日</td></tr>
<tr><td>审核意见：

项目监理机构（盖章）
总监理工程师（签字）
年 月 日</td></tr>
</table>

注 本表一式三份，项目监理机构、建设单位、施工单位各一份。

表 B.0.13

费用索赔报审表

工程名称： 编号：

致：____________________（项目监理机构）

根据施工合同________条款，由于________________________的原因，我方申请索赔金额（大写）________________________，请予批准。

索赔理由：____

附件：□索赔金额计算

□证明材料

施工项目经理部（盖章）

项目经理（签字）

年 月 日

审核意见：

□不同意此项索赔

□同意此项索赔，索赔金额为（大写）________________________。

同意/不同意索赔的理由：____

附件：□索赔审查报告

项目监理机构（盖章）

总监理工程师（签字、加盖执业印章）

年 月 日

审批意见：

建设单位（盖章）

建设单位代表（签字）

年 月 日

注 本表一式三份，项目监理机构、建设单位、施工单位各一份。

表 B.0.14

工程临时/最终延期报审表

工程名称：　　　　　　　　　　　　　　　　　　　　　　　　　　　　　　编号：

<table>
<tr><td>致：____________________（项目监理机构）
根据施工合同____________________（条款），由于____________________________原因，我方申请工程临时/最终延期________（日历天），请予批准。
附件：1. 工程延期依据及工期计算
2. 证明材料

施工项目经理部（盖章）
项目经理（签字）
年　月　日</td></tr>
<tr><td>审核意见：
□同意工程临时/最终延期________（日历天）。工程竣工日期从施工合同约定的________年________月________日延迟到________年________月________日。
□不同意延期，请按约定竣工工期组织施工。

项目监理机构（盖章）
总监理工程师（签字、加盖执业印章）
年　月　日</td></tr>
<tr><td>审批意见：

建设单位（盖章）
建设单位代表（签字）
年　月　日</td></tr>
</table>

注　本表一式三份，项目监理机构、建设单位、施工单位各一份。

表 C.0.1　　**工作联系单**

工程名称：　　　　　　　　　　　　　　　　　　　　编号：

<table>
<tr><td>致：________________________

发文单位
负责人（签字）
年　月　日</td></tr>
</table>

表 C.0.2　　工程变更单

工程名称：　　　　　　　　　　　　　　　　　　　　　　编号：

<table>
<tr><td colspan="3">致：____________
由于____________原因，兹提出____________工程变更，请予以审批。
附件：□变更内容
□变更设计图
□相关会议纪要
□其他

变更提出单位：
负责人：
年　月　日</td></tr>
<tr><td>工程量增/减</td><td colspan="2"></td></tr>
<tr><td>费用增/减</td><td colspan="2"></td></tr>
<tr><td>工期变化</td><td colspan="2"></td></tr>
<tr><td colspan="2">施工项目经理部（盖章）
项目经理（签字）</td><td>设计单位（盖章）
设计负责人（签字）</td></tr>
<tr><td colspan="2">项目监理机构（盖章）
总监理工程师（签字）</td><td>建设单位（盖章）
负责人（签字）</td></tr>
</table>

注　本表一式四份，建设单位、项目监理机构、设计单位、施工单位各一份。

表 C.0.3

索赔意向通知书

工程名称：　　　　　　　　　　　　　　　　　　　　　　　　　　　　编号：

致：________________________

根据施工合同________________________（条款）规定，由于发生了________________________事件，且该事件的发生非我方原因所致。为此，我方向________________________（单位）提出索赔要求。

附件：索赔事件资料

提出单位（盖章）

负责人（签字）

年　月　日

附录Ⅲ　资金等值计算系数表

附表Ⅲ-1　　一次支付终值系数（F/P，i，n）

n \ i	3%	5%	6%	7%	8%	10%	12%	15%	18%	20%	25%	30%
1	1.030	1.050	1.060	1.070	1.080	1.100	1.120	1.150	1.180	1.200	1.250	1.300
2	1.061	1.103	1.124	1.145	1.166	1.210	1.254	1.323	1.392	1.440	1.563	1.690
3	1.093	1.158	1.191	1.225	1.260	1.331	1.405	1.521	1.643	1.728	1.953	2.197
4	1.126	1.216	1.262	1.311	1.360	1.464	1.574	1.749	1.939	2.074	2.441	2.856
5	1.159	1.276	1.338	1.403	1.469	1.611	1.762	2.011	2.288	2.488	3.052	3.713
6	1.194	1.340	1.419	1.501	1.587	1.772	1.974	2.313	2.700	2.986	3.815	4.827
7	1.230	1.407	1.504	1.606	1.714	1.949	2.211	2.660	3.185	3.583	4.768	6.275
8	1.267	1.477	1.594	1.718	1.851	2.144	2.476	3.059	3.759	4.300	5.960	8.157
9	1.305	1.551	1.689	1.838	1.999	2.358	2.773	3.518	4.435	5.160	7.451	10.604
10	1.344	1.629	1.791	1.967	2.159	2.594	3.106	4.046	5.234	6.192	9.313	13.786
11	1.384	1.710	1.898	2.105	2.332	2.853	3.479	4.652	6.176	7.430	11.642	17.922
12	1.426	1.796	2.012	2.252	2.518	3.138	3.896	5.350	7.288	8.916	14.552	23.298
13	1.469	1.886	2.133	2.410	2.720	3.452	4.363	6.153	8.599	10.699	18.190	30.288
14	1.513	1.980	2.261	2.579	2.937	3.797	4.887	7.076	10.147	12.839	22.737	39.374
15	1.558	2.079	2.397	2.759	3.172	4.177	5.474	8.137	11.974	15.407	28.422	51.186
16	1.605	2.183	2.540	2.952	3.426	4.595	6.130	9.358	14.129	18.488	35.527	66.542
17	1.653	2.292	2.693	3.159	3.700	5.054	6.866	10.761	16.672	22.186	44.409	86.504
18	1.702	2.407	2.854	3.380	3.996	5.560	7.690	12.375	19.673	26.623	55.511	112.455
19	1.754	2.527	3.026	3.617	4.316	6.116	8.613	14.232	23.214	31.948	69.389	146.192
20	1.806	2.653	3.207	3.870	4.661	6.727	9.646	16.367	27.393	38.338	86.736	190.050
21	1.860	2.786	3.400	4.141	5.034	7.400	10.804	18.822	32.324	46.005	108.420	247.065
22	1.916	2.925	3.604	4.430	5.437	8.140	12.100	21.645	38.142	55.206	135.525	321.184
23	1.974	3.072	3.820	4.741	5.871	8.954	13.552	24.891	45.008	66.247	169.407	417.539
24	2.033	3.225	4.049	5.072	6.341	9.850	15.179	28.625	53.109	79.497	211.758	542.801
25	2.094	3.386	4.292	5.427	6.848	10.835	17.000	32.919	62.669	95.396	264.698	705.641
26	2.157	3.556	4.549	5.807	7.396	11.918	19.040	37.857	73.949	114.475	330.872	917.333
27	2.221	3.733	4.822	6.214	7.988	13.110	21.325	43.535	87.260	137.371	413.590	1192.533
28	2.288	3.920	5.112	6.649	8.627	14.421	23.884	50.066	102.967	164.845	516.988	1550.293
29	2.357	4.116	5.418	7.114	9.317	15.863	26.750	57.575	121.501	197.814	646.235	2015.381
30	2.427	4.322	5.743	7.612	10.063	17.449	29.960	66.212	143.371	237.376	807.794	2619.996
31	2.500	4.538	6.088	8.145	10.868	19.194	33.555	76.144	169.177	284.852	1009.742	3405.994
32	2.575	4.765	6.453	8.715	11.737	21.114	37.582	87.565	199.629	341.822	1262.177	4427.793
33	2.652	5.003	6.841	9.325	12.676	23.225	42.092	100.700	235.563	410.186	1577.722	5756.130
34	2.732	5.253	7.251	9.978	13.690	25.548	47.143	115.805	277.964	492.224	1972.152	7482.970
35	2.814	5.516	7.686	10.677	14.785	28.102	52.800	133.176	327.997	590.668	2465.190	9727.860

续表

n \ i	3%	5%	6%	7%	8%	10%	12%	15%	18%	20%	25%	30%
36	2.898	5.792	8.147	11.424	15.968	30.913	59.136	153.152	387.037	708.802	3081.488	12646.219
37	2.985	6.081	8.636	12.224	17.246	34.004	66.232	176.125	456.703	850.562	3851.860	16440.084
38	3.075	6.385	9.154	13.079	18.625	37.404	74.180	202.543	538.910	1020.675	4814.825	21372.109
39	3.167	6.705	9.704	13.995	20.115	41.145	83.081	232.925	635.914	1224.810	6018.531	27783.742
40	3.262	7.040	10.286	14.974	21.725	45.259	93.051	267.864	750.378	1469.772	7523.164	36118.865
41	3.360	7.392	10.903	16.023	23.462	49.785	104.217	308.043	885.446	1763.726	9403.955	46954.524
42	3.461	7.762	11.557	17.144	25.339	54.764	116.723	354.250	1044.827	2116.471	11754.944	61040.882
43	3.565	8.150	12.250	18.344	27.367	60.240	130.730	407.387	1232.896	2539.765	14693.679	79353.146
44	3.671	8.557	12.985	19.628	29.556	66.264	146.418	468.495	1454.817	3047.718	18367.099	103159.090
45	3.782	8.985	13.765	21.002	31.920	72.890	163.988	538.769	1716.684	3657.262	22958.874	134106.817
46	3.895	9.434	14.590	22.473	34.474	80.180	183.666	619.585	2025.687	4388.714	28698.593	174338.862
47	4.012	9.906	15.466	24.046	37.232	88.197	205.706	712.522	2390.311	5266.457	35873.241	226640.520
48	4.132	10.401	16.394	25.729	40.211	97.017	230.391	819.401	2820.567	6319.749	44841.551	294632.676
49	4.256	10.921	17.378	27.530	43.427	106.719	258.038	942.311	3328.269	7583.698	56051.939	383022.479
50	4.384	11.467	18.420	29.457	46.902	117.391	289.002	1083.657	3927.357	9100.438	70064.923	497929.223

附表Ⅲ-2　　一次支付现值系数（*P*/*F*，*i*，*n*）

n \ i	3%	5%	6%	7%	8%	10%	12%	15%	18%	20%	25%	30%
1	0.9709	0.9524	0.9434	0.9346	0.9259	0.9091	0.8929	0.8696	0.8475	0.8333	0.8000	0.7692
2	0.9426	0.9070	0.8900	0.8734	0.8573	0.8264	0.7972	0.7561	0.7182	0.6944	0.6400	0.5917
3	0.9151	0.8638	0.8396	0.8163	0.7938	0.7513	0.7118	0.6575	0.6086	0.5787	0.5120	0.4552
4	0.8885	0.8227	0.7921	0.7629	0.7350	0.6830	0.6355	0.5718	0.5158	0.4823	0.4096	0.3501
5	0.8626	0.7835	0.7473	0.7130	0.6806	0.6209	0.5674	0.4972	0.4371	0.4019	0.3277	0.2693
6	0.8375	0.7462	0.7050	0.6663	0.6302	0.5645	0.5066	0.4323	0.3704	0.3349	0.2621	0.2072
7	0.8131	0.7107	0.6651	0.6227	0.5835	0.5132	0.4523	0.3759	0.3139	0.2791	0.2097	0.1594
8	0.7894	0.6768	0.6274	0.5820	0.5403	0.4665	0.4039	0.3269	0.2660	0.2326	0.1678	0.1226
9	0.7664	0.6446	0.5919	0.5439	0.5002	0.4241	0.3606	0.2843	0.2255	0.1938	0.1342	0.0943
10	0.7441	0.6139	0.5584	0.5083	0.4632	0.3855	0.3220	0.2472	0.1911	0.1615	0.1074	0.0725
11	0.7224	0.5847	0.5268	0.4751	0.4289	0.3505	0.2875	0.2149	0.1619	0.1346	0.0859	0.0558
12	0.7014	0.5568	0.4970	0.4440	0.3971	0.3186	0.2567	0.1869	0.1372	0.1122	0.0687	0.0429
13	0.6810	0.5303	0.4688	0.4150	0.3677	0.2897	0.2292	0.1625	0.1163	0.0935	0.0550	0.0330
14	0.6611	0.5051	0.4423	0.3878	0.3405	0.2633	0.2046	0.1413	0.0985	0.0779	0.0440	0.0254
15	0.6419	0.4810	0.4173	0.3624	0.3152	0.2394	0.1827	0.1229	0.0835	0.0649	0.0352	0.0195
16	0.6232	0.4581	0.3936	0.3387	0.2919	0.2176	0.1631	0.1069	0.0708	0.0541	0.0281	0.0150
17	0.6050	0.4363	0.3714	0.3166	0.2703	0.1978	0.1456	0.0929	0.0600	0.0451	0.0225	0.0116
18	0.5874	0.4155	0.3503	0.2959	0.2502	0.1799	0.1300	0.0808	0.0508	0.0376	0.0180	0.0089
19	0.5703	0.3957	0.3305	0.2765	0.2317	0.1635	0.1161	0.0703	0.0431	0.0313	0.0144	0.0068
20	0.5537	0.3769	0.3118	0.2584	0.2145	0.1486	0.1037	0.0611	0.0365	0.0261	0.0115	0.0053
21	0.5375	0.3589	0.2942	0.2415	0.1987	0.1351	0.0926	0.0531	0.0309	0.0217	0.0092	0.0040

续表

i / n	3%	5%	6%	7%	8%	10%	12%	15%	18%	20%	25%	30%
22	0.5219	0.3418	0.2775	0.2257	0.1839	0.1228	0.0826	0.0462	0.0262	0.0181	0.0074	0.0031
23	0.5067	0.3256	0.2618	0.2109	0.1703	0.1117	0.0738	0.0402	0.0222	0.0151	0.0059	0.0024
24	0.4919	0.3101	0.2470	0.1971	0.1577	0.1015	0.0659	0.0349	0.0188	0.0126	0.0047	0.0018
25	0.4776	0.2953	0.2330	0.1842	0.1460	0.0923	0.0588	0.0304	0.0160	0.0105	0.0038	0.0014
26	0.4637	0.2812	0.2198	0.1722	0.1352	0.0839	0.0525	0.0264	0.0135	0.0087	0.0030	0.0011
27	0.4502	0.2678	0.2074	0.1609	0.1252	0.0763	0.0469	0.0230	0.0115	0.0073	0.0024	0.0008
28	0.4371	0.2551	0.1956	0.1504	0.1159	0.0693	0.0419	0.0200	0.0097	0.0061	0.0019	0.0006
29	0.4243	0.2429	0.1846	0.1406	0.1073	0.0630	0.0374	0.0174	0.0082	0.0051	0.0015	0.0005
30	0.4120	0.2314	0.1741	0.1314	0.0994	0.0573	0.0334	0.0151	0.0070	0.0042	0.0012	0.0004
31	0.4000	0.2204	0.1643	0.1228	0.0920	0.0521	0.0298	0.0131	0.0059	0.0035	0.0010	0.0003
32	0.3883	0.2099	0.1550	0.1147	0.0852	0.0474	0.0266	0.0114	0.0050	0.0029	0.0008	0.0002
33	0.3770	0.1999	0.1462	0.1072	0.0789	0.0431	0.0238	0.0099	0.0042	0.0024	0.0006	0.0002
34	0.3660	0.1904	0.1379	0.1002	0.0730	0.0391	0.0212	0.0086	0.0036	0.0020	0.0005	0.0001
35	0.3554	0.1813	0.1301	0.0937	0.0676	0.0356	0.0189	0.0075	0.0030	0.0017	0.0004	0.0001
36	0.3450	0.1727	0.1227	0.0875	0.0626	0.0323	0.0169	0.0065	0.0026	0.0014	0.0003	0.0001
37	0.3350	0.1644	0.1158	0.0818	0.0580	0.0294	0.0151	0.0057	0.0022	0.0012	0.0003	0.0001
38	0.3252	0.1566	0.1092	0.0765	0.0537	0.0267	0.0135	0.0049	0.0019	0.0010	0.0002	0.0000
39	0.3158	0.1491	0.1031	0.0715	0.0497	0.0243	0.0120	0.0043	0.0016	0.0008	0.0002	0.0000
40	0.3066	0.1420	0.0972	0.0668	0.0460	0.0221	0.0107	0.0037	0.0013	0.0007	0.0001	0.0000
41	0.2976	0.1353	0.0917	0.0624	0.0426	0.0201	0.0096	0.0032	0.0011	0.0006	0.0001	0.0000
42	0.2890	0.1288	0.0865	0.0583	0.0395	0.0183	0.0086	0.0028	0.0010	0.0005	0.0001	0.0000
43	0.2805	0.1227	0.0816	0.0545	0.0365	0.0166	0.0076	0.0025	0.0008	0.0004	0.0001	0.0000
44	0.2724	0.1169	0.0770	0.0509	0.0338	0.0151	0.0068	0.0021	0.0007	0.0003	0.0001	0.0000
45	0.2644	0.1113	0.0727	0.0476	0.0313	0.0137	0.0061	0.0019	0.0006	0.0003	0.0000	0.0000
46	0.2567	0.1060	0.0685	0.0445	0.0290	0.0125	0.0054	0.0016	0.0005	0.0002	0.0000	0.0000
47	0.2493	0.1009	0.0647	0.0416	0.0269	0.0113	0.0049	0.0014	0.0004	0.0002	0.0000	0.0000
48	0.2420	0.0961	0.0610	0.0389	0.0249	0.0103	0.0043	0.0012	0.0004	0.0002	0.0000	0.0000
49	0.2350	0.0916	0.0575	0.0363	0.0230	0.0094	0.0039	0.0011	0.0003	0.0001	0.0000	0.0000
50	0.2281	0.0872	0.0543	0.0339	0.0213	0.0085	0.0035	0.0009	0.0003	0.0001	0.0000	0.0000

附表Ⅲ-3　　年金终值系数 (F/A, i, n)

i / n	3%	5%	6%	7%	8%	10%	12%	15%	18%	20%	25%	30%
1	1.000	1.000	1.000	1.000	1.000	1.000	1.000	1.000	1.000	1.000	1.000	1.000
2	2.030	2.050	2.060	2.070	2.080	2.100	2.120	2.150	2.180	2.200	2.250	2.300
3	3.091	3.153	3.184	3.215	3.246	3.310	3.374	3.473	3.572	3.640	3.813	3.990
4	4.184	4.310	4.375	4.440	4.506	4.641	4.779	4.993	5.215	5.368	5.766	6.187
5	5.309	5.526	5.637	5.751	5.867	6.105	6.353	6.742	7.154	7.442	8.207	9.043
6	6.468	6.802	6.975	7.153	7.336	7.716	8.115	8.754	9.442	9.930	11.259	12.756
7	7.662	8.142	8.394	8.654	8.923	9.487	10.089	11.067	12.142	12.916	15.073	17.583

续表

n \ i	3%	5%	6%	7%	8%	10%	12%	15%	18%	20%	25%	30%
8	8.892	9.549	9.897	10.260	10.637	11.436	12.300	13.727	15.327	16.499	19.842	23.858
9	10.159	11.027	11.491	11.978	12.488	13.579	14.776	16.786	19.086	20.799	25.802	32.015
10	11.464	12.578	13.181	13.816	14.487	15.937	17.549	20.304	23.521	25.959	33.253	42.619
11	12.808	14.207	14.972	15.784	16.645	18.531	20.655	24.349	28.755	32.150	42.566	56.405
12	14.192	15.917	16.870	17.888	18.977	21.384	24.133	29.002	34.931	39.581	54.208	74.327
13	15.618	17.713	18.882	20.141	21.495	24.523	28.029	34.352	42.219	48.497	68.760	97.625
14	17.086	19.599	21.015	22.550	24.215	27.975	32.393	40.505	50.818	59.196	86.949	127.913
15	18.599	21.579	23.276	25.129	27.152	31.772	37.280	47.580	60.965	72.035	109.687	167.286
16	20.157	23.657	25.673	27.888	30.324	35.950	42.753	55.717	72.939	87.442	138.109	218.472
17	21.762	25.840	28.213	30.840	33.750	40.545	48.884	65.075	87.068	105.931	173.636	285.014
18	23.414	28.132	30.906	33.999	37.450	45.599	55.750	75.836	103.740	128.117	218.045	371.518
19	25.117	30.539	33.760	37.379	41.446	51.159	63.440	88.212	123.414	154.740	273.556	483.973
20	26.870	33.066	36.786	40.995	45.762	57.275	72.052	102.444	146.628	186.688	342.945	630.165
21	28.676	35.719	39.993	44.865	50.423	64.002	81.699	118.810	174.021	225.026	429.681	820.215
22	30.537	38.505	43.392	49.006	55.457	71.403	92.503	137.632	206.345	271.031	538.101	1067.280
23	32.453	41.430	46.996	53.436	60.893	79.543	104.603	159.276	244.487	326.237	673.626	1388.464
24	34.426	44.502	50.816	58.177	66.765	88.497	118.155	184.168	289.494	392.484	843.033	1806.003
25	36.459	47.727	54.865	63.249	73.106	98.347	133.334	212.793	342.603	471.981	1054.791	2348.803
26	38.553	51.113	59.156	68.676	79.954	109.182	150.334	245.712	405.272	567.377	1319.489	3054.444
27	40.710	54.669	63.706	74.484	87.351	121.100	169.374	283.569	479.221	681.853	1650.361	3971.778
28	42.931	58.403	68.528	80.698	95.339	134.210	190.699	327.104	566.481	819.223	2063.952	5164.311
29	45.219	62.323	73.640	87.347	103.966	148.631	214.583	377.170	669.447	984.068	2580.939	6714.604
30	47.575	66.439	79.058	94.461	113.283	164.494	241.333	434.745	790.948	1181.882	3227.174	8729.985
31	50.003	70.761	84.802	102.073	123.346	181.943	271.293	500.957	934.319	1419.258	4034.968	11349.981
32	52.503	75.299	90.890	110.218	134.214	201.138	304.848	577.100	1103.496	1704.109	5044.710	14755.975
33	55.078	80.064	97.343	118.933	145.951	222.252	342.429	664.666	1303.125	2045.931	6306.887	19183.768
34	57.730	85.067	104.184	128.259	158.627	245.477	384.521	765.365	1538.688	2456.118	7884.609	24939.899
35	60.462	90.320	111.435	138.237	172.317	271.024	431.663	881.170	1816.652	2948.341	9856.761	32422.868
36	63.276	95.836	119.121	148.913	187.102	299.127	484.463	1014.346	2144.649	3539.009	12321.952	42150.729
37	66.174	101.628	127.268	160.337	203.070	330.039	543.599	1167.498	2531.686	4247.811	15403.440	54796.947
38	69.159	107.710	135.904	172.561	220.316	364.043	609.831	1343.622	2988.389	5098.373	19255.299	71237.031
39	72.234	114.095	145.058	185.640	238.941	401.448	684.010	1546.165	3527.299	6119.048	24070.124	92609.141
40	75.401	120.800	154.762	199.635	259.057	442.593	767.091	1779.090	4163.213	7343.858	30088.655	120392.883
41	78.663	127.840	165.048	214.610	280.781	487.852	860.142	2046.954	4913.591	8813.629	37611.819	156511.748
42	82.023	135.232	175.951	230.632	304.244	537.637	964.359	2354.997	5799.038	10577.355	47015.774	203466.272
43	85.484	142.993	187.508	247.776	329.583	592.401	1081.083	2709.246	6843.865	12693.826	58770.718	264507.153
44	89.048	151.143	199.758	266.121	356.950	652.641	1211.813	3116.633	8076.760	15233.592	73464.397	343860.299
45	92.720	159.700	212.744	285.749	386.506	718.905	1358.230	3585.128	9531.577	18281.310	91831.496	447019.389
46	96.501	168.685	226.508	306.752	418.426	791.795	1522.218	4123.898	11248.261	21938.572	114790.370	581126.206
47	100.397	178.119	241.099	329.224	452.900	871.975	1705.884	4743.482	13273.948	26327.286	143488.963	755465.067
48	104.408	188.025	256.565	353.270	490.132	960.172	1911.590	5456.005	15664.259	31593.744	179362.203	982105.588
49	108.541	198.427	272.958	378.999	530.343	1057.190	2141.981	6275.405	18484.825	37913.492	224203.754	1276738.264
50	112.797	209.348	290.336	406.529	573.770	1163.909	2400.018	7217.716	21813.094	45497.191	280255.693	1659760.743

附表Ⅲ-4　　　　偿债资金系数（A/F，i，n）

n \ i	3%	5%	6%	7%	8%	10%	12%	15%	18%	20%	25%	30%
1	1.0000	1.0000	1.0000	1.0000	1.0000	1.0000	1.0000	1.0000	1.0000	1.0000	1.0000	1.0000
2	0.4926	0.4878	0.4854	0.4831	0.4808	0.4762	0.4717	0.4651	0.4587	0.4545	0.4444	0.4348
3	0.3235	0.3172	0.3141	0.3111	0.3080	0.3021	0.2963	0.2880	0.2799	0.2747	0.2623	0.2506
4	0.2390	0.2320	0.2286	0.2252	0.2219	0.2155	0.2092	0.2003	0.1917	0.1863	0.1734	0.1616
5	0.1884	0.1810	0.1774	0.1739	0.1705	0.1638	0.1574	0.1483	0.1398	0.1344	0.1218	0.1106
6	0.1546	0.1470	0.1434	0.1398	0.1363	0.1296	0.1232	0.1142	0.1059	0.1007	0.0888	0.0784
7	0.1305	0.1228	0.1191	0.1156	0.1121	0.1054	0.0991	0.0904	0.0824	0.0774	0.0663	0.0569
8	0.1125	0.1047	0.1010	0.0975	0.0940	0.0874	0.0813	0.0729	0.0652	0.0606	0.0504	0.0419
9	0.0984	0.0907	0.0870	0.0835	0.0801	0.0736	0.0677	0.0596	0.0524	0.0481	0.0388	0.0312
10	0.0872	0.0795	0.0759	0.0724	0.0690	0.0627	0.0570	0.0493	0.0425	0.0385	0.0301	0.0235
11	0.0781	0.0704	0.0668	0.0634	0.0601	0.0540	0.0484	0.0411	0.0348	0.0311	0.0235	0.0177
12	0.0705	0.0628	0.0593	0.0559	0.0527	0.0468	0.0414	0.0345	0.0286	0.0253	0.0184	0.0135
13	0.0640	0.0565	0.0530	0.0497	0.0465	0.0408	0.0357	0.0291	0.0237	0.0206	0.0145	0.0102
14	0.0585	0.0510	0.0476	0.0443	0.0413	0.0357	0.0309	0.0247	0.0197	0.0169	0.0115	0.0078
15	0.0538	0.0463	0.0430	0.0398	0.0368	0.0315	0.0268	0.0210	0.0164	0.0139	0.0091	0.0060
16	0.0496	0.0423	0.0390	0.0359	0.0330	0.0278	0.0234	0.0179	0.0137	0.0114	0.0072	0.0046
17	0.0460	0.0387	0.0354	0.0324	0.0296	0.0247	0.0205	0.0154	0.0115	0.0094	0.0058	0.0035
18	0.0427	0.0355	0.0324	0.0294	0.0267	0.0219	0.0179	0.0132	0.0096	0.0078	0.0046	0.0027
19	0.0398	0.0327	0.0296	0.0268	0.0241	0.0195	0.0158	0.0113	0.0081	0.0065	0.0037	0.0021
20	0.0372	0.0302	0.0272	0.0244	0.0219	0.0175	0.0139	0.0098	0.0068	0.0054	0.0029	0.0016
21	0.0349	0.0280	0.0250	0.0223	0.0198	0.0156	0.0122	0.0084	0.0057	0.0044	0.0023	0.0012
22	0.0327	0.0260	0.0230	0.0204	0.0180	0.0140	0.0108	0.0073	0.0048	0.0037	0.0019	0.0009
23	0.0308	0.0241	0.0213	0.0187	0.0164	0.0126	0.0096	0.0063	0.0041	0.0031	0.0015	0.0007
24	0.0290	0.0225	0.0197	0.0172	0.0150	0.0113	0.0085	0.0054	0.0035	0.0025	0.0012	0.0006
25	0.0274	0.0210	0.0182	0.0158	0.0137	0.0102	0.0075	0.0047	0.0029	0.0021	0.0009	0.0004
26	0.0259	0.0196	0.0169	0.0146	0.0125	0.0092	0.0067	0.0041	0.0025	0.0018	0.0008	0.0003
27	0.0246	0.0183	0.0157	0.0134	0.0114	0.0083	0.0059	0.0035	0.0021	0.0015	0.0006	0.0003
28	0.0233	0.0171	0.0146	0.0124	0.0105	0.0075	0.0052	0.0031	0.0018	0.0012	0.0005	0.0002
29	0.0221	0.0160	0.0136	0.0114	0.0096	0.0067	0.0047	0.0027	0.0015	0.0010	0.0004	0.0001
30	0.0210	0.0151	0.0126	0.0106	0.0088	0.0061	0.0041	0.0023	0.0013	0.0008	0.0003	0.0001
31	0.0200	0.0141	0.0118	0.0098	0.0081	0.0055	0.0037	0.0020	0.0011	0.0007	0.0002	0.0001
32	0.0190	0.0133	0.0110	0.0091	0.0075	0.0050	0.0033	0.0017	0.0009	0.0006	0.0002	0.0001
33	0.0182	0.0125	0.0103	0.0084	0.0069	0.0045	0.0029	0.0015	0.0008	0.0005	0.0002	0.0001
34	0.0173	0.0118	0.0096	0.0078	0.0063	0.0041	0.0026	0.0013	0.0006	0.0004	0.0001	0.0000
35	0.0165	0.0111	0.0090	0.0072	0.0058	0.0037	0.0023	0.0011	0.0006	0.0003	0.0001	0.0000
36	0.0158	0.0104	0.0084	0.0067	0.0053	0.0033	0.0021	0.0010	0.0005	0.0003	0.0001	0.0000
37	0.0151	0.0098	0.0079	0.0062	0.0049	0.0030	0.0018	0.0009	0.0004	0.0002	0.0001	0.0000
38	0.0145	0.0093	0.0074	0.0058	0.0045	0.0027	0.0016	0.0007	0.0003	0.0002	0.0001	0.0000
39	0.0138	0.0088	0.0069	0.0054	0.0042	0.0025	0.0015	0.0006	0.0003	0.0002	0.0000	0.0000

续表

n \ i	3%	5%	6%	7%	8%	10%	12%	15%	18%	20%	25%	30%
40	0.0133	0.0083	0.0065	0.0050	0.0039	0.0023	0.0013	0.0006	0.0002	0.0001	0.0000	0.0000
41	0.0127	0.0078	0.0061	0.0047	0.0036	0.0020	0.0012	0.0005	0.0002	0.0001	0.0000	0.0000
42	0.0122	0.0074	0.0057	0.0043	0.0033	0.0019	0.0010	0.0004	0.0002	0.0001	0.0000	0.0000
43	0.0117	0.0070	0.0053	0.0040	0.0030	0.0017	0.0009	0.0004	0.0001	0.0001	0.0000	0.0000
44	0.0112	0.0066	0.0050	0.0038	0.0028	0.0015	0.0008	0.0003	0.0001	0.0001	0.0000	0.0000
45	0.0108	0.0063	0.0047	0.0035	0.0026	0.0014	0.0007	0.0003	0.0001	0.0001	0.0000	0.0000
46	0.0104	0.0059	0.0044	0.0033	0.0024	0.0013	0.0007	0.0002	0.0001	0.0000	0.0000	0.0000
47	0.0100	0.0056	0.0041	0.0030	0.0022	0.0011	0.0006	0.0002	0.0001	0.0000	0.0000	0.0000
48	0.0096	0.0053	0.0039	0.0028	0.0020	0.0010	0.0005	0.0002	0.0001	0.0000	0.0000	0.0000
49	0.0092	0.0050	0.0037	0.0026	0.0019	0.0009	0.0005	0.0002	0.0001	0.0000	0.0000	0.0000
50	0.0089	0.0048	0.0034	0.0025	0.0017	0.0009	0.0004	0.0001	0.0000	0.0000	0.0000	0.0000

附表Ⅲ-5　　资金回收系数（A/P，i，n）

n \ i	3%	5%	6%	7%	8%	10%	12%	15%	18%	20%	25%	30%
1	1.0300	1.0500	1.0600	1.0700	1.0800	1.1000	1.1200	1.1500	1.1800	1.2000	1.2500	1.3000
2	0.5226	0.5378	0.5454	0.5531	0.5608	0.5762	0.5917	0.6151	0.6387	0.6545	0.6944	0.7348
3	0.3535	0.3672	0.3741	0.3811	0.3880	0.4021	0.4163	0.4380	0.4599	0.4747	0.5123	0.5506
4	0.2690	0.2820	0.2886	0.2952	0.3019	0.3155	0.3292	0.3503	0.3717	0.3863	0.4234	0.4616
5	0.2184	0.2310	0.2374	0.2439	0.2505	0.2638	0.2774	0.2983	0.3198	0.3344	0.3718	0.4106
6	0.1846	0.1970	0.2034	0.2098	0.2163	0.2296	0.2432	0.2642	0.2859	0.3007	0.3388	0.3784
7	0.1605	0.1728	0.1791	0.1856	0.1921	0.2054	0.2191	0.2404	0.2624	0.2774	0.3163	0.3569
8	0.1425	0.1547	0.1610	0.1675	0.1740	0.1874	0.2013	0.2229	0.2452	0.2606	0.3004	0.3419
9	0.1284	0.1407	0.1470	0.1535	0.1601	0.1736	0.1877	0.2096	0.2324	0.2481	0.2888	0.3312
10	0.1172	0.1295	0.1359	0.1424	0.1490	0.1627	0.1770	0.1993	0.2225	0.2385	0.2801	0.3235
11	0.1081	0.1204	0.1268	0.1334	0.1401	0.1540	0.1684	0.1911	0.2148	0.2311	0.2735	0.3177
12	0.1005	0.1128	0.1193	0.1259	0.1327	0.1468	0.1614	0.1845	0.2086	0.2253	0.2684	0.3135
13	0.0940	0.1065	0.1130	0.1197	0.1265	0.1408	0.1557	0.1791	0.2037	0.2206	0.2645	0.3102
14	0.0885	0.1010	0.1076	0.1143	0.1213	0.1357	0.1509	0.1747	0.1997	0.2169	0.2615	0.3078
15	0.0838	0.0963	0.1030	0.1098	0.1168	0.1315	0.1468	0.1710	0.1964	0.2139	0.2591	0.3060
16	0.0796	0.0923	0.0990	0.1059	0.1130	0.1278	0.1434	0.1679	0.1937	0.2114	0.2572	0.3046
17	0.0760	0.0887	0.0954	0.1024	0.1096	0.1247	0.1405	0.1654	0.1915	0.2094	0.2558	0.3035
18	0.0727	0.0855	0.0924	0.0994	0.1067	0.1219	0.1379	0.1632	0.1896	0.2078	0.2546	0.3027
19	0.0698	0.0827	0.0896	0.0968	0.1041	0.1195	0.1358	0.1613	0.1881	0.2065	0.2537	0.3021
20	0.0672	0.0802	0.0872	0.0944	0.1019	0.1175	0.1339	0.1598	0.1868	0.2054	0.2529	0.3016
21	0.0649	0.0780	0.0850	0.0923	0.0998	0.1156	0.1322	0.1584	0.1857	0.2044	0.2523	0.3012
22	0.0627	0.0760	0.0830	0.0904	0.0980	0.1140	0.1308	0.1573	0.1848	0.2037	0.2519	0.3009
23	0.0608	0.0741	0.0813	0.0887	0.0964	0.1126	0.1296	0.1563	0.1841	0.2031	0.2515	0.3007
24	0.0590	0.0725	0.0797	0.0872	0.0950	0.1113	0.1285	0.1554	0.1835	0.2025	0.2512	0.3006
25	0.0574	0.0710	0.0782	0.0858	0.0937	0.1102	0.1275	0.1547	0.1829	0.2021	0.2509	0.3004

续表

n \ i	3%	5%	6%	7%	8%	10%	12%	15%	18%	20%	25%	30%
26	0.0559	0.0696	0.0769	0.0846	0.0925	0.1092	0.1267	0.1541	0.1825	0.2018	0.2508	0.3003
27	0.0546	0.0683	0.0757	0.0834	0.0914	0.1083	0.1259	0.1535	0.1821	0.2015	0.2506	0.3003
28	0.0533	0.0671	0.0746	0.0824	0.0905	0.1075	0.1252	0.1531	0.1818	0.2012	0.2505	0.3002
29	0.0521	0.0660	0.0736	0.0814	0.0896	0.1067	0.1247	0.1527	0.1815	0.2010	0.2504	0.3001
30	0.0510	0.0651	0.0726	0.0806	0.0888	0.1061	0.1241	0.1523	0.1813	0.2008	0.2503	0.3001
31	0.0500	0.0641	0.0718	0.0798	0.0881	0.1055	0.1237	0.1520	0.1811	0.2007	0.2502	0.3001
32	0.0490	0.0633	0.0710	0.0791	0.0875	0.1050	0.1233	0.1517	0.1809	0.2006	0.2502	0.3001
33	0.0482	0.0625	0.0703	0.0784	0.0869	0.1045	0.1229	0.1515	0.1808	0.2005	0.2502	0.3001
34	0.0473	0.0618	0.0696	0.0778	0.0863	0.1041	0.1226	0.1513	0.1806	0.2004	0.2501	0.3000
35	0.0465	0.0611	0.0690	0.0772	0.0858	0.1037	0.1223	0.1511	0.1806	0.2003	0.2501	0.3000
36	0.0458	0.0604	0.0684	0.0767	0.0853	0.1033	0.1221	0.1510	0.1805	0.2003	0.2501	0.3000
37	0.0451	0.0598	0.0679	0.0762	0.0849	0.1030	0.1218	0.1509	0.1804	0.2002	0.2501	0.3000
38	0.0445	0.0593	0.0674	0.0758	0.0845	0.1027	0.1216	0.1507	0.1803	0.2002	0.2501	0.3000
39	0.0438	0.0588	0.0669	0.0754	0.0842	0.1025	0.1215	0.1506	0.1803	0.2002	0.2500	0.3000
40	0.0433	0.0583	0.0665	0.0750	0.0839	0.1023	0.1213	0.1506	0.1802	0.2001	0.2500	0.3000
41	0.0427	0.0578	0.0661	0.0747	0.0836	0.1020	0.1212	0.1505	0.1802	0.2001	0.2500	0.3000
42	0.0422	0.0574	0.0657	0.0743	0.0833	0.1019	0.1210	0.1504	0.1802	0.2001	0.2500	0.3000
43	0.0417	0.0570	0.0653	0.0740	0.0830	0.1017	0.1209	0.1504	0.1801	0.2001	0.2500	0.3000
44	0.0412	0.0566	0.0650	0.0738	0.0828	0.1015	0.1208	0.1503	0.1801	0.2001	0.2500	0.3000
45	0.0408	0.0563	0.0647	0.0735	0.0826	0.1014	0.1207	0.1503	0.1801	0.2001	0.2500	0.3000
46	0.0404	0.0559	0.0644	0.0733	0.0824	0.1013	0.1207	0.1502	0.1801	0.2000	0.2500	0.3000
47	0.0400	0.0556	0.0641	0.0730	0.0822	0.1011	0.1206	0.1502	0.1801	0.2000	0.2500	0.3000
48	0.0396	0.0553	0.0639	0.0728	0.0820	0.1010	0.1205	0.1502	0.1801	0.2000	0.2500	0.3000
49	0.0392	0.0550	0.0637	0.0726	0.0819	0.1009	0.1205	0.1502	0.1801	0.2000	0.2500	0.3000
50	0.0389	0.0548	0.0634	0.0725	0.0817	0.1009	0.1204	0.1501	0.1800	0.2000	0.2500	0.3000

附表Ⅲ-6　　年金现值系数（P/A，i，n）

n \ i	3%	5%	6%	7%	8%	10%	12%	15%	18%	20%	25%	30%
1	0.9709	0.9524	0.9434	0.9346	0.9259	0.9091	0.8929	0.8696	0.8475	0.8333	0.8000	0.7692
2	1.9135	1.8594	1.8334	1.8080	1.7833	1.7355	1.6901	1.6257	1.5656	1.5278	1.4400	1.3609
3	2.8286	2.7232	2.6730	2.6243	2.5771	2.4869	2.4018	2.2832	2.1743	2.1065	1.9520	1.8161
4	3.7171	3.5460	3.4651	3.3872	3.3121	3.1699	3.0373	2.8550	2.6901	2.5887	2.3616	2.1662
5	4.5797	4.3295	4.2124	4.1002	3.9927	3.7908	3.6048	3.3522	3.1272	2.9906	2.6893	2.4356
6	5.4172	5.0757	4.9173	4.7665	4.6229	4.3553	4.1114	3.7845	3.4976	3.3255	2.9514	2.6427
7	6.2303	5.7864	5.5824	5.3893	5.2064	4.8684	4.5638	4.1604	3.8115	3.6046	3.1611	2.8021
8	7.0197	6.4632	6.2098	5.9713	5.7466	5.3349	4.9676	4.4873	4.0776	3.8372	3.3289	2.9247
9	7.7861	7.1078	6.8017	6.5152	6.2469	5.7590	5.3282	4.7716	4.3030	4.0310	3.4631	3.0190
10	8.5302	7.7217	7.3601	7.0236	6.7101	6.1446	5.6502	5.0188	4.4941	4.1925	3.5705	3.0915
11	9.2526	8.3064	7.8869	7.4987	7.1390	6.4951	5.9377	5.2337	4.6560	4.3271	3.6564	3.1473

续表

n \ i	3%	5%	6%	7%	8%	10%	12%	15%	18%	20%	25%	30%
12	9.9540	8.8633	8.3838	7.9427	7.5361	6.8137	6.1944	5.4206	4.7932	4.4392	3.7251	3.1903
13	10.6350	9.3936	8.8527	8.3577	7.9038	7.1034	6.4235	5.5831	4.9095	4.5327	3.7801	3.2233
14	11.2961	9.8986	9.2950	8.7455	8.2442	7.3667	6.6282	5.7245	5.0081	4.6106	3.8241	3.2487
15	11.9379	10.3797	9.7122	9.1079	8.5595	7.6061	6.8109	5.8474	5.0916	4.6755	3.8593	3.2682
16	12.5611	10.8378	10.1059	9.4466	8.8514	7.8237	6.9740	5.9542	5.1624	4.7296	3.8874	3.2832
17	13.1661	11.2741	10.4773	9.7632	9.1216	8.0216	7.1196	6.0472	5.2223	4.7746	3.9099	3.2948
18	13.7535	11.6896	10.8276	10.0591	9.3719	8.2014	7.2497	6.1280	5.2732	4.8122	3.9279	3.3037
19	14.3238	12.0853	11.1581	10.3356	9.6036	8.3649	7.3658	6.1982	5.3162	4.8435	3.9424	3.3105
20	14.8775	12.4622	11.4699	10.5940	9.8181	8.5136	7.4694	6.2593	5.3527	4.8696	3.9539	3.3158
21	15.4150	12.8212	11.7641	10.8355	10.0168	8.6487	7.5620	6.3125	5.3837	4.8913	3.9631	3.3198
22	15.9369	13.1630	12.0416	11.0612	10.2007	8.7715	7.6446	6.3587	5.4099	4.9094	3.9705	3.3230
23	16.4436	13.4886	12.3034	11.2722	10.3711	8.8832	7.7184	6.3988	5.4321	4.9245	3.9764	3.3254
24	16.9355	13.7986	12.5504	11.4693	10.5288	8.9847	7.7843	6.4338	5.4509	4.9371	3.9811	3.3272
25	17.4131	14.0939	12.7834	11.6536	10.6748	9.0770	7.8431	6.4641	5.4669	4.9476	3.9849	3.3286
26	17.8768	14.3752	13.0032	11.8258	10.8100	9.1609	7.8957	6.4906	5.4804	4.9563	3.9879	3.3297
27	18.3270	14.6430	13.2105	11.9867	10.9352	9.2372	7.9426	6.5135	5.4919	4.9636	3.9903	3.3305
28	18.7641	14.8981	13.4062	12.1371	11.0511	9.3066	7.9844	6.5335	5.5016	4.9697	3.9923	3.3312
29	19.1885	15.1411	13.5907	12.2777	11.1584	9.3696	8.0218	6.5509	5.5098	4.9747	3.9938	3.3317
30	19.6004	15.3725	13.7648	12.4090	11.2578	9.4269	8.0552	6.5660	5.5168	4.9789	3.9950	3.3321
31	20.0004	15.5928	13.9291	12.5318	11.3498	9.4790	8.0850	6.5791	5.5227	4.9824	3.9960	3.3324
32	20.3888	15.8027	14.0840	12.6466	11.4350	9.5264	8.1116	6.5905	5.5277	4.9854	3.9968	3.3326
33	20.7658	16.0025	14.2302	12.7538	11.5139	9.5694	8.1354	6.6005	5.5320	4.9878	3.9975	3.3328
34	21.1318	16.1929	14.3681	12.8540	11.5869	9.6086	8.1566	6.6091	5.5356	4.9898	3.9980	3.3329
35	21.4872	16.3742	14.4982	12.9477	11.6546	9.6442	8.1755	6.6166	5.5386	4.9915	3.9984	3.3330
36	21.8323	16.5469	14.6210	13.0352	11.7172	9.6765	8.1924	6.6231	5.5412	4.9929	3.9987	3.3331
37	22.1672	16.7113	14.7368	13.1170	11.7752	9.7059	8.2075	6.6288	5.5434	4.9941	3.9990	3.3331
38	22.4925	16.8679	14.8460	13.1935	11.8289	9.7327	8.2210	6.6338	5.5452	4.9951	3.9992	3.3332
39	22.8082	17.0170	14.9491	13.2649	11.8786	9.7570	8.2330	6.6380	5.5468	4.9959	3.9993	3.3332
40	23.1148	17.1591	15.0463	13.3317	11.9246	9.7791	8.2438	6.6418	5.5482	4.9966	3.9995	3.3332
41	23.4124	17.2944	15.1380	13.3941	11.9672	9.7991	8.2534	6.6450	5.5493	4.9972	3.9996	3.3333
42	23.7014	17.4232	15.2245	13.4524	12.0067	9.8174	8.2619	6.6478	5.5502	4.9976	3.9997	3.3333
43	23.9819	17.5459	15.3062	13.5070	12.0432	9.8340	8.2696	6.6503	5.5510	4.9980	3.9997	3.3333
44	24.2543	17.6628	15.3832	13.5579	12.0771	9.8491	8.2764	6.6524	5.5517	4.9984	3.9998	3.3333
45	24.5187	17.7741	15.4558	13.6055	12.1084	9.8628	8.2825	6.6543	5.5523	4.9986	3.9998	3.3333
46	24.7754	17.8801	15.5244	13.6500	12.1374	9.8753	8.2880	6.6559	5.5528	4.9989	3.9999	3.3333
47	25.0247	17.9810	15.5890	13.6916	12.1643	9.8866	8.2928	6.6573	5.5532	4.9991	3.9999	3.3333
48	25.2667	18.0772	15.6500	13.7305	12.1891	9.8969	8.2972	6.6585	5.5536	4.9992	3.9999	3.3333
49	25.5017	18.1687	15.7076	13.7668	12.2122	9.9063	8.3010	6.6596	5.5539	4.9993	3.9999	3.3333
50	25.7298	18.2559	15.7619	13.8007	12.2335	9.9148	8.3045	6.6605	5.5541	4.9995	3.9999	3.3333

参 考 文 献

[1] 中华人民共和国国家标准．建设工程监理规范（GB/T 50319—2013）．北京：中国建筑工业出版社，2013.

[2] 中国建设监理协会．建设工程监理规范（GB/T 50319—2013）应用指南．北京：中国建筑工业出版社，2013.

[3] 住房和城乡建设部、国家工商行政管理总局．建设工程施工合同（示范文本）（GF—2013—0201）（修订版）．北京：中国城市出版社，2014.

[4] 住房和城乡建设部、国家工商行政管理总局．建设工程施工合同（示范文本）（GF—2013—0201）使用指南（修订版）．北京：中国城市出版社，2014.

[5] 黄林青．建设工程监理概论．北京：中国水利水电出版社，2012.

[6] 姜国辉．水利工程监理．北京：中国水利水电出版社，2005.

[7] 魏应乐，乔守江．建设工程监理．北京：中国水利水电出版社，2014.

[8] 方国华．水利工程经济学．北京：中国水利水电出版社，2011.

[9] 姜国辉，胡必武．水利工程监理．北京：中国水利水电出版社，2012.

[10] 郭唐义，吴瑞新．水利工程建设监理理论与实践．北京：中国水利水电出版社，2013.

[11] 水利部水土保持监测中心．水土保持工程建设监理理论与实务．北京：中国水利水电出版社，2008.

[12] 王立权，李任重．水利工程建设项目施工监理实用手册（第二版）．北京：中国水利水电出版社，2010.

[13] 刘军号．水利工程施工监理实务．北京：中国水利水电出版社，2010.

[14] 方朝阳．水利工程施工监理（新一版）．北京：中国水利水电出版社，2013.

[15] 梁鸿，郭世文．建设工程监理．北京：中国水利水电出版社，2012.

[16] 水利部建设与管理司，中国水利工程协会．水利工程建设注册监理工程师必读．北京：中国水利水电出版社，2009.

[17] 全国造价工程师执业资格考试培训教材编审委员会．建设工程造价管理（2013 年版）．北京：中国计划出版社，2013.

[18] 全国造价工程师执业资格考试培训教材编审委员会．建设工程计价（2013 年版）．北京：中国计划出版社，2013.

[19] 彭洪涛．工程造价管理．北京：中国水利水电出版社，2012.

[20] 张守平，滕斌．工程建设监理．北京：北京理工大学出版社，2010.

[21] 中国建设监理协会．全国监理工程师执业资格考试辅导资料（上）（第二版）．北京：知识产权出版社，2007.

[22] 张华．水利工程监理．北京：中国水利水电出版社，2004.

[23] 中国建设监理协会．注册监理工程师继续教育培训选修课教材：房屋建筑工程（第二版）．北京：中国建筑工业出版社，2012.

[24] 中国建设监理协会．注册监理工程师继续教育培训必修课教材．北京：中国建筑工业出版社，2012.

[25] 韦志立，聂相田．水利工程建设监理培训教材：建设监理概论（第二版）．北京：中国水利水电出版社，2001.

[26] 李开运．水利工程建设监理培训教材：建设项目合同管理（第二版）．北京：中国水利水电出版社，2001.
[27] 丰景春，王卓甫．水利工程建设监理培训教材：建设项目质量控制（第二版）．北京：中国水利水电出版社，1998.
[28] 王卓甫．水利工程建设监理培训教材：建设项目信息管理（第二版）．北京：中国水利水电出版社，1998.
[29] 聂相田．水利工程建设监理培训教材：建设项目进度控制（第二版）．北京：中国水利水电出版社，1998.
[30] 刘秋常．水利工程建设监理培训教材：建设项目投资控制（第二版）．北京：中国水利水电出版社，1998.
[31] 惠虹，胡红霞．建设工程监理概论．北京：中国电力出版社，2009.
[32] 汤鸿．建设工程经济．南京：东南大学出版社，2012.
[33] 时思．工程经济学（第2版）．北京：科学出版社，2007.
[34] 王丽萍．水利工程经济．武汉：武汉大学出版社，2002.
[35] 黄宗璧．建设项目投资控制．北京：中国水利水电出版社，1995.
[36] 庞永师．建筑工程经济与管理．北京：中国建筑工业出版社，2009.
[37] 尹贻林．工程项目管理学．天津：天津科学技术出版社，1997.
[38] 徐锡权，李海涛．建设工程监理概论．北京：冶金工业出版社，2010
[39] 刘云清，张述之．城市建设规划与工程管理实用手册．北京：中国审计出版社，2001.
[40] 张友生，吴旭东．信息系统项目管理．北京：清华大学出版社，2012.
[41] 张毅．工程项目建设程序．北京：中国建筑工业出版社，2011.
[42] 王旭，唐文彬．工程监理概论．北京：科学出版社，2010.
[43] 中国建设监理协会．建设工程投资控制（第二版）．北京：知识产权出版社，2006.
[44] 彭尚银，王继才．工程项目管理．北京：中国建筑工业出版社，2005.
[45] 李明顺．FIDIC条件与合同管理．北京：冶金工业出版社，2011.
[46] 李洪军，源军．工程项目招投标与合同管理．北京：北京大学出版社，2009.
[47] 梅阳春，邹辉霞．建设工程招投标及合同管理（第2版）．武汉：武汉大学出版社，2012.
[48] 范秀兰，张兴昌．建设工程监理．武汉：武汉理工大学出版社，2006.
[49] 徐锡权，金从．建设工程监理概论（第2版）．北京：北京大学出版社，2012.
[50] 赵艳秋．工程建设监理．北京：中国电力出版社，2010.
[51] 王长永．工程建设监理概论．北京：科学出版社，2005.
[52] 化学工业出版社组织．2012全国监理工程师执业资格考试应试一本通．北京：化学工业出版社，2012.
[53] 振亮．2008全国监理工程师执业资格考试应试一本通．北京：化学工业出版社，2008.